Jane van Lawick-Goodall

Wilde Schimpansen

10 Jahre Verhaltensforschung
am Gombe-Strom

Mit 74 Aufnahmen
von Hugo van Lawick

Übersetzt
von Mark W. Rien

Rowohlt

Übertragen nach der bei William Collins Sons & Co. Ltd., London, 1971 unter dem Titel *In the Shadow of Man* erschienenen Originalausgabe

Schutzumschlagentwurf von Werner Rebhuhn
unter Verwendung einer Farbaufnahme von Hugo van Lawick
mit freundlicher Genehmigung der
National Geographic Society, Washington D. C.

Der Verlag dankt Herrn Prof. Dr. Christian Vogel
vom Anthropologischen Institut der Universität Kiel
für seine wissenschaftliche Beratung
in allen Fragen der biologischen und
ethologischen Terminologie.

1.–20. Tausend August 1971

First published 1971

Gesetzt aus der Janson-Antiqua
Das Werkdruckpapier lieferte die Fa. Seltmans
Das Kunstdruckpapier lieferte die Fa. Feldmühle
Gesamtherstellung: Mohndruck, Gütersloh
Printed in Germany
ISBN 3 498 02412 4

Für Hugo, Vanne und Louis
und dem Andenken
an David Greybeard

Vorspiel

Seit dem Morgengrauen war ich die steilen Berghänge hinauf- und hinabgestiegen, hatte ich mir meinen Weg durch die dichten Wälder des Tals gebahnt. Wieder und wieder war ich stehengeblieben, um zu horchen oder mit dem Feldstecher die Umgebung abzusuchen. Aber ich hatte nicht einen einzigen Schimpansen gehört oder gesehen, und inzwischen war es bereits fünf Uhr. In zwei Stunden würde die Dunkelheit über das zerklüftete Gelände des Gombe Stream Reserve hereinbrechen. In der Hoffnung, wenigstens einen Schimpansen zu entdecken, der sein Nest für die Nacht baute, ließ ich mich an dem Platz nieder, von dem aus ich am liebsten Ausschau hielt: auf meinem «Gipfel».

Ich beobachtete eben einen Trupp Paviane in dem bewaldeten Tal unter mir, als ich plötzlich das Geschrei eines jungen Schimpansen hörte. Schnell suchte ich mit meinem Feldstecher die Bäume ab. Doch bevor ich genau ausmachen konnte, woher der Lärm kam, war er bereits verstummt, und es kostete mich einige Minuten angestrengten Spähens, ehe ich vier Schimpansen entdeckte. Die kleine Streiterei war vorüber, und sie kauten friedlich gelbe, pflaumenähnliche Früchte.

Ich saß zu weit weg, als daß ich Einzelheiten hätte beobachten können. Deshalb entschloß ich mich zu dem Versuch, näher an sie heranzukommen. Vorsichtig suchte ich die Bäume ab, bei denen sich die Gruppe aufhielt: Wenn es mir gelänge, überlegte ich, den großen Feigenbaum zu erreichen, ohne die Schimpansen zu verscheuchen, dann könnte ich sie großartig beobachten. Ich brauchte etwa zehn Minuten, um zu dem Baum zu gelangen. Als ich behutsam um den dicken, knorrigen Stamm herumschlich, bemerkte ich, daß die Schimpansen verschwunden waren; die Äste des Baums mit den pflaumenartigen Früchten waren leer, und wieder stellte sich das inzwischen wohlvertraute Gefühl der Niedergeschlagenheit ein. Wieder einmal hatten mich die Schimpansen gesehen und waren lautlos geflohen.

Plötzlich blieb mein Herz einen Augenblick lang stehen.

Keine achtzehn Meter weit weg saßen zwei Schimpansenmännchen auf dem Boden und sahen mich forschend an. Ich wagte kaum zu atmen und wartete auf die panische Flucht, die für gewöhnlich das Ende solcher unerwarteten Begegnungen auf so knappe Distanz war. Aber nichts dergleichen geschah. Die beiden großen Schimpansen fuhren ganz einfach fort, mich anzustarren. Langsam ließ ich mich nieder, und wenig später fingen die beiden an, sich in aller Ruhe gegenseitig das Fell zu pflegen.

Während ich – immer noch ein wenig zweifelnd, ob ich meinen Augen trauen konnte – dasaß und ihnen zusah, entdeckte ich zwei weitere Schimpansen, die jenseits der kleinen Lichtung ihre Köpfe aus dem Gras hervorstreckten und zu mir herüberspähten: ein Weibchen und ein Jungtier. Als ich ihnen mein Gesicht zuwandte, zogen sie rasch die Köpfe ein, aber schon bald tauchte erst der eine, dann der andere in den unteren Zweigen eines Baumes, der knapp vierzig Meter von mir entfernt stand, wieder auf. Dort blieben sie fast regungslos sitzen und beobachteten mich.

Über ein halbes Jahr hatte ich versucht, die angeborene Furcht zu überwinden, die die Schimpansen vor mir hatten, jene Furcht, die sie veranlaßte, im dichten Gestrüpp zu verschwinden, sobald ich mich ihnen näherte. Zuerst hatten sie schon die Flucht ergriffen, wenn mich noch 500 Meter und obendrein eine Schlucht von ihnen trennten. Jetzt saßen zwei Männchen so nahe bei mir, daß ich sie fast atmen hören konnte.

Kein Zweifel, es war der stolzeste Augenblick, den ich bis dahin erlebt hatte. Die beiden prachtvollen Geschöpfe, die sich da unmittelbar vor meinen Augen gegenseitig «lausten», hatten mich akzeptiert. Ich kannte sie beide: David Greybeard, der stets am wenigsten Furcht vor mir gezeigt hatte, war der eine; der andere war Goliath. Er war nicht der Gigant, den sein Name vermuten läßt, aber er hatte einen imponierenden Körperbau und war das ranghöchste aller Männchen. Das Fell der beiden schimmerte glänzend schwarz im Dämmerlicht des Abends.

Länger als zehn Minuten saßen David Greybeard und Goliath da und lausten sich. Dann, kurz bevor in meinem Rücken die Sonne hinter dem Horizont verschwand, stand David auf und starrte mich an. Und so geschah es, daß mein vom Abendlicht verlängerter Schatten über ihn fiel. Die Faszination des ersten engen Kontakts mit einem in Freiheit lebenden Schimpansen und der seltsame Zufall, der meinen Schatten über David warf, während er mir forschend in die Augen zu blicken schien: all das prägte sich tief in mein Gedächtnis ein. Später gewann dieser Augenblick eine fast allegorische Bedeutung für mich; denn unter allen Lebewesen, die heute die Erde bevölkern, ist es allein der Mensch mit seinem überlegenen Gehirn, seinem überlegenen Verstand, der den Schimpansen in den Schatten stellt. Allein der Mensch mit seinen Gewehren und seinem Siedlungs- und Zivilisierungsdrang wirft seinen verhängnisvollen Schatten über die Freiheit des Schimpansen in den Wäldern. In jenem Augenblick indessen kam mir dieser Gedanke nicht. Ich sah nur David und Goliath.

Die Niedergeschlagenheit und die Verzweiflung, die mich während der voraufgegangenen Monate so oft überkommen hatten, waren nichts im Vergleich zu dem Gefühl des Triumphs, das mich erfüllte, als ich, nachdem die Gruppe schließlich davongezogen war, in der hereinbrechenden Dunkelheit den Berghang hinunter zu meinem Zelt am Seeufer hastete.

Begonnen hatte alles drei Jahre zuvor, als ich in Nairobi den berühmten Anthropologen und Paläontologen Louis Leakey kennenlernte. Vielleicht hatte es auch schon in meiner frühesten Kindheit begonnen. Ich war kaum mehr als ein Jahr alt, als mir meine Mutter einen von den großen, zottigen Spielzeugschimpansen schenkte, mit denen die Geburt des ersten Schimpansenbabys im Londoner Zoo gefeiert wurde. Die meisten Freunde meiner Mutter waren entsetzt und prophezeiten, daß die scheußliche Kreatur ihrer kleinen Tochter Albträume bescheren werde. Aber Jubilee (so hieß das gefeierte Affenbaby) wurde zu meinem kostbarsten Besitz, den ich während meiner ganzen Kindheit mit mir herumschleppte. Und noch heute zählt der Veteran zu meinen Besitztümern.

Aber auch lebende Tiere haben mich seit meinen ersten Kriechversuchen fasziniert. Ja, zu meinen frühesten Erinnerungen gehört der Tag, an dem ich mich in einem kleinen muffigen Hühnerstall versteckte, um herauszufinden, wie ein Huhn es fertigbrachte, ein Ei zu legen. Als ich an die fünf Stunden später stolz wieder zum Vorschein kam, erfuhr ich, daß der gesamte Haushalt stundenlang nach mir gesucht hatte und daß meine Mutter sogar die Polizei angerufen hatte, um mein Verschwinden zu melden.

Es muß etwa vier Jahre nach diesem denkwürdigen Tag gewesen sein, als ich den Entschluß faßte, sobald ich erwachsen wäre, nach Afrika zu reisen und mit wilden Tieren zu leben. Und wenn ich auch, nachdem ich mit achtzehn die Schule verlassen hatte, einen Sekretärinnenkurs besuchte und dann zwei verschiedene Arbeitsstellen übernahm, war meine Sehnsucht nach Afrika immer noch so groß, daß ich, als ich die Einladung erhielt, mit einer Schulfreundin nach Kenia zu fahren und dort auf der Farm ihrer Eltern zu leben, noch am gleichen Tag meine Kündigung einreichte. Ich gab einen interessanten, wenn auch schlecht bezahlten Posten in einem Dokumentarfilmstudio auf, um während der Sommersaison in meiner Heimatstadt Bournemouth als Serviererin mein Geld für die Überfahrt nach Afrika zu verdienen.

«Wenn du dich für Tiere interessierst», sagte irgend jemand etwa einen Monat nach meiner Ankunft in Afrika zu mir, «dann mußt du Dr. Leakey kennenlernen.» Ich hatte damals bereits einen ziemlich trostlosen Bürojob angenommen, weil ich die Gastfreundschaft der Eltern meiner Freundin nicht allzusehr hatte strapazieren wollen. Ich sehnte mich danach, endlich den wilden Tieren zu begegnen. Denn Tiere, wilde Tiere – das war für mich Afrika.

Ich suchte Leakey im Museum für Naturgeschichte auf, dessen Kurator er zu jener Zeit war. Irgendwie muß er gespürt haben, daß mein Interesse für Tiere nicht nur eine vorübergehende Vorliebe war, sondern etwas, das tiefer ging. Jedenfalls, er engagierte mich vom Fleck weg als Assistentin und Sekretärin.

Ich lernte eine Menge, während ich am Museum arbeitete: Die Mitarbeiter waren ohne Ausnahme begeisterte Naturforscher, die nur zu gern bereit waren, etwas von ihrem ungeheuren Wissen mit mir zu teilen. Das beste aber war, daß mir die Gelegenheit geboten wurde, zusammen mit einem anderen Mädchen Leakey und seine Frau Mary auf einer ihrer jährlichen paläontologischen Expeditionen zur Oldowayschlucht in der Serengeti zu begleiten. In jenen Tagen vor der Erschließung der Serengeti für die Touristen, vor der Entdeckung des Zinjanthropus, des «Nußknacker-Menschen» und des Homo habilis in der Oldowayschlucht war dieses Gebiet noch absolut unwegsam. An die Straßen, Reisebusse und Flugzeuge, die heute die Serengeti zugänglich machen, dachte damals noch kein Mensch. Was wir unternahmen, war eine echte Expedition ins «tiefste Afrika», wie ich sie mir seit meiner Kindheit erträumt hatte.

Die Ausgrabungsarbeiten waren an sich schon faszinierend. Wenn ich Stunden um Stunden den uralten Lehm oder das Gestein des Oldowaybruchs mit der Hacke bearbeitete, um die Überreste von Kreaturen ans Licht zu bringen, die vor Millionen von Jahren gelebt hatten, so war das reine Routinearbeit. Von Zeit zu Zeit aber erfüllte mich der Anblick oder der Tasteindruck eines Knochens, den ich in meiner Hand hielt, mit tiefer Ehrfurcht. Dieser Knochen war einmal Teil eines lebenden, atmenden Tiers gewesen, das sich fortbewegt, geschlafen, sich fortgepflanzt hatte. Wie hatte es tatsächlich ausgesehen? Welche Haarfarbe hatte es gehabt? Was für einen Körpergeruch? Solche und ähnliche Fragen gingen mir durch den Kopf – Fragen, die die Wissenschaft vermutlich niemals wird beantworten können.

Es waren die Abende, die jenen wenigen Monaten für mich ihren besonderen Zauber gaben. Wenn gegen sechs Uhr die harte Tagesarbeit beendet war, konnten meine Mitassistentin Gillian und ich über die ausgedörrte Ebene oberhalb der Schlucht, in der wir den ganzen Tag geschwitzt hatten, zum Camp zurückgehen. In der Trockenzeit wird Oldoway fast zur Wüste, aber wenn wir an den niedrigen Dornbüschen vorbeigingen, sahen wir nicht selten Dikdiks, jene anmutigen Zwergantilopen, die kaum größer sind als ein Hase. Manchmal lief uns auch eine kleine Herde von Gazellen oder Giraffen über den Weg, und gelegentlich hatten wir sogar das Glück, ein schwarzes Rhinozeros unten in der Schlucht dahinstampfen zu sehen. Einmal begegneten wir einem jungen männlichen Löwen: Kaum fünfzehn Schritt trennten uns von ihm, als wir sein leises Knurren hörten, vorsichtig den Kopf wendeten und ihn hinter einem kleinen Gebüsch entdeckten. Zum erstenmal in meinem Leben wurde mir die volle Bedeutung des Ausdrucks «mein Herz stand still» bewußt. Wir waren unten auf dem Grund der Schlucht, wo die Vegetation streckenweise verhältnismäßig dicht ist. Als wir uns langsam zurückzogen, beobachtete er uns, wobei sein Schwanz ruckartig hin und her zuckte. Als wir dann behutsam durch die Schlucht gingen, um auf die offene, baumlose Ebene auf der anderen Seite zu gelangen, setzte er sich in Bewegung, um uns – vermutlich aus Neugier – zu folgen. Als wir aufzusteigen begannen, verschwand er im Busch, und wir sahen ihn nicht wieder.

In dieser Zeit muß Leakey zu dem Schluß gekommen sein, in mir den

Menschen gefunden zu haben, nach dem er beinahe zwanzig Jahre gesucht hatte: jemand, der zutiefst fasziniert war von Tieren und ihrem Verhalten; jemand, der ohne die geringsten Schwierigkeiten über längere Zeiträume hinweg auf die Annehmlichkeiten der Zivilisation verzichten konnte. Denn gegen Ende der Ausgrabungsperiode in der Oldowayschlucht zog er mich in ein Gespräch über eine Gruppe von wilden Schimpansen, die am Ufer des Tanganjikasees lebte.

Wilde Schimpansen kommen nur in Afrika vor. Ihr Lebensraum ist der tropische Regenwald am Äquator von der Küste Westafrikas bis zu einem Punkt am Ostufer des Tanganjikasees. Die Gruppe, von der mir Louis erzählte, gehört zu der östlichen oder langhaarigen Form der Schimpansengattung. In der zoologischen Systematik hat diese Unterart den wissenschaftlichen Namen *Pan troglodytes schweinfurthi* bekommen. Louis beschrieb ihr Wohngebiet als bergig, schroff und völlig abgeschnitten von der Zivilisation, und er wies nachdrücklich darauf hin, welche Hingabe und Geduld jeder Versuch erfordern würde, die Lebensgewohnheiten dieser wilden Schimpansen zu erforschen.

Erst ein einziger Mensch, so erfuhr ich von Louis, hatte bis dahin ernsthaft versucht, das Verhalten der Schimpansen in freier Wildbahn zu studieren. Und Henry Nissen, der diese Pionierarbeit unternahm, hatte im damals französischen Guinea die Schimpansen nur zweieinhalb Monate lang in ihrer natürlichen Umgebung beobachten können. Louis meinte, daß in so kurzer Zeit niemand befriedigende Aufschlüsse erwarten könne – um wirkliche Ergebnisse zu erzielen, brauche man mindestens zwei Jahre. Besonders interessant sei für ihn, erklärte Louis mir damals bei unserem ersten langen Gespräch darüber, das Verhalten einer Gruppe wilder Schimpansen, die nahe an einem See lebt; denn an Seeufern hätten sich vielfach die Überreste von vorgeschichtlichen Menschen gefunden, und so könne vielleicht die Erforschung des Verhaltens heutiger Schimpansen einiges Licht bringen in die Frage nach dem Verhalten unserer steinzeitlichen Vorfahren.

Während er so sprach, ahnte ich wahrscheinlich schon, was kommen würde, und doch konnte ich einfach nicht glauben, daß er es ernst meinte, als er mich nach einer Pause fragte, ob ich bereit sei, die Aufgabe zu übernehmen. Denn obwohl eine solche Aufgabe genau das war, was ich mir immer am meisten gewünscht hatte, war mir natürlich klar, daß ich völlig unqualifiziert war für die wissenschaftliche Verhaltensforschung an Tieren.

Louis jedoch wußte genau, was er tat. Er war der Meinung, daß ein Universitätsstudium nicht nur unnötig war, sondern in mancher Hinsicht sogar von Nachteil sein konnte. Er brauchte jemand, dessen Verstand nicht von Theorien verwirrt und voreingenommen war, jemand, der die Aufgabe einzig und allein aus einem echten Wissensdrang heraus anging und der außerdem ein einfühlsames Verständnis für Tiere mitbrachte.

Nachdem ich mich vorbehaltlos und begeistert bereit erklärt hatte, die

Arbeit zu übernehmen, machte sich Louis an die schwierige Aufgabe, die nötigen Geldmittel zu beschaffen. Er mußte jemanden finden, der sich zum einen von der Notwendigkeit des Forschungsvorhabens an sich überzeugen ließ und zum anderen davon, daß ausgerechnet ein junges Mädchen ohne jede fachliche Vorbildung die richtige Person für dieses Unternehmen war. Schließlich jedoch erklärte sich die Wilkie Foundation in Illinois bereit, eine Summe zur Verfügung zu stellen, von der die Kosten für ein kleines Boot, ein Zelt, Flugtickets und die ersten sechs Monate meiner Feldstudien bestritten werden konnten. Ich werde Mr. Leighton Wilkie stets dankbar sein dafür, daß er mir, nur im Vertrauen auf Louis' Urteilsfähigkeit, die Chance gab, mich zu bewähren.

Ich war inzwischen wieder in England, aber sobald ich die Nachricht erhielt, bereitete ich mich auf meine Rückkehr nach Afrika vor. Die Regierungsbeamten in Kigoma, in deren Gebiet ich arbeiten wollte, hatten sich mit meinem Forschungsprojekt einverstanden erklärt. In einem Punkt jedoch waren sie unerbittlich: sie wollten nichts davon hören, daß ein junges englisches Mädchen ohne europäische Begleitung allein im Busch leben wollte. So erklärte sich meine Mutter, Vanne Goodall, die schon einmal für ein paar Monate in Afrika gewesen war, bereit, mich bei meinem neuen Unternehmen zu begleiten.

Nach unserer Ankunft in Nairobi verlief zunächst alles planmäßig. Das Gombe Stream Chimpanzee Reserve (heute Gombe National Park), die Heimat meiner Schimpansengruppe, fiel unter die Zuständigkeit des Tanganyika Game Department, und der Chief Game Warden war überaus hilfsbereit. Er schickte mir die Genehmigung für meine Arbeit im Reservat und dazu mancherlei nützliche Informationen über die Bedingungen, die dort herrschten – über die Höhenlage und die Temperatur, über die Bodenbeschaffenheit und die Vegetation und über die Tiere, denen ich dort begegnen konnte. Inzwischen hatten wir die Nachricht erhalten, daß das kleine Aluminiumboot, das Louis gekauft hatte, sicher in Kigoma angekommen war. Und Bernard Verdcourt, der Direktor des East African Herbarium, erklärte sich bereit, Vanne und mich nach Kigoma zu fahren: er könne unterwegs Pflanzen sammeln und auch in dem botanisch so gut wie unerforschten Gebiet um Kigoma.

Unsere Vorbereitungen für den Aufbruch waren gerade abgeschlossen, als der erste Rückschlag kam. Der Distriktkommissar des Kigoma-Gebietes teilte uns mit, daß am Ufer des Tanganjikasees, dort, wo das Schimpansenreservat war, Streitigkeiten zwischen den afrikanischen Fischern ausgebrochen seien. Der für das Gebiet zuständige europäische Game Ranger sei hingefahren, um die Sache in Ordnung zu bringen. Bevor die Ruhe nicht wiederhergestellt sei, könne ich unmöglich mit meiner Arbeit beginnen.

Zum Glück für meinen inneren Frieden machte Louis sofort den Vorschlag, ich solle zunächst für kurze Zeit probeweise das Verhalten der Meerkatzen auf einer Insel im Viktoriasee beobachten. Eine Woche später schon tuckerten Vanne und ich gemächlich in seinem Motorboot durch das flache trübe Wasser des Sees zum unbewohnten Lolue Island. Bei uns waren Hassan, der Kapitän der kleinen Barkasse, und sein Helfer, beides Afrikaner vom Kakamega-Stamm. Hassan, der später auch mit mir ins Schimpansenreservat zog, ist ein prachtvoller Kerl. Er ist nie aus der Ruhe zu bringen, strahlt stets eine gewisse Würde aus, ist absolut zuverlässig und ehrlich, hat einen ausgeprägten Sinn für Humor und ist intelligent – alles Eigenschaften, die ihn zu einem großartigen Weggefährten machen. Er hatte damals schon fast dreißig Jahre für Louis gearbeitet.

Drei Wochen vergingen, ehe man uns über Funk nach Nairobi zurückrief, und diese drei Wochen waren voller Zauber. Die Nächte verbrachten wir auf dem Boot, das dicht am Strand vor Anker lag, und die sanften Wellen des Sees wiegten uns in den Schlaf. Jeden Morgen kurz vor Sonnenaufgang ruderte mich Hassan in dem kleinen Dingi an Land, und ich blieb bis zum Abend – bei hellem Mondlicht sogar bis in die Nacht hinein – auf der Insel und beobachtete die Affen. Dann traf ich mich mit Hassan am Strand, und er ruderte mich zum Boot zurück. Bei einem bescheidenen Abendessen, das gewöhnlich aus gebackenen Bohnen, Eiern oder Würstchen aus Dosen bestand, tauschten Vanne und ich die Neuigkeiten vom Tage aus.

Da ich ein Buch über Schimpansen schreiben will, ist hier nicht der rechte Ort, von den sechzehn Affen meiner kleinen Horde und ihrem faszinierenden Verhalten zu berichten. Immerhin lernte ich während meines kurzen Aufenthalts auf der Insel unter anderem eine ganze Menge darüber, wie man im Freiland Notizen macht, welche Kleidung am zweckmäßigsten ist, welche Bewegungen ein in Freiheit lebender Affe bei einem Menschen, der ihn beobachtet, toleriert und welche nicht. Wenn auch die Schimpansen in vieler Hinsicht ganz anders reagierten, so kamen mir doch die Kenntnisse, die ich auf Lolue sammeln konnte, sehr zustatten, als ich mit meiner Arbeit am Gombe begann.

Irgendwie tat es mir doch leid, als eines Abends die ersehnte Nachricht kam; denn sie bedeutete, daß ich die Meerkatzen gerade in dem Augenblick verlassen mußte, als mir die einzelnen Tiere der Gruppe vertraut geworden waren und ich begann, etwas über ihr Verhalten zu lernen. Es ist nie erfreulich, eine Arbeit unvollendet beiseite zu legen. Als wir jedoch erst in Nairobi waren, dachte ich an nichts anderes mehr als an das Abenteuer der Reise über 1 200 Kilometer nach Kigoma – und an die Schimpansen. Da schon vor unserer Abfahrt nach Lolue fast alles vorbereitet gewesen war, dauerte es nur wenige Tage, bis wir uns mit Bernard Verdcourt auf den Weg nach Kigoma machen konnten.

Die Reise selbst verlief ohne besondere Zwischenfälle, wenn man von drei kleineren Pannen absieht und davon, daß der Landrover mit unserer Ausrüstung so überladen war, daß er bei schneller Fahrt gefährlich ins Schlingern geriet. Als wir jedoch nach drei Tagen auf staubigen Straßen in Kigoma ankamen, herrschte in der ganzen Stadt das Chaos: Seit unserer

Abfahrt in Nairobi war es im Kongo, dessen Grenze keine vierzig Kilometer westlich von Kigoma, am gegenüberliegenden Ufer des Tanganjikasees, verläuft, zu Gewalttätigkeiten und Blutvergießen gekommen, so daß ganze Schiffsladungen von belgischen Flüchtlingen in Kigoma Zuflucht suchten. Es war Sonntag, als wir zum erstenmal die von schattenspendenden Mangobäumen gesäumte einzige große Straße der Stadt hinunterfuhren. Alles war geschlossen, und kein Vertreter der Behörden, der uns hätte helfen können, war aufzutreiben.

Schließlich aber machten wir den Distriktkommissar ausfindig, der uns nachdrücklich, wenn auch mit Bedauern, erklärte, daß vorerst keinerlei Aussicht für mich bestünde, ins Schimpansenreservat vorzudringen. Man müsse zunächst abwarten und herausfinden, wie die Afrikaner im Kigoma-Distrikt auf die Nachricht von den Unruhen im Kongo reagieren würden. Das war ein harter Schlag, aber wir hatten keine Zeit, Trübsal zu blasen.

Wir besorgten uns Einzelzimmer in einem der beiden Hotels, aber mit diesem Luxus sollte es schon bald ein Ende haben. Am Abend traf ein weiteres Schiff voller Flüchtlinge ein, und jeder Quadratzentimeter Raum wurde gebraucht. Vanne und ich zogen zusammen und begnügten uns mit dem bißchen Platz, das noch übrig war, nachdem wir unsere gesamte Ausrüstung vom Landrover abgeladen und in unsere Unterkunft gebracht hatten. Bernard teilte sein Zimmer mit ein paar heimatlosen Belgiern, und wir holten sogar unsere drei Zeltbetten heraus und liehen sie dem bedrängten Hotelbesitzer. Sämtliche Zimmer waren überbelegt, aber die Flüchtlinge, die in ihnen auf engstem Raum hausten, waren geradezu im Paradies verglichen mit jenen, die vorübergehend in dem riesigen Lagerhaus untergebracht wurden, in dem sich für gewöhnlich die Schiffsfracht stapelte, die über den See zum Kongo gebracht werden sollte oder die vom Kongo herüberkam. In diesem Speicher schliefen sie in langen Reihen auf Matratzen oder, in Bettlaken gehüllt, auf dem Zementboden und standen zu Hunderten Schlange, um die dürftigen Mahlzeiten entgegenzunehmen, die Kigoma für sie bereitstellen konnte.

Sehr bald schon hatten Vanne, Bernard und ich mit einigen Einwohnern der Stadt Bekanntschaft geschlossen. Es versteht sich von selbst, daß wir uns erboten, beim Heranschaffen und Verteilen der Lebensmittel behilflich zu sein, und man war nur zu gerne bereit, unsere Hilfe anzunehmen. Am zweiten Abend in Kigoma belegten wir drei, zusammen mit ein paar anderen Helfern, zweitausend Sandwiches mit Büchsenfleisch. Die Sandwiches wurden stapelweise sorgfältig in feuchte Tücher gewickelt und in großen Weißblechkisten verstaut, die dann auf Karren zum Lagerhaus transportiert wurden. Später halfen wir dabei, sie zusammen mit Suppe, Früchten, Schokolade, Zigaretten und Getränken an die Flüchtlinge zu verteilen. Seit jenem Tag habe ich eine unüberwindliche Abneigung gegen Büchsenfleisch.

Zwei Abende später waren die meisten der Flüchtlinge wieder fort; in Sonderzügen hatte man sie in die Hauptstadt von Tanganjika, nach Daressalam, gebracht. Das hektische Treiben war vorüber, aber man erlaubte uns immer noch nicht, zum Schimpansenreservat aufzubrechen. Die Situation begann für uns alle ein wenig deprimierend zu werden. Meine Geldmittel waren zu knapp bemessen, als daß Vanne und ich auch weiterhin im Hotel hätten wohnen können. Deshalb entschlossen wir uns, irgendwo zu zelten. Als wir uns erkundigten, wo wir ein Zelt aufschlagen könnten, wies man uns das Gelände des Gefängnisses von Kigoma an! Das war freilich keineswegs so schlecht, wie es zunächst klingt; denn dieses Gelände bestand aus herrlich gepflegten Anlagen mit Blick über den See, und überall standen Zitrusbäume, deren Zweige zu dieser Jahreszeit unter dem Gewicht süß duftender Orangen und Mandarinen ächzten. Nur die Moskitos am Abend waren eine Plage.

Während dieser Zeit der erzwungenen Untätigkeit lernten wir die kleine Stadt Kigoma – nach europäischen oder amerikanischen Maßstäben eher ein Dorf – recht gut kennen. Das Zentrum lag unten am Seeufer, wo der natürliche Hafen den Schiffen nach Burundi, Sambia, Malavi und dem Kongo Ankerplätze bietet. Auch die Verwaltungsgebäude, der Bahnhof und die Post liegen nahe am See.

Das reizvollste Schauspiel aller kleinen Städte Afrikas ist der farbenprächtige Obst- und Gemüsemarkt, auf dem die Ware in kleinen Haufen genau abgezählt und mit Preisen versehen feilgeboten wird. In Kigoma verfügten die wohlhabenderen Händler über ansehnliche, durch ein Zeltdach geschützte Verkaufsstände aus massiven Steinmauern, während die andern auf der roten Erde des Hauptmarktes saßen und ihre Waren säuberlich auf Sackleinen ausgebreitet hatten oder auf dem nackten Boden. Bananen, grüne und gelbe Orangen und die dunkelroten, runzligen Beeren der Passionsblume wurden in verschwenderischer Fülle angeboten. Daneben reihten sich Flaschen und Krüge mit rot schimmerndem Speiseöl, das aus den Früchten der Ölpalme gewonnen wird.

Der Stolz Kigomas ist die Hauptstraße, die vom Verwaltungszentrum am See hinauf mitten durch die Stadt führt und zu beiden Seiten von großen, schattigen Mangobäumen und zahllosen winzigen Läden flankiert wird, die man in Ostafrika *dukhas* nennt. Als wir durch Kigoma bummelten, fragten wir uns immer wieder, wie so viele Läden existieren konnten, wo doch alle das gleiche verkauften. Überall sahen wir Kessel und Töpferwaren, Turnschuhe und Hemden, Taschenlampen und Wecker. Und in den meisten Läden leuchteten jene quadratischen farbenprächtigen Tücher, die *kangas* genannt und von den afrikanischen Frauen paarweise gekauft wurden. Das eine Quadrat wird unter den Armen um den Körper gewickelt und hängt so weit herab, daß es eben die Knie bedeckt; das zweite wird turbanartig um den Kopf geschlungen. Vor einigen *dukhas* arbeiteten Schneider an Nähmaschinen mit Fußantrieb. Vor einem winzigen Laden saß ein alter Inder, der Schuhe nähte, klebte und besohlte und dabei mit den Füßen wie mit einem zusätzlichen Händepaar das Leder festhielt. Er war so geschickt, daß es ein Vergnügen war, ihm zuzusehen.

Der unfreiwillige Aufenthalt in Kigoma bot uns Gelegenheit, einige der Bewohner der Stadt näher kennenzulernen. Es waren vorwiegend Regierungsbeamte und ihre Frauen, die sich durch große Gastfreundlichkeit und Hilfsbereitschaft auszeichneten.

Ich werde nie vergessen, wie Vanne, die keinen unserer neuen Freunde kränken wollte, gleich zwei Einladungen zu einem heißen Bad für ein und denselben Abend annahm. Bernard, überzeugt, daß wir beide ein wenig verrückt waren, fuhr sie mit stoischer Miene von einem Haus zum anderen, damit sie ihre Verabredungen einhalten konnte, ohne das Gesicht zu verlieren.

Nachdem wir etwas über eine Woche in Kigoma verbracht hatten, kam David Anstey, der Game Ranger, der sich um eine Schlichtung der Streitigkeiten zwischen den Fischern im Gombe Stream Reserve bemüht hatte, von seiner Mission zurück. Er hatte eine lange Besprechung mit dem Distriktkommissar, deren Ergebnis war, daß ich die offizielle Erlaubnis erhielt, zum Gombe weiterzufahren. Ich hatte inzwischen schon fast die Hoffnung aufgegeben, einen Schimpansen auch nur zu Gesicht zu bekommen; denn ich war ständig darauf gefaßt gewesen, daß man uns nach Nairobi zurückschicken werde. Deshalb kam es mir fast schon wie ein Traum vor, als ich endlich in dem Motorboot saß, das uns die Regierung für den Transport unserer Ausrüstung, darunter unser dreieinhalb Meter langes Dingi, zur Verfügung gestellt hatte.

Als die Maschine ansprang und der Anker gelichtet wurde, winkten wir Bernard noch einmal zum Abschied, verließen den Hafen und fuhren in Richtung Norden am Ostufer des Sees entlang. Ich erinnere mich noch, wie ich in das unglaublich klare Wasser hinunterschaute und bei mir dachte: «Entweder sinkt das Boot, oder ich falle über Bord und werde von einem Krokodil gefressen.» Aber nichts dergleichen geschah.

Die Anfänge

Während der ganzen Fahrt über die achtzehn Kilometer von Kigoma bis zu unserem Zeltplatz im Gombe Stream Reserve hatte ich das seltsame Gefühl, in einer Traumwelt zu leben. Wir befanden uns mitten in der Trockenzeit, und das kongolesische Ufer an der Westseite des langgestreckten, schmalen Tanganjikasees war, obwohl nur dreißig Kilometer entfernt, nicht einmal andeutungsweise zu erkennen. Die frische Brise und das tiefe Blau des Wassers, das von kleinen Wellen aufgerauht und von weißem Schaum gefleckt war, vermittelten uns das Gefühl, auf hoher See zu sein.

Ich richtete die Augen starr auf das Ostufer. Zwischen Kigoma und der Grenze des Schutzgebiets der Schimpansen sind die jähen Hänge des Steilabbruchs, die bis zu einer Höhe von 750 Metern über dem See aufragen, an vielen Stellen infolge jahrelanger Abholzung nackt und abgetragen. Dazwischen schmiegen sich kleine Waldflächen in Engtäler, durch die reißende Bergflüsse zum See hinunterrauschen. Die Uferlinie gliedert sich in eine Kette von länglichen Buchten, die häufig durch felsige Landzungen voneinander getrennt sind, die weit in den See hineinragen. Wir steuerten einen geraden Kurs, der uns von Landzunge zu Landzunge führte, aber wir sahen, daß die kleinen Kanus der Fischer sich dicht am Ufer hielten. David Anstey, der mit uns fuhr, um uns mit den afrikanischen Bewohnern des Gebietes bekannt zu machen, erklärte, daß der See manchmal ganz plötzlich zu toben beginnt; ein rauher Wind fährt dann durch die Täler herab und peitscht das Wasser zu gischtenden Wellen auf.

Überall am Ufer lehnten sich kleine Fischerdörfer an die Berghänge oder säumten die Mündungen der Täler. Ihre Bewohner lebten zumeist in einfachen Hütten aus Schlick und Gras, wenn wir auch schon damals hier und da größere Gebäude sahen, die mit glitzerndem Wellblech bedeckt waren – mit jenem Material, das für alle, die die Schönheit der Natur lieben, der Fluch der heutigen afrikanischen Landschaft ist.

Als wir ungefähr zehn Kilometer gefahren waren, deutete David auf den mächtigen Felsvorsprung, der die Südgrenze des Schimpansenreservats markiert. Sobald wir diese Grenzlinie passiert hatten, merkten wir, daß die Landschaft sich unvermittelt und dramatisch veränderte: die Berge waren jetzt dicht bewachsen, und die Täler waren mit tropischen Wäldern bedeckt. Selbst hier sahen wir immer wieder Fischerhütten, die vereinzelt am weißen Strand standen. David erklärte uns, daß sie nur zeitweilig bewohnt seien. Die Afrikaner hatten die Erlaubnis, während der Trockenzeit zu fischen und ihren Fang an dem zum Reservat gehörenden Ufer zu trocknen. Wenn die Regenzeit begann, kehrten die Fischer in ihre Heimatdörfer außerhalb des Schimpansenreservats zurück. Diese Männer waren es, zwischen denen es kurz zuvor zu Streitigkeiten gekommen war; die Fischer zweier Dörfer hatten sich nicht einigen können, wer von ihnen das Recht auf einen bestimmten Strandabschnitt hatte.

Ich habe mich oft gefragt, was ich während dieser Bootsfahrt gefühlt haben mag, als ich wie gebannt die wilde Landschaft betrachtete, in der ich so bald schon umherstreifen sollte. Vanne gab später zu, daß der Anblick der steilen Hänge und der schier undurchdringlichen Wälder in den Tälern sie insgeheim zutiefst erschreckt habe, und David Anstey verriet mir ein paar Monate später, er sei völlig überzeugt gewesen, daß ich nach spätestens sechs Wochen aufgeben würde. Ich erinnere mich, daß ich weder Erregung noch Angst verspürte, sondern ein seltsames Gefühl der Gleichgültigkeit. Was hatte ich, das Mädchen, das da in Jeans auf dem Motorboot der Regierung stand, zu tun mit dem Mädchen, das wenige Tage später auf eben diesen Bergen nach wilden Schimpansen suchen würde? Doch als ich mich in jener Nacht schlafen legte, hatte sich die Verwandlung bereits vollzogen.

Nach zweistündiger Fahrt ging das Motorboot in Kasakela, wo die beiden Game Scouts der Regierung ihr Standquartier hatten, vor Anker. David Anstey hatte uns geraten, daß wir wenigstens so lange, bis uns das Gebiet vertraut sei, unser Camp in der Nähe ihrer Hütten aufschlagen sollten. Als unser Dingi sich dem weißen Sandstrand näherte, sahen wir, daß sich eine ansehnliche Gruppe von Menschen versammelt hatte, um unsere Ankunft zu beobachten: die beiden Scouts, die wenigen Afrikaner, die die Erlaubnis hatten, ständig im Reservat zu leben, damit die Scouts nicht völlig isoliert waren, und einige Fischer aus den nahe gelegenen Hütten. Wir wateten durch das seichte Wasser mit seinen glitzernden kleinen Wellen an Land und wurden zuerst von den Scouts und dann mit großem Zeremoniell von dem Ehrenhäuptling des Dorfes, dem alten Iddi Matata, begrüßt. Mit seinem roten Turban, seinem roten, europäisch geschnittenen Rock, den er über einem fließenden weißen Gewand trug, seinen Holzschuhen und seinem weißen Bart bot er einen farbenprächtigen Anblick. Er hielt eine lange Willkommensrede in Kisuaheli, von der ich nur Bruchstücke verstand, und wir übergaben ihm ein kleines Geschenk, das wir, auf Davids Anraten, für ihn gekauft hatten.

Als die Formalitäten vorüber waren, folgten Vanne und ich David auf einem schmalen Pfad von etwa dreißig Schritt Länge, der vom Strand durch ein Dickicht zu einer natürlichen Lichtung führte. Mit Unterstützung Davids und der afrikanischen Scouts hatten wir das große Zelt, das für Vanne und mich bestimmt war, in kurzer Zeit aufgeschlagen. Hinter dem Zelt floß ein kleiner gurgelnder Bach vorbei, und hohe Ölpalmen spendeten Schatten. Es war ein idealer Zeltplatz. Etwa fünfzig Schritt entfernt, unter ein paar Bäumen am Strand, schlugen wir ein zweites, kleineres Zelt auf, das unserem Koch Dominic, den wir vor unserer Abfahrt aus Kigoma angeheuert hatten, als Unterkunft dienen sollte.

Als unser Camp eingerichtet war, machte ich mich auf einen Erkundigungsgang. Das hohe Gras auf den unteren Hängen war kurz zuvor einem Buschfeuer zum Opfer gefallen, und die Aschenschicht, die sich dabei gebildet hatte, machte den Boden schlüpfrig. Es war ungefähr vier Uhr, aber die Sonne brannte immer noch erbarmungslos herab, und ich war schweißbedeckt, als ich endlich hoch genug gestiegen war, um den See und das breite Tal überblicken zu können, das sich üppig und grün von dem geschwärzten Berghang abhob, auf dem ich stand.

Ich saß schwitzend auf einem großen flachen Felsen und konnte fühlen, wie ich, nach der Niedergeschlagenheit der Woche in Kigoma und dem trancehaften Zustand, in dem ich seit unserer Abfahrt gewesen war, wieder zum Leben erwachte. Eine Horde von etwa sechzig Pavianen, die den versengten Boden nach gebratenen Insekten absuchten, zog vorüber. Einige der Tiere kletterten auf Bäume, als sie mich sahen, und schüttelten die Zweige mit ruckartigen, drohenden Bewegungen; zwei der großen Männchen stießen ihren lauten, bellenden Warnruf aus. Im großen und ganzen jedoch fühlte sich die Horde wenig beunruhigt durch meine Gegenwart und zog, mit ihren eigenen Angelegenheiten beschäftigt, langsam weiter. Auch einen Buschbock sah ich, ein graziöses, kastanienbraunes Tier, kaum größer als eine Ziege, mit kräftigen, schraubig gedrehten Hörnern. Er sah mich regungslos an, machte dann plötzlich eine Wendung und sprang, den Wedel aufgestellt und wie ein Hund bellend, in weiten Sprüngen davon.

Ich blieb nicht länger als eine dreiviertel Stunde auf dem Berg, aber als ich – fast ebenso schwarz wie die Hänge, auf denen ich herumgekrochen war – zurückkehrte, fühlte ich mich nicht mehr wie ein Eindringling. In jener Nacht zog ich mein Feldbett ins Freie und schlief unter den Sternen, die durch die raschelnden Wedel einer Palme herabblinkten.

Am nächsten Morgen brannte ich natürlich darauf, mich auf die Suche nach Schimpansen zu machen, aber ich fand sehr bald heraus, daß ich, jedenfalls für den Anfang, keineswegs mein eigener Herr sein würde. David Anstey hatte mit einer Reihe von Afrikanern aus der Umgebung abgesprochen, daß sie kommen und Vanne und mich kennenlernen sollten. Er erklärte uns, daß sie alle besorgt und aufgebracht seien. Sie konnten einfach nicht glauben, daß ein junges Mädchen die lange Reise von England bis zu ihnen unternommen hatte, bloß um sich Affen anzuschauen, und so lief das Gerücht um, ich sei ein Spitzel der Regierung. Ich war David natürlich sehr dankbar dafür, daß er gleich zu Anfang alles für mich regelte, aber ich verlor mehr und mehr den Mut, als ich von den Plänen hörte, die er für mich gemacht hatte.

Zunächst kamen wir überein, daß der Sohn des Häuptlings von Mwamgongo, einem großen Fischerdorf im Norden des Schimpansenreservats, mich begleiten sollte. Seine Aufgabe war es, dafür zu sorgen, daß ich nicht in mein Buch schrieb, ich hätte zehn oder zwanzig Schimpansen gesehen, wenn es nur ein einziger gewesen war. Später begriff ich, daß die Afrikaner immer noch darauf hofften, die vierzig Quadratkilometer des Reservats wieder zurückzuerhalten. Wenn ich daher vorgab, mehr Schimpansen gesehen zu haben, als es in diesem Bereich tatsächlich gab, so lieferte ich damit nach Meinung der Afrikaner der Regierung Argumente, auf die sie sich berufen konnte, wenn sie das Gebiet auch künftig zum geschützten Reservat erklären wollte. Darüber hinaus war David der Ansicht, daß ich aus Prestigegründen einen Afrikaner anstellen sollte, der meine Proviant-tasche trug.

Da ich überzeugt war, daß es mir nur dann gelingen würde, einen Kontakt mit den scheuen Tieren herzustellen, wenn ich allein war, brachte mich der Gedanke, ständig von zwei Begleitern behelligt zu sein, ziemlich aus der Fassung. Aber das war noch nicht alles: Ich mußte obendrein noch einen der Game Scouts mitnehmen. Ich war deprimiert und unglücklich, als ich am Abend jenes Tages ins Bett ging.

Am nächsten Morgen jedoch war alles neu und aufregend, und meine gedrückte Stimmung war bald verflogen. Wir hatten verabredet, daß ich mich mit dem Sohn des Häuptlings in einem Tal in der Nähe der Nordgrenze des Reservats treffen sollte, da mein Game Scout Adolf dort am Tag zuvor bei einem Patrouillegang Schimpansen gesichtet hatte. David Anstey hatte etwas in Mwamgongo zu erledigen; so ergab es sich, daß er Adolf, meinen «Träger» Raschidi und mich in seinem Boot mitnahm und uns am verabredeten Treffpunkt absetzte.

Der Sohn des Häuptlings kam, gefolgt von fünf oder sechs anderen Afrikanern, auf uns zu, und ich erstarrte bei dem Gedanken, daß sie alle darauf bestehen könnten, mit mir zu kommen. Aber meine Befürchtungen erwiesen sich rasch als unbegründet. Der junge Mann erkundigte sich, wohin ich gehen wolle, und ich deutete in die Richtung der steilen, dicht bewaldeten Hänge am Rand des Tales. Er wirkte ziemlich bestürzt und sprach in Kiha, der Sprache des Ha-Stammes, ruhig und ernst mit seinen Freunden. Wenig später trat er wieder auf uns zu und sagte mir, er fühle sich nicht besonders wohl und werde mich an diesem Tag nicht begleiten. Später fand ich heraus, daß er geglaubt hatte, ich würde lediglich am Ufer auf und ab fahren und die Schimpansen zählen, die ich vom Boot aus sehen konnte. Die Aussicht, in den Bergen herumklettern zu müssen, gefiel ihm ganz und gar nicht, und ich sah ihn nie wieder.

Als wir gerade aufbrechen wollten, kamen zwei Fischer herbeigelaufen und fragten uns, ob wir einen Augenblick Zeit hätten. Sie führten uns zu einem Baum unmittelbar hinter einer der provisorischen Hütten, dessen Rinde wohl an hundert Stellen abgestoßen war. Am Abend zuvor hatte hier ein Büffelbulle, einer der gefährlichen Einzelgänger, einen der Fischer angegriffen. Der Mann hatte es fertiggebracht, auf den Baum zu klettern und sich so in Sicherheit zu bringen, aber der Büffel hatte wieder und wieder den schlanken Stamm attackiert. Ich weiß nicht, ob die Männer lediglich dem Game Scout Bericht erstatten wollten oder ob sie versuchten, mir die Gefahren, die in ihrem Land auf mich lauerten, vor Augen zu führen, aber die Erinnerung an den zerschundenen Baum verfolgte mich noch wochenlang, sooft ich in dem dichten Unterholz der Talwälder umherkroch.

Nach dem kleinen Ausflug zu dem Baum, den der Büffel berannt hatte, zogen wir durch das Mitumba-Tal, und wenig später schon befanden wir uns mitten im afrikanischen Urwald, wie ich ihn mir stets erträumt hatte. Ringsum standen riesenhafte mit Lianen behangene Bäume, und immer wieder schimmerten leuchtendrote oder weiße Blüten durch das dichte Laubwerk. Wir gingen an einem rasch dahinfließenden seichten Bach entlang und wateten durch das Wasser, sooft das andere Ufer ein leichteres Vorankommen versprach. Dann und wann schoß ein bunter Rakenvogel oder irgendein anderer Waldvogel an uns vorüber, und einmal sahen wir, wie eine Horde von kleineren Affen, deren Schwänze kupferfarben leuchteten, über eine Lücke im Blätterdach sprang. Der dichte Dom des Waldes, der sich in einer Höhe von mehr als dreißig Metern über uns wölbte, ließ nur wenig Sonnenlicht durchdringen. Und auf der Talsohle gab es kaum Unterholz, das uns den Weg hätte versperren können.

Nachdem wir etwa zwanzig Minuten gegangen waren, führte uns Adolf vom Flußbett weg und den Hang hinauf, der das Tal begrenzte. Fast im gleichen Augenblick wurde das Gehen sehr viel schwieriger: Die Bäume waren kleiner, und das Unterholz war dicht und von Schlingpflanzen durchzogen, so daß wir zumeist auf allen vieren kriechen mußten, um voranzukommen. Unter einem riesigen Baum blieb Adolf stehen. Ich schaute hinauf und sah, daß er mit kleinen orangefarbenen und roten Früchten beladen war: Der Boden ringsum war besät mit abgebrochenen Zweigen und angebissenen Früchten. Wir standen unter einem Msulula-Baum, in dem sich am Tag zuvor die Schimpansen gelabt hatten.

Es war nicht meine Absicht gewesen, dicht an den Baum heranzugehen, und in der Hoffnung, daß wir noch keine Schimpansen gestört hätten, erklärte ich rasch meinen Führern, daß ich den Baum aus einiger Entfernung – von der anderen Seite des Tals aus – beobachten wolle.

Zehn Minuten später hatten wir uns auf einer kleinen, grasbewachsenen Lichtung unmittelbar gegenüber dem Msulula-Baum und etwa auf der gleichen Höhe niedergelassen. Später machte ich die Entdeckung, daß wir in der Tat die einzige wirklich günstige Stelle erwischt hatten, von der aus man den Baum beobachten konnte. Raschidis geübte Augen hatten den Platz sofort entdeckt. Ich selber hätte ihn zu jener Zeit niemals bemerkt. Es schien ein sehr stiller und friedlicher Platz, zu dem das Rauschen des Flusses nicht hinaufdrang. Nur ein paar Zikaden ließen unentwegt ihr schrilles Zirpen hören, hier und da sang ein Vogel, und gelegentlich drang das Bellen oder Kreischen eines Pavians zu uns herüber.

Plötzlich erstarrte ich vor Erregung; denn unten im Tal hörte ich die Rufe einer Gruppe von Schimpansen. Natürlich hatte ich Schimpansen im Zoo gehört, aber hier draußen, im afrikanischen Urwald, war der Klang ihrer Stimmen unbeschreiblich aufregend. Zuerst ließ einer der Schimpansen seine tiefen, widerhallenden *pant-hoots* vernehmen, laute, tutende Rufe, auf die jeweils ein hörbares Einsaugen der Luft folgt. Diese Rufe wurden lauter und lauter, bis sie schließlich beinahe zu einem Kreischen wurden. Nachdem die ersten Rufe verhallt waren, fiel ein zweites Tier ein, dann ein drittes. In dem Bericht von Nissen hatte ich von Schimpansen gelesen, die auf Baumstämme trommeln: Jetzt hörte ich mit meinen eigenen Ohren das seltsame, hallende Geräusch, dessen Echo das ganze Tal erfüllte und in das sich der wilde Chor der *pant-hoots* mischte.

Die Gruppe befand sich ganz dicht bei dem Msulula-Baum, und ich saß, alle Sinne angespannt, wartend da, den Blick starr auf den gegenüberliegenden Wald gerichtet. Trotzdem war es Raschidi, der die erste Bewegung sah: Ein Schimpanse kletterte auf einen Palmenstamm und von dort in die Zweige des riesigen Baums. Ein zweiter folgte ihm, dann ein dritter, ein vierter – alle in geordneter Reihe. Ich zählte insgesamt sechzehn Tiere; einige davon waren groß, einige viel kleiner. Auch eine Schimpansenmutter war darunter, deren winziges Baby sich an ihrem Bauch festklammerte.

Bei aller Erregung war ich dennoch zugleich ein wenig enttäuscht; denn obwohl die Schimpansen zwei Stunden lang in dem Baum blieben, sah ich nicht viel mehr als dann und wann einen schwarzen Arm, der aus dem Blattwerk herauslangte und mit einer Handvoll Früchten wieder verschwand. Schließlich kletterten die Tiere eines nach dem anderen lautlos die Palmenleiter, über die sie vorher hinaufgelangt waren, wieder hinunter und verschwanden im Wald.

Das war es, was mich am meisten erstaunte: sechzehn Schimpansen in einem Baum, und die einzigen Geräusche, die ich gehört hatte, waren die Rufe gewesen, die ihre Ankunft verkündet hatten.

Wenige Minuten, nachdem der letzte Schimpanse verschwunden war – ich saß immer noch da und suchte das Tal mit meinem Feldstecher ab in der Hoffnung, die Gruppe beobachten zu können, wie sie in einen anderen Baum kletterte –, schreckten mich Adolf und Raschidi auf mit der Feststellung, ihre Essenszeit sei gekommen, und wir müßten uns deshalb auf den Rückweg machen. Ich protestierte vergebens: Solange ich mich noch nicht ganz und gar sicher fühlte, wagte ich nicht, ihnen zu befehlen, sie sollten dableiben. Genausowenig wagte ich es, Davids Mißfallen dadurch zu erregen, daß ich ohne seine Eskorte ausharrte. Als wir im Gänsemarsch durch den Urwald zurückgingen, faßte ich aber den Entschluß, die Dinge in Zukunft anders zu regeln.

Der Msulula-Baum trug noch zehn Tage lang Früchte, und Raschidi und Adolf, die von nun an ihre Mittagsmahlzeit mitnahmen, begleiteten mich abwechselnd. Dreimal blieben wir sogar über Nacht draußen. Raschidi und Adolf schliefen eng aneinandergerückt neben einem kleinen Lagerfeuer; ich selber wickelte mich ein wenig abseits in eine Wolldecke.

Während der zehn Tage sah ich zahlreiche Schimpansen. Manchmal kletterten große Gruppen auf den Baum und fraßen von den Msulula-Früchten; manchmal bestand die Gruppe auch nur aus zwei oder drei Tieren. Zweimal sah ich, wie ein einzelnes Männchen kam und über eine Stunde ganz allein im Baum saß und fraß. Mir wurde bald klar, daß die Gruppen nicht konstant waren: Einmal, zum Beispiel, kamen vierzehn Schimpansen zusammen an, zogen aber in zwei verschiedenen Gruppen wieder ab, wobei die zweite Gruppe gut eine halbe Stunde später als die erste vom Baum herabkletterte. Und nach den Geräuschen zu urteilen, entfernten sich die beiden Gruppen in verschiedene Richtungen. Bei einer anderen Gelegenheit sah ich, wie sich zwei kleine Gruppen auf dem Baum trafen und mit viel Geschrei in den Zweigen herumtobten. Dann beruhigten sie sich, fraßen in aller Stille gemeinsam und zogen, soweit ich sehen konnte, gemeinsam wieder ab. Überdies machte ich die Entdeckung, daß einige Gruppen ausschließlich aus erwachsenen Männchen, andere nur aus Weibchen und Jungtieren und wieder andere aus Männchen, Weibchen und Jungtieren bestanden.

Ich war indessen keineswegs zufrieden mit dem, was ich entdeckt hatte. Das Laubwerk des Msulula war so dicht, daß ich kaum Gelegenheit hatte zu beobachten, wie sich die einzelnen Schimpansen zueinander verhielten. Zweimal versuchte ich, näher an den Baum heranzukommen, um besser beobachten zu können, aber beide Versuche scheiterten kläglich: Beim erstenmal entdeckten mich die Affen auf ihrem Weg zum Baum und flohen; beim zweiten Versuch saßen vier Schimpansen eine Stunde lang fast direkt über mir, und doch sah ich sie nur für Sekunden, als sie die Palmenleiter hinauf- und wieder hinunterkletterten.

Später jedoch wurde mir klar, wieviel Glück ich gehabt hatte, solange der Msulula-Baum Früchte trug. In jenen zehn Tagen lernte ich vermutlich mehr als in den ganzen acht deprimierenden Wochen, die auf diese Zeit folgten. Soviel wir auch suchen mochten, wir fanden keinen einzigen großen Baum, der Früchte trug. Wir durchkämmten die meisten der zwölf Täler des Reservats, aber Unterholz und Gebüsch waren oft sehr dicht, und das Rauschen der Flüsse übertönte nicht nur den Lärm, den wir selber verursachten, sondern genauso die Geräusche, die uns hätten verraten können, wo sich die Schimpansen aufhielten. Sahen wir einmal ein paar Tiere, dann waren wir ihnen gewöhnlich bereits so nahe, daß sie sofort die Flucht ergriffen. Heute kann ich mir sehr gut vorstellen, wie oft sie uns gesehen haben und leise verschwunden sein müssen, ohne daß wir ihre Gegenwart auch nur ahnten.

Ein wenig mehr Glück hatten wir, wenn wir auf die Hügelketten zwischen den Tälern kletterten. Aber auch dann machten sich die Schimpansen davon, sobald sie uns sahen, mochten uns auch fünfhundert Meter und eine Schlucht von ihnen trennen. Oder sie waren so weit weg, daß es unmöglich war, ihr Verhalten im einzelnen zu beobachten. Eine Zeitlang dachte ich, daß die Schimpansen vielleicht deshalb so ängstlich seien, weil wir zu dritt waren. Aber ihre Reaktion war die gleiche, wenn ich meine Begleiter irgendwo an einem hoch gelegenen Platz zurückließ, von dem aus sie mich im Auge behalten konnten, und allein versuchte, näher an eine Gruppe heranzukommen: Sie flohen.

Neben den enttäuschenden Tagen, an denen wir nur Schimpansen sahen, die entweder zu weit weg waren, als daß man sie genau hätte beobachten können, oder die nach wenigen Minuten flohen, gab es auch Tage, an denen wir überhaupt keine Schimpansen sahen. Je mehr ich an die Aufgabe dachte, die ich mir gestellt hatte, desto mehr verzagte ich. Immerhin hatten diese Wochen den Vorteil, daß ich mit dem zerklüfteten Terrain vertraut wurde. Meine Haut wurde unempfindlich gegen die scharfen und rauhen Grasarten der Täler, und mein Blut wurde immun gegen das Gift der Tsetsefliege, so daß ich nicht mehr jedesmal gewaltig anschwoll, wenn ich gestochen wurde. Außerdem lernte ich mehr und mehr, mich sicher auf den heimtückischen Hängen zu bewegen, die stets schlüpfrig waren, ganz gleich, ob sie nackt und ausgewaschen, mit einer Kruste von Asche bedeckt oder mit trockenem, zertrampeltem Gras bewachsen waren.

Auch mit vielen der Wildwechsel in den fünf Tälern, die mein Hauptarbeitsgebiet werden sollten, wurde ich nach und nach vertraut.

Nicht zuletzt gaben mir unsere täglichen Wanderungen Gelegenheit, viele der anderen Bewohner der Berge kennenzulernen: die gewaltigen grauen Buschschweine mit ihrer silbrigen Nackenmähne; Horden von Streifenmangusten, die auf der Suche nach Insekten die Blätter rascheln ließen; die Hörnchen und die gestreiften und gefleckten Rüsselspringer der dichten Wälder. Mit der Zeit gewann ich auch einen Überblick über die vielen verschiedenen Affenarten, die im Gombe-Gebiet anzutreffen sind. Am häufigsten liefen uns Horden von Pavianen über den Weg. Manchmal fanden sie sich, wie die Gruppe, der ich am ersten Nachmittag begegnete, ohne viel Aufhebens mit unserer Gegenwart ab; einige Trupps aber schlugen so lange Lärm, bis wir oder sie aus dem Blickfeld verschwunden waren. In jedem der Täler gab es zwei oder drei kleine Gruppen von Berg-Weißnasenmeerkatzen und ein paar Blaugesichtige Diademmeerkatzen. Weit größer waren die Horden der Roten Kolobusaffen. Sie bestanden aus sechzig und mehr Tieren und waren jeweils in zwei und mehr Tälern zu Hause. Gelegentlich begegneten wir auch einer einzelnen Silbermeerkatze, deren schwarzes Gesicht von einem weißen Haarkranz eingerahmt ist. Unten am See gab es sogar ein paar Gruppen von Grünen Meerkatzen, die mich an meine Affenstudien auf der Insel Lolue erinnerten.

Besonders gern beobachtete ich die Roten Kolobusaffen. Der Rote Kolobus ist ein großer Affe, und es kam gelegentlich vor, daß ich die ausgewachsenen Männchen für Schimpansen hielt, weil das dunkelbraune Haar auf ihrem Rücken bei bestimmten Lichtverhältnissen schwarz wirkt und weil sie aufrecht auf den Zweigen sitzen und sich an einem Ast über ihrem Kopf festhalten, wie es die Menschenaffen tun. Ihr langer, dicker, herabhängender Schwanz jedoch verrät sehr rasch ihre tatsächliche Identität. Wenn ich nahe an sie herankam und sie aus den Zweigen zu mir herabschauten, erinnerten mich ihre Gesichter stets an aufgeschreckte alte Jungfern mit gelblichroten Vogelscheuchenperücken auf dem Kopf.

Von Raschidi lernte ich eine Menge über die Gesetze des Urwalds. Er war es auch, der mir beibrachte, wie man sich im scheinbar undurchdringlichen Dickicht zurechtfindet, und obwohl ich zunächst enttäuscht gewesen war, als ich gehört hatte, daß mir nicht erlaubt war, allein zu gehen, war ich in jener ersten Zeit dankbar für seine Hilfe. Bald jedoch mußte er mich verlassen und für einige Zeit in sein Dorf zurückkehren, und da ich die Erfahrung machte, daß Adolf, der Scout, nicht in der Lage war, ohne Essen lange, anstrengende Stunden in den Bergen durchzuhalten, hatte ich in den folgenden Monaten eine Reihe von anderen afrikanischen Begleitern. Da war zunächst Soko aus Nyanza, dessen Name unter den in dieser Gegend wohnenden Afrikanern eine Welle von Heiterkeit auslöste, da «Soko» ihr Name für den Schimpansen ist! Dann kam der baumlange und gertenschlanke Wilbert, der selbst dann noch makellos aussah, wenn er auf dem Bauch kriechend eine Schweinefährte verfolgt hatte; und schließlich Short, der, wie bereits sein Name sagt, sehr klein war. Alle drei waren zähe, kräftige Männer, die ihr Leben lang im Busch mit Tieren gearbeitet hatten. Es machte mir Spaß, wenn sie mich begleiteten, und ich lernte viel dazu in der Zeit, in der sie für mich arbeiteten.

Erste Beobachtungen

Ungefähr drei Monate nach unserer Ankunft wurden Vanne und ich zur gleichen Zeit krank. Wir hatten eindeutig Malaria, aber da uns kein geringerer als der Arzt in Kigoma versichert hatte, daß es in diesem Gebiet keine Malaria gäbe, hatten wir keinerlei Medikamente dagegen mitgenommen. Ich kann mir mit dem besten Willen nicht vorstellen, wie er zu dieser seltsamen Annahme gekommen sein mag, aber wir waren damals zu naiv, um ihm weitere Fragen zu stellen. Fast zwei Wochen lang lagen wir Seite an Seite auf unseren flachen Feldbetten in dem heißen, stickigen Zelt und schwitzten das Fieber aus. Gelegentlich rafften wir uns dazu auf, unsere Temperatur zu messen – unser einziger Zeitvertreib, da keinem von uns nach Lesen zumute war. Vanne hatte fünf Tage lang fast konstant eine Temperatur von vierzig Grad; nur während der kühlen Nächte ließ das Fieber ein wenig nach. Später erklärte man uns, wir könnten von Glück sagen, daß sie überhaupt durchgekommen ist. Um alles noch schlimmer zu machen, lag während der ganzen Zeit, in der wir an unser Feldbett gefesselt waren, ein entsetzlicher Gestank über dem Zeltplatz – ein Gestank, der an faulendes Kohlwasser erinnerte. Er entströmte den Blüten eines Baums, dessen Name mir entfallen ist. Für mich heißt er seit damals der «Fieberblütenbaum».

Unser Koch Dominic flehte uns an, nach Kigoma zu fahren und einen Arzt aufzusuchen. Als wir ihm klarmachten, daß wir viel zu krank waren, um die dreistündige Reise in unserem kleinen Boot verkraften zu können, machte er die mangelnde ärztliche Pflege dadurch wett, daß er ständig auf die rührendste Weise für uns sorgte. Eines Nachts wanderte Vanne im Delirium aus dem Zelt und fiel bewußtlos neben einer Palme zu Boden. Ich selber hatte überhaupt nicht gemerkt, daß sie das Zelt verlassen hatte. Es war Dominic, der sie gegen drei Uhr morgens fand und ihr zu ihrem Bett zurückhalf. Später verriet er uns, daß er Nacht für Nacht mehrmals herübergekommen war, um nachzusehen, ob bei seinen «Memsahibs» alles in Ordnung sei.

Sobald ich fieberfrei war, packte mich die Ungeduld. Fast drei Monate waren vergangen, und ich hatte das Gefühl, noch keinerlei Fortschritt gemacht zu haben. Ich fühlte mich dem Wahnsinn nahe, wenn ich daran dachte, daß in wenigen Monaten die Geldmittel, die mir zur Verfügung standen, verbraucht sein würden. Da ich nicht wollte, daß mich irgendeiner meiner afrikanischen Begleiter in meinem angeschlagenen Zustand sah, machte ich mich – auf die Gefahr hin, das Mißfallen der offiziellen Stellen zu erregen – eines Morgens allein auf den Weg, um den Berg zu besteigen, der sich in unmittelbarer Nähe unseres Camps erhob – denselben Berg, auf den ich an meinem ersten Nachmittag geklettert war. Ich brach wie gewöhnlich beim ersten Morgendämmer auf, zu einer Tageszeit also, zu der es noch kühl war. Nach etwa zehn Minuten begann mein Herz wild zu hämmern. Ich konnte fühlen, wie das Blut in meinen Schläfen pochte, und ich mußte stehenbleiben, um Atem zu holen. Schließlich jedoch schaffte ich es bis zu einem unbewachsenen Gipfel, der etwa dreihundert Meter über dem See lag, und da ich von diesem Punkt aus einen herrlichen Blick über das Tal hatte, beschloß ich, eine Weile sitzen zu bleiben und mit meinem Feldstecher nach Zeichen von Schimpansen zu suchen.

Ich hatte wohl fünfzehn Minuten so dagesessen, als ich auf dem kahlgebrannten Hang auf der gegenüberliegenden Seite einer schmalen Schlucht eine Bewegung wahrnahm. Ich sah genau hin und entdeckte drei Schimpansen, die zu mir herüberspähten. Ich nahm an, daß sie fliehen würden, da sie nur etwa 75 Meter von mir entfernt waren. Aber sie flohen nicht, sondern gingen nach ein paar Augenblicken in aller Ruhe weiter, und ich verlor sie erst aus den Augen, als sie in dichteres Buschwerk eindrangen. Hatte ich am Ende doch recht gehabt mit meiner Annahme, daß sie weniger Angst haben würden vor einem Menschen, der völlig allein war? Denn selbst wenn ich mich von meinen afrikanischen Begleitern entfernt und einer Gruppe allein genähert hatte, werden die Schimpansen ohne Zweifel bemerkt haben, was da gespielt wurde.

Ich blieb auf meinem Gipfel sitzen, und später am Morgen stürmte eine Horde von Schimpansen schreiend, bellend und heulend den gegenüberliegenden Berghang hinunter und machte sich über die Früchte eines der Feigenbäume her, die dicht an dicht unten im Tal am Rand des Bachs wuchsen. Etwa zwanzig Minuten später schon zog eine weitere Schimpansengruppe über den kahlen Hang, auf dem ich zuvor die drei Tiere gesehen hatte. Auch diese Gruppe entdeckte mich, da ich auf meinem felsigen Gipfel weithin sichtbar war. Aber wenngleich alle Tiere stehenblieben, zu mir herüberschauten und ihre Schritte ein wenig beschleunigten, als sie weiterzogen, konnte doch von einer panischen Flucht keine Rede sein. Mit heftigem Ästeschütteln und großem Geschrei begrüßten die Neuankömmlinge jene Gruppe, die sich bereits über die Feigen hergemacht hatte. Nach einer Weile beruhigten sich alle und widmeten sich gemeinsam und still der Mahlzeit. Schließlich kletterten sie von den Bäumen herunter und zogen, zu einer einzigen großen Gruppe vereinigt, davon. Auf einem Teil ihres Wegs durch das Tal konnte ich beobachten, wie sie in langer, geordneter Reihe einer nach dem andern dahinwanderten. Zwei kleine Schimpansenbabies hockten wie Jockeys auf dem Rücken ihrer Mütter. Ich sah sogar noch, wie sie anhielten, um – je etwa eine Minute lang – zu trinken, bevor sie über den Bach sprangen.

Es war bei weitem der erfolgreichste Tag, den ich seit meiner Ankunft im Gombe Stream Reserve erlebt hatte, und als ich am Abend ins Camp zurückkehrte, war ich trotz meiner Erschöpfung in bester Stimmung. Vanne, die weit kranker gewesen war als ich und immer noch im Bett lag, machte meine Begeisterung neuen Mut.

Dieser Tag markierte den Wendepunkt in meinem Forschungsunternehmen. Die Feigenbäume wuchsen überall am Unterlauf des Bachs und trugen in jenem Jahr in unserem Tal acht Wochen lang reichlich Früchte. Tag für Tag stieg ich auf meinen Gipfel, und Tag für Tag kamen auch die Schimpansen und fraßen von den Feigen im Tal. Sie kamen in großen Horden und in kleinen Gruppen, einzeln und paarweise. Regelmäßig zogen sie an mir vorbei, und zwar entweder auf dem ursprünglichen Weg über den kahlen Hang unmittelbar über mir oder auf einer der Fährten, die unterhalb meines Platzes über den grasbewachsenen Kamm führten. Und da ich mit meiner unauffälligen Kleidung immer gleich aussah und nie versuchte, ihnen zu folgen oder sie irgendwie zu stören, wurde den Schimpansen nach und nach klar, daß ich wohl doch nicht das grauen- und furchterregende Monstrum war, für das sie mich zunächst gehalten hatten. Natürlich war ich zumeist allein auf meinem Gipfel; es war nicht nötig, daß mir meine afrikanischen Begleiter den Berg hinauf und hinunter folgten, da sie stets wußten, wo sie mich finden konnten. Als Short nicht länger bleiben konnte, entschloß ich mich, keinen Afrikaner mehr einzustellen, und obgleich Adolf und später Saulo David, der neue Scout, am Abend häufig heraufkamen, um nachzuschauen, ob mir nichts zugestoßen war, blieb ich doch zumeist völlig allein.

Mein Gipfel wurde rasch zu *dem* Gipfel schlechthin. Im ganzen Gombe-Reservat gibt es meiner Ansicht nach keinen günstigeren Platz für den, der die Schimpansen beobachten will. Natürlich findet man, wenn man höher hinaufsteigt, Stellen, von denen aus man einen herrlichen Blick in alle Richtungen hat. Aber die Schimpansen sieht man nur selten in solchen Höhen, weil sie den größten Teil ihrer Nahrung weiter unten an den Berghängen finden. Von meinem Platz aus konnte ich, wenn ich nach Süden schaute, das Tal überschauen, an dessen Ausgang unser Camp lag. Und ich brauchte nur wenige Schritte in nördlicher Richtung zu gehen, um in das beinahe kreisrunde Becken des unteren Kasakela-Tals hinabschauen zu können, das von dichtem Urwald bedeckt war. Ich fand rasch heraus, daß man durch einen verhältnismäßig lichten Wald – in dem ich mehrmals einer kleinen Herde von etwa sechzehn Büffeln begegnete –, ohne viel Steigungen überwinden zu müssen, das obere Kasakela-Tal durchqueren konnte. Nördlich des Büffelwalds hatte man von einem anderen unbewachsenen Kamm aus einen guten Ausblick auf den oberen Teil des schmalen, von steilen Hängen begrenzten Mlinda-Tals.

Ich nahm eine kleine Blechkiste mit auf den Gipfel, in der ich einen

Wasserkessel, etwas Kaffee, ein paar Dosen Backbohnen, einen Pullover und eine Wolldecke verstaute. Im Büffelwald gab es einen winzigen Bach. Während der Trockenzeit war er fast verschwunden, aber ich hob eine kleine Mulde in dem kiesigen Bett aus, in der ich gerade so viel von dem perlenden klaren Wasser sammeln konnte, wie ich brauchte. Auf diese Weise war es mir möglich, auf meinem Aussichtsplatz zu übernachten, wenn die Schimpansen in der Nähe des Gipfels schliefen. Ich tat es häufig. Das hatte unter anderm den Vorteil, daß ich am Morgen nicht erst mühsam den Berg hochzuklettern brauchte. Da ich in solchen Fällen dem Game Scout, der gegen Abend zu mir heraufkam, eine Nachricht für Vanne mitgeben konnte, wußte sie stets Bescheid, wenn ich über Nacht draußen bleiben wollte.

Etwa einen Monat lang verbrachte ich den größten Teil der Tage entweder auf dem Gipfel oder an der Stelle, von der aus ich das Mlinda-Tal überblicken konnte, wo die Schimpansen sich vor oder nach einer ausgiebigen Feigenmahlzeit mit kleinen purpurroten Früchten vollstopften, die, wie ein Großteil ihrer Nahrung, bitter und herb schmeckten wie Schlehen oder Holzäpfel. Ich begann, Stück für Stück mein erstes, noch ein wenig grobes Bild vom Schimpansenleben zusammenzusetzen.

Der Eindruck, daß sich die einzelnen Tiere innerhalb der Gemeinschaft zu instabilen, ständig sich verändernden Gruppen zusammenschlossen, wie ich es bei dem Msulula-Baum hatte beobachten können, wurde im weiteren Verlauf meiner Untersuchungen immer wieder bestätigt. Meist waren es kleine Gruppen von vier bis acht Tieren, die gemeinsam umherzogen. Manchmal beobachtete ich, wie sich ein oder zwei Schimpansen von einer solchen Gruppe trennten und allein weiterzogen oder sich einem anderen Trupp anschlossen. Es kam auch vor, daß sich zwei oder drei kleine Gruppen zu einer größeren vereinigten.

Wenn eine Gruppe den grasbewachsenen Kamm überquerte, der den Kasakela-Kessel oder Büffelwald von den Feigenbäumen in unserem Tal trennte, geschah es häufig, daß die Schimpansenmännchen der Horde plötzlich anfingen zu rennen, wobei sie sich manchmal aufrichteten, herabgefallene Äste hinter sich herschleiften, stampften oder mit den Händen auf den harten Boden schlugen. Dieses Imponier-Verhalten war stets von lauten *pant-hoots* begleitet und endete häufig damit, daß sich die Tiere auf einen Baum schwangen, von dem aus sie das Tal überblicken konnten, in das sie eindringen wollten. Dort saßen sie dann ganz still, hielten Ausschau und warteten offenkundig auf eine Antwort von unten. Befanden sich Schimpansen in den Feigenbäumen, so riefen sie fast immer zurück, was wie eine Antwort klang. Darauf eilten die Neuankömmlinge dann den steilen Hang hinunter, und die beiden Gruppen begrüßten sich in den Feigenbäumen mit erneutem Gejohle und Geschrei. Wenn sich indessen Gruppen aus Weibchen und Jungtieren, unter denen sich kein erwachsenes Männchen befand, einer Horde von fressenden Schimpansen zugesellte, gab es für gewöhnlich keinerlei Aufregung; die Ankömmlinge kletterten ganz einfach in die Bäume, begrüßten einige der Tiere, die bereits in den Zweigen saßen, und machten sich über die Feigen her.

Wenn auch das dichte Laub dafür sorgte, daß mir viele Einzelheiten ihres sozialen Verhaltens verborgen blieben, so konnte ich gelegentlich doch faszinierende Beobachtungen machen. So sah ich zum Beispiel, wie ein Weibchen, das zu einer Gruppe stieß, auf ein großes Männchen zueilte und ihm seine Hand entgegenstreckte. Mit beinahe herrschaftlicher Geste ergriff er die Hand, drückte sie, zog sie an seine Lippen und küßte sie. Ich sah zwei ausgewachsene Männchen, die sich zur Begrüßung umarmten. Ich sah Jungtiere, die ausgelassen in den Baumkronen spielten, sich gegenseitig umherjagten oder eines nach dem andern wieder und wieder von einem Ast aus auf einen tiefer stehenden, wippenden Zweig sprangen. Ich beobachtete Schimpansenbabies, die ganz allein minutenlang selig vor sich hin schaukelten, sich dabei sanft von einer Seite zur andern neigten und mit einer Hand ihre Zehen betatschten; und einmal sah ich, wie zwei winzige Schimpansenkinder die beiden Enden eines Zweigs ergriffen hatten und vorsichtig Tauziehen spielten. Oft beobachtete ich, wie sich während der Mittagszeit oder nach einer ausgiebigen Mahlzeit zwei oder mehrere erwachsene Tiere gegenseitig lausten, dabei sorgfältig das Haar ihres jeweiligen Partners absuchten.

Für gewöhnlich gingen die Schimpansen zu jener Jahreszeit spät ins Bett, und wenn sie ihre Nester bauten, war es meist schon zu dunkel, als daß ich sie durch meinen Feldstecher genau hätte beobachten können. Manchmal jedoch begannen sie schon früher mit dem Nestbau, und ich konnte ihnen von meinem Gipfel aus zusehen. Ich fand heraus, daß – mit Ausnahme der Kinder, die bei ihren Müttern schliefen – jedes Tier Abend für Abend sein eigenes Nest baute. Dieser Vorgang dauerte etwa drei Minuten: Zunächst suchte sich der Schimpanse einen festen Untergrund wie etwa eine aufrecht stehende Astgabel oder zwei parallel stehende Zweige. Dann streckte er den Arm aus und bog kleinere Zweige über dieses Fundament, die er mit dem Fuß festhielt. Schließlich zog er die kleinen belaubten Zweige, die um den Rand seines Nests herumsprossen, über das grobe Astwerk und legte sich hin. Sehr oft kam es vor, daß sich ein Schimpanse nach wenigen Minuten wieder aufrichtete und eine Handvoll dichtbelaubter kleiner Zweige abriß, die er sich unter den Kopf oder irgendeinen anderen Körperteil legte, bevor er sich endgültig für die Nacht ausstreckte. Einmal beobachtete ich, wie ein junges Weibchen immer mehr Zweige auf sein Nest drückte, bis es einen gewaltigen Stapel aus Grünzeug errichtet hatte, auf dem es sich schließlich zusammenrollte. Ich bin manchmal in die Bäume hinaufgeklettert und habe mir die Schlafnester der Schimpansen angesehen, kurz nachdem sie verlassen worden waren. Allerdings konnte ich die meisten Schlafbäume nicht bezwingen. Die Nester, die ich aus nächster Nähe untersuchen konnte, waren zum Teil ziemlich kompliziert aus Zweigen zusammengesteckt und geflochten. Ferner habe ich festgestellt, daß Schimpansen keine «Nestbeschmutzer» sind, sondern ihr

Nachtlager immer peinlich sauberhalten. Als ich später ganz nahe an die Schimpansen herankommen konnte, habe ich beobachtet, wie akkurat sie immer über ihren Nestrand hinweg defäkieren und urinieren, und sei es auch mitten in der Nacht.

In diesem Monat lernte ich das Schimpansengebiet wirklich kennen; denn nicht selten unternahm ich von meinem Gipfel aus kleine Expeditionen, sei es, um Nester zu untersuchen oder – was häufiger vorkam – um Proben von Pflanzen zu sammeln, die die Schimpansen fraßen und die Bernard Verdcourt freundlicherweise für mich bestimmen wollte. Bald kannte ich mich bei den jähen Schluchten und auf den steilen Hängen der drei Täler – meines Ausgangstals, des Kessels und des Mlinda-Tals – genauso gut aus wie ein Taxifahrer im Straßengewirr von London. Es war eine Zeit, die mir in lebhafter Erinnerung ist, und zwar nicht nur, weil sich endlich die ersten Ergebnisse einstellten, sondern ebensosehr wegen des herrlichen Gefühls, ganz allein zu sein. Für Menschen, die gern mit der Natur allein sind, brauche ich nichts hinzuzufügen; denen dagegen, die dieses Gefühl nicht kennen, könnte ich mit meinen Worten nicht einmal eine Ahnung vermitteln von dem fast mystischen Bewußtsein ewiger Schönheit, das sich in gewissen kostbaren Augenblicken einstellt. Und wenn auch die Schönheit stets gegenwärtig war, kamen solche Augenblicke doch ganz unerwartet: wenn ich die fahle Röte betrachtete, die plötzlich den Himmel überzog, bevor die Dämmerung hereinbrach; wenn ich durch die raschelnden Blätter irgendeines riesigen Baumes hinaufsah in die Grüns, die Brauns und die schwarzen Schatten, die dann und wann einen hellen Fleck blauen Himmels umspielten, oder wenn ich am Abend, eine Hand an den noch warmen Stamm eines Baumes gelegt, das Spiegelbild des aufgehenden Mondes auf dem nie ruhenden See betrachtete.

Eines Tages, als ich nach einer mühseligen Kletterei im Mlinda-Tal einen Augenblick an dem kleinen Rinnsal im Büffelwald ausruhte, sah ich, wie ein Buschbockweibchen langsam in dem fast ausgetrockneten Bett des Baches näher kam. Ab und zu hielt es inne, um eine Pflanze auszurupfen und zu kauen. Ich blieb regungslos sitzen, so daß das Buschbockweibchen nichts von meiner Gegenwart ahnte, bis es kaum noch zehn Schritt von mir entfernt war. Plötzlich straffte es sich und blieb, einen seiner kleinen Vorderläufe angehoben, stehen und starrte mich an. Da ich mich nicht bewegte, wußte es nicht, was es vor sich hatte; es spürte lediglich, daß meine Konturen irgendwie ungewöhnlich waren. Ich sah, wie sich seine samtenen Nüstern erweiterten, als es schnuppernd dastand. Aber die Nase gab ihm keine Antwort, weil der Wind aus seiner Richtung kam. Unendlich langsam kam es, den Kopf vorgestreckt und ständig zur Flucht bereit, Schritt für Schritt näher. Noch heute scheint es mir fast unbegreiflich, daß seine Nase tatsächlich meine Knie berührte, aber wenn ich meine Augen schließe, spüre ich aufs neue seinen warmen Atem und seine samtige Haut. Plötzlich aber blinzelte ich, und das Buschbockweibchen schoß wie ein Blitz davon und verschwand mit weiten Sprüngen und lautem Alarmgebell im Dickicht.

Ein ganz anderes Gefühl war es, als ich von meinem Gipfel aus sah, wie ein Leopard, den Schwanz steil aufgestellt, auf mich zukam. Er befand sich nicht ganz auf gleicher Höhe mit mir und ahnte offensichtlich nicht, daß ich mich in der Nähe befand. Seit meiner Ankunft in Afrika hatte ich eine tiefsitzende, irrationale Angst vor Leoparden gehabt. Während meiner Arbeit am Gombe war ich schon mehrfach drauf und dran gewesen umzukehren, wenn ich bei meinen Kriechtouren durch das Dickicht plötzlich den scharfen Geruch von Wildkatzen wahrgenommen hatte. In solchen Fällen mußte ich mir stets aufs neue klarmachen, daß meine Angst töricht war und daß nur verwundete Leoparden in wilder Wut Menschen angriffen.

In diesem Falle jedoch verlor ich den Leoparden aus den Augen, als er sich anschickte, den Hügel hinaufzusteigen – den Hügel, auf dessen Gipfel ich saß. Ich hastete zu einem Baum, um hinaufzusteigen, aber auf halbem Wege fiel mir ein, daß Leoparden ebenfalls auf Bäume klettern können. Ich lief also nicht weiter, sondern stieß statt dessen einen etwas zaghaften Schrei aus. Mein Verstand sagte mir, daß der Leopard genauso verschreckt sein mußte wie ich, wenn er wußte, daß ich hier war. Und richtig, ich hörte das Tappen rasch sich entfernender Tatzen. Dann war alles still. Ich kehrte zu meinem Gipfel zurück, aber das Gefühl, von Augen beobachtet zu werden, die ich nicht sah, war mir unerträglich. Ich beschloß, für eine Weile im Mlinda-Tal nach Schimpansen Ausschau zu halten. Als ich nach einigen Stunden zu meinem Gipfel zurückkam, sah ich auf genau dem Stein, der mir als Sitz gedient hatte, einen hübschen kleinen Haufen Leopardenkot. Vermutlich hatte mich der Leopard beobachtet, als ich wegging, hatte dann sehr sorgfältig den Platz inspiziert, an dem sich eine derart furchterregende Kreatur aufgehalten hatte, und schließlich versucht, meinen widerwärtigen Geruch durch den seinen auszulöschen!

Während die Wochen vergingen, verloren die Schimpansen mehr und mehr ihre Furcht. Es war keineswegs eine Seltenheit, daß ich auf der Suche nach Nahrungsproben ganz unerwartet Schimpansen über den Weg lief. Und zu meiner Freude bemerkte ich, daß einige von ihnen meine Gegenwart tolerierten, vorausgesetzt freilich, daß sie sich in einem verhältnismäßig dichten Wald befanden und daß ich mich still verhielt und darauf achtete, daß immer ein Abstand von sechzig bis achtzig Schritt zwischen uns blieb. Auf diese Weise gelang es mir im zweiten Monat, den ich auf dem Gipfel verbrachte, so nahe an fressende Schimpansengruppen heranzukommen, daß ich detailliertere Beobachtungen machen konnte.

In jenen Wochen lernte ich auch, eine Reihe von Tieren wiederzuerkennen. Sobald ich sicher war, daß ich einen bestimmten Schimpansen kannte, gab ich ihm einen Namen. Manche Forscher sind der Ansicht, daß man Tiere durch Nummern kennzeichnen sollte; sie finden, daß es eine Anthropomorphisierung ist, wenn man ihnen Namen gibt. Mich haben immer die *Unterschiede* zwischen den einzelnen Tieren interessiert, und ein Name ist nicht nur individueller als eine Nummer, er prägt sich auch weit besser ein.

1 *Neugierige kleine Afrikaner besuchen unser Camp.*

2 *Ich folgte den Schimpansen durch den Urwald.*

3 *Vanne stellte mit ihrer «Klinik» gute Beziehungen zu den Fischern her.*

4 *Vom Fieber geschwächt, kämpfte ich mich den Berg hinauf und fand «meinen» Gipfel.*

5 *Junge Schimpansen sind sehr behende.*

6 *Schimpansen bauen sich Nester zum Schlafen.*

7 *Einige Schimpansen durchwandern ein Gebiet von ungefähr 45 qkm.*

8 *David, Goliath und William machten in meinem Zelt Razzia auf Pappkartons zum Kauen.*

9 *Figan führt einen Regentanz auf.*

10 *Ich gebe David eine Banane.*

11 *Hugo fotografiert bei jedem Wetter.*

12 *Als David von diesem Pavian angegriffen wurde …*

13/14 *... rannte er zu Goliath und suchte dort Sicherheit. Während des folgenden Kampfes machte Goliath wiederholt Ausfälle gegen den Pavian, indes David in Deckung blieb.*

Die meisten Namen wählte ich ganz einfach deshalb, weil sie mir aus dem einen oder anderen Grunde zu dem jeweiligen Tier zu passen schienen. Einige Schimpansen verdankten ihren Namen dem Umstand, daß mich ihr Gesichtsausdruck oder ihr Gehabe an irgendwelche Menschen erinnerte.

Am leichtesten war der alte Mr. McGregor zu erkennen. Sein Schädel, sein Nacken und seine Schultern waren fast völlig kahl, bis auf den schmalen Haarkranz, der seinen Kopf zierte und der mich an die Tonsur eines Mönchs erinnerte. Mr. McGregor war ein altes Männchen, das während der ersten Monate unserer Bekanntschaft ziemlich streitsüchtig war. Wenn ich einmal durch Zufall in seine Nähe kam, drohte er mir, indem er seinen Kopf ruckartig hoch- und zurückriß und Zweige schüttelte, bevor er von seinem Baum herabkletterte und aus meinem Gesichtskreis verschwand. Aus irgendeinem Grund erinnerte er mich an Beatrix Potters alten Gärtner in der Geschichte von Peter Rabbit.

Nicht weniger leicht war die uralte Flo mit ihrer deformierten Knollennase und ihren zerfransten Ohren zu erkennen. Ihr jüngster Sproß war damals die zweijährige Fifi, die immer noch ständig auf dem Rücken ihrer Mutter ritt. Der Dritte im Bunde war Flos Sohn Figan, der stets mit seiner Mutter und seiner kleinen Schwester umherwanderte. Er war damals etwa sechs Jahre alt und hatte noch ein Jahr bis zur Pubertät vor sich. Nicht selten sah ich Flo in Gesellschaft einer anderen alten Schimpansenmutter, die ich Olly nannte. Olly hatte ein längliches Gesicht, an dem auch sie unschwer zu erkennen war. Der Haarflaum an ihrem Hinterkopf – wenn auch nichts anderes an ihr – erinnerte mich an meine Tante Olwen. Auch Olly wurde stets von zwei Kindern begleitet, einer Tochter, die jünger als Fifi, und einem Sohn, der ungefähr ein Jahr älter als Figan war.

Dann war da noch William, von dem ich glaube, daß er Ollys leiblicher Bruder war. Zwar sah ich nie etwas, was auf eine Freundschaft zwischen den beiden hingedeutet hätte, aber ihre Gesichter waren sich erstaunlich ähnlich. Beide hatten eine lange, vorstehende Oberlippe, die bei jeder plötzlichen Kopfbewegung ins Schlottern kam. Was Williams Gesicht von dem Ollys unterschied, waren ein paar schmale, tiefe Narben, die von der Nase zur Oberlippe verliefen.

Zwei andere Schimpansen, deren Physiognomie mir bereits damals vertraut war, waren David Greybeard und Goliath. Wie der David und der Goliath aus der Bibel, gehörten diese beiden für mich zusammen, weil sie sehr häufig gemeinsam in Erscheinung traten. Goliath war selbst in der Blüte seiner Jahre kein Riese, aber er hatte einen prachtvollen Körperbau und die federnden Bewegungen eines Athleten. Er mochte etwas über vierzig Kilo wiegen. David Greybeard hatte von Anfang an weniger Furcht vor mir als die übrigen Schimpansen. Ich freute mich jedesmal, wenn ich sein hübsches Gesicht mit dem wohlgeformten silbrigen Bart in einer Schimpansengruppe entdeckte; denn wenn David da war und die anderen beruhigen konnte, stiegen meine Chancen, mich ihnen zu nähern, um sie genauer beobachten zu können.

Gegen Ende meiner Bewährungsphase im Freiland machte ich zwei wahrhaft faszinierende Entdeckungen – Entdeckungen, die mich für die mannigfachen Enttäuschungen der voraufgegangenen Monate reichlich entschädigten. Und in beiden Fällen war es David Greybeard, dem ich mein Glück zu verdanken hatte.

Als ich eines Tages wieder einmal auf meinem Gipfel ankam, entdeckte ich eine kleine Gruppe von Schimpansen, die dicht unterhalb meines Standorts in den oberen Ästen eines mächtigen Baumes saß. Als ich genauer hinsah, merkte ich, daß einer der Schimpansen, ein Männchen, etwas Blaßrotes in seinen Händen hielt, von dem er von Zeit zu Zeit ein Stück mit den Zähnen abriß. Ein Weibchen und ein Junges, die bei ihm saßen, streckten ihren Arm aus, so daß ihre Hände fast seine Lippen berührten. Wenig später schnappte sich das Weibchen ein Stück von dem blaßroten Etwas und ließ es in seiner Schnauze verschwinden: In diesem Augenblick begriff ich, daß die Schimpansen Fleisch fraßen.

Jedesmal, wenn es ein Stück abgerissen hatte, pflückte das Männchen mit seinen Lippen ein paar Blätter ab und fraß sie zusammen mit dem Fleisch. Oft kaute das Männchen einige Minuten lang auf einem Stück herum und spuckte dann die Überreste in die wartenden Hände des Weibchens. Plötzlich ließ er einen kleinen Fleischfetzen fallen, und wie ein Blitz schoß das Junge vom Baum herab, um sich die Beute zu holen. Es streckte eben den Arm danach aus, als ein Buschschwein aus dem Dickicht hervorbrach und auf den kleinen Schimpansen losstürmte, der sich schreiend auf den Baum rettete. Das Buschschwein wich nicht zurück, sondern lief schnaufend auf und ab. Jetzt erst machte ich die Umrisse von drei kleinen gestreiften Frischlingen aus. Offenbar fraßen die Schimpansen ein Buschschweinbaby. Schon die Größe ihrer Beute ließ darauf schließen. Später, als ich erkannte, daß das Männchen David Greybeard war, näherte ich mich dem Baum und sah, daß er tatsächlich ein kleines Buschschwein verzehrte.

Drei Stunden lang sah ich den Schimpansen beim Fressen zu. Ab und zu ließ David das Weibchen ein Stück von der Beute abbeißen, und einmal löste er sogar selber ein kleines Stück Fleisch und legte es in die ausgestreckte Hand. Als er schließlich herabkletterte, war immer noch Fleisch übrig; er hielt es mit einer Hand, als er, gefolgt von den anderen, davonzog.

Natürlich wußte ich zu diesem Zeitpunkt noch nicht genau, ob David Greybeard das Schwein selber gefangen hatte. Dennoch war es ungeheuer aufregend für mich zu wissen, daß diese Schimpansen überhaupt Fleisch fraßen. Bis dahin hatten die Forscher geglaubt, daß diese Menschenaffen primär Vegetarier und Fruchtfresser waren, wenn sie auch gelegentlich ihre Diät mit ein paar Insekten, kleinen Nagetieren und ähnlichem anreichern mochten.

Zwei Wochen nach diesem Erlebnis sah ich etwas, das mich noch mehr in Aufregung versetzte. Es war inzwischen Oktober geworden, und die kurze Regenzeit hatte begonnen. Auf den geschwärzten Hängen sprossen zarte frische Gräser, und an einigen Stellen war der Boden von einer Vielfalt von Blumen bedeckt. Es war die Zeit, der ich den Namen Schimpansenfrühling gab. Ich hatte einen enttäuschenden Morgen hinter mir, in dessen Verlauf ich alle drei Täler durchstreift hatte, ohne einen einzigen Schimpansen zu sehen oder zu hören. Erschöpft und bis auf die Haut durchnäßt vom Umherkriechen im Dickicht schleppte ich mich den steilen Hang des Mlinda-Tals hinauf und nahm Richtung auf meinen Gipfel. Plötzlich hielt ich inne, weil ich sah, wie sich etwa sechzig Schritt von mir entfernt das hohe Gras leicht bewegte. Schnell richtete ich meinen Feldstecher auf die Stelle und entdeckte einen einzelnen Schimpansen. Gerade in diesem Augenblick wandte er sein Gesicht in meine Richtung, und ich erkannte David Greybeard.

Vorsichtig drehte ich mich um, damit ich sehen konnte, was er tat. Er hockte neben dem roten Erdhügel eines Termitenbaus, und ich beobachtete, wie er behutsam einen langen Grashalm in ein Eingangsloch des Baus hineinschob. Einen Augenblick später zog er ihn wieder heraus und nahm mit den Lippen irgend etwas vom Ende des Halms ab. Ich stand zu weit weg, um erkennen zu können, was er fraß, aber es war offensichtlich, daß er den Grashalm als Werkzeug benutzte.

Ich wußte natürlich, daß zweimal rein zufällig beobachtet worden war, wie wilde Schimpansen Gegenstände als Werkzeuge benutzten: Einer hatte Palmkerne mit einem Stein geöffnet, den er als Hammer benutzte; außerdem hatte man einmal Schimpansen dabei beobachtet, wie sie Stöcke in ein Bienennest in der Erde steckten und dann den Honig davon ableckten. Aber aus irgendeinem Grunde hatte ich nie davon zu träumen gewagt, daß ich etwas Derartiges einmal mit eigenen Augen sehen würde.

Eine Stunde lang labte sich David bei dem Termitenbau, bevor er langsam weiterzog. Nachdem ich mich überzeugt hatte, daß er weg war, ging ich zu dem Erdhügel, um ihn zu untersuchen. Ich sah ein paar zerdrückte Insekten herumliegen und beobachtete, wie ein Schwarm von Arbeitertermiten die Eingänge des Baus, in die David offenbar seine Halme hineingeschoben hatte, versiegelte. Ich hob eines seiner fortgeworfenen Werkzeuge auf und schob es selber vorsichtig in ein Loch. Sofort spürte ich, daß einige Termiten sich über den Grashalm hermachten, und als ich ihn herauszog, kamen eine Anzahl von Arbeitern und ein paar Soldaten mit großen roten Köpfen zum Vorschein, die sich mit ihren Mandibeln an dem Halm festgeklammert hatten. Ihre Körper standen im rechten Winkel vom Halm ab, und ihre Beine zappelten in der Luft.

Bevor ich wegging, stampfte ich an einer nahe gelegenen Stelle das hohe trockene Gras nieder und konstruierte ein notdürftiges Versteck, in dem ich ein paar Palmwedel gegen die unteren Zweige eines Baums lehnte und sie oben zusammenband. Unter ihnen wollte ich am nächsten Tag warten. Aber eine Woche verging, ehe ich noch einmal Gelegenheit hatte, einen Schimpansen beim Termiten-«Angeln» zu beobachten. Zweimal näherten sich in dieser Zeit Schimpansen, aber jedesmal entdeckten sie mich und zogen sich rasch zurück. Einmal erhob sich ein Schwarm von fortpflanzungsfähigen Termiten – sogenannten Prinzen und Prinzessinnen – zum Hochzeitsflug. Die großen weißen Flügel, die ungestüm auf und ab schlugen, trugen die Insekten höher und höher. Später fand ich heraus, daß die Arbeitertermiten zu dieser Jahreszeit – während der kleinen Regenzeit also – für den Hochzeitsflug die Gänge des Baus bis an die Oberfläche vortreiben. In großen Abständen fliegen dann mehrere solcher Schwärme auf. Und ebendiese Jahreszeit ist es auch, in der die Schimpansen Termiten fressen.

Nachdem ich acht Tage auf der Lauer gelegen hatte, kam David Greybeard, diesmal zusammen mit Goliath, zu dem Termitenhügel zurück, und die beiden machten sich zwei Stunden lang an dem Bau zu schaffen. Jetzt konnte ich sie sehr viel besser beobachten: Ich sah, wie sie mit Daumen oder Zeigefinger die verschlossenen Eingänge aufkratzten. Wenn ihr Werkzeug sich bog, bissen sie ein Stück davon ab, schoben das andere Ende in den Bau oder tauschten es gegen einen neuen Halm aus. Einmal entfernte sich Goliath mindestens fünfzehn Schritte von dem Hügel, um sich ein solide aussehendes Stück von einer Kletterpflanzenranke zu holen, und nicht selten hoben die beiden Männchen, wenn sie nach neuen Werkzeugen suchten, drei oder vier Stengel auf, führten einen davon in den Termitenbau ein und ließen die übrigen so lange neben sich auf dem Boden liegen, bis sie sie brauchten.

Am faszinierendsten war für mich, daß sie mehrmals kleine belaubte Zweige abpflückten und sie für ihren Zweck zurichteten, indem sie die Blätter abstreiften. Mit dieser Beobachtung war zum erstenmal bewiesen, daß ein Tier in freier Wildbahn einen Gegenstand nicht nur als Werkzeug *gebrauchte*, sondern daß es einen Gegenstand für seine Zwecke herrichtete, was den ersten Anfängen der Werkzeug*herstellung* entspricht.

Bis dahin hatte man den Menschen als das einzige Lebewesen betrachtet, das Werkzeuge herstellt. Ja, es gehörte sogar zu der allgemein anerkannten Definition des Menschen, daß er ein Geschöpf sei, das nach einem festgelegten und wohldurchdachten Plan Werkzeuge herstellte. Die Schimpansen hatten ihre Werkzeuge natürlich nicht nach einem solchen wohldurchdachten Schema hergestellt; dennoch brachten meine frühen Beobachtungen hinsichtlich ihrer Fähigkeiten, primitive Werkzeuge herzustellen, eine Reihe von Forschern zu der Überzeugung, daß es notwendig war, eine neue, differenziertere Definition des Menschen als die bisherige zu entwickeln. War man zu diesem Schritt nicht bereit, so war man, wie es Louis Leakey formulierte, per definitionem gezwungen, den Schimpansen als Menschen anzuerkennen!

Telegrafisch informierte ich Louis über meine beiden Beobachtungen – daß Schimpansen Fleisch fraßen und Werkzeuge herstellten –, und er war natürlich hell begeistert. Ich glaube, daß diese Nachrichten ihm sehr zugute kamen bei seinen Bemühungen um neue Geldmittel für meine Arbeit; denn wenig später schrieb er mir, daß die National Geographic Society in den Vereinigten Staaten sich bereit erklärt habe, die finanziellen Mittel für ein weiteres Forschungsjahr zur Verfügung zu stellen.

Lagerleben

«Memsahib! Memsahib!» Nach und nach drang die Stimme in die Tiefe meines Schlafes ein. Ich raffte mich auf. «Bitte, kommen Sie, Sie werden gebraucht», sagte die Stimme. Der Mann, dem sie gehörte, war hinter dem Licht einer kleinen Sturmlaterne verborgen. Es war Adolf. Als ich ihn fragte, was los sei, gab er eine unklare Antwort, aus der ich immerhin schloß, daß es um ein krankes Baby ging.

Auch Vanne war inzwischen aufgewacht, und so warfen wir uns beide ein paar Kleidungsstücke über und folgten Adolf durch die Dunkelheit. Er führte uns zu dem kleinen Dorf am See, auf der anderen Seite des Bachs, in dem die beiden Game Scouts, Iddi Matata mit seiner großen Familie und etwa ein Dutzend Fischer in ihren nur zur Trockenzeit bewohnten Hütten lebten. Wenig später kamen wir bei der großen, aus Schlammziegeln errichteten und mit Palmblättern gedeckten Hütte des alten Iddi an. Es war schon nach Mitternacht, aber alle waren wach und saßen redend und lachend in dem verqualmten Hauptraum. Zwei Kinder verkrochen sich ins Dunkel, als wir eintrafen, und Iddis Hauptfrau, die gerade ihre Zwillingssöhne nährte, lächelte uns einen Gruß zu. Adolf brachte uns zu einer Tür, die zu einem kleineren Raum führte, der sehr dunkel wirkte, und trat dann beiseite, um uns hineingehen zu lassen. Im nächsten Augenblick wußten wir, weshalb man uns gerufen hatte. Auf dem nackten Boden lag eine junge Frau und neben ihr ein winziges Baby, das noch durch die Nabelschnur mit seiner Mutter verbunden war. Es war offensichtlich, daß die Nachgeburt aus irgendeinem Grunde bisher nicht zum Vorschein gekommen war.

Auch der besorgt dreinschauende Vater und ein junges Mädchen waren in dem Raum. Von den übrigen jedoch schien niemand der Situation besondere Aufmerksamkeit zu schenken. Wir waren in einem Dilemma: Erstens verstanden wir nichts von Geburtshilfe, und zweitens war uns klar, daß man uns ohne Zweifel verantwortlich machen würde, wenn der Mutter irgend etwas zustieß.

Wir erfuhren, daß das Baby bereits fünf Stunden zuvor geboren war und daß es das erste Kind war, das diese Frau zur Welt brachte. Die Mutter hatte allem Anschein nach nur geringe Schmerzen, aber es war sehr kalt in dem Raum. Wir schlugen vor, die Nabelschnur durchzuschneiden und das

Kind in warme Tücher zu wickeln. Aber der Vorschlag brachte uns entsetzten Protest ein: Ein solches Vorgehen war offenbar ein Verstoß gegen altehrwürdige Traditionen.

Ich holte eine Wolldecke und etwas Brandy und veranlaßte Dominic, heißen Tee zu machen. Diese Dinge schienen der armen Mutter wieder ein bißchen Leben und Energie einzuhauchen. Vanne und ich waren überzeugt, daß einige der anderen afrikanischen Frauen des Dorfes weit mehr von Entbindungen verstanden als wir. Deshalb gingen wir hinaus und sprachen mit Iddis Hauptfrau, wobei uns Adolf, der noch nicht fortgegangen war, als Dolmetscher diente. Sie war einverstanden, sobald sie ihre Zwillinge zufriedengestellt hatte, mitzukommen, um zu sehen, was sie tun könnte. Wenig später trat sie mit einer helleren Lampe in den dunklen Raum ein. Sie hatte etwas warmes Palmöl bei sich, mit dem sie der jungen Frau den Bauch und die Innenseiten ihrer Schenkel massierte und dabei vorsichtig an der Nabelschnur zog. Zehn Minuten später war die Nachgeburt ausgestoßen. Jetzt endlich war der Augenblick für den alten Iddi gekommen. Er trat ein, nahm die für dieses Zeremoniell bestimmte Schere, schnitt stolz die Nabelschnur seines Enkelkinds durch und machte höchstpersönlich den Knoten.

Wir baten Dominic, der Mutter ein wenig Suppe zu machen, gratulierten dem Vater, der vor Erleichterung strahlte, und zogen uns in unsere Betten zurück. Wir hatten im Grunde sehr wenig getan, und dennoch kam es uns vor, als hätten wir eine ganze Menge erreicht.

Dieser Hebammendienst war nur eine von Vannes medizinischen Aufgaben; denn wie es in jenen Tagen üblich war, hatten wir uns reichlich mit einfachen Arzneimitteln, Aspirin und Salben, Bittersalz und Heftpflaster, eingedeckt, bevor wir uns auf den Weg zum Gombe machten. Schon sehr bald nach unserer Ankunft stand Vanne Morgen für Morgen einer gut besuchten Einmannklinik vor.

Vor seiner Abfahrt hatte David Anstey den Afrikanern, die in der näheren Umgebung lebten, gesagt, daß Vanne und ich gern versuchen würden, ihre kleinen Wehwehchen zu heilen. Und schon in den ersten Tagen hatten sich ziemlich viele Patienten bei uns eingestellt – vor allem wohl, um sich diese beiden sonderbaren weißen Frauen einmal genau anzusehen, die erstaunlicherweise der Zivilisation den Rücken gekehrt hatten. Eines Tages jedoch wurde ein schwerkranker Mann mit stark geschwollenem Bein in unser Camp gebracht. Er hatte zwei tiefsitzende tropische Geschwüre am Unterschenkel. Nachdem Vanne sie ein wenig gereinigt hatte, stellte sie zu ihrem Schrecken fest, daß die Geschwüre bereits den Knochen angefressen hatten. Sie beschwor den Mann, das Krankenhaus in Kigoma aufzusuchen, aber er weigerte sich strikt. Ins Krankenhaus gehe man nur, um zu sterben. Also behandelte ihn Vanne nach einem alten Rezept selber: Die Geschwüre wurden mit einer Salzlösung beträufelt. Jeden Morgen und jeden Nachmittag ließ der Patient blutwarmes Salzwasser aus einer großen Schüssel ganz langsam auf die entzündeten Stellen tropfen. Nach drei

Wochen war die Schwellung verschwunden, und die Wunden waren sauber. Danach war es nur noch eine Frage der Zeit, bis er völlig geheilt war.

Die Nachricht von diesem Erfolg verbreitete sich wie ein Lauffeuer. Von nun an riß der Strom der Patienten, die bei Vanne Hilfe suchten, nicht mehr ab. Sie kamen von weit her am Ufer entlang oder über die Berge, um sich von ihr heilen zu lassen. Einer von Raschidis Söhnen, der achtjährige Jumaine – das Kisuaheliwort für Dienstag – ernannte sich zu Vannes Krankenpfleger und half ihr fast jeden Morgen. Er rührte Bittersalz an, verteilte Wasser an die Patienten, die Aspirintabletten nehmen wollten, und schnitt Wundpflaster in Streifen. Als besonders hilfreich erwies er sich, wenn es darum ging, solche Besucher zu identifizieren, die sich, nachdem sie bereits an der Reihe gewesen waren, noch einmal anstellten, um eine zweite Dosis zu ergattern! Der einzige Lohn, den Jumaine verlangte, war ein kleines Stück Pflaster für eine winzige – wenn auch manchmal nur in seiner Phantasie existierende – Wunde.

Vanne half in ihrer kleinen Klinik nicht nur vielen Kranken, ihre Bemühungen trugen – was außerordentlich wichtig war – auch dazu bei, daß sich zwischen uns und unseren neuen Nachbarn ein gutes Verhältnis entwickelte. Das Mißtrauen, das bei unserer Ankunft überall spürbar gewesen war, war bald verflogen. Die Afrikaner hielten uns zwar nach wie vor für leicht verrückt, aber sie waren uns freundlich gesinnt, weil sie merkten, daß wir ihnen nichts vormachten. Auch dauerte es nicht lange, bis einige von ihnen Interesse an meiner Arbeit zeigten. Eines Tages erzählte mir Dominic, er habe von einem alten Mann namens Mbrisho gehört, der beobachtet habe, wie vier Schimpansen einen Löwen mit Stöcken verjagt hätten. Dieser Mann lebte in einem kleinen Dorf auf den Hügeln unmittelbar jenseits der Ostgrenze des Reservats. Dominic erkundigte sich, ob ich Lust hätte, einmal hinzugehen, mit Mbrisho zu reden und mir die Stelle anzuschauen, wo sich die Sache ereignet hatte. Mir kam das Ganze ziemlich unwahrscheinlich vor, aber ich wußte, daß frühere Game Rangers in diesem Gebiet gelegentlich Löwen gesehen hatten; überdies war ich neugierig auf das Dorf Bubango und die Landschaft auf der anderen Seite der Senke. Also zog ich eines Morgens in aller Frühe mit einem Führer und einem Dolmetscher los. Der Führer war ein Mann aus dem Dorf, der Dolmetscher war der hochaufgeschossene Wilbert, der recht gut englisch sprach, während mein Kisuaheli immer noch sehr zu wünschen übrigließ.

Es war ein langer, heißer Aufstieg, für den wir vier Stunden benötigten. Unterwegs begegnete uns eine Gruppe afrikanischer Frauen, die im Gänsemarsch zu den Fischerhütten am Strand hinuntergingen. Sie balancierten mit anmutiger Leichtigkeit große Bündel auf dem Kopf und schwatzten und lachten wie ein Schwarm bunter Vögel. Einmal, als wir stehenblieben, um eine Horde von Roten Kolobusaffen zu beobachten, überholten uns sechs Männer, die ebenfalls zu dem Dorf aufstiegen. Einer von ihnen war alt, hatte einen leicht gekrümmten Rücken und silbernes Haar, aber der steile Weg und die heiße Sonne schienen ihm nicht die geringsten Schwierigkeiten zu machen. Die Männer hatten den typischen federnden Gang von Bergbewohnern, und jedesmal, wenn sie ihre soliden Wanderstäbe auf den Boden aufsetzten, stießen sie beim Ausatmen einen schaurig klingenden Pfiff hervor, der sich anhörte, als ob er aus einer Flöte käme.

Als wir höher kamen, veränderte sich die Landschaft. Mehr und mehr Bäume waren mit fasrigen, graugrünen Flechten behangen, und überall dort, wo keine Bäume wuchsen, war der Boden mit kurzem, federndem Gras bedeckt, so daß ich mich ständig an das Hügelland von Sussex erinnert fühlte. Vom oberen Rand der Bruchspalte aus hatte man einen herrlichen Blick über das hügelige Waldland, das sich nach Westen erstreckte, so weit das Auge reichte. Heute ist ein Großteil des Waldes abgeholzt, und die Hütten und Äcker der Afrikaner schieben sich von allen Seiten immer dichter an die Grenzen des Schutzgebiets der Schimpansen heran.

Unmittelbar jenseits des Berggipfels breitete sich das Dorf Bubango zu unseren Füßen aus. Es war größer, als ich erwartet hatte. Im Grün des Tals sah man Bananenhaine und Palmengruppen, und an den Hängen wuchsen zahlreiche Maniokstraucher, die von den Eingeborenen *muhoge* genannt werden. Die Maniokwurzeln werden zu feinem weißem Mehl gemahlen, das man mit Wasser zu einem Brei kocht, der eines der Hauptnahrungsmittel der Menschen in diesem Gebiet ist. Die meisten Hütten waren klein und einfach. Sie hatten Wände aus getrocknetem Schlick und waren mit Schilf gedeckt. Ein Netz von Pfaden, die von zahllosen Menschenschritten ausgetreten waren, führte von den Hütten zum Fluß und zu den kleinen Anbauflächen. Kinder hüteten Ziegen und Schafe, und sogar ein paar Kühe konnte man hier und da sehen.

Die kleine Hütte des alten Mbrisho stand ein wenig abseits des Sandwegs, der sich vom oberen Rand der Bruchspalte ins Dorf hinabwand und die «Hauptstraße» darstellte. Mbrisho hieß uns in seiner Hütte willkommen, reichte uns Tee und ein paar weiche afrikanische Kuchen, die überaus wohlschmeckend waren, und strahlte über das ganze Gesicht, als er mir mit seiner tiefen, bedächtigen Stimme die Geschichte mit dem Löwen erzählte. Immer wieder unterbrach er seine Rede mit einem langgezogenen «Naaaahm», das er auch sonst häufig gebrauchte und dessen genaue Bedeutung ich nie herausfand.

Nach kurzer Zeit schon stellte sich heraus, daß nicht Mbrisho die Schimpansen und den Löwen gesehen hatte, sondern irgendein längst verstorbener Verwandter. So kam es, daß ich in dieser Hinsicht beim Abschied nicht klüger war als vor meinem Besuch. Aber ich hatte in Mbrisho einen festen und zuverlässigen Freund gefunden; er versäumt nie, uns ein paar sorgfältig in ein Tuch gewickelte Eier als Geschenk mitzubringen, wenn er vom Berg herunterkommt, um uns in unserem Camp einen Besuch abzustatten. Und wenn ein Mensch von dem lebt, was das Land hervorbringt, und wenn er zudem noch alt ist, dann sind ein paar Eier ein wertvolles Geschenk, ein Geschenk, auf das wir stolz sind.

Wie die meisten der gesunden Männer in den Dörfern der Umgebung war Mbrisho Fischer gewesen, bevor er sich «aufs Altenteil» zurückzog. Der Fisch, der in dieser Gegend am meisten gefangen wird, ist der sardinengroße Dagaa, der während der Nacht in orange- oder rotgefärbten Netzen gefangen wird, die wie riesige Schmetterlingskescher aussehen. Jedes Kanu ist mit zwei Fischern bemannt und mit zwei oder mehr hellen Paraffinlampen ausgerüstet. Die Fische kommen, angelockt durch das Licht, an die Oberfläche und werden mit dem Netz eingefangen. Sobald ein großer Schwarm gesichtet wird, beginnen die Fischer zu singen, auf den Kanuboden zu stampfen und mit Paddel oder Netzgriff gegen die Planken zu schlagen, um, wie es scheint, die Fische zum Springen zu bringen. In guten Fangnächten klingt es, als ob sämtliche menschlichen Wesen im Umkreis von Meilen sich zu einer phantastischen Feier am See versammelt hätten.

Wenn der Boden eines Kanus mit Fischen bedeckt ist, wird der Fang ans Ufer gebracht, wo andere Männer bereitstehen, um die Beute auf eigens für diesen Zweck angelegten Trockenflächen aus feinem Kies auszubreiten. Wenn die Fischer Glück haben, kann es vorkommen, daß jedes Kanu zwei- oder dreimal in einer Nacht ans Ufer kommt, um auszuladen. Nach solchen Nächten werden die Strahlen der aufgehenden Sonne von Millionen und aber Millionen winziger Schuppen reflektiert, so daß der Strand aussieht, als sei er mit einer Schicht von Silber überzogen.

Während des Tages gehen die Fischer, ihre Frauen oder ihre Kinder in regelmäßigen Abständen an der ausgebreiteten Beute auf und ab, stechen die Fische mit langen Stöcken an und wenden sie, damit die Sonne sie gleichmäßig auf beiden Seiten trocknet. Am Abend dann wird der Fang in Säcke verstaut, und die Männer, die des Nachts wieder mit ihren Kanus hinausfahren werden, sitzen schwatzend vor ihren Hütten, während die Frauen die Abendmahlzeit bereiten – Ugali oder Maniokbrei mit getrockneten, in rotem Palmöl gebackenen Dagaa.

Da bei hellem Mondlicht die Dagaa nicht von den Lampen der Kanus angezogen werden, nutzen die Fischer diese Zeit, um die getrockneten Fische zum Verkauf nach Kigoma zu bringen. Meist werden sie auf kleine, sechs Meter lange Motorboote verladen, die am Ufer des Sees auf und ab fahren. Während der Saisonspitze türmen sich die prall gefüllten Fischsäcke auf diesen Wassertaxis, wie wir sie nennen; denn der Dagaafang ist ein einträgliches Geschäft. Ein Großteil der Fische wird in Kigoma an Ort und Stelle verkauft und verbraucht, die meisten jedoch werden mit der Bahn in andere Gegenden Ostafrikas und zu den großen Kupferminen von Nyanza im Süden des Landes transportiert.

Diejenigen Fischer, die nicht nach Kigoma fahren, um ihren Fang zu verkaufen, kehren vorübergehend in ihre Heimatdörfer zurück, um ihre Familien zu besuchen. Aus diesem Grund ist das Seeufer des Gombe-Gebiets jeden Monat für etwa zehn Tage menschenleer. Während dieser Perioden ging ich gern am Ufer entlang, wenn es meine Arbeit verlangte, daß ich irgendein ferngelegenes Tal aufsuchte. Am frühen Morgen begegnete ich manchmal einem Flußpferd, das sich während der Nacht an dem üppigen

Gras am Ufer gütlich getan hatte und jetzt mit schwerfälligen Schritten dem Wasser zustrebte. Nicht selten tummelten sich Buschböcke und Buschschweine auf den Strandstreifen zwischen den Tälern, und einmal sah ich eine kleine Herde von Büffeln, die vor dem Hintergrund des weißen Sands riesig und pechschwarz wirkten. Außerdem konnte man immer damit rechnen, daß einem ein paar von den kleineren Tieren über den Weg liefen – ein Mungo vielleicht, eine schlanke, grazile Genette mit ihrem geringelten Schwanz oder eine der größeren, untersetzten Zibetkatzen.

Eines Abends, als ich, um einen Felsvorsprung zu umgehen, durch das seichte Wasser am Rand des Sees watete, sah ich plötzlich vor mir im Wasser den gekrümmten schwarzen Körper einer Schlange und blieb wie angewurzelt stehen. Sie war gut 1,80 Meter lang, und die schwarzen Streifen im Nacken verrieten mir, daß es eine Storm's Water Cobra war – ein tödliches Reptil, gegen dessen Biß es damals noch kein Serum gab. Während ich sie anstarrte, wurde sie von einer Welle sanft aufgehoben und landete mit einem Teil ihres Körpers auf einem meiner Füße. Ich blieb regungslos stehen und wagte nicht einmal zu atmen, bis die Welle zurückschwappte und die Schlange mit sich zog. Im gleichen Augenblick sprang ich mit wild klopfendem Herzen so rasch ich konnte aus dem Wasser.

Erst wenige Wochen zuvor war mir schon einmal eine Kobra begegnet; sie gehörte zu der Gruppe der Speischlangen, die aus einer Entfernung von nicht weniger als anderthalb Metern ihr Gift in die Augen ihres Opfers speien und damit eine vorübergehende, manchmal sogar eine permanente Blindheit verursachen können. Ich hatte dagestanden und über das Tal geschaut, als ich plötzlich merkte, daß eine Schlange zwischen meinen Beinen hindurchglitt und einen Moment lang liegenblieb, um mit ihrer empfindlichen Zunge das Leinen meines Schuhs zu prüfen. Aber ich spürte nicht die leiseste Angst; denn es bestand nicht die Gefahr, daß sie durch eine Welle gegen mich getrieben und dadurch gereizt oder daß sie durch den Sog des Wassers um meinen Fußknöchel gelegt wurde. Eine Schlange im Wasser jedoch hat etwas ungemein Erschreckendes.

Der Tanganjikasee gehört – zumindest was den Bereich von Kigoma und Gombe betrifft – zu den wenigen Süßwasserseen Ostafrikas, in denen die gefürchtete Bilharziaschnecke so gut wie nie anzutreffen ist; dazu ist das Wasser kühl, kristallklar und herrlich zum Baden geeignet. Leider hatte ich damals nie Zeit zum Schwimmen, und mein Bedürfnis, mich in die Fluten zu stürzen, war zudem nicht besonders groß, nachdem ich der Schlange begegnet war – und von Chikos Abenteuer gehört hatte. Chiko war Dominics Frau, die schon bald nach unserer Ankunft im Gombe Stream Reserve mit ihrer kleinen Tochter zu uns gekommen war. Eines Tages, als sie im seichten Wasser stand und wusch, bildete sich plötzlich wenige Meter entfernt von ihr ein Strudel, und sie sprang mit einem Schrei ans Ufer und starrte mit Entsetzen zu der Stelle hinüber, an der sie Sekunden zuvor ein Krokodil gesehen hatte. Es war kein sehr großes Krokodil – ich hatte es selber ein paarmal im See schwimmen sehen –, aber der Gedanke, ihm im

Wasser zu begegnen, war mir doch unheimlich. Chikos Erlebnis indessen wurde zum Witz der Saison. Jeder Afrikaner, dem ich in den folgenden Wochen begegnete, lachte über das Krokodil, das versucht hatte, sich die Frau meines Kochs zu schnappen. Auch Dominic selber lachte, bis ihm die Tränen von den Wangen liefen, als er mir das erste Mal von dem Vorfall erzählte.

Wenn die Fischer während der Vollmondzeit ihre Hütten verlassen, ergreifen die Paviane Besitz vom Strand. Überall am Ufer, wo es Trockenplätze gibt, versammeln sich die Horden und durchsuchen die Kieselsteinschicht nach Resten von getrocknetem Fisch. Auch bei den Hütten suchen sie sorgfältig den Sand ab. Hier gilt ihre Aufmerksamkeit den Maniokkrumen, die am Boden verstreut liegen, wo die Frauen die Maniokwurzeln zu Mehl zerstampft haben, um daraus Brei zu bereiten. Bevor die Afrikaner den Strand verlassen, bringen sie alles in Sicherheit, was für sie von Wert ist; denn die Paviane machen alles und jedes kaputt. Ich habe beobachtet, wie sie auf der Suche nach Insekten ein ganzes Dach zerpflückten. Sie gehen in den Hütten ein und aus, als ob sie die Besitzer seien, fressen alles, was eßbar ist; und was sich nicht verdauen läßt, wird untersucht und zerfetzt.

Auch in unserem Camp fühlten sich die Paviane sehr bald wie zu Hause, und Vanne lernte rasch, daß die Zelte nie unbewacht bleiben durften. Etwa zwei Wochen nach unserer Ankunft unternahm sie einen kurzen Spaziergang; als sie zurückkam, war unsere Habe in alle Himmelsrichtungen verstreut, und ein blasiertes Pavianmännchen saß neben dem umgestürzten Tisch und verschlang das Brot, das Dominic am Morgen gebacken hatte. Was Vanne besonders in Rage brachte, war die Art und Weise, in der die anderen Paviane sie von den nahen Bäumen aus anbellten, als wollten sie ihr das Recht streitig machen, ihr eigenes Heim zu betreten. Kurze Zeit nach dieser Episode geschah es, daß ihr auf dem Camp-Klo – oder *choo,* wie man in Ostafrika sagt – fünf große alte Pavianmännchen zuschauten, die sich im Halbkreis vor ihr niedergelassen hatten. Sie gestand mir am Abend, daß sie sich einen Augenblick lang entsetzlich verlegen gefühlt habe.

Aber es sollte noch weit schlimmer kommen: Eines Morgens hörte Vanne, die, nachdem ich in aller Frühe aufgebrochen war, noch ein wenig gedöst hatte, plötzlich ein leises Geräusch im Zelt. Sie öffnete die Augen und sah im Eingang die Silhouette eines riesigen Pavianmännchens. Einen Moment lang rührte sich keiner der beiden. Dann öffnete der Pavian seine Schnauze zu einem gewaltigen drohenden Gähnen. Im grauen Licht der Morgendämmerung sah Vanne nichts anderes als das Schimmern seiner Zähne, und sie war überzeugt, daß ihr letztes Stündlein geschlagen hatte. Mit einem lauten Schrei fuhr sie im Bett hoch und schlug mit den Armen um sich – und der unwillkommene Besucher ergriff die Flucht. Dieser Pavian war ein unausstehlicher Kerl – ein altes Männchen, das die Angewohnheit hatte, sich zu jeder Stunde des Tages in der Nähe unseres Camps herumzutreiben, im Dickicht zu lauern und, sooft sich die Gelegenheit bot, hervorzuschießen und ein Brot oder etwas anderes Eßbares zu stehlen. Wir nannten ihn Shaitani – das Kisuaheliwort für Teufel – und waren ungeheuer erleichtert, als er eines Tages plötzlich verschwand.

Zu jener Zeit waren Nahrungsmittel für uns eine Kostbarkeit; nicht nur wegen unserer begrenzten Geldmittel, sondern auch weil Vanne und ich «Kigoma-Tage» haßten, Tage, an denen wir in die Stadt fahren mußten, um Proviant einzukaufen und unsere Post abzuholen. Wir fuhren so selten wie möglich hin, aber in Abständen von drei bis vier Wochen mußten wir solche Expeditionen unternehmen. Wir fuhren dann gewöhnlich gegen sechs Uhr morgens los, wenn der See meist ruhig war, und aßen nach unserer Ankunft im Hotel Frühstück. Dann zogen wir zum Einkaufen los, feilschten auf dem Obst- und Gemüsemarkt, bestellten Konserven für den nächsten Monat und standen beim Postamt Schlange. Die Mittagszeit war stets eine willkommene Unterbrechung; denn mit Sicherheit wurden wir jedesmal von einem der Freunde zum Essen eingeladen, die wir während unseres ersten Aufenthalts in Kigoma kennengelernt hatten. Oft versuchten sie sogar, uns zu überreden, über Nacht zu bleiben, und die meisten hielten mich ganz einfach für ungesellig, wenn ich erklärte, daß es schon schlimm genug sei, wenn ich nur für einen Tag meine Arbeit unterbrechen müsse, und daß es mir unmöglich sei, noch einen zweiten Tag in der Stadt zu verbringen.

Zuerst nahmen wir regelmäßig Dominic mit auf diese Ausflüge. Er verhielt sich erstaunlich loyal und feilschte verbissen, um zu verhindern, daß man uns auf dem Markt auch nur einen Penny zuviel abnahm. Nach einer Weile jedoch mußten wir einsehen, daß es besser war, ihn statt dessen im Camp nach dem Rechten sehen zu lassen. Das Bier, das man in dieser Gegend aus gegorenen Bananen braut, ist stark – und das Trinken ist Dominics schwache Seite. Manchmal war er verschwunden, wenn die Zeit zur Rückfahrt da war, und einmal tauchte er erst eine Woche später wieder auf, und wir mußten solange ohne ihn auskommen. Einer dieser Tage in Kigoma wird uns unvergeßlich bleiben: Nach langem Suchen, wenn auch gerade noch rechtzeitig, fanden wir ihn irgendwo in über die Maßen angeheitertem Zustand. Über nichts und wieder nichts lachend, begleitete er uns zum Boot und gelangte, mehr fallend als steigend, hinein. Er ist ein intelligenter Mann, der sehr amüsant sein kann, wenn er ein bißchen getrunken hat. Und bald hatte er es denn auch geschafft, daß Vanne und ich mit ihm lachten, und wir waren in bester Stimmung, als wir ablegten und aus der Bucht von Kigoma hinaustuckerten.

Da uns die Suche nach Dominic aufgehalten hatte, war es inzwischen fast dunkel geworden. Für gewöhnlich steuerte ich unser Boot dicht am Ufer entlang, aber an jenem Abend wimmelte es in Ufernähe von Kanus, mit denen Fischer auf den See hinauspaddelten. Da sie in der Dämmerung schlecht zu erkennen waren, wählte ich einen Kurs, der uns eine gute halbe Meile vom Strand entfernt hielt. Als wir etwa ein Viertel des Heimwegs hinter uns hatten, fiel urplötzlich die Maschine aus. Was wir auch unternahmen, sie gab kein Lebenszeichen von sich, und keiner von uns verstand etwas von Maschinen. Uns blieb nichts anderes übrig, als zum Ufer zu rudern.

Dominic verkündete stolz, er allein werde diese Arbeit übernehmen. Er setzte sich in die Mitte des Bootes, packte die beiden Ruder, holte tief Luft und legte sich gewaltig in die Riemen. Aber er fing einen kolossalen Krebs, und im nächsten Augenblick lag er, alle viere von sich gestreckt, auf einem der großen Körbe mit Früchten vom Markt. Er konnte vor Lachen nicht wieder auf die Beine kommen. Also hievten wir ihn mit vereinten Kräften auf seinen Sitz, und ich erklärte, daß ich das Rudern übernehmen werde. Diese Lösung indes verstieß gegen sein Ehrgefühl. Wenigstens ein Ruder mußte er übernehmen. Die nächsten zehn Minuten verbrachten wir damit, daß wir in engen Kreisen um sein Ruder fuhren. Schließlich gelang es mir, ihn zu überzeugen, daß ich es allein schaffen würde und daß ich nichts auf der Welt so gern täte wie rudern – und los ging's.

Als wir endlich am Ufer ankamen, stellten wir fest, daß ganz in der Nähe eines der «Wasser-Taxis» ankerte. Binnen kurzem hatte sich eine Schar von Fischern um uns versammelt, und es dauerte nicht lange, bis der Fahrer des Taxis gefunden war. Nach langem Hin und Her erklärte er sich schließlich bereit, uns mitsamt unserem Boot zum Camp zurückzubringen. Aber Dominic war erbost über den Preis, den wir dafür zahlen sollten. Er erklärte uns, daß wir warten sollten, und verschwand in der Nacht, bevor wir ihn daran hindern konnten.

Wir mußten lange warten, aber wir wollten nicht ohne Dominic abfahren; außerdem waren wir ihm dankbar dafür, daß er an unsere Geldbörse dachte, die in der Tat alles andere als prall gefüllt war. Nach dreißig Minuten kam er mit vier kräftigen Afrikanern zurück. Diese Männer, so verkündete er, würden uns nach Haus *paddeln*. Sie seien Freunde von ihm und forderten nur ein Viertel des Preises, den der Mann mit dem motorisierten Wasser-Taxi verlange. Das klang großartig – bis uns klar wurde, daß selbst acht mit voller Kraft rudernde Männer mehr als acht Stunden benötigen würden, um uns dort hinzubringen, wohin wir wollten! Ich glaube, Dominic hat uns nie ganz verziehen, daß wir uns für die schnellere Art des Reisens entschieden und den Wucherpreis in Kauf nahmen.

Kurze Zeit später erlebte Vanne, die diesmal ohne mich nach Kigoma gefahren war, eine noch sehr viel heiklere Situation. Dominic fuhr nicht mit, aber der lange Wilbert, der ebenfalls ein paar Einkäufe machen wollte, hatte gefragt, ob er sie begleiten dürfe. Die beiden fuhren am Morgen ab und verabredeten, daß sie sich um fünf Uhr nachmittags wieder beim Boot treffen wollten. Als er schließlich mit einer halben Stunde Verspätung auftauchte, erbleichte Vanne: ein weiteres Opfer des Bananenbiers von Kigoma! Wilbert stakste leicht schwankend zum Boot, zog dann plötzlich, zu Vannes Entsetzen, ein Messer heraus, mit dem er wild hin und her fuchtelte, und murmelte mit starrem Blick etwas von Tod und Rache.

Später bekannte Vanne, daß sie entsetzliche Angst gehabt habe; denn Wilbert war, obzwar gertenschlank, ein Hüne von einem Mann, und er muß ohne Zweifel furchterregend ausgesehen haben mit seinen blutunterlaufenen Augen und seinem Messer, dessen Klinge in der Abendsonne blitzte. Aber sie riß sich zusammen, redete mit ruhiger Stimme auf ihn ein und forderte ihn auf, ihr das Messer zu geben, damit er sich beim Besteigen des Bootes nicht damit verletzen könne. Zu ihrer Überraschung sah er sie einen Augenblick lang mit starren Augen an, bis plötzlich ein Ausdruck tiefer Bestürzung in sein Gesicht trat. Er taumelte auf sie zu, reichte ihr das Messer und kletterte dann wortlos in das Boot. Während der ganzen Heimfahrt verhielt er sich sehr still. Wir haben nie herausgefunden, was damals geschehen war, und Wilbert hat uns nie gebeten, ihm sein Messer zurückzugeben.

Was für ein Glück war es für mich, eine Mutter wie Vanne zu haben – eine Mutter, wie es sie unter Millionen nur einmal gibt. Ohne sie wäre ich in dieser ersten Zeit nicht ausgekommen. Sie kümmerte sich um die Patienten und sorgte dafür, daß unsere Nachbarn mir wohlgesonnen waren; sie hielt das Camp in Ordnung, preßte und trocknete für mich die Proben der pflanzlichen Schimpansennahrung, die ich sammelte, und sie half mir vor allem, während der deprimierenden Wochen, in denen ich nirgends an die Schimpansen herankam, den Mut nicht zu verlieren. Was für ein schönes Gefühl war es, am Abend zurückzukommen und herzlich begrüßt zu werden. Wie wohltuend war es, die Ereignisse des Tages, mochten sie enttäuschend oder fesselnd gewesen sein, beim Abendessen am Feuer mit ihr besprechen zu können und zu erfahren, was sich im Camp zugetragen hatte.

Vanne fand sich ohne eine einzige Klage mit den primitivsten Lebensbedingungen ab. Wir lebten damals von Wachsbohnen, Corned beef und anderem Büchsenfleisch und von Gemüse – schließlich hatten wir keinen Eisschrank. Wir badeten des Abends in einer winzigen «Wanne» aus Segeltuch, die an den Ecken von einem Holzrahmen gestützt wurde und in der sich nicht viel mehr als eine Pfütze befand – Wasser, das zu heiß war, wenn man hinein-, und zu kalt, wenn man wenige Minuten später wieder herausstieg. Manchmal suchten riesige haarige Spinnen Zuflucht in unserem Zelt, und zweimal sah Vanne beim Aufwachen den platten, widerwärtig aussehenden Körper eines gefährlichen großen Hundertfüßers über ihrem Kopf am Zeltdach hängen. Und als ob all dies noch nicht genug gewesen wäre, war irgend etwas in dem Wasser, das Vannes Magen, der nie sehr widerstandsfähig gewesen war, nicht vertragen konnte, so daß sie sich selten – wenn überhaupt je – hundertprozentig wohl fühlte.

Fünf Monate nach unserer Ankunft mußte Vanne nach England zurückkehren. Die Behörden in Kigoma hatten inzwischen nichts mehr dagegen einzuwenden, daß ich mir selbst überlassen blieb; ich war mittlerweile zu einem Teil der Gombe-Landschaft geworden, und mein Verhältnis zu den Bewohnern des Gebietes war, dank Vannes Bemühungen um ihre Patienten, großartig. Kurz bevor Vanne abreiste, stieß Hassan, unser alter Freund vom Viktoriasee, zu uns. Wir waren glücklich, ihn wieder bei uns zu haben, und Vanne konnte in der Gewißheit nach England zurückfahren, daß ich in zuverlässigen Händen war. Hassan konnte mit dem kleinen Boot umgehen und die schauerlichen «Kigoma-Tage» ohne mich absolvieren, und ich wußte genau: Wenn sich wirklich einmal eine schwierige Situation ergab, dann würde Hassan irgendwie damit fertig werden. Hassan hatte während der dreißig Jahre bei Louis Leakey oft genug bewiesen, daß man in Krisen auf ihn rechnen konnte.

Mein Feuer wirkte einsam, als Vanne fort war. Selbst Terry, die Kröte, die zu unserer allnächtlichen Gesellschafterin geworden war, erinnerte mich immer nur an die Zeit, als Vanne und ich über sie gelacht hatten, wenn sie sich an den Insekten, die die Lampe umschwirrten, gütlich tat. Und wenn Crescent, die Ginsterkatze, dann und wann am Abend leise zum Zelt kam, um sich eine Banane zu holen, dann ertappte ich mich immer wieder bei dem Wunsch, daß Vanne bei mir wäre und meine Freude an der schlanken Anmut dieses Tiers teilen könnte.

Im Laufe der folgenden Wochen jedoch fand ich mich mit dem Alleinsein als Lebensstil ab und fühlte mich nicht mehr einsam. Meine Arbeit nahm mich völlig in Anspruch, die Schimpansen fesselten meine Aufmerksamkeit, und auch an den Abenden war ich viel zu beschäftigt, als daß mir Zeit geblieben wäre, vor mich hin zu brüten. Wäre ich länger als ein Jahr allein gewesen, ich wäre vielleicht ein ziemlich seltsamer Mensch geworden, denn leblose Gegenstände begannen für mich ihre eigene Persönlichkeit zu entwickeln: Ich ertappte mich dabei, wie ich meine kleine Hütte auf dem Gipfel mit einem «Good morning» begrüßte und dem Bach, an dem ich mir Wasser holte, ein «Hello» zurief. Auch entwickelte sich bei mir eine intensive Beziehung zu Bäumen: Wenn ich meine Hand auf die rauhe Borke eines knorrigen Stammes legte oder die kühle Glätte der Rinde eines jungen Baumes fühlte, spürte ich auf eine sonderbare Weise etwas von den Wurzeln unter der Erde und dem Saft, der darin pulsierte. Ich sehnte mich danach, mich wie die Schimpansen von Ast zu Ast schwingen zu können und, das Rascheln der Blätter im Ohr, in den Kronen der Bäume schlafen zu können. Besonders liebte ich es, im Wald zu sitzen, wenn es regnete, zu lauschen, wie die Tropfen auf die Blätter prasselten, und mich ganz und gar eingebettet zu fühlen in eine Dämmerwelt aus Braun- und Grüntönen und Feuchtigkeit.

Regenzeit

Schon bald nach Vannes Abfahrt gingen die leichten Regenfälle des Schimpansenfrühlings in den großen Regen über. Aus den Schauern wurden Wolkenbrüche, die manchmal zwei Stunden und mehr mit unverminderter Heftigkeit andauerten.

Eines dieser Unwetter, das sich ungefähr eine Woche nach dem Wechsel der Jahreszeiten ereignete, wird mir noch lange im Gedächtnis bleiben. Ich hatte seit zwei Stunden eine Gruppe von Schimpansen beobachtet, die zum Fressen in einen riesigen Feigenbaum geklettert waren. Der Himmel war während des ganzen Morgens grau gewesen, und in der Ferne hatte ein Gewitter gegrollt.

Gegen Mittag fielen die ersten Tropfen. Die Schimpansen kletterten aus dem Baum und trotteten, einer nach dem andern, den steilen grasbewachsenen Hang zum Kamm hinauf. Die Gruppe bestand aus sechs ausgewachsenen Männchen, unter denen auch Goliath und David Greybeard waren, einigen Weibchen und ein paar Jungtieren. Als sie eben den Kamm erreicht hatten und stehenblieben, brach das Unwetter los. Es goß in Strömen, und ein Donnerschlag über mir ließ mich zusammenfahren. Als ob dieser Donner ein Signal gewesen wäre, richtete sich eines der großen Männchen auf, wiegte sich rhythmisch von einem Fuß auf den anderen und stieß immer lauter werdende *pant-hoots* aus, die den klatschenden Regen übertönten. Dann schoß er wie ein Pfeil den Hang hinunter und auf den Baum zu, von dem er eben erst herabgeklettert war. Er rannte etwa dreißig Schritte, schwang sich um den Stamm eines kleinen Baumes herum, um sein rasendes Tempo abzubremsen, sprang in die unteren Äste und blieb regungslos sitzen.

Fast im gleichen Augenblick rasten zwei andere Männchen hinter ihm her. Eines von ihnen riß im Laufen einen herabhängenden Ast ab, schwenkte ihn durch die Luft und schleuderte ihn vor sich her. Der andere richtete sich, als er zum Halten gekommen war, auf, ließ die Zweige eines Baums rhythmisch hin- und herschwingen, packte dann einen gewaltigen Ast und schleppte ihn ein Stück weiter den Hang hinunter. Ein viertes Männchen spurtete ebenfalls los, sprang in einen Baum, riß, fast ohne dabei an Tempo zu verlieren, einen großen Zweig ab, sprang damit auf den Boden und stürmte noch ein Stück weiter. Als die letzten beiden Männchen ihre Rufe ausstießen und losrasten, kletterte der Schimpanse, der als erster gestartet war, von seinem Baum und trottete wieder den Hang hinauf. Die andern, die genau wie er unten am Hang in Bäume geklettert waren, folgten seinem Beispiel. Und als sie den Kamm erreicht hatten, begann das Ganze mit gleicher Heftigkeit noch einmal.

Die Weibchen und Jungtiere waren, als das Schauspiel begann, auf ein paar Bäume am oberen Teil des Hangs gestiegen, um von dort aus die Ereignisse zu verfolgen. Während die Männchen den Hang hinunterbrausten und wieder hinaufmarschierten, zuckten grelle Blitze vor dem bleiernen Himmel auf, und das Krachen des Donners schien selbst die Berge erzittern zu lassen.

Die Begeisterung, die mich faßte, während ich, eingehüllt in eine Plastikbahn, von meinem Tribünenplatz auf der anderen Seite der schmalen Schlucht aus die Vorgänge gebannt verfolgte, war keineswegs ausschließlich wissenschaftlicher Natur. Es regnete und stürmte viel zu sehr, als daß ich mein Notizbuch oder meinen Feldstecher hätte benutzen können: Ich konnte nur dasitzen und die Großartigkeit dieser Geschöpfe anstaunen. Mit einer Demonstration der Kraft und der Energie, wie ich sie hier erlebte, hatte der primitive Mensch selber vielleicht einmal die Elemente herausgefordert.

Zwanzig Minuten nachdem das Schauspiel begonnen hatte, stiegen die Männchen zum letztenmal den Hang hinauf. Weibchen und Jungtiere kletterten aus ihren Bäumen, und die ganze Gruppe zog davon. Eines der Männchen blieb, die Hand auf einen Baumstamm gestützt, für einen Augenblick stehen und sah zurück – der Schauspieler, der seinen letzten Vorhang genoß. Dann verschwand auch er hinter dem Kamm.

Ich blieb noch eine Weile sitzen und betrachtete beinahe ungläubig die weißen Kratzspuren an den Baumstämmen und die Zweige, die im Gras umherlagen – die einzigen Zeugen des wilden «Regentanzes», die in der triefenden Landschaft zurückgeblieben waren.

Ich ahnte damals nicht, daß ich das Schauspiel, das sich an diesem Tag vor meinen Augen abgespielt hatte, in den folgenden zehn Jahren nur noch zweimal erleben sollte! Nicht selten zwar reagieren Schimpansenmännchen auf den Beginn eines starken Regens mit einem Regentanz, doch ist ein solcher Tanz für gewöhnlich die Sache eines einzelnen Tiers. Aber ich brauche nur meine Augen zu schließen, um das erregende Spektakel jenes Tages wieder in allen Einzelheiten vor mir zu sehen.

Während der großen Regenzeit schoß das Gras an manchen Stellen bis zu einer Höhe von mehr als dreieinhalb Metern auf, und selbst auf den ungeschützten Kämmen wurde es nicht selten mannshoch. Ich verlor leicht die Orientierung, wenn ich von den Fährten, die ich kannte, abkam – sofern ich diese Fährten überhaupt wiederfand –, und ich mußte oft genug stehenbleiben und auf einen Baum kriechen, um herauszufinden, wo ich war. Zum andern konnte ich mich nicht länger einfach hinsetzen, wo ich gerade war oder wo es mir am zweckmäßigsten schien, wenn ich plötzlich einer Gruppe Schimpansen begegnete, weil mir dann das Gras völlig die Sicht nahm. Ich bin nie in der Lage gewesen, längere Zeit im Stehen mit dem Feldstecher zu arbeiten. Deshalb mußte ich jedesmal entweder Hunderte von Grashalmen umknicken oder auf einen Baum steigen. Im weiteren Verlauf der Regenzeit wurde ich immer mehr zum Baumbewohner, aber auch das war keine besonders befriedigende Lösung; denn das Suchen nach einem günstigen Baum und das Abbrechen der Zweige, die mir den Blick versperrten, kostete jedesmal wertvolle Zeit. Und wenn es, was häufig genug vorkam, windig war, konnte ich trotzdem meinen Feldstecher nicht ruhig halten.

Ein weiteres Problem bestand natürlich darin, den Feldstecher vor dem Regen zu schützen. Ich konstruierte ein Plastikfutteral, das ein Großteil der Feuchtigkeit abhielt, und zog ein großes Stück Folie wie eine Schlägermütze über die Stirn. Dennoch gab es genug Tage, an denen ich meinen Feldstecher nicht benutzen konnte, weil die Innenseiten der Linsen beschlugen.

Auch wenn es nicht regnete, war das hohe Gras den ganzen Tag über so naß, daß ich keinen trockenen Faden mehr am Leib hatte, wenn ich bei meinem Ziel ankam. Ich glaube, ich habe in jenen Bergen einige der kältesten Stunden meines Lebens verbracht, wenn ich in durchnäßter Kleidung im eisigen Wind saß und Schimpansen beobachtete. Es gab eine Zeit, in der mir der frühmorgendliche Aufstieg zu meinem Gipfel regelrecht bevorstand: Ich kroch im Dunkeln aus meinem warmen Bett, aß im Schein einer Sturmlaterne meine Scheibe Brot, trank eine Tasse Kaffee und raffte mich dann zum Gang durch das eiskalte, nasse Gras auf. Nach einer Weile ging ich dazu über, meine Kleider in einen Plastikbeutel zu stecken und so hinaufzutransportieren: es gab niemanden, der mich hätte sehen können, und außerdem war es dunkel. So konnte ich trockenes Zeug anziehen, wenn ich am Ziel angelangt war. Und diese Gewißheit ließ den Schock, den das kalte Gras an meiner nackten Haut bewirkte, zu einem sinnlichen Genuß werden. Während der ersten paar Tage freilich wurde mein Körper von den scharfen Grashalmen völlig zerkratzt, aber bald schon wurde meine Haut widerstandsfähiger.

Eines Morgens, im kaltgrauen Licht der Dämmerung, als ich eben den letzten Steilhang unterhalb meines Gipfels hinter mich gebracht hatte, schien mein Fuß plötzlich in der Luft zu erstarren. Ganze vier Schritt vor mir lag, halb versteckt in dem hohen Gras, ein Büffel. Er muß geschlafen haben, da er mich sonst mit Sicherheit gehört hätte. Und zum Glück blies mir der Wind seinen intensiven, an Kühe erinnernden Geruch unmittelbar in die Nase. Wäre er aus der entgegengesetzten Richtung gekommen... Auf diese Weise gelang es mir, leise davonzukriechen, ohne daß er meine Gegenwart auch nur ahnte.

Damals erlebte ich auch, daß ein Leopard im Abstand von wenigen Metern an mir vorüberzog, als ich im hohen Gras saß. Ich bemerkte ihn erst, als ich seine weiße Schwanzspitze dicht vor mir sah, so daß an einen Rückzug nicht mehr zu denken war. Ich blieb also einfach sitzen und hielt die Luft an. Ich bezweifle, daß er überhaupt gemerkt hat, wie nahe er einem Menschen gekommen war!

Im großen und ganzen jedoch gefiel mir die Regenzeit am Gombe. Es war zumeist kühl, und es gab keine flimmernde Hitze, die mich bei meinen Beobachtungen aus größerer Entfernung störte. Außerdem fühle ich mich gern ganz als Teil der Natur, und das Rascheln der trockenen Blätter auf dem Waldboden hatte dieses Gefühl während der Trockenzeit stets beeinträchtigt. Als die Blätter dagegen durch den ständigen Regen aufgeweicht wurden, konnte ich leiser gehen und auch die scheueren Tiere gelegentlich beobachten. Vor allem aber lernte ich immer mehr über das Verhalten der Schimpansen.

Ich wußte, daß die Schimpansen während der Trockenzeit häufig gegen Mittag rasteten, weil ich oft beobachtet hatte, wie sie ausgestreckt im Schatten lagen. Während der Regenzeit dagegen war der Boden gewöhnlich naß. Deshalb bauten die Schimpansen kunstvolle Tagesnester, auf denen sie ruhten. Zu meiner Überraschung bauten sie diese Nester oft bereits, wenn es noch regnete, und saßen dann da, die Arme um die Knie gelegt und den Kopf gesenkt, bis der Regen aufhörte. Auch verließen sie ihre Schlafnester am Morgen später und bauten manchmal, nachdem sie gefressen oder einfach herumgesessen hatten, neue Nester, auf denen sie sich schon zwei oder drei Stunden später wieder ausstreckten. Ich nehme an, sie taten dies, weil die Nächte manchmal so jämmerlich naß und kalt waren, daß sie nicht schlafen konnten und daher am Morgen müde waren. Übrigens legten sie sich auch am Abend eher schlafen als sonst. Manchmal, wenn die Schimpansen in ihre Nester gekrochen waren und ich, durchnäßt von einem spätnachmittäglichen Unwetter, auf dem Heimweg war, spürte ich ein tiefes Mitleid mit ihnen und kam mir zugleich schuldig vor, weil auf mich eine warme Mahlzeit, trockene Kleider und ein Zelt warteten. Stärker noch war mein Gefühl des Mitleids und der Schuld, wenn ich mitten in der Nacht aufwachte, den Regen auf das Zeltdach prasseln hörte und an all die armen Schimpansen dachte, die zitternd auf ihren Nestern hockten, während ich in meinem warmen Bett lag.

Manchmal, wenn es zu regnen begann, suchte ein Schimpanse Schutz unter einem schrägstehenden Baumstamm oder im dichten Gestrüpp, aber wenn dann das Wasser durchzusickern begann, tauchte er für gewöhnlich aus seinem Unterschlupf auf und blieb zusammengesunken und kläglich mitten im Regen sitzen. Am besten schienen die kleinen Schimpansenkinder die Wolkenbrüche zu überstehen. Oft sah ich, wie die alte Flo, die zu jener Zeit von allen Weibchen am wenigsten Angst vor mir hatte, über ihre zweijährige Fifi gebeugt dasaß. Wenn der Wolkenbruch dann vorüber war und Fifi unter den schützenden Armen ihrer Mutter hervorkroch, sah sie völlig trocken aus. Flos Sohn Figan, der ungefähr vier Jahre älter als Fifi war, turnte bei solchen Gelegenheiten oft wie wild in den Bäumen umher, hielt sich mit einer Hand fest und zappelte mit den Beinen, sprang von Ast zu Ast und hüpfte unmittelbar über dem Kopf der alten Flo auf und ab, daß Blätter und Zweige auf sie herabrieselten und sie sich noch tiefer duckte, um zu verhindern, daß die Äste ihr ins Gesicht schlugen. Das war eine gute Methode, sich warm zu halten – eine Methode übrigens, die dem Regentanz nicht unähnlich war, mit dem die älteren Männchen häufig den Beginn eines Wolkenbruchs begrüßten.

Im Verlauf der Wochen gewann ich den Eindruck, daß ich bei kaltem und nassem Wetter näher an eine Gruppe herankam als bei trockenem. Es war, als ob sie das Wetter viel zu satt hätten, um sich auch noch dazu aufraffen zu können, an mir Anstoß zu nehmen. Eines Tages streifte ich wieder einmal leise durch den triefenden Wald. Über mir klatschte der Regen auf die Blätter, und um mich herum tropfte das Wasser von den Zweigen. In der Luft lag der beißende Geruch von faulendem Holz und nassen Pflanzen. Die Baumstämme fühlten sich kalt, glitschig und lebendig an. Ich spürte, wie das Wasser durch mein Haar sickerte und mir warm den Nacken hinunterlief. Ich suchte nach einer Gruppe Schimpansen, die ich gehört hatte, ehe es zu regnen begann.

Plötzlich sah ich nur wenige Schritte vor mir eine schwarze Gestalt, die, den Rücken zu mir gewandt, auf dem Boden hockte. Rasch hockte auch ich mich nieder: Der Schimpanse hatte mich nicht gesehen. Einige Minuten lang herrschte Stille; nur der Regen prasselte unentwegt herunter. Dann hörte ich zu meiner Rechten ein leichtes Rascheln und ein leises «Huu». Langsam drehte ich meinen Kopf zur Seite, konnte aber in dem dichten Unterholz nichts erkennen. Als ich wieder nach vorn schaute, war die schwarze Gestalt verschwunden. Dann hörte ich über mir ein Geräusch: Ich schaute hinauf und sah unmittelbar über mir ein großes Männchen – es war Goliath. Er starrte mit verkniffenen Lippen zu mir herab und schüttelte sacht einen Zweig. Ich wandte meine Augen ab, weil ein längeres Anstarren als Bedrohung gedeutet werden kann. Jetzt hörte ich ein Rascheln zu meiner Linken, wandte den Kopf und entdeckte hinter einem dichten Geflecht von Kletterpflanzen die Umrisse eines Schimpansen. Als ich wieder nach vorn schaute, sah ich zwei Augen, die mich fixierten, und eine große schwarze Hand, die eine herabhängende Liane umklammerte. Wieder ein leises «Huu», diesmal hinter mir. Sie hatten mich umstellt.

Plötzlich stieß Goliath ein langgezogenes «Uaah» aus und schüttelte drohend die Zweige, so daß ein Schauer von Tropfen und kleinen Zweigen auf mich herabregnete. Die übrigen, kaum sichtbaren Schimpansen fielen in seinen Ruf ein. Dieses «Uaah» gehört für mich zu den urtümlichsten, wildesten Geräuschen der afrikanischen Wälder, das allein übertroffen wird von dem trompetenden Schrei eines wütenden Elefanten. All meine Instinkte rieten mir, die Flucht zu ergreifen, aber ich zwang mich, sitzen zu bleiben und Desinteresse zu mimen, indem ich so tat, als nagte ich an ein paar Wurzeln, die ich auf dem Boden fand. Die Spitze des Zweigs über mir traf mich am Kopf. Stampfend und mit den Händen auf den

Boden schlagend, schoß eine schwarze Gestalt durch das Dickicht auf mich zu, drehte im letzten Moment um und verschwand im Wald. Ich war, glaube ich, überzeugt, im nächsten Augenblick in Stücke gerissen zu werden. Ich weiß nicht, wie lange ich angespannt und verschreckt dasaß, bevor ich merkte, daß bis auf das Pochen der Regentropfen alles wieder still war. Vorsichtig sah ich mich um. Die schwarze Hand und die funkelnden Augen waren verschwunden; der Ast, auf dem Goliath gesessen hatte, war leer; alle Schimpansen waren fort. Ich gebe zu, daß meine Knie ein wenig zitterten, als ich aufstand, aber ich spürte zugleich jene Heiterkeit, die in einem aufsteigt, wenn man einer drohenden Gefahr glücklich entronnen ist. Überdies wußte ich, daß die Schimpansen künftig mit Sicherheit weniger Angst vor mir haben würden!

Die Phase der Aggression und der Feindseligkeit gegen mich, die auf die Phase der Furcht und des hastigen Rückzugs bei jeder Begegnung mit mir folgte, dauerte etwa fünf Monate. Noch ein zweiter Vorfall ist mir lebhaft in Erinnerung; er ereignete sich etwa drei Wochen nach dem Erlebnis, das ich eben beschrieben habe. Ich saß wartend am Rand einer schmalen Schlucht, in der Hoffnung, daß ein paar Schimpansen einem mit Früchten beladenen Baum auf dem gegenüberliegenden Hang einen Besuch abstatten würden. Als ich die bedächtigen Schritte herannahender Schimpansen hinter mir hörte, legte ich mich flach auf den Boden und rührte mich nicht – denn wenn mich die Schimpansen auf ihrem Weg zum Futterplatz sahen, geschah es häufig, daß sie kehrtmachten und sich einen anderen Platz zum Fressen suchten. Hatten sie erst einmal mit dem Fressen begonnen, genossen sie erst einmal den köstlichen Geschmack, Anblick und Duft der Früchte, dann war ihr Hunger für gewöhnlich stärker als ihr Mißtrauen gegen mich. Diesmal kamen die Schritte immer näher und verstummten plötzlich dicht hinter mir. Ich hörte das leise «Huuu», den Ruf eines beunruhigten, ein wenig ängstlichen Schimpansen. Ich war entdeckt worden. Ich verhielt mich ganz still, und die Schritte kamen noch näher. Dann hörte ich, wie ein einzelner Schimpanse plötzlich ein paar Schritte lief; auf die Schritte folgte ein lauter Schrei. Was, zum Teufel, hatte er vor?

Plötzlich sah ich einen großen Schimpansenmann auf einen Baum klettern, der nur wenige Schritte von mir entfernt stand. Er kroch auf einen Ast, der über meinen Kopf hinwegragte, und stieß mit aufgerissener Schnauze eine Reihe von kurzen gellenden Schreien aus. Ich schaute hinauf in sein dunkles Gesicht und seine braunen Augen. Er kletterte in den Zweigen herab, bis er ganze drei Meter über mir saß, und ich konnte die gelben Zähne und die rosa Zunge sehen. Er rüttelte an einem Ast, daß die kleinen Zweige auf mich herabrieselten. Dann schlug er gegen den Stamm, schüttelte aufs neue Äste, stieß Schrei auf Schrei aus und steigerte sich auf diese Weise in eine rasende Wut hinein. Dann kletterte er urplötzlich herunter und verschwand hinter mir.

In diesem Augenblick entdeckte ich ein Weibchen, das mit einem winzigen Baby und einem älteren Kind in einem anderen Baum saß und mich mit großen Augen ansah. Die drei verhielten sich ganz still und rührten sich nicht. Hinter mir hörte ich das alte Männchen laufen. Dann verstummten seine Schritte. Es stand so dicht hinter mir, daß ich es atmen hören konnte. Eine Situation, die mir im höchsten Grade unbehaglich war.

Dann plötzlich ein lautes Bellen, ein Stampfen in den Zweigen, und irgend etwas traf mich hart am Kopf. Jetzt mußte ich mich bewegen, mußte ich mich aufsetzen, war ich gezwungen zu begreifen, daß das, was ich erlebte, Wirklichkeit war. Das Männchen stand da und sah mich an, und einen Augenblick lang glaubte ich, es werde angreifen. Aber es drehte sich um und trottete davon, wobei es immer wieder stehenblieb, sich umdrehte und mich fixierte. Das Weibchen stieg mit den beiden Jungtieren leise von seinem Baum herab und folgte ihm. Wenig später war ich wieder allein; mein Herz klopfte wild, aber zugleich stieg ein Gefühl des Triumphs in mir auf: Ich hatte einen echten Kontakt mit einem wilden Schimpansen hergestellt – oder umgekehrt.

Als ich mir ein paar Jahre später meine Beschreibung jenes Männchens noch einmal ansah, war ich überzeugt, daß es nur der übelgelaunte, reizbare Dickwanst J. B. gewesen sein konnte. Das Verhalten, das er an jenem Tag gezeigt hatte, paßt genau zu dem jähzornigen, furchtlosen Charakter J. B.s, den ich später so gut kennenlernen sollte. Ich glaube, meine Unbeweglichkeit und die Plastikfolie, mit der ich mich vor dem leichten Regen schützte, hatten ihn stutzig gemacht. Er hatte ganz einfach genau herausfinden wollen, was es mit mir auf sich hatte, und um das zu können, hatte er es fertigbringen müssen, daß ich mich bewegte. Er muß an meinen Augen gesehen haben, daß ich lebendig war.

Nach solchen Erlebnissen sehnte ich mich danach, den Schrecken oder die Freude des Augenblicks mit Vanne teilen zu können. Immerhin konnte ich Dominic und Hassan von meiner Begegnung mit dem alten Schimpansenmännchen erzählen, die ihrerseits dem alten Iddi Matata Bericht erstatteten. Der suchte mich am Abend des folgenden Tages auf und erzählte mir von einem Afrikaner, der halb auf eine Palme gestiegen war, um die reifen Früchte zu pflücken, und dabei nicht bemerkt hatte, daß oben in dem Baum ein Schimpansenmännchen bei der Mahlzeit war. Der Affe hatte den Afrikaner plötzlich entdeckt, war in Windeseile herabgestiegen und hatte ihm im Vorbeiklettern einen Schlag versetzt, der ihn im Gesicht traf. Der Mann hatte ein Auge verloren. So war es nicht verwunderlich, daß sich das Gerücht verbreitete, ich hätte irgendwelche magischen Kräfte, ich käme mit heiler Haut davon, wo es andere erwische, und ich sei keineswegs ein gewöhnliches Mädchen aus England. All das trug dazu bei, mein gutes Verhältnis zu meinen afrikanischen Nachbarn noch zu verbessern.

Man hatte mir gesagt, die große Regenzeit werde im April zu Ende gehen. In jenem Jahr aber regnete es im Juni immer noch, wenn auch nicht mehr so häufig. In der Zeit zwischen den kalten grauen Tagen wirkte das ganze Gebiet wie ein gigantisches tropisches Gewächshaus. Die Feuchtigkeit, die von der Sonne aus der üppigen Vegetation auf den Bergen herausgesogen wurde, fing sich in den Tälern und zwischen den langen Grashalmen. Das Herumklettern auf den steilen Hängen wurde nicht selten zum Albtraum. Manchmal hatte ich das unwiderstehliche Bedürfnis, auf einen Baum zu steigen, um atmen zu können. Und wenn ich hinaufgestiegen war, fragte ich mich jedesmal, warum unsere Vorfahren nur auf den Gedanken hatten verfallen können, von den Bäumen herabzusteigen. Wenn ich heute an die ganze erste Zeit meiner Feldstudien zurückdenke, glaube ich sagen zu können, daß der Mai und der Juni die schlimmsten Monate waren – schlimmer noch als die Zeit, in der die Schimpansen die Flucht ergriffen, sobald ich mich ihnen näherte. Das Fieber kam mehrfach zurück, und die Feuchtigkeit war häufig so unerträglich, daß schon das Heben einer Hand – ganz zu schweigen von der Kletterei in den Bergen – eine Anstrengung war. Hinzu kam, daß die Schimpansen, die zuvor in großen lärmenden Gruppen gefressen hatten, sich immer häufiger in kleine Einheiten von zwei bis sechs Affen aufsplitterten. Oft genug wanderten solche Gruppen durch die Wälder, fraßen die Früchte des allgegenwärtigen Mbula-Baums oder Zimtäpfel und gaben den ganzen Tag lang keinen Laut von sich.

Nach und nach jedoch nahm die beinah unerträgliche Luftfeuchtigkeit ab, und ein scharfer Wind blies durch die Täler. Meine Lebensgeister erwachten, und meine Gesundheit kam zurück. Es folgte die Zeit der wilden Feigen, und diesmal war ich nicht darauf angewiesen, von meinem Gipfel aus zu beobachten; ich konnte in die Täler hinuntersteigen und ganz dicht bei den Bäumen sitzen, auf denen die Schimpansen Tag für Tag ihre Mahlzeit einnahmen.

Als ich eines Tages eine Gruppe beobachtete, die etwa dreißig Schritt von mir entfernt in einem Baum saß, hörte ich plötzlich ein leises Blätterrascheln hinter mir. Ich drehte mich um und sah einen Schimpansen, der, mit dem Rücken zu mir, an die fünfzehn Schritt entfernt in den Zweigen saß. Ich verhielt mich ganz still und meinte, daß er mich nicht gesehen hätte. Nach kurzer Zeit jedoch warf er mir über die Schulter einen beiläufigen Blick zu und kaute dann weiter. Wohl zehn Minuten blieb er so sitzen und schaute dabei nur gelegentlich rasch zu mir herüber. Dann zog er weiter. Es war Mike, ein ausgewachsenes Männchen, dessen Gesicht fast so hübsch war wie das von David Greybeard und das später zum ranghöchsten Schimpansen werden sollte. Zu dieser Begegnung kam es wenige Wochen nach jenem unvergeßlichen Tag, den ich am Anfang dieses Buchs beschrieben habe – des Tags, als auch David Greybeard und Goliath wenige Schritte entfernt von mir ganz ruhig sitzen geblieben waren. Die Furcht vor mir war zunächst langsam der Aggression und Feindseligkeit gewichen; jetzt waren viele der Schimpansen dazu übergegangen, mich als einen Teil ihrer gewohnten, alltäglichen Umgebung zu akzeptieren. Ein sonderbarer weißer Menschenaffe, sehr ungewöhnlich, kein Zweifel, aber letztlich doch nicht übermäßig beunruhigend.

Gegen Ende August traf meine Schwester Judy aus England ein. Die National Geographic Society, die inzwischen die Finanzierung meiner Forschungsarbeit übernommen hatte, war natürlich daran interessiert, Fotos für ihre Zeitschrift zu bekommen. Die Society wollte mir einen Berufsfotografen schicken, aber mir graute vor dem Gedanken, daß ein Fremder auftauchen und meine hart erarbeitete Beziehung zu den Schimpansen zerstören könnte. Ich machte Louis den Vorschlag, man solle doch Judy schikken – nicht weil sie über irgendwelche Erfahrung auf dem fotografischen Gebiet verfügte, sondern weil sie mir ähnlich sah und weil ich wußte, daß sie bereit sein würde, dann und wann um meiner Arbeit willen auf ein Bild zu verzichten. Die National Geographic Society finanzierte ihre Reise nicht, aber die britische Sonntagszeitung *Reveille* war bereit, ihre sämtlichen Kosten zu übernehmen, nachdem ich meinerseits zugesagt hatte, bei meiner Rückkehr nach England für eine Serie von Interviews zur Verfügung zu stehen.

Die arme Judy. Als sie ankam, war die Trockenzeit so gut wie vorüber – eine Trockenzeit, die ganze sechs Wochen gedauert hatte. Ich hatte in der Nähe von Bäumen, von denen ich erwartete, daß sie während des Septembers und Oktobers Früchte tragen würden, kleine Verstecke gebaut. Aber der Ertrag war nur kärglich, und es regnete fast jeden Tag. Judy verbrachte Stunden um Stunden in irgendwelchen Verstecken und war ständig damit beschäftigt, ihre Fotoausrüstung mit Hilfe einer Plastikplane vor dem Wasser zu schützen. Die Schimpansen ließen sich kaum sehen, und wenn sie einmal auftauchten, regnete es so sehr, daß sie nicht fotografieren konnte. Im November endlich hatten wir ein wenig mehr Glück, und sie konnte ein paar Aufnahmen von Schimpansen machen, die mit Hilfe eines Werkzeugs Termiten aus einem Bau holten – etwas Derartiges hatte vor ihr noch niemand fotografiert. Überdies machte sie ein paar Fotos von mir, vom Leben im Camp und von den Fischern und stellte damit sicher, daß sich ihre Reise für die Geldgeber gelohnt hatte.

Als Judy am Gombe eintraf, war sie entsetzt über mein «abgemagertes» Aussehen. Sieht man von den gelegentlichen «Kigoma-Tagen» ab und von den kurzen Unterbrechungen, die das Fieber erzwang, so hatte ich achtzehn Monate lang ununterbrochen in den Bergen gearbeitet. Mein Wecker läutete jeden Morgen um 5 Uhr 30. Ich stand auf, aß eine Scheibe Brot, trank eine Tasse Kaffee und machte mich auf die Suche nach meinen Schimpansen. Ich hatte nie das Bedürfnis zu essen, wenn ich in den Wäldern umherzog; und ich hatte das Glück, daß mein Körper auch nur selten Wasser verlangte. Der Kaffee, den ich mir gelegentlich auf meinem Gipfel kochte, war ein Luxus. Wenn ich dann bei Anbruch der Dunkelheit wieder im Camp war, übertrug ich meine Notizen – was nicht selten bis tief in die Nacht hinein dauerte. Kein Wunder also, daß ich abgenommen hatte.

Judy hielt es für ihre Pflicht, mich zu «mästen». Deshalb besorgte sie Dinge wie Porridge, Eierrahm und andere nahrhafte Sachen. Aber irgendwie hatte ich keinen Appetit darauf. Und da Judy nicht mit ansehen konnte, wie alles, was sie für mich bestellt hatte, verdarb, aß sie es selber.

Im Dezember mußten wir – natürlich bei strömendem Regen – unsere

Habseligkeiten verpacken und meine gesamte Ausrüstung in Kigoma einlagern. Louis Leakey hatte es fertiggebracht, daß ich an der Universität von Cambridge an einer ethologischen Dissertation arbeiten durfte, einer Doktorarbeit über die Lebensgewohnheiten von Tieren. Ich sollte der achte Student sein, der als Doktorand anerkannt wurde, ohne zuvor sein Magisterexamen abgelegt zu haben. Louis nahm Judy und mich in Nairobi in Empfang und schickte ein Telegramm an Vanne mit der Nachricht:

«MÄDCHEN SICHER EINGETROFFEN STOP
EINE DÜNN EINE DICK.»

Die Schimpansen besuchen das Lager

Der Winter des Jahres 1961 war kalt in England, und in Cambridge, wo der Wind, der geradenwegs von den Eiswüsten Norwegens kam, über das flache Land pfiff, schienen Schnee und Frost kein Ende nehmen zu wollen. Ich fühlte mich ungeheuer weit weg von Afrika und den Schimpansen, von allem, was ich damals am meisten ersehnte. Natürlich war ich außerordentlich dankbar für das Privileg, in Cambridge studieren und unter Professor Robert Hinde arbeiten zu können. Aber was tat David Greybeard inzwischen? Wie ging es Goliath und Flo? Was verpaßte ich?

Endlich taute die Frühlingssonne den hartgefrorenen Boden auf, und ich wußte, daß ich in zwei Monaten wieder in Afrika sein würde. Zuvor aber waren noch zwei Feuerproben zu bestehen, und der Gedanke daran schreckte mich weit mehr, als es die Begegnung mit einem wütenden Schimpansen je hätte tun können. Ich mußte auf zwei wissenschaftlichen Kongressen in London und New York sprechen; denn es gab Forscher, die gierig auf Informationen aus erster Hand über das Verhalten meiner Schimpansen warteten. Aber irgendwie brachte ich diese Meilensteine hinter mich, und endlich – ich konnte es kaum glauben – waren die sechs Monate im Exil vorüber, und ich war wieder auf dem Weg nach Afrika, der mich im fahlen Rot der Morgendämmerung, das bei der modernen Flugreise beinahe schon dazugehört, über die Weiten der Sahara führte.

Die Befürchtungen, die mich in England verfolgt hatten, erreichten jetzt ihren Höhepunkt. Ob mich die Schimpansen vergessen hatten? Ob ich noch einmal beginnen mußte, sie an mich zu gewöhnen? Als ich wieder am Gombe war, schien es, als ob die Schimpansen meine Gegenwart eher noch bereitwilliger duldeten als zuvor. Ich nahm meine Arbeit in den Bergen wieder auf, als ob ich niemals fortgewesen wäre.

Als ich eines Abends zum Camp zurückkam, waren Dominic und Hassan in großer Aufregung. Ein großes Schimpansenmännchen, so berichteten sie mir, sei geradenwegs auf den Zeltplatz marschiert und habe eine Stunde lang auf der Palme, in deren Schatten mein Zelt stand, gesessen und gefressen. Am Abend des folgenden Tages erfuhr ich, daß derselbe Schimpanse noch einmal erschienen sei. Ich beschloß, den nächsten Tag im Camp zu verbringen und zu warten, ob er uns wieder einen Besuch abstattete.

Es war ein ungewohntes Gefühl für mich, im Bett zu liegen und den Tag heraufdämmern zu sehen, Frühstück im Camp zu essen und bei *Tageslicht* in meinem Zelt zu sitzen und die Notizen vom Vortag auf der aus England mitgebrachten Schreibmaschine abzutippen. Und ich traute meinen Augen kaum, als gegen zehn Uhr David Greybeard in aller Ruhe vor meinem Zelt vorbeimarschierte und auf die Palme kletterte. Ich lugte vorsichtig hinaus und sah, wie er, mit leisen Grunzern des Wohlbehagens, die erste rote Frucht aus ihrer hornigen Kapsel holte. Eine Stunde später kletterte er herab, warf ohne jede Hast einen Blick ins Zelt und zog davon. Wie viele Monate lang hatte ich immer wieder erlebt, daß die Schimpansen bereits die Flucht ergriffen, wenn ich noch fünfhundert Schritt weit weg war! Und jetzt machte mir ein Schimpanse in meinem eigenen Camp seine Aufwartung. Kein Wunder, daß es mir schwerfiel zu glauben, was ich sah.

David Greybeard erschien so lange täglich auf der Bildfläche, bis die Palme keine Früchte mehr trug. Von diesem Tag an stellte er seine Besuche ein. Die Ölpalmen jedoch, die bei den Zelten wuchsen, trugen nicht alle zur gleichen Zeit reife Früchte, und wenige Wochen später wurden die harten nußartigen Früchte einer anderen Palme rot, und David Greybeard nahm seine regelmäßigen Besuche wieder auf. Ich blieb nur noch selten im Camp, um ihn zu beobachten; denn die Erkenntnisse, die sich aus der Beobachtung eines einzelnen Schimpansenmännchens, das Palmfrüchte verschlang, ziehen ließen, waren begrenzt. Wenn ich trotzdem dann und wann auf ihn wartete, so tat ich es ganz einfach deshalb, weil es mir ein ungeheures Vergnügen bereitete, ihn so nahe und so furchtlos zu sehen. Eines Tages, als ich auf der Veranda vor dem Zelt saß, kletterte David von seinem Baum herab und kam, bedächtig wie immer, direkt auf mich zu. Als er sich mir bis auf anderthalb Meter genähert hatte, blieb er stehen, und langsam richteten sich seine Haare auf, so daß er mit einemmal gewaltig und furchterregend aussah. Ich wußte, daß ein Schimpanse seine Haare aufrichtet, wenn er gereizt, gespannt oder nervös ist, und ich fragte mich ein wenig besorgt, was wohl der Grund sein mochte. Plötzlich lief er auf mich zu, schnappte sich eine Banane vom Tisch und zog sich eiligst damit zurück, um sie in gemessener Entfernung aufzufressen. Nach und nach kehrten die Haare in ihre normale Lage zurück, und sein Fell sah wieder glatt aus. Nach diesem Erlebnis bat ich Dominic, ein paar Bananen bereitzulegen, sooft er David sah. Und so kam es, daß der Schimpanse auch dann noch gelegentlich beim Camp auftauchte und nach Bananen Ausschau hielt, als es keine reifen Palmfrüchte mehr gab. Aber er kam unregelmäßig, und man wußte nie, wann er uns besuchen würde. Deshalb entschloß ich mich, nicht mehr in meinem Zelt auf ihn zu warten.

Ungefähr acht Wochen nach meiner Rückkehr zum Gombe hatte ich einen leichten Malaria-Anfall. Ich blieb im Bett, und in der Hoffnung, daß David Greybeard vorbeikommen würde, bat ich Dominic, ein paar Bananen auszulegen. Am späten Vormittag kam David denn auch tatsächlich an mein Zelt und nahm sich die Früchte. Als er zu den Büschen zurückging, sah ich plötzlich, daß dort, halb versteckt im Pflanzengewirr, ein zweiter Schimpanse stand. Ich schnappte mir meinen Feldstecher, und siehe da, es war Goliath. Als sich David niederließ und fraß, trat Goliath dicht an ihn heran und schaute ihm ins Gesicht. Als David ein Stück Bananenschale mit den Lippen rollte, um auch den letzten Tropfen Saft herauszuquetschen, und es dabei gelegentlich nach vorn schob, um es über die Nase hinweg betrachten zu können, streckte Goliath eine Hand aus und bettelte um das Stück Schale. David reagierte auf dieses Bitten, indem er die vorgekaute Masse in Goliaths Hand spuckte, der nun seinerseits daran lutschte.

Am nächsten Tag folgte Goliath seinem Freund David wieder zum Camp. Ich hielt mich in meinem Zelt versteckt, dessen Eingang verschlossen war, und guckte durch ein kleines Loch nach draußen. Diesmal folgte Goliath, wenn auch nur sehr zögernd und mit gesträubtem Fell, dem guten David zum Zelt und nahm sich gleichfalls ein paar Bananen.

Die folgenden Wochen waren eine außerordentlich wichtige Zeit. Ich schickte Hassan in das Dorf Mwamgongo im Norden des Reservats, wo er Bananen für uns kaufte. Und von jetzt an legte ich jeden Tag eine Anzahl davon in die Nähe meines Zelts. Da die Feigen in unserem Tal einmal wieder reif waren, zogen ständig große Gruppen von Schimpansen dicht am Camp vorüber. Ich hielt mich entweder bei den Feigenbäumen auf oder im Camp, wo ich auf David wartete. Er kam fast jeden Tag, und nicht nur Goliath begleitete ihn manchmal, sondern auch William und, wenn auch nur manchmal, ein jüngerer Schimpanse.

Eines Tages, als David allein kam, hielt ich ihm eine Banane hin. Er näherte sich, sträubte sein Fell, stieß einen kurzen, leisen, hustenden Laut aus und riß zugleich sein Kinn hoch. Eine leichte Drohung. Plötzlich stand er aufrecht, trat von einem Fuß auf den anderen, schwankte dabei leicht hin und her und schlug mit der einen Hand gegen einen Palmenstamm. Dann nahm er behutsam die Banane aus meiner Hand.

Goliath reagierte ganz anders, als ich ihm zum erstenmal mit der Hand eine Banane anbot. Auch er sträubte sein Fell, packte dann einen Stuhl und raste damit so dicht an mir vorbei, daß er mich fast umgeworfen hätte. Darauf ließ er sich bei den Büschen nieder und fixierte mich mit finsterem Blick. Es dauerte lange, bis er sich in meiner Gegenwart genauso ruhig und gelassen verhielt wie David; er geriet leicht in Zorn, und wenn ich eine plötzliche Bewegung machte und ihn erschreckte, reagierte er nicht selten mit energischen Drohungen, die darin bestanden, daß er einen Arm in die Luft streckte oder kräftig Zweige schüttelte.

Es war aufregend, die Möglichkeit zu haben, dieselben Tiere einigermaßen regelmäßig zu beobachten – denn zuvor war mir dies unmöglich erschienen. Schimpansen folgen keiner festen Route bei ihren täglichen Wanderungen. Wenn nicht gerade die Früchte eines reichlich tragenden Baums geerntet werden konnten, war es deshalb immer nur ein Zufall gewesen, wenn ich einen und denselben Schimpansen mehr als nur ein paarmal im Monat hatte beobachten können.

Im Camp dagegen hatte ich mehrmals in der Woche Gelegenheit zu einer detaillierten Beobachtung des sozialen Verhaltens, das Goliath und William im Umgang miteinander demonstrierten. Außerdem sah ich häufig Szenen, in die eines der drei Männchen verwickelt war, wenn ich die verschiedenen Gruppen dabei beobachtete, wie sie zum Fressen in die Feigenbäume im Tal kletterten.

Bereits damals begann ich zu ahnen, daß Goliath das ranghöchste Schimpansenmännchen der Gegend war – die Ahnung, die sich später bestätigen sollte. Wenn William und Goliath gleichzeitig auf ein und dieselbe Banane zugingen, war es stets Goliath, dem die Frucht überlassen wurde. Begegneten sich Goliath und ein anderes Männchen auf einer schmalen Waldfährte, so machte der andere Platz, so daß Goliath unbehelligt weitergehen konnte. Einmal sah ich sogar, wie er ein Weibchen von seinem Nest vertrieb, um es selber in Besitz zu nehmen. Es war schon fast dunkel, als ich diese Szene von meinem Gipfel aus beobachtete. Das junge Weibchen hatte sich ein großes, weiches Nest gebaut und lag friedlich darauf. Plötzlich schwang sich Goliath auf den Ast neben ihr, richtete sich auf, packte einen Zweig über ihrem Kopf und schüttelte ihn heftig hin und her. Mit einem lauten Schrei sprang das Weibchen aus dem Bett und verschwand im Gebüsch. Goliath beruhigte sich augenblicklich, kletterte in das verlassene Nest, bog noch einen weiteren Zweig darüber und streckte sich aus. Fünf Minuten später war das vertriebene Weibchen immer noch damit beschäftigt, sich im Halbdunkel ein neues Schlafnest zu bauen.

William mit seiner langen, narbigen Oberlippe und der herabhängenden Unterlippe gehörte zu den rangniederen Schimpansen. Sobald ein ausgewachsenes Männchen sich ihm gegenüber aggressiv zeigte, näherte er sich ihm mit Gesten der Beschwichtigung und der Unterwerfung, berührte ihn mit der Hand und kauerte sich mit leisen *pant-grunts* vor ihm nieder. Dabei kam es nicht selten vor, daß er die Mundwinkel zu einem ängstlichen Grinsen zurückzog. Auch im Camp wirkte William zunächst ausgesprochen scheu. Als ich ihm zum erstenmal eine Banane entgegenstreckte, sah er sie einen Augenblick lang an, schüttelte frustriert einen Ast und saß dann wimmernd da, bis ich weich wurde und die Banane für ihn auf den Boden legte.

Weit länger dauerte es, bis ich in der Lage war, David Greybeards Platz in der Schimpansenhierarchie zu bestimmen. Ich wußte damals nicht mehr, als daß er ein außerordentlich ruhiger und sanftmütiger Vertreter seiner Gattung war. Wenn William oder irgendein junger Schimpanse sich ihm mit unterwürfigen Gesten näherte, reagierte er stets mit einer beruhigenden Gebärde; er legte eine Hand auf den Kopf oder den Körper des anderen oder lauste ihn kurz. Oft kam es auch vor, daß David seinem Gefährten Goliath sanft eine Hand auf die Leistengegend legte oder ihm ein paarmal lausend über den Arm strich, wenn Goliath im Camp – etwa weil ich mich zu sehr genähert hatte – Zeichen der Unruhe zeigte. Und beinahe stets schien diese Geste das ranghöhere Männchen zu beruhigen.

Während jener Wochen traf Hugo am Gombe ein. Ich hatte mich schließlich doch einverstanden erklärt, daß man einem Berufsfotografen gestattete, herzukommen und die Schimpansen zu fotografieren, und Louis hatte Hugo empfohlen. Die National Geographic Society hatte diesen Vorschlag akzeptiert und Hugo die Geldmittel zur Verfügung gestellt, die er brauchte, um mich und die Schimpansen zu filmen. Die Gesellschaft entschloß sich zu diesem Schritt, um einen möglichst umfassenden Dokumentarfilm über die Verhaltensweisen der Schimpansen zu erhalten, und in der Hoffnung, dadurch in die Lage versetzt zu werden, einen Unterrichtsfilm für die Mitglieder zu machen.

Hugo war in Indonesien geboren, war in England und Holland zur Schule gegangen und hatte, genau wie ich, sein Leben lang Tiere gern gehabt. Er wollte Fotograf werden in der Hoffnung, irgendwie und irgendwann einmal nach Afrika zu gelangen und wilde Tiere filmen zu können. Nachdem er zwei Jahre in einem Amsterdamer Filmstudio gearbeitet hatte, war ihm die Möglichkeit geboten worden, Armand und Michaela Denis bei den Aufnahmen zu ihrer bekannten Fernsehserie *‹On Safari›* zu helfen. Er war ein Jahr später als ich in Afrika eingetroffen.

Während seiner Arbeit für Armand und Michaela Denis hatte Hugo die Leakeys kennengelernt, da sie praktisch Nachbarn waren, und hatte sich zwei Jahre später bereit erklärt, einen Unterrichtsfilm für die National Geographic Society über Louis' Arbeit bei der Oldowayschlucht zu machen. Damals kam Louis zu dem Schluß, daß Hugo genau der Mann war, der am Gombe gebraucht wurde; er erkannte, daß Hugo nicht nur ein hervorragender Fotograf war, sondern überdies eine echte Zuneigung zu Tieren und ein echtes Verständnis für sie hatte. Louis schrieb mir einen Brief, in dem er von Hugo und seinen Fähigkeiten berichtete; gleichzeitig schrieb er einen Brief an meine Mutter Vanne, in dem er ihr mitteilte, er habe jemanden gefunden, der genau der richtige Ehemann für Jane sei! Mir kamen dennoch einige Bedenken, wenn ich darüber nachdachte, wie wohl die Schimpansen reagieren würden auf einen Mann, der mit einer gewaltigen Filmausrüstung umherzog. Aber ich war mir zugleich darüber im klaren, wie wichtig es war, einen Dokumentarfilmbericht über das Verhalten der Schimpansen zu haben. Außerdem gab es ja noch David Greybeard – ich konnte mir nicht vorstellen, daß die Ankunft eines Fremden David allzusehr aus der Fassung bringen würde.

An Hugos erstem Morgen am Gombe tauchte David Greybeard schon sehr früh im Camp auf, weil er in der Nähe sein Schlafnest gehabt hatte. Ich hatte gedacht, es sei wohl das beste, wenn sich David zunächst an das neue Zelt und erst dann an seinen Bewohner gewöhnte; deshalb kam Hugo nicht heraus, sondern schaute durch die Klappen, solange David seine Bananen aß. David würdigte das Zelt kaum eines Blickes, bis er seine Mahlzeit beendet hatte. Dann ging er bedächtig hinüber, hob eine der Klappen hoch, sah sich Hugo an, grunzte kurz und trottete gemächlich wie immer davon.

Zu meiner Überraschung nahmen auch Goliath und selbst der scheue William, die wenig später gemeinsam erschienen, an Hugo so gut wie keinen Anstoß. Es war, als ob sie ihn ganz einfach als einen Teil der «Ausrüstung» des Camps betrachteten. Auf diese Weise konnte Hugo bereits an seinem allerersten Tag ein paar glänzende Filmaufnahmen von Interaktionen zwischen den drei Männchen – Begrüßung, Fellpflege und Betteln um Nahrung – machen. Und am zweiten Tag hatte er Gelegenheit, etwas zu filmen, was noch viel bemerkenswerter war: Schimpansen, die einen Affen fraßen.

Seit jenem denkwürdigen Tag, an dem ich zum erstenmal beobachtet hatte, wie David Greybeard sich an dem Kadaver eines jungen Buschschweins gütlich tat, hatte ich nur noch ein einziges Mal erlebt, daß ein Schimpanse Fleisch fraß. Das Opfer war ein junger Buschbock gewesen, aber auch in diesem Fall konnte ich nicht mit Sicherheit sagen, ob der Schimpanse das Tier selber gefangen hatte oder nicht. Diesmal dagegen konnten Hugo und ich Jagd und Überwältigung des Opfers mit eigenen Augen verfolgen.

Es kam alles ganz unerwartet. Ich hatte Hugo mit auf den Berg genommen, um ihm «meinen» Gipfel zu zeigen, und wir beobachteten vier Rote Kolobusaffen, die, wie es schien, von ihrer Horde getrennt waren. Plötzlich kletterte ein halbwüchsiges Schimpansenmännchen vorsichtig den Baum hinauf, der den Kolobusaffen am nächsten stand, und ging langsam auf einem Ast entlang. Dann setzte er sich hin. Drei der Kolobusaffen zogen sich einen Augenblick später zurück; sie wirkten dabei durchaus nicht beunruhigt. Der vierte blieb, das Gesicht dem Schimpansen zugewandt, sitzen. Sekunden später tauchte ein zweites junges Schimpansenmännchen aus dem Dickicht am Fuß des Baumes auf, lief hastig auf dem Ast entlang, auf dem der letzte Kolobus saß, und packte ihn. Sofort sprangen weitere Schimpansen auf den Baum und rissen ihr Opfer, vor Erregung schreiend und bellend, in Stücke. Eine Minute, nachdem der Kolobus gepackt worden war, war alles vorüber.

Wir standen zu weit ab, als daß Hugo die Jagd hätte filmen können – eine Jagd, die ohnehin so plötzlich begann und so rasch beendet war, daß er sie selbst dann kaum hätte fotografieren können, wenn wir nahe genug gewesen wären. Immerhin gelang es ihm, wenn auch aus großer Entfernung, die Schimpansen beim Verschlingen ihrer Beute zu filmen.

Nach diesem überraschend verheißungsvollen Anfang indes standen die Sterne für Hugo nicht mehr so günstig. Gewiß, er konnte eine Menge hervorragender Filmaufnahmen und Standfotos von David, William und Goliath machen. Aber für seinen Dokumentarstreifen brauchte er mehr als das. Er mußte so viele Aspekte des Lebens der Schimpansen filmen wie nur möglich – ihres Lebens in den Bergen und in den Wäldern. Die meisten von ihnen aber ergriffen vor Hugo die Flucht, genau wie sie zwei Jahre zuvor geflohen waren, sobald sie mich erspäht hatten. Selbst Goliath und William mißtrauten ihm, wenn sie ihm im Wald begegneten.

Wie vorher für Judy, so hatte ich auch für Hugo in der Nähe von Bäumen, die aussahen, als ob sie in absehbarer Zeit Früchte tragen würden, ein paar wacklige Verstecke gebaut. Ich hatte sogar leere Flaschen durch die Wände dieser Verstecke geschoben, in der Hoffnung, daß sich die Schimpansen auf diese Weise an den Anblick von Kameralinsen gewöhnen würden. Aber sie entdeckten sofort den Unterschied. Wenn sie die echten Linsen entdeckten und sich trotzdem ausnahmsweise einmal in dem Baum niederließen, spähten sie meist aufmerksam zu dem Versteck hinüber und verschwanden dann leise. Der arme Hugo – er schleppte den größten Teil seiner Kameraausrüstung selber die steilen Hänge auf und ab, um die zusätzliche Unruhe zu vermeiden, die unvermeidbar gewesen wäre, wenn er einen afrikanischen Träger mitgenommen hätte. Stundenlang hockte er auf den steilen, felsigen Hängen oder unten in den Tälern, wo der Boden zwar weicher war, aber dafür von beißenden Ameisen wimmelte. Häufig ließen sich überhaupt keine Schimpansen sehen; und wenn sie einmal kamen, verschwanden sie wieder, bevor er auch nur ein paar Zentimeter Film drehen konnte.

Es schien jedoch, als ob die Schimpansen, nachdem sie sich außerordentlich langsam an den ersten weißhäutigen Menschenaffen in der Gegend gewöhnt hatten und dann einen zweiten, sehr ähnlich aussehenden Menschenaffen in der Person meiner Schwester studieren konnten, nur eine verhältnismäßig kurze Zeit brauchten, um sich mit einem dritten abzufinden. Hinzu kam, daß David Greybeard diesen Prozeß vorantrieb. Es kam immer wieder vor, daß er, wenn er Hugo oder mich sah, seine Gruppe verließ, um nachzuschauen, ob wir zufällig eine Banane bei uns hätten. Und es versteht sich von selbst, daß die anderen Schimpansen bei solchen Gelegenheiten ganz genau aufpaßten.

Schon kurz nachdem David, William und Goliath mit ihren Besuchen im Camp begonnen hatten, hatte ich herausgefunden, daß sie gern auf Tuch und Pappe kauten – wobei ihre besondere Vorliebe, vermutlich wegen des salzigen Geschmacks, verschwitzten Kleidungsstücken galt. Eines Tages, als Hugo wieder einmal in einem kleinen Versteck kauerte, tauchte eine Gruppe von Schimpansen auf, kletterte in einen weit ausladenden Baum, der dicht bei dem Versteck stand, und machte sich über die reifen Früchte her. Es schien, als hätten sie ihn überhaupt nicht bemerkt. Als er eben mit dem Filmen beginnen wollte, fühlte er, wie an seiner Kamera gezogen wurde. Einen Augenblick lang war ihm unklar, was vorging – dann plötzlich sah er eine schwarze haarige Hand, die an dem alten Hemd zerrte, das er um seine Kamera gewickelt hatte, um auf diese Weise die schimmernden Linsen zu tarnen. Es war natürlich David Greybeard, dem diese Hand gehörte. Er war wie Hugo dem Talpfad gefolgt und hatte, als er auf der Höhe des Verstecks angekommen war, das verlockende Stück Stoff erspäht. Hugo erwischte einen Zipfel des Hemdes, und ein wildes Tauziehen begann, das erst vorüber war, als der Stoff zerriß und David, den erbeuteten Fetzen in der Hand, davonzog und sich der Gruppe im Baum zugesellte.

15 *Rodolf war Flos Begleiter, doch ließ er andere Männchen sich ruhig mit ihr paaren.*

16 *Melissa mit Goblin*

17 *Goliath*

18 *Als Flo wieder sexuell anziehend wurde und ihre Tochter entwöhnte, fiel Fifi in infantiles Verhalten zurück.*

19 *Mike*

20 *Mr. McGregor*

21 *Mr. Worzle*

22 *Leakey*

23 *Schimpansen können einander zweifellos an der Stimme erkennen.*

24 *Schließlich erlaubten mir die Schimpansen, ihnen in den Dschungel zu folgen.*

25 *Unablässig wollte Fifi ihren kleinen Bruder berühren.*

26 *Am Ende erlaubte ihr Flo, den kleinen Flint zu tragen.*

Die übrigen Schimpansen hatten das Tauziehen mit offenkundigem Interesse verfolgt und ließen sich Hugos Filmerei von nun an gefallen, obwohl im Verlauf des Gerangels mit David der größte Teil des Verstecks zusammengebrochen war.

In der Tat hatten die meisten der Schimpansen bereits einen Monat nach seiner Ankunft nicht nur Hugo selber, sondern auch seine klickenden, surrenden Kameras akzeptiert – vorausgesetzt, er verhielt sich still und zog nicht umher. Aber die Regenzeit setzte auch in diesem Jahr früh ein, und Hugo machte die gleiche Erfahrung, die Judy ein Jahr zuvor hatte machen müssen: Ergab sich einmal eine Gelegenheit zum Fotografieren, machte ihm das Wetter einen Strich durch die Rechnung. Tag für Tag saß er in seinen Verstecken, die Sonne schien, die Beleuchtung war perfekt – aber es gab keine Schimpansen, die er hätte filmen können. Wenn dann einmal eine Gruppe auftauchte, fing es prompt an zu regnen. Es war wie verhext.

Trotz allem gelang es Hugo im Laufe der Wochen, einige großartige Szenen über das Verhalten der Schimpansen in den Bergen zu drehen; daneben fuhr er natürlich fort, die Interaktionen, die David, Goliath und William bei ihren Besuchen im Camp zeigten, zu filmen. Seit meinen ersten Versuchen, David und die anderen Schimpansen mit Bananen zum Camp zu locken, waren es nicht zuletzt die Paviane gewesen, die mir dabei Schwierigkeiten bereiteten. Es verging kein Tag, an dem nicht eine Horde von Pavianen durch das Camp zog, und einige der Männchen lungerten – wie es der alte Shaitani getan hatte – unentwegt bei den Zelten herum in der Hoffnung, irgendwann ein paar Bananen zu ergattern. Als David, William und Goliath einmal vor einem beachtlichen Haufen Bananen saßen, rannte plötzlich ein großes und besonders aggressives Pavianmännchen auf sie zu. William schnappte sich ein paar von den Früchten, zog sich beinah augenblicklich mit vor Erregung zitternden Lippen zurück und beobachtete den nun folgenden Kampf aus sicherer Entfernung. Auch David ergriff die Flucht, als der Pavian ihm zum erstenmal drohte, lief aber dann auf Goliath zu (der den Tumult ignorierte und in aller Ruhe seine Bananen verzehrte) und schlang die Arme um seinen Freund. Gleich darauf drehte er sich, als ob die Berührung ihm Mut gemacht hätte, um, stieß wütende Schreie aus und drohte dem Pavian mit wild gestikulierenden Armen. Wieder stürzte der Pavian auf ihn los, und wieder hastete David zu Goliath und legte seine Arme um ihn. Diesmal reagierte Goliath; er stand auf, lief ein paar Schritte auf den Pavian zu und sprang dann ein paarmal in aufrechter Haltung in die Luft, schwenkte dabei die Arme und stieß sein drohendes Bellen aus: «Uaah». David Greybeard folgte ihm, aber es fiel auf, daß er sich immer ein paar Schritte hinter Goliath hielt. Der Pavian zog sich zurück, schoß jedoch Sekunden später an Goliath vorbei auf David los und schlug nach ihm.

Dieser Vorgang wiederholte sich wieder und wieder. Goliath sprang auf den Pavian zu, und der Pavian, der ihm mit Leichtigkeit auswich, brachte es jedesmal fertig, nach David zu schlagen, mochte dieser auch noch so sehr versuchen, sich hinter seinem Freund zu verstecken. Schließlich waren es David und Goliath, die den Rückzug antraten und dem Pavian die Siegesbeute überließen, mit der er sich hastig in Sicherheit brachte. Hugo gelang es, den Vorfall von Anfang bis Ende zu filmen. Auf diese Weise entstand einer der besten Dokumentarstreifen über einen Kampf zwischen Schimpansen und Pavianen, die es bis heute gibt.

Die National Geographic Society hatte sich bereit erklärt, Hugos Arbeit am Gombe bis Ende November zu finanzieren, um ihm auf diese Weise Gelegenheit zu geben, die Schimpansen bei der Verwendung von Werkzeugen während der Termitensaison zu filmen. Ich nahm an, daß diese Saison wie in den voraufgegangenen Jahren im Laufe des Oktober einsetzen würde. Aber obgleich Hugo und ich Tag für Tag verschiedene Termitenhügel inspizierten, entdeckten wir vor Anfang November keinerlei Zeichen irgendwelcher Aktivität. Dann endlich – Hugo standen inzwischen noch zwei ganze Wochen am Gombe zur Verfügung – machten die Termiten Anstalten, uns den Gefallen zu tun. Eines Tages, als Hugo wieder einmal zu seinem Lieblingsbau in der Nähe des Camps ging, entdeckte er auf dem Hügel ein paar feuchte Stellen. Er kratzte die frisch versiegelten Eingänge auf, bohrte einen Grashalm hinein und fühlte zu seinem Entzücken, wie sich die Insekten darüber hermachten. Die Schimpansen indessen zeigten immer noch keinerlei Verlangen nach den Termiten. Während der folgenden Woche zogen David, William und Goliath oft an dem Termitenbau vorüber, schickten sich jedoch nie an, ihn zu untersuchen. Hugo packte die Verzweiflung. Schließlich lockte er David Greybeard sogar mit einer Banane in der Hand zum Hügel und hielt dem Schimpansen, der dasaß und seine Banane kaute, einen Strohhalm voller Termiten hin. David warf einen Blick darauf und schlug Hugo mit einem leisen, drohenden Husten den Halm aus der Hand!

Während der letzten zehn Tage endlich, die Hugo übrigblieben, demonstrierten die Schimpansen ihre Geschicklichkeit im Gebrauch und in der Herstellung von Werkzeugen. Er konnte David, William und Goliath ausgiebig bei der Arbeit am Termitenhügel beim Camp filmen und fotografieren. Ihm gelangen faszinierende Aufnahmen, und er hoffte, daß sie ihm dabei helfen würden, die Geographic Society dazu zu bringen, ihn im folgenden Jahr zurückkehren und weitere Filme über die Schimpansen drehen zu lassen.

Als Hugo gegen Ende November abreiste, war ich wieder einmal allein. Ich fühlte mich zwar nicht einsam, aber ich war dennoch nicht so restlos glücklich bei meinem Alleinsein, wie ich es vor seiner Ankunft gewesen war. Ich hatte in Hugo einen Gefährten gefunden, mit dem ich nicht nur die Freuden und Enttäuschungen meiner Arbeit teilen konnte, sondern ebenso meine Liebe zu den Schimpansen, den Wäldern und Bergen, dem Leben in der Wildnis. Er war mit mir an verborgenen, unzugänglichen Plätzen gewesen, von denen ich geglaubt hatte, daß sie nie ein anderer Weißer betreten würde. Wir hatten gemeinsam unter der Sonne gebraten und im Regen unter dem notdürftigen Kunststoffdach gezittert. Ich wußte, daß ich in Hugo einen verwandten Geist gefunden hatte – einen Menschen, dessen Sinn und Verständnis für Tiere dem meinen entsprach. War es da ein Wunder, daß ich ihn vermißte, als er fort war?

In jenem Jahr verbrachte ich mein erstes Weihnachten am Gombe. Ich kaufte eine extragroße Portion Bananen und verteilte sie um einen kleinen Baum herum, den ich mit Silberpapier und Watte geschmückt hatte. Goliath und William erschienen gemeinsam am Weihnachtsmorgen und stießen laute Begeisterungsschreie aus, als sie den gewaltigen Haufen Bananen sahen. Sie fielen sich in die Arme, und Goliath klopfte William immer wieder freundschaftlich auf die weit aufgerissene Schnauze, aus der immer noch Schreie des Entzückens drangen, während William einen Arm um Goliaths Hals legte. Endlich beruhigten sich die beiden und begannen mit dem Festschmaus, der von leisen, durch Bananenhappen gedämpften Wonnequiekern und -grunzern begleitet war.

David erschien an diesem Tag sehr viel später und ohne Begleitung auf der Bildfläche. Ich setzte mich dicht neben ihn, als er seine Bananen aß. Er wirkte besonders sanft, und nach einer Weile bewegte ich ganz langsam meine Hand auf seine Schulter zu und machte eine Bewegung, als ob ich ihn lausen wollte. Er schob sie mit einer raschen Bewegung fort – aber er tat es so beiläufig, daß ich einen Augenblick später einen zweiten Versuch riskierte. Diesmal erlaubte er mir tatsächlich, ihm mindestens eine Minute lang das Fell zu pflegen. Dann schob er meine Hand aufs neue behutsam beiseite. Dennoch: Er hatte es zugelassen, daß ich ihn anfaßte, hatte die körperliche Berührung eines Menschen toleriert – er, ein ausgewachsenes Schimpansenmännchen, das sein ganzes Leben in der Wildnis verbracht hatte. Dieses Erlebnis war für mich ein Weihnachtsgeschenk, das ich nie vergessen werde.

Ich hatte einige der Afrikaner mit ihren Kindern zum Weihnachtstee eingeladen. Zuerst fühlten sich die Kinder äußerst unbehaglich. Aber als ich Papierhüte, Ballons und ein paar kleine Spielzeuge unter ihnen verteilte, waren sie so begeistert, daß sie ihre Schüchternheit bald vergaßen und lachten, umhertobten und bester Laune waren. Selbst der majestätische Iddi Matata war entzückt von den Luftballons.

Als die Feier vorüber war, hatte ich das Bedürfnis, vor Einbruch der Dunkelheit noch einmal für eine Stunde zu meinem Gipfel hinaufzusteigen. Danach eilte ich zum Camp zurück, um das Weihnachtsessen zu genießen, von dem Dominic schon seit Tagen geredet hatte. Bevor Hugo abgefahren war, hatte er das Menü bis ins Detail, von der Füllung des Hähnchens bis zur Soße für den Plumpudding, mit Dominic besprochen. Es war schon dunkel, als ich beim Zelt ankam, und der Gedanke an den Festschmaus ließ mir das Wasser im Munde zusammenlaufen – aber alles, was ich entdeckte, war, daß Dominic in der Zwischenzeit auf seine eigene Weise Weihnachten gefeiert hatte. Auf dem Tisch standen eine Büchse mit Rindfleisch und ein leerer Teller; daneben lagen Messer und Gabel. Das also war mein Weihnachtsessen. Als ich Dominic nach dem Hähnchen und dem übrigen Drum und Dran fragte, wollte er sich totlachen und wiederholte immer wieder ein einziges Wort: «Morgen.» Schließlich zog er, immer noch kichernd, davon und schwankte zu dem 18-Liter-Krug Bananenbier, den (wie ich später erfuhr) ein wohlwollender Freund aus Ubango, dem Dorf auf dem Berggipfel, herbeigeschafft hatte. Auch ich mußte lachen, als ich meine frugale Mahlzeit verzehrte; und Dominic machte alles wieder wett, als er, trotz eines Katers von kolossalem Ausmaß, am zweiten Weihnachtstag das lang geplante Essen kochte!

Kurz nach Weihnachten mußte ich selber den Gombe verlassen, um für ein weiteres Semester in Cambridge zu arbeiten. Meine beiden letzten Wochen waren traurig, weil William krank wurde. Seine Nase lief, seine Augen tränten, und er hustete unentwegt – es war ein trockenes, bellendes Husten, das seinen ganzen Körper schüttelte. Am ersten Tag seiner Krankheit folgte ich ihm, als er das Camp verließ. Ich konnte inzwischen mit William und David in den Wäldern umherlaufen; nur Goliath drohte mir nach wie vor, wenn ich versuchte, ihm zu folgen. William ging ein paar hundert Schritte im Tal entlang, kletterte dann auf einen Baum und machte sich ein großes weiches Nest. Auf diesem Nest lag er keuchend, hustend und manchmal, wie es schien, auch halb schlafend bis drei Uhr am Nachmittag. Ein paarmal urinierte er sogar in seinem Bett – ein Verhalten, das so ungewöhnlich ist, daß ich schon daraus schließen konnte, wie krank er sich fühlen mußte. Als er sich schließlich aufraffte, fraß er Blätter und Schlingpflanzen, wanderte langsam zum Camp zurück und kaute ein paar Bananen. Dann kletterte er in einen Baum unmittelbar neben meinem Zelt und machte sich ein neues Nest.

In jener Nacht blieb ich, weil der Mond schien, draußen. Gegen ein Uhr morgens zogen Wolken auf und verdeckten den Mond, und wenig später begann es zu regnen. Ich kauerte an dem steilen Berghang ein wenig oberhalb von Williams Nest, und wenn ich mit meiner Taschenlampe zu ihm hinüberleuchtete, konnte ich eben erkennen, wie er aufrecht in seinem nassen Bett hockte, die Knie bis ans Kinn hochgezogen und die Arme um die Beine gelegt. Für den Rest der Nacht folgte ein Schauer dem anderen, und wenn nach dem Prasseln der Regentropfen einmal Stille eintrat, hörte man Williams trockenes Husten. Einmal, als ein wahrer Wolkenbruch einsetzte, stieß er mit bebender Stimme ein paar *pant-hoots* aus und gab dann keinen Laut mehr von sich.

Als er am Morgen herabkletterte, sah ich, daß sein Körper in kurzen Abständen von krampfartigen Schauern geschüttelt wurde. Und jedesmal, wenn ein solcher Schauer ihn packte, schlotterten seine schlaffen Lippen – ein Anblick, der plötzlich alles Komische verloren hatte. Wie gern hätte ich ihn in eine warme Decke gewickelt und ihm einen heißen Grog bereitet, aber alles, was ich ihm bieten konnte, waren ein paar kalte Bananen.

Ich hielt mich eine Woche lang fast ununterbrochen in Williams Nähe auf. Er verbrachte seine Tage in der Nähe des Camps und baute sich immer wieder neue Nester, um darauf auszuruhen. Manchmal schloß er sich für kurze Zeit David oder Goliath an, aber wenn sie den Hang hinaufzogen, kehrte er um, als ob er vor jedem längeren Marsch zurückschreckte.

Eines Morgens, als ich ein Stück oberhalb des Camps in Williams Nähe saß, traf ein Boot mit ein paar Besuchern aus Kigoma ein; David Greybeards Ruhm hatte sich inzwischen verbreitet, und manchmal machten sich am Sonntagnachmittag einige Leute zu uns auf den Weg, in der Hoffnung, ihn zu Gesicht zu bekommen. Da ich so dicht beim Camp war, hätte ich natürlich hinuntergehen und sie begrüßen sollen, aber ich war inzwischen so sehr auf William eingestellt, daß ich beinahe selber das instinktive Mißtrauen der Schimpansen gegenüber Fremden empfand. Als William Richtung auf die Zelte nahm, folgte ich ihm. Als er sich in den Büschen gegenüber dem Camp niederließ, setzte ich mich neben ihn auf den Boden. Gemeinsam beobachteten wir die Besucher: Sie tranken Kaffee, plauderten eine Weile und machten sich dann, da David nicht auftauchte, auf die Heimfahrt. Ich habe mich oft gefragt, was sie wohl gedacht hätten, wenn ihnen klar gewesen wäre, daß ich mit William ganz in der Nähe saß und sie aufmerksam betrachtete, als wären sie fremde Wesen aus einer unbekannten Welt.

Eines Morgens, zwei Tage vor meiner Abreise, stahl William aus Dominics Zelt eine Decke. Er hatte schon eine Weile darauf herumgekaut, als David Greybeard kam und sich, nachdem er ein paar Bananen gefressen hatte, zu ihm setzte. Wohl eine halbe Stunde lang saßen die beiden friedlich Seite an Seite, und jeder saugte geräuschvoll und zufrieden an seinem Zipfel. Aber dann zog sich William – wie so häufig schon, schien er auch jetzt wieder den Clown zu spielen – einen Teil der Decke über den Kopf und tastete in der seltsamen Dunkelheit, in die er sich gehüllt hatte, nach David. David sah ihm einen Augenblick lang zu und klopfte dann sanft auf die Hand seines Freundes. Kurz darauf zogen die beiden gemeinsam in den Wald und ließen mich mit dem Echo eines trockenen Hustens und der Decke, die auf der Erde lag, zurück. Ich habe William nie wiedergesehen.

Flos Liebesleben

Sex-Appeal, jenes seltsame Geheimnis, jene Ausstrahlung eines gewissen, undefinierbaren Etwas, ist ein Phänomen, das bei den Schimpansen ebenso unerklärlich und ebenso unleugbar ist wie bei den Menschen. Die alte Flo mit ihrer Knollennase und ihren zerrupften Ohren ist nach menschlichen Maßstäben ungeheuer häßlich. Was indessen den Sex-Appeal betrifft, so ist sie damit mehr als reichlich ausgestattet. Zunächst dachte ich, es läge ganz einfach an ihrem Alter und der damit zusammenhängenden Erfahrung, wenn die Männchen in eine solche Erregung gerieten, sobald sie sexuell attraktiv wurde. Heute weiß ich es besser; denn es gibt alte Weibchen, die zu solchen Zeiten fast gar nicht beachtet werden, und es gibt andererseits junge Weibchen, denen die Männchen genauso wild nachstellen wie Flo.

Wenn ein Schimpansenweibchen in ihr Brunststadium kommt, schwillt ihre Genitalpartie an. Manche Weibchen entwickeln eine blaßrosa Schwellung von der Größe einer mittleren Puddingschüssel, bei anderen ist sie weniger ausgeprägt. Die Schwellung hält im allgemeinen etwa zehn Tage und schrumpft dann, bis sie völlig verschwunden ist. Sie tritt normalerweise in der Mitte zwischen den Monatsblutungen auf, die sich beim Schimpansenweibchen im Abstand von etwa 35 Tagen wiederholen. Die Zeit der Brunstschwellung ist es, in der das Weibchen – das ich in dieser Phase als «rosige Dame» zu bezeichnen pflege – von den Männchen umworben wird und in der sie sich mit ihm paaren.

Als ich nach meinem zweiten Trimester in Cambridge – zusammen mit Hugo, dem es schließlich gelungen war, die National Geographic Society davon zu überzeugen, daß wir mehr Filmmaterial über das Verhalten der Schimpansen brauchten – zum Gombe zurückkehrte, waren Flo und zwei ihrer drei Sprößlinge bereits zu ziemlich regelmäßigen Besuchern des Camps geworden.

Flos Tochter Fifi war zu der Zeit etwa dreieinhalb Jahre alt. Sie hatte immer noch die Angewohnheit, alle zwei oder drei Stunden für ein paar Minuten bei ihrer Mutter zu trinken und dann und wann, besonders wenn sie unruhig oder verschreckt war, auf Flos Rücken zu springen. Ich wußte zudem, daß sie immer noch das Schlafnest mit ihrer Mutter teilte. Figan,

Fifis um etwa vier Jahre älterer Bruder, kam gerade in die Pubertät. Einige junge Männchen seines Alters sind bereits verhältnismäßig unabhängig von ihren Müttern. Figan jedoch zog meistens mit Flo und Fifi umher. Faben, der, soweit ich wußte, Flos ältester Sohn war, ließ sich in jenem Jahr selten bei seiner Familie sehen; er war damals etwa zehn Jahre alt.

Als Hugo und ich wieder beim Gombe eintrafen, waren Flo, Fifi und Figan naturgemäß noch ziemlich ängstlich, wenn sie sich dem Camp näherten. Die meiste Zeit hielten sie sich in den dichten Büschen, die die Lichtung umgaben, versteckt und tauchten nur dann kurz auf, wenn sie sich die Bananen holen wollten, die wir für sie auslegten. Nach und nach jedoch verloren sie ihre Scheu – besonders dann, wenn David oder Goliath bei ihnen war – und wagten sich länger und länger aus ihrem Versteck heraus. Ich verbrachte nach wie vor den größten Teil meiner Zeit damit, in den Bergen umherzusteigen. Wenn aber die meisten Schimpansen weit nach Norden oder nach Süden zogen, blieb ich häufig im Camp, in der Hoffnung, daß Flo kommen würde.

Schon damals sah Flo uralt aus. Sie wirkte schwächlich; sie war hager, und ihr Haar, das mehr braun als schwarz war, hatte sich gelichtet. Wenn sie gähnte, sahen wir, daß ihre Zähne bis auf den Gaumen abgenutzt waren. Aber sehr bald machten wir die Entdeckung, daß ihr Charakter ganz und gar nicht ihrer Erscheinung entsprach: Sie war aggressiv, zäh wie Leder und damals eindeutig das dominierende Weibchen des ganzen Gebietes.

Flos Eigenart wird deutlicher hervortreten, wenn ich sie mit der eines anderen alten Weibchens vergleiche – mit der Eigenart Ollys, die in jenen Tagen ebenfalls anfing, sich bei unserem Camp blicken zu lassen. Denn Olly mit ihrem länglichen Gesicht und ihren schlaffen, schlappenden Lippen, die traurige Erinnerungen an William wachriefen, unterschied sich sehr deutlich von Flo. Flo wirkte in ihrem Verhalten den ausgewachsenen Männchen gegenüber zumeist gelöst. Häufig sah ich, wie sie sich draußen in den Wäldern mit zwei oder drei Männchen zur Fellpflege zusammentat, und im Camp zögerte sie nicht, gemeinsam mit David oder Goliath um ein Stück Pappe oder Bananen zu betteln. Olly indessen wirkte in ihrem Verhalten anderen Schimpansen gegenüber verkrampft und nervös. Besonders ängstlich war sie, wenn ausgewachsene Männchen in der Nähe waren, und ihre heiseren, aufgeregten *pant-grunts* steigerten sich fast bis zur Hysterie, wenn sich der gewichtige Goliath ihr näherte. Vorn am Hals hatte sie eine große, herabhängende Schwellung, die genau wie ein Kropf aussah. Es mag in der Tat ein Kropf gewesen sein; denn Kröpfe sind unter den afrikanischen Frauen der Gegend nichts Ungewöhnliches. Träfe dies zu, so ließe sich nicht zuletzt damit ihr nervöses Verhalten erklären.

Olly neigte dazu, große Gruppen von Schimpansen zu meiden, und wanderte nicht selten nur mit ihrer zweijährigen Tochter Gilka umher. Manchmal wurde sie auch von ihrem achtjährigen Sohn Evered begleitet. Er war es denn auch, der seine Mutter zum erstenmal zu unserem Camp führte, nachdem er selber ein paarmal mit David und Goliath gekommen war. Häufig zogen auch Olly und Flo gemeinsam durch die Wälder, und alle vier Kinder waren seit langem Spielgefährten.

Meist ging es zwischen Flo und Olly ausgesprochen friedlich zu, wenn aber eine einzelne Banane zwischen beiden auf der Erde lag, zeigte sich unmißverständlich, wie es um den sozialen Status der beiden bestellt war: Flo brauchte nur ein paar ihrer gleichsam von Motten zerfressenen Haare zu sträuben, und schon zog sich Olly, *pant-grunts* ausstoßend und unterwürfig grinsend, zurück.

Als sich einmal eine harmlose Spielerei zwischen Flos Sohn Figan und Ollys Sohn Evered zu einem ernsthaften Streit auswuchs – wie das häufig genug vorkommt, wenn junge Schimpansenmännchen miteinander spielen –, eilte Flo mit gesträubtem Fell herbei, sobald sie Figans Schreie hörte. Sie stürzte sich auf Evered und stieß ihn immer wieder zu Boden, bis er ihr entwischen konnte und laut schreiend das Weite suchte. Auch Olly war zur Stelle und bellte drohend. Aber sie wagte nicht, sich einzumischen, und begnügte sich damit, als alles vorüber war, auf Flo zuzugehen und ihr vorsichtig eine Hand auf den Rücken zu legen, als ob sie das ranghöhere Weibchen besänftigen wollte.

Flo war eine weit freizügigere und tolerantere Mutter als Olly. Wenn Fifi wimmernd und mit ausgestreckter Hand um etwas zu fressen bat, erlaubte Flo ihr fast immer, eine Banane zu nehmen; es kam sogar vor, daß sie ihr eine Banane entgegenstreckte. Gewiß, wenn Fifi versuchte, ihrer Mutter die letzte Banane wegzuschnappen, setzte sich Flo zur Wehr, und Mutter und Tochter rollten im Kampf um die Frucht schreiend und einander an den Haaren zerrend auf dem Boden umher. Aber solche Szenen blieben die Ausnahme. Gilka dagegen hätte niemals gewagt, etwas Derartiges auch nur zu versuchen. Ja, es war schon eine Seltenheit, daß sie Olly überhaupt um Bananen anbettelte, und tat sie es doch, wurde sie in der Regel überhaupt nicht beachtet. Nur selten erwischte sie mehr als ein Stück Schale. Das änderte sich erst, als sie mutig genug wurde, sich uns zu nähern, so daß wir ihr eine ganze Banane zustecken konnten. Und selbst dann eilte Olly noch oft genug herbei und riß ihrer kleinen Tochter die Frucht weg.

Trotz ihres ungezwungenen Verhaltens erwachsenen Männchen gegenüber, vermied es Flo im allgemeinen, sich mit David oder Goliath um Bananen zu streiten. Gewöhnlich wartete sie, bis sich die beiden einen Armvoll geholt hatten, und riskierte erst dann den Versuch, ein paar für sich selber zu ergattern. Deshalb waren Hugo und ich zunächst nicht wenig überrascht, als sie sich eines Morgens im Juli 1963 Goliath und David anschloß, als die beiden sich dem Bananenhaufen näherten. Dann aber bemerkten wir, daß sie stolz eine große rosa Brunstschwellung zur Schau trug. Mit anderen Worten, sie war «rosig».

Nachdem er sich einen Haufen Bananen geschnappt, aber noch ehe er auch nur eine einzige Frucht angebissen hatte, richtete sich Goliath mit gesträubtem Fell auf, starrte Flo an und trat von einem Fuß auf den anderen. Als Flo näher kam und sich ebenfalls ein paar Bananen griff, streckte Goliath einen Arm in die Luft und machte mit der Hand, die die Bananen umklammerte, eine schwungvolle Geste. Flo kauerte sich, ihr rosa Hinterteil Goliath zugewandt, nieder, und er paarte sich mit ihr in der für die Schimpansen so typischen, fast beiläufigen Art: Er hockte in aufrechter Stellung da, die eine mit Bananen gefüllte Hand leicht auf Flos Rücken gelegt, die andere neben sich auf den Boden gestützt.

Schimpansen erledigen den Geschlechtsverkehr überaus rasch; normalerweise dauert der Akt der Paarung nicht länger als zehn bis fünfzehn Sekunden. Dennoch war Fifi zur Stelle, bevor Goliath von Flo abließ. Sie rannte auf die beiden zu, warf sich gegen Goliath, preßte beide Hände gegen seinen Kopf und versuchte, ihn von ihrer Mutter herunterzustoßen. Ich erwartete, daß Goliath dem Kind drohen, nach ihm schlagen, es zumindest beiseite schieben würde. Statt dessen wandte er lediglich seinen Kopf ab und schien zu versuchen, Fifi zu ignorieren. Als Flo davonzog, folgte ihr Fifi, wobei sie ständig eine Hand über die Brunstschwellung ihrer Mutter legte und ständig über die Schulter hinweg zu Goliath zurückspähte, der sich niedergelassen hatte und seine Bananen fraß. Einen Augenblick lang blieb Fifi dicht bei Flo. Dann entfernte sie sich von der Mutter und versuchte, eine Banane zu stibitzen.

Wenige Minuten später wandte sich David Greybeard mit gesträubten Haaren der alten Flo zu. Er schüttelte, auf der Erde sitzend, einen kleinen Zweig und starrte dabei zu ihr hinüber. Flo kam sofort herbei, drehte sich um und hockte sich hin. Wieder war Fifi zur Stelle und stieß und schob aus Leibeskräften, um David zu vertreiben. Und auch David ließ sich ihre Einmischung gefallen.

Danach machte es sich die Gruppe auf dem Boden bequem. David lauste Flo eine Weile und legte sich dann – es war ein heißer Morgen – zu einem kleinen Nickerchen nieder. Goliath folgte seinem Beispiel, und alles war friedlich. Kurz darauf sahen wir, wie Evered sich ein kleines Stück von der Gruppe entfernte und über die Schulter Flo anschaute, die ihrerseits ihn beobachtete. Dann setzte er sich, die Schulter hochgezogen und die Arme leicht seitlich von sich gestreckt, auf den Boden. Das war die typische Werbestellung der heranwachsenden Männchen, und Flo reagierte sofort, indem sie näher kam und sich ihm präsentierte, wie sie es zuvor bei den erwachsenen Männchen getan hatte. David und Goliath sahen kurz auf, schenkten dem Vorgang jedoch keine weitere Beachtung. Fifi rannte wie zuvor herbei und versuchte, Evered wegzudrängen; der aber achtete genausowenig auf sie wie die anderen.

Am nächsten Tag erschien Flo schon sehr früh im Camp. Mit ihr kamen ihre Freier vom Vortag. Wieder warben sie um Flo und paarten sich mit ihr, bevor sie sich über ihre Bananen hermachten; und wieder bemühte sich Fifi jedesmal, die Freier wegzudrängen. Plötzlich sah Hugo aus dem Augenwinkel eine schwarze Gestalt in den Büschen. Wir spähten vorsichtig hinüber und entdeckten noch eine zweite, eine dritte, eine vierte. Rasch zogen wir uns ins Zelt zurück und richteten unsere Feldstecher auf das dichte Buschwerk. Beinahe sofort machte ich den alten Mr. McGregor aus. Dann entdeckte ich Mike und J. B. Dann Huxley, Leakey, Hugh, Rodolf, Humphrey – so gut wie alle ausgewachsenen Männchen, die ich kannte. Auch ein paar Halbwüchsige, Weibchen und Kinder waren in der Gruppe.

Wir blieben im Zelt und beobachteten, wie Flo zu den Büschen ging und wie sich dort ein Männchen nach dem anderen mit ihr paarte, bis alle an der Reihe gewesen waren. Jedesmal war Fifi rechtzeitig zur Stelle und versuchte, den Freier zurückzustoßen. Einmal gelang es ihr: Als Mr. McGregor sich gerade mit ihrer Mutter paarte, sprang Fifi auf Flos Rücken und gab dem guten McGregor einen so energischen Schubs, daß er das Gleichgewicht verlor und rückwärts den Hang hinunterfiel.

Während der nächsten Woche wurde Flo stets von einer großen Schar von Männchen begleitet. Es war ihr unmöglich, sich aufzusetzen oder hinzulegen, ohne daß sich im gleichen Augenblick mehrere Augenpaare auf sie richteten, und sobald sie sich erhob, um weiterzugehen, waren auch die Männchen auf den Beinen. Und jedesmal, wenn aus irgendeinem Grunde Unruhe in der Gruppe aufkam – sei es, daß die Tiere bei einer Futterquelle anlangten, daß sie am Morgen ihre Schlafnester verließen oder daß andere Schimpansen sich ihnen anschlossen –, paarten sich nacheinander sämtliche ausgewachsenen Männchen mit Flo. Wir sahen nie, daß es zu einem Streit um dieses überaus populäre Weibchen kam: Jedes Männchen war ganz einfach irgendwann an der Reihe. Nur einmal, als David Greybeard Flo besprang, zeigte eines der anderen Männchen Zeichen der Ungeduld: Der reizbare J. B. fing an, auf und ab zu hüpfen und dabei einen großen, niedrig hängenden Zweig so zu schwingen, daß sein Ende Davids Kopf traf. Aber David preßte sich nur dicht an Flo und schloß seine Augen – und J. B. griff ihn nicht an.

Die wenigen noch nicht ausgewachsenen Männchen der Gruppe jedoch hatten keine Chance. Normalerweise kommen auch die Heranwachsenden einmal an die Reihe, wenn sie sich gedulden, bis die sexuelle Erregung der ausgewachsenen Männchen abgeklungen ist. Wenn dann ein junger Schimpanse seine Schultern hochzieht oder aus diskreter Entfernung dem Weibchen ein Zeichen gibt, indem er einen Zweig schüttelt, kommt es gewöhnlich zu ihm. Die älteren Männchen werfen dann zwar gelegentlich einen Blick, schreiten aber selten gegen derlei Demonstrationen jugendlicher Leidenschaft ein. Flo indessen war ein ungewöhnlich begehrtes Weibchen. Wir sahen zwar ab und zu, daß ein heranwachsendes Männchen ihr, halb hinter einem Baum verborgen, ein Zeichen gab, aber obwohl Flo selbst in solchen Fällen meist aufstand und auf den jungen Freier zuging, waren auch die erwachsenen Männchen sofort auf den Beinen und folgten ihr mit gesträubten Haaren. Es war, als ob sie fürchteten, Flo könnte versuchen, ihnen zu entwischen. Die Nähe der älteren Artgenossen ließ den Verwegenen seine amourösen Absichten vergessen und eilig Reißaus nehmen.

Einmal beobachteten wir, wie Evered aus sicherer Entfernung immer wieder seinen Blick von Flo zu den ausgewachsenen Männchen in ihrer Umgebung wandern ließ. Es schien, als ob er zwischen Verlangen und Vorsicht hin- und hergerissen wurde. Er näherte sich Flo mit ein paar zaghaften Schritten und lief dann plötzlich in anderer Richtung davon, schlug mit den Händen auf Felsbrocken, warf kleine Büschel Gras in die Luft und stieß mit den Füßen Steine vor sich her. Dann setzte er sich hin und rüttelte während der nächsten zehn Minuten immer wieder heftig an einem Zweig, als ob er sich abreagieren wollte.

Acht Tage nachdem wir zuerst ihre Schwellung beobachtet hatten, erschien Flo mit einem zerschundenen und blutenden Hinterteil im Camp. Die Wunde war offenbar noch ganz frisch. Wenige Stunden später war ihre Schwellung verschwunden. Sie sah mittlerweile ziemlich mitgenommen und erschöpft aus, und wir waren um ihretwillen froh, daß alles vorüber war. Wir glaubten zumindest, daß alles überstanden sei; denn normalerweise hält eine Brunstschwellung nur etwa zehn Tage an. Zu unserem größten Erstaunen jedoch war Flo fünf Tage später wieder «rosig» wie zuvor, und sie erschien aufs neue mit einem großen Gefolge von Männchen. Diesmal schrumpfte ihre Brunstschwellung erst nach drei Wochen, und die Leidenschaft ihrer Liebhaber schien unerschöpflich.

Während dieser zweiten Phase fiel uns auf, daß sich eine seltsame Beziehung zwischen Flo und einem ihrer Freier entwickelt hatte – eine Beziehung, wie wir sie seither nur noch selten beobachten konnten. Das Männchen war Rodolf (sein wirklicher Name ist Hugo, aber da zwei Hugos in einem Buch ein wenig verwirrend sein könnten, habe ich ihm Hugos zweiten Vornamen gegeben). Rodolf, damals ein ranghoher, kräftiger Schimpanse von enormer Statur, wurde zu Flos getreuem Begleiter. Er hielt sich stets unmittelbar hinter oder neben ihr, blieb stehen, wenn sie stehenblieb, und schlief in dem Nest, das dem ihren am nächsten war. Und wenn Flo während dieser Wochen verletzt oder verschreckt wurde, lief sie nicht selten zu Rodolf, der sie dann beruhigend berührte und manchmal auch einen Arm um sie legte. Dennoch protestierte er in keiner Weise, wenn andere Männchen sich mit Flo paarten.

Während der letzten Wochen zeigte Fifi eine wachsende Scheu vor den Männchen. Mag sein, daß einer von Flos Liebhabern ihr gedroht oder sie gar angegriffen hatte. Aber was immer der Grund gewesen sein mochte, fest steht, daß ihre Lebensfreude für eine Weile dahin war. Sobald Unruhe in der Gruppe aufkam, zog sie sich zurück, und sie machte keinerlei Anstalten mehr, sich in das Geschlechtsleben ihrer Mutter einzumischen. Sie wagte es nicht einmal, sich einer Gruppe anzuschließen, die sich im Camp mit Bananen eindeckte – sie, die sich noch wenige Wochen zuvor nicht einmal gescheut hatte, den Männchen, die sie von Flo abzudrängen versuchte, Bananen aus der Hand zu reißen.

Die Tatsache, daß Flo seit dem Erscheinen der Brunstschwellung offenkundig keine Milch mehr hatte, mag das Ihre zu Fifis Verhalten beigetragen haben; denn mehr als alles andere scheint ein Schluck Muttermilch ein Schimpansenkind zu beruhigen. Gewiß, wenn eines der Männchen drohte, konnte sie nach wie vor bei Flo Zuflucht suchen, sich an ihrer Mutter festklammern – aber wo war der Trost, den ein Schluck warmer Milch brachte? Sooft die Gruppe während dieser drei hektischen Wochen ausruhte und sich friedlich verhielt, ging Fifi zu Flo und lauste sie oder setzte sich einfach neben sie und legte eine Hand auf den Körper der Mutter. War die Gruppe unterwegs, so rannte Fifi nicht mehr wie früher munter vor oder hinter Flo her, sondern verlegte sich wieder aufs Reiten, wobei sie sich wie ein viel zu groß geratenes Baby ausnahm. Und sie hockte nicht nur in komischer Haltung auf dem Rücken der Mutter, sie hing sogar manchmal unter Flos Bauch, so daß ihr Rücken ständig auf den Boden aufschlug.

Eines Tages kam Flo mit Fifi auf dem Rücken allein ins Camp. Ihre kolossale Schwellung war verschwunden. Alles, was davon übriggeblieben war, war ein schlaffer, faltiger Hautlappen. Die fünf anstrengenden Wochen hatten sie erschöpft. Sie sah verwelkt und ungeheuer abgekämpft aus. Von ihren Ohren waren zwei weitere Hautfetzen abgerissen, und der ganze Körper war mit Schmarren und Kratzern übersät. Völlig erschlafft ging sie für ein paar Stunden im Camp umher, ehe sich die beiden wieder auf den Weg machten – so, wie sie gekommen waren: allein.

Am folgenden Tag hatte sich bereits eine Gruppe von Männchen beim Camp eingefunden, als Flo schwerfällig den Pfad herunterkam. Sobald sie sie bemerkt hatten, sprangen die Männchen mit gesträubten Haaren auf und liefen ihr entgegen. Flo stieß einen heiseren Schrei aus und kletterte hastig auf die nächste Palme. Die Männchen rannten, ausnahmsweise einmal mit David Greybeard an der Spitze, weiter. Unter Flos Baum blieben sie stehen und musterten sie einen Moment lang, bevor David langsam und bedächtig den Stamm hinaufkletterte. Was sich im Baum ereignete, wissen wir nicht, weil die dichten Blätter uns die Sicht versperrten. Wenig später tauchte David wieder auf und stieg herab. Er ging an den fünf Männchen vorbei und trottete zum Camp zurück. Kurz darauf kam auch Flo zum Vorschein und kroch zu der wartenden Gruppe hinunter. Sie zögerte eine Sekunde, bevor sie den Fuß auf den Boden setzte. Dann drehte sie sich um, duckte sich ein wenig nieder und präsentierte ihren Exfreiern ihr runzliges Hinterteil. Goliath inspizierte sorgfältig die schlaffe Haut, betastete sie und beschnupperte ausgiebig seinen Finger. Dann folgte er David zum Camp, und Leakey machte sich daran, Flo zu inspizieren. Nach Leakey war Mike an der Reihe, dann Rodolf und schließlich der alte Mr. McGregor. Als alle Flos Hinterteil in Augenschein genommen hatten, zogen sie zu den Zelten zurück, um die unterbrochene Mahlzeit fortzusetzen, und die alleingelassene Flo starrte ihnen nach. Was mochte sie in diesem Augenblick gedacht haben?

Nach diesem Ereignis heftete sich Rodolf erneut an die Fersen der alten Flo und zog während der folgenden vierzehn Tage mit ihr und ihrer ganzen Familie umher; denn Figan, der sich, solange seine Mutter «rosig» gewesen war, zumeist von ihr ferngehalten hatte, war ebenfalls zurückgekehrt. Eines Tages, etwa eine Woche nachdem die letzten Spuren von Flos Schwellung verschwunden waren, riß Rodolf sie, der eben noch damit beschäftigt gewesen war, sie zu lausen, plötzlich unsanft hoch, untersuchte aufgeregt ihr Hinterteil und beschnupperte wieder und wieder mit einem gierigen Funkeln in den Augen seinen Finger. Aber offenbar ließen ihre hormonalen Absonderungen nicht darauf schließen, daß eine neue Schwellung bevorstand, und er erlaubte Flo, sich wieder hinzusetzen, und fuhr fort, sie zu lausen. Wir konnten diese Szene noch dreimal beobachten. Aber Rodolf mußte fast fünf Jahre warten, bevor Flo wieder «rosig» wurde.

Die Futterstelle

Flos «rosige» Wochen hatten zwei wichtige Konsequenzen. Zum einen war Flo wieder einmal trächtig, zum zweiten hatten sich die vielen Schimpansen, die sie während der fünf Wochen begleitet hatten, ohne Ausnahme an das Camp und an die Bananen gewöhnt. Sie kamen auch dann noch, als Flo nicht mehr der Köder war. Deshalb lohnte es sich, die Einrichtung einer ständigen Futterstation in Erwägung zu ziehen: einer Futterstation, die geeignet war, die nomadischen Schimpansen zum Camp zu locken, sooft sie sich in der Nähe aufhielten, damit wir auf diese Weise die Möglichkeit bekamen, eine Reihe von Schimpansen, deren jeder uns bekannt war, einigermaßen regelmäßig zu beobachten.

Zunächst mußten wir uns überlegen, ob es nicht eine bessere Methode gäbe, die Bananen zu verteilen, als die, sie einfach auf dem Boden zu verstreuen. Denn erstens frißt ein ausgewachsenes Männchen, wenn es die Möglichkeit hat, fünfzig und mehr Bananen auf einmal; und zweitens hatten wir mehr und mehr Schwierigkeiten mit der Pavianhorde. Es dauerte sechs Jahre, bis wir diese Probleme gelöst hatten, aber als Hugo und ich am Ende des Jahres abreisen mußten, war zumindest der Anfang gemacht. Mit Hassans Hilfe bauten wir eine Reihe von Zementkästen mit Stahlklappen, die sich nach außen öffnen ließen. Diese Kästen wurden in den Boden eingelassen. An den Klappen wurden Drähte befestigt, die sich aus einiger Entfernung bedienen ließen. Wenn man die Pflöcke, an denen die Drähte befestigt waren, herauszog, erschlafften die Drähte, und die Klappen öffneten sich.

Einige dieser Kästen waren bereits installiert, als Anfang Dezember Kris Pirozynski, ein junger polnischer Mykologe, eintraf, um die Kleinstpilze des Gombe-Gebiets zu studieren. Kris hatte sich gegen Erstattung seiner Reisekosten und ein kleines Honorar aus dem Fonds der National Geographic Society bereit erklärt, während der vier Monate unserer Abwesenheit das Camp zu hüten und ein Auge auf die Schimpansen zu haben. Hassan und Dominic sollten ihm dabei helfen, und Dominic war begeistert von der Aussicht, jeden Tag aufschreiben zu dürfen, was es über die Schimpansen zu berichten gab.

Hugo und ich hatten uns inzwischen heftig ineinander verliebt. Aber war das nicht am Ende nur das Ergebnis unseres Zusammenlebens in der Wildnis, weitab von Europa? Würden sich unsere Gefühle nicht vielleicht verändern, wenn wir in zivilisierten Breiten lebten? Wir glaubten es nicht, aber da wir beide die Heirat als einen endgültigen Schritt betrachteten, beschlossen wir, unsere Liebe auf die Probe zu stellen. Ich wollte zunächst für ein drittes Trimester nach Cambridge gehen. Später sollte Hugo dann zu mir kommen, und wir wollten gemeinsam nach Washington fahren und vor Mitgliedern der National Geographic Society den Schimpansenfilm zeigen. Wenn wir uns, statt in der Welt der Menschenaffen, in der Welt der Menschen wiedersehen würden, so dachten wir, dann würde sich herausstellen, ob unsere Liebe echt war. Es ergab sich jedoch, daß wir bereits unmittelbar, nachdem wir uns getrennt hatten, Bescheid wußten.

Ich verließ Hugo etwa eine Woche vor Weihnachten. Am zweiten Weihnachtstag traf im Haus meiner Familie in Bournemouth ein Telegramm für mich ein: «WILLST DU MICH HEIRATEN ALLES LIEBE HUGO.» Eigentlich hätte mich das Telegramm bereits am ersten Weihnachtstag erreichen sollen, und obwohl ich sofort antwortete, erhielt der arme Hugo, der zu einer Expedition aufbrechen mußte, meine Antwort erst fünf lange Tage später, weil es ihm erst dann möglich war, in Nairobi anzurufen.

Wir beschlossen, nach meinem Cambridge-Trimester und unserem amerikanischen Vortrag in London zu heiraten. Trotz der Schwierigkeiten, die die Planung einer Hochzeit mit sich bringt, wenn sich die betroffenen Parteien zwischen Cambridge, Nairobi, Holland und Bournemouth aufhalten, waren Hugo und ich uns, als alles überstanden war, einig, daß wir noch nie auf einer Hochzeit gewesen waren, die uns besser gefallen hatte! Eine Nachbildung David Greybeards aus Ton krönte den Hochzeitskuchen, und riesige Farbporträts von David und Goliath, Flo, Fifi und anderen Schimpansen blickten auf die Gäste herab. Alles, von den Kleidern, die ich selbst und meine beiden kleinen Brautjungfern trugen, bis zu den Lilien und Narzissen, war weiß und gelb wie die Frühlingssonne, die immer wieder zwischen den lockeren weißen Wolken hervorschaute. Es war schade, daß Louis nach all seinen Manipulationen und Vorhersagen nicht mit uns feiern konnte. Immerhin schickte er eine Rede, die er auf Band gesprochen hatte. Außerdem wurde er von seiner Tochter und seiner Enkeltochter, die eine der Brautjungfern war, vertreten.

Drei Wochen vor unserer Hochzeit hatten wir einen Brief von Kris und einen zweiten von Dominic erhalten, in denen uns mitgeteilt wurde, daß Flo einen Sohn zur Welt gebracht habe. Natürlich hatten wir unsere Hochzeitspläne nicht umstoßen können, aber wir beschränkten unsere Flitterwochen auf drei Tage, um so rasch wie möglich wieder zum Gombe zu gelangen.

Wir mußten Flüsse überwinden, die über ihre Ufer getreten waren, andere Flüsse umgehen und schließlich den Landrover mit der Bahn transportieren lassen, um zum Gebiet der Schimpansen durchzudringen. Als wir endlich unser Ziel erreicht hatten, war Flos Jüngster, den wir von nun an

Flint nannten, bereits sieben Wochen alt. Aber er war noch winzig, und die rosa Haut seines Bauchs und seiner Brust war so gut wie unbehaart. Noch heute, sechs Jahre später, brauche ich nur meine Augen zu schließen, um die Erregung jenes Augenblicks zurückzuholen, als sich uns Flo zum erstenmal mit Flint, der unter ihrem Bauch hing, näherte. Als sich seine Mutter hinsetzte, wandte Flint seinen Kopf nach uns um. Er hatte ein kleines, blasses, verschrumpeltes Gesicht mit glänzenden dunklen Augen, hellrosa Ohren und einen etwas schief geratenen Mund, das von einer Haube aus glattem, schwarzem Haar eingefaßt war. Er streckte einen Arm aus und beugte die winzigen rosa Finger. Dann griff er wieder in Flos Fell und wühlte und grub mit seiner Schnauze, bis er eine Zitze gefunden hatte. Flo half ihm, indem sie ihn ein wenig höher hob und so in eine bessere Position zum Saugen brachte. Er trank etwa drei Minuten lang und schien dann zu schlafen. Als Flo sich wieder auf den Weg machte, stützte sie ihn vorsichtig mit einer Hand, die sie unter seinen Rücken legte.

Es war Dominic, der als erster Flo mit ihrem Neugeborenen gesehen hatte. Am letzten Februartag war sie noch trächtig gewesen, als sie im Camp aufgetaucht war. Tags darauf war sie mit dem winzigen Baby erschienen. Wie gewöhnlich hatten Fifi und Figan sie begleitet; beide hatten dagesessen und unentwegt das Baby angestarrt, und Fifi hatte ihrer Mutter ausgiebig das Fell gepflegt. Später, so erzählte uns Dominic, hatte Figan mehr und mehr das Interesse an seinem neuen Bruder verloren, während Fifis Faszination ständig gewachsen war.

Aber Dominic und Kris hatten noch ein paar andere interessante Dinge zu berichten. Neue Schimpansen, darunter auch einige Weibchen, waren zu regelmäßigen Besuchern des Camps geworden. Goliath verlor seine Führungsposition an Mike. Melissa, eines der jungen Weibchen, schien Nachwuchs zu erwarten. Und die Schimpansen wurden immer frecher. J. B. hatte entdeckt, wie man die Kästen und Drähte aus der Erde buddeln konnte, und auf diese Weise Hassan gezwungen, die Kästen in Beton einzugießen und zwischen den einzelnen Kästen und den Griffen, mit denen die Drähte bedient wurden, teure Röhren zu verlegen, die die Seile schützten. Darauf hatte J. B. die Röhren ausgegraben, so daß auch sie mit einer Betonschicht umgeben werden mußten. Figan und Evered hatten wiederholt versucht, mit dicken Stöcken die Stahlklappen der Kästen aufzustemmen – was sie, wenn der Draht zu schlaff war, auch geschafft hatten. Schlimmer noch, jedenfalls für Kris, war, daß mehr und mehr Schimpansen sich, dem Beispiel Davids folgend, angewöhnt hatten, ganz einfach in sein Zelt hineinzumarschieren und sich über seine Kleidung und sein Bettzeug herzumachen. Er war der Lage erst Herr geworden, nachdem er sämtliche Habseligkeiten in Blechkästen und soliden Holzkisten verstaut hatte. Wenig später hatte Goliath dafür gesorgt, daß das Kauen von Segeltuch zum letzten Schrei wurde. Kleine Gruppen von Schimpansen hatten herumgesessen, Stuhlsitze und Zeltklappen abgerissen und genüßlich darauf herumgekaut. Selbst Kris' Feldbett hatte dran glauben müssen. Und während der letzten Wochen seines Aufenthalts im Camp war es, wie Kris uns erzählte, Mode geworden, auf Holz zu kauen; die Rückwand eines von Hassan eigenhändig gezimmerten Schranks war ebenso Opfer dieser Leidenschaft geworden wie das Bein eines Holzstuhls.

Auch eine ziemlich beunruhigende Neuigkeit erfuhren wir: Einige der mutigeren Schimpansen waren dazu übergegangen, die Hütten der afrikanischen Fischer heimzusuchen und sich *deren* Kleider zu holen. Der Gedanke, daß einer der Fischer bei dem Versuch, seine Kleidungsstücke zu verteidigen, eines der großen Männchen reizen oder erschrecken und eine ernsthafte Verletzung davontragen könnte, bereitete uns Sorgen. Denn wir mußten davon ausgehen, daß den Fischern keineswegs klar war, in welchem Maße die Schimpansen ihre Furcht vor Menschen verloren hatten. Das Problem wurde bis tief in die Nacht hinein diskutiert, und wir entschieden uns schließlich dafür, die Futterstelle so bald wie möglich weiter ins Tal hinein zu verlegen.

Der Umzug machte überraschend wenig Schwierigkeiten. Zunächst installierten wir mit Hassans Hilfe mehr von den Betonkästen für die Bananen und transportierten dann unsere Zelte und unsere Ausrüstung zu dem neuen Platz. All das geschah nach Anbruch der Dunkelheit, damit die Schimpansen sowenig wie möglich durch das Kommen und Gehen der afrikanischen Träger beunruhigt wurden.

Das einzige, was zu tun blieb, war, die Schimpansen selbst mit den neuen Gegebenheiten vertraut zu machen. So saß ich denn eines schönen Morgens im neuen Camp und hoffte, daß ein paar Schimpansen vorbeikommen würden, denen ich meine Bananen anbieten konnte. Hugo war unten im Strandcamp. Gegen elf Uhr meldete er mir über Sprechfunk, bei ihm sei eine große Gruppe aufgetaucht und er wolle versuchen, sie die halbe Meile zum neuen Futterplatz hinaufzulocken. Für eine Weile schwieg das Sprechfunkgerät. Dann hörte ich seine Stimme aufs neue, aber er schien so außer Atem zu sein, daß ich Mühe hatte zu verstehen, was er sagte. Immerhin begriff ich schließlich, daß ich möglichst schnell möglichst viele Bananen auf einem möglichst langen Stück des Pfads, der zum Strandweg führte, verteilen sollte.

Ich rannte, beladen mit Bananen, los und war kaum fertig mit dem Verteilen, als Hugo auf der Bildfläche erschien. Er kam – unter dem rechten Arm eine Kiste, in der linken Hand eine einzelne Banane – den Pfad heraufgerannt, schleuderte, als er bei mir angekommen war, seine Banane den Schimpansen entgegen, die ihm gefolgt waren und in diesem Augenblick die Leckerbissen in Massen vor sich liegen sahen – und brach atemlos zusammen. Unter schrillen Begeisterungsschreien umarmten, küßten und beklopften sie einander und machten sich über den unerwarteten Festschmaus her. Wenig später drangen ihre Rufe nur noch gedämpft durch den klebrigen Bananenbrei, den sie herunterschlangen.

Hugo hatte offenbar eine Banane aufgehoben, sie David Greybeard gezeigt, der unter den sechs ausgewachsenen Männchen der Gruppe gewesen war, hatte dann eine leere Kiste ergriffen – eine von den Kisten, in denen wir gewöhnlich unsere Bananen aufbewahrten – und war den steilen, schlüpfrigen Pfad hochgerannt, der zum neuen Camp führte. Er hatte nicht ernsthaft damit gerechnet, daß sein Plan aufgehen würde, aber der vertrauensselige David war mit lautem Freudengebell hinter ihm hergelaufen – und die übrigen Schimpansen hatten sofort die Verfolgung aufgenommen. Hugo gab zu, daß ihn der Gedanke, seine aufgeregten Verfolger könnten ihm die Kiste unter dem Arm wegschnappen, in Angst und Schrecken versetzt habe; denn wäre das geschehen, so hätten sie entdeckt, daß die Kiste leer war und sie auf einen Trick hereingefallen waren.

Binnen kürzester Zeit hatten alle Schimpansen die neue Futterstelle entdeckt. Sie sind schließlich Nomaden, für die ein Wechsel des Futterplatzes nichts Neues ist – wenn die Feigen in einem Tal abgeerntet sind, sind die Feigen im nächsten Tal reif. Für unsere Schimpansen war alles ganz einfach: Nach einer außergewöhnlich langen Erntezeit an einem Ort waren die Bananen jetzt irgendwo anders in ihren merkwürdigen unterirdischen Kästen reif geworden.

In dem neuen Camp, weitab von dem Lärm und der Betriebsamkeit der Fischer am Strand, wurden viele der Schimpansen, die zuvor immer ein wenig verkrampft und ängstlich gewirkt hatten, rasch zutraulicher. Überdies wagte sich eine Reihe von Neulingen an die Bananen heran. Das war deshalb wichtig, weil zu jener Zeit einige Altersschichten in unserer Truppe sehr schlecht vertreten waren. So befanden sich zum Beispiel nur zwei heranwachsende Männchen und sehr wenige junge Weibchen unter unseren ständigen Besuchern. Sobald wir in einem der Bäume ein fremdes Gesicht ausmachten, zogen wir uns rasch in eines der Zelte zurück und schauten durch die mit Moskitonetzen geschützten Fenster. Auf diese Weise brauchte sich der Neuling nur mit dem Anblick der Zelte und der Kisten abzufinden und wurde nicht zusätzlich von herumlaufenden Menschen in Schrecken versetzt. Wir nahmen reichlich Bananen aus unseren Vorratskisten und legten sie unmittelbar neben dem Zelt aus in der Hoffnung, daß es den Tieren, die zum erstenmal kamen, gelingen würde, von dem einen oder anderen unserer Schimpansen ein paar davon zu erbetteln oder zumindest einige Bananenschalen zu ergattern.

Oft bezogen diese Neulinge zunächst Stellung in den Bäumen, die unseren Zeltplatz säumten, und beobachteten von dort aus die seltsamen Machenschaften ihrer Genossen, bevor sie endlich selber wagten, die Lichtung zu betreten. Manchmal waren wir stundenlang in dem heißen, stickigen Zelt eingesperrt. Aber es lohnte sich.

Eines Tages erschien Goliath, dicht gefolgt von einem «rosigen» Weibchen, das wir nicht kannten, ein Stück oberhalb des Camps am Hang. Hugo und ich legten rasch einen Haufen Bananen aus, und zwar so, daß beide Schimpansen die Früchte sehen konnten, und versteckten uns im Zelt, um ungesehen beobachten zu können, wie sie reagierten. Als das Weibchen unser Camp entdeckte, schoß es einen Baum hinauf und starrte herüber.

Goliath blieb gleichfalls sofort stehen und sah zu seiner Begleiterin hinauf. Dann warf er einen Blick auf die Bananen. Er kam ein kurzes Stück den Hang hinunter, blieb stehen und schaute zu seinem Weibchen zurück. Sie war regungslos sitzen geblieben. Langsam setzte Goliath seinen Marsch hangabwärts fort, und diesmal kletterte das Weibchen vorsichtig vom Baum ab und verschwand im Unterholz. Als Goliath sich umsah und entdeckte, daß sie verschwunden war, rannte er blitzschnell zurück, und einen Augenblick später sahen wir, wie das Weibchen wieder in einen Baum kletterte und Goliath ihr mit wildgesträubten Haaren folgte. Er lauste sie eine Weile, warf dabei aber immer wieder einen Blick zum Camp hinüber. Er konnte die Bananen nicht mehr sehen, aber er wußte natürlich, daß sie dort waren. Und da er seit ungefähr zehn Tagen nicht mehr dagewesen war, lief ihm vermutlich das Wasser im Munde zusammen.

Wenig später kletterte er herab und machte sich abermals auf den Weg zu den Bananen, wobei er wiederum alle paar Schritt stehenblieb und zu dem Weibchen zurückschaute. Es rührte sich nicht, aber Hugo und ich hatten den bestimmten Eindruck, daß es Goliath entkommen wollte. Als Goliath ein Stück weiter den Hang heruntergekommen war, versperrte ihm offensichtlich das Dickicht den Blick zu dem Weibchen hinauf – er sah sich um und kletterte dann rasch auf einen Baum. Sie war noch da. Er kletterte herab, ging ein paar Schritte weiter und sprang auf den nächsten Baum. Sie war immer noch da. Das ging während der nächsten fünf Minuten so weiter, aber Goliath kam den Bananen näher und näher. Es dauerte nicht lange, bis Hugo und ich laut lachen mußten.

Als Goliath bei der Camplichtung angekommen war, stand er vor einem neuen Problem: Es gab keine Bäume, auf die er hätte klettern können, und vom Boden aus konnte er das Weibchen nicht sehen. Dreimal betrat er die Lichtung, kehrte aber jedesmal nach wenigen Schritten wieder um und kletterte eilig auf den nächsten Baum. Das Weibchen rührte sich nicht. Plötzlich schien Goliath einen Entschluß gefaßt zu haben, und er rannte in gestrecktem Galopp zu den Bananen, griff sich die erste beste, rannte damit zu seinem Baum zurück und kletterte hinauf. Das Weibchen saß nach wie vor auf demselben Ast. Goliath verzehrte seine Banane und hastete dann – ein wenig sicherer geworden, wie es schien – aufs neue zu dem Bananenhaufen, nahm sich einen ganzen Arm voll und eilte zu dem Baum zurück. Aber diesmal war das Weibchen verschwunden: Während Goliath sich mit Bananen beladen hatte, war es von seinem Zweig herabgeklettert und in aller Stille verschwunden.

Goliaths Bestürzung brachte uns noch mehr zum Lachen. Er ließ sämtliche Bananen fallen, rannte zu dem Baum, auf dem er sie zurückgelassen hatte, und schaute sich suchend um, ehe auch er im Unterholz verschwand. Während der folgenden zwanzig Minuten forschte er überall nach dem verschwundenen Weibchen; alle paar Minuten sahen wir ihn auf irgendeinen Baum klettern und nach allen Richtungen ausspähen. Aber er fand sie nicht und gab schließlich auf, kehrte ziemlich erschöpft aussehend zum

Camp zurück und fraß langsam von den Bananen. Doch auch jetzt noch wandte er immer wieder den Kopf und schaute suchend den Hang hinauf.

Ich erinnere mich auch noch daran, wie eine alte Schimpansenmutter, die ich häufig in den Wäldern beobachtet hatte, sich zum erstenmal am Rand unserer Lichtung blicken ließ. Sie blieb in den Bäumen sitzen und beobachtete unsere Zelte von weitem. Ihr vierjähriger Sohn jedoch kam mit dem Rest der Gruppe ins Camp. Zu unserem Erstaunen wagte er sich bis auf die Veranda unseres Zelts vor, und während wir uns im Innern duckten und kaum zu atmen wagten aus Furcht, ihn zu erschrecken, wurde die Segeltuchklappe plötzlich hochgehoben, und sein kleines Gesicht schaute zu uns herein. Dann ließ er die Klappe in aller Ruhe wieder herab und machte sich erneut auf die Suche nach Bananenschalen! Er war der mutigste Schimpansenjunge, der uns je über den Weg lief.

In diesen Monaten wurde uns zum erstenmal bewußt, über welche außergewöhnlichen Talente der junge Figan verfügte. Da mehr und mehr Schimpansen die Futterstelle entdeckten, stellte sich bald heraus, daß wir zuwenig Betonkästen hatten. Hinzu kam, daß die Herstellung neuer Deckel in Kigoma viel Zeit kostete. Es wurde immer schwieriger, dafür zu sorgen, daß auch die Weibchen und jungen Schimpansen ihren Teil abbekamen. Deshalb gingen wir dazu über, einige Bananen hier und dort in den Bäumen zu verstecken. Junge Schimpansen wie Figan begriffen rasch, wo sie diese Bananen finden konnten, während die ausgewachsenen Männchen damit beschäftigt waren, die Kästen zu leeren. Eines Tages, nachdem die Gruppe ihre Mahlzeit beendet hatte, entdeckte Figan plötzlich eine Banane, die von den anderen übersehen worden war – aber unmittelbar unterhalb der begehrten Frucht saß Goliath. Figan ließ seine Augen kurz von der Banane zu Goliath wandern, zog sich dann zurück und ließ sich auf der anderen Seite des Zelts nieder, so daß er die Banane nicht mehr sehen konnte. Fünfzehn Minuten später, als Goliath sich erhob und davonzog, lief Figan, ohne eine Sekunde zu zögern, zu dem Baum und holte sich die Banane. Es war ganz offensichtlich, daß er die Situation blitzschnell erfaßt hatte: Wäre er früher in den Baum geklettert, um sich die Frucht zu holen, hätte ihm Goliath seine Beute mit ziemlicher Sicherheit weggeschnappt. Wäre er in der Nähe der Banane geblieben, hätte er vermutlich dann und wann zu ihr hinaufgespäht. Schimpansen aber bemerken und deuten sehr rasch die Augenbewegungen ihrer Artgenossen, so daß Goliath unter diesen Umständen wahrscheinlich selber die Frucht entdeckt hätte. Deshalb hatte Figan nicht nur darauf verzichtet, seinen Wunsch unverzüglich zu befriedigen, sondern hatte sich außerdem noch zurückgezogen, um sein Geheimnis nicht durch Blicke verraten zu können. Hugo und ich waren entschieden beeindruckt. Aber wir sollten noch mehr Kostproben von Figans Talenten bekommen.

Wenn in einer ruhenden Gruppe ein Schimpanse aufsteht und sich davonmacht, kann man sehr häufig beobachten, daß auch die anderen sich erheben und ihm folgen. Dabei braucht es keineswegs immer ein ranghoher

Schimpanse zu sein, der den allgemeinen Aufbruch verursacht – nicht selten ist es ein Weibchen oder gar ein Jungtier. Eines Tages stand Figan, der mit einer großen Gruppe gekommen war und aus diesem Grunde nur wenige Bananen abbekommen hatte, plötzlich auf und trottete davon. Die anderen zogen augenblicklich hinter ihm her. Zehn Minuten später kam er allein zurück – und holte sich, diesmal unangefochten, sein Quantum Bananen. Wir glaubten zunächst an einen Zufall, und es mag bei diesem ersten Mal in der Tat ein Zufall gewesen sein. In der Folgezeit jedoch wiederholte sich die gleiche Szene wieder und wieder: Figan führte die Gruppe fort und kam später allein wieder, um sich seine Bananen zu holen. Es war offensichtlich, daß er diesen Trick bewußt anwendete. Eines Morgens kehrte er nach einem solchen Manöver in der für ihn charakteristischen übermütig hüpfenden Gangart zurück, ohne zu ahnen, daß inzwischen ein ranghohes Männchen ins Camp gekommen war und nun dasaß und sich an den Bananen gütlich tat. Figan fixierte ihn sekundenlang und begann dann wutentbrannt zu schreien und auf den Boden zu trommeln. Schließlich rannte er der Gruppe nach, die er zuvor von den Bananen weggeführt hatte, und sein zorniges Geschrei wurde leiser, je weiter er sich von den Zelten entfernte.

Das neue Camp war ein idealer Platz für ein jung verheiratetes Paar. Unsere Zelte standen im Schatten eines kleinen Palmenhains, und wir blickten über eine grasbewachsene natürliche Lichtung, die über vier Monate lang mit den scharlachroten Blüten von zehn oder mehr Kandelaberbäumen geschmückt war. Zahlreiche Arten der metallisch glänzenden Honigsauger schwirrten während des Tages umher, um den Nektar aus den Blüten zu holen, und nicht selten kam es vor, daß am Abend ein Buschbock mit anmutigen Bewegungen äsend über die Grasfläche wechselte. Am äußersten Ende der Lichtung floß ein Bach vorbei, in dessen kaltem Bergwasser wir uns abends wuschen. Wir kochten uns das Frühstück selber und aßen zu Mittag ein paar Scheiben Brot; denn Hugo wollte auf keinen Fall, daß ich nun, nachdem ich seine Frau war, noch einmal zu einem Skelett abmagerte. Wenn es dunkel wurde, kamen Dominic und Sadiki – ein Afrikaner aus der Gegend, den wir eingestellt hatten, damit er bei der Arbeit im Camp helfen konnte – mit unserem Abendessen herauf und brachten das Camp in Ordnung.

Wir werden jene Tage nie vergessen. Zu der wachsenden Liebe, die unser Leben bereicherte, und der Schönheit der Berge und Wälder, die uns umgaben, kam das gemeinsame Erlebnis einer Arbeit, die uns mehr als alles andere beglückte – einer Arbeit, die darin bestand, daß wir Tiere beobachteten und ihr Verhalten erforschten. Und es waren in der Tat faszinierende Tiere, deren Lebensgewohnheiten wir studierten.

In jenem Jahr entdeckten wir unter anderem ein neues Schimpansenwerkzeug. Uns gelang diese Entdeckung, als wir draußen im Wald waren und die alte Schimpansenmutter Olly mit ihren beiden Sprößlingen Gilka und Evered beobachteten. Evered, der in einem Baum herumkletterte, hielt plötzlich inne und spähte, das Gesicht ganz nah an der Rinde, in etwas hinein, das wie eine kleine Höhlung aussah. Dann pflückte er eine Handvoll Blätter, kaute sie einen Moment lang, holte sie aus seiner Schnauze hervor und steckte sie in die Höhlung hinein. Als er sie wieder hervorzog, sahen wir Wasser daran schimmern. Rasch sog Evered die Flüssigkeit aus seinem selbstgemachten Schwamm und stopfte ihn noch einmal in die Höhlung. In diesem Augenblick kam Gilka zu ihm herauf und sah ihm aufmerksam zu. Als er weiterkletterte, machte sie sich einen winzigen Schwamm und schob ihn ebenfalls in die Höhlung, aber es schien kein Wasser mehr übrig zu sein; sie ließ ihren Schwamm fallen und wanderte weiter.

Später bohrten wir beim Camp ein künstliches Wasserloch in einen umgestürzten Baum und konnten daraufhin noch häufig das gleiche Verhalten beobachten. Stets wurden die Blätter von dem Schimpansen zunächst zerknüllt und gekaut – was natürlich die Saugfähigkeit des Schwamms beträchtlich erhöhte. Wir hatten also in der Tat ein weiteres Beispiel dafür gefunden, daß die Schimpansen Werkzeuge *herstellten*.

Das Aufregendste an diesem Jahr aber war natürlich, daß wir aus nächster Nähe auf Papier und Film festhalten konnten, wie sich Flint, ein Schimpansenbaby in freier Wildbahn also, von Woche zu Woche entwickelte. Flo und ihre Familie hatten wir schon vorher gut gekannt; jetzt wurden sie, zusammen mit vielen anderen regelmäßigen Besuchern des Camps, zu einem festen Bestandteil unseres Lebens. Mit Hilfe präziser, objektiver Faktenprotokolle erfuhren wir eine Menge über ihr Verhalten. Dabei wurden wir uns zugleich in wachsendem Maße ihrer Individualität bewußt, intuitiv «wußten» wir Dinge über sie, die wir, wissenschaftlich gesehen, noch nicht einmal in Ansätzen umschreiben konnten. Wir begannen – wenn auch vage – zu begreifen, was ein Schimpanse wirklich ist.

Unsere einzige Enttäuschung war, daß wir die ersten Wochen von Flints Leben verpaßt hatten. Aber die Geburt von Melissas Baby entschädigte uns dafür. Die Hitze des Tages war vorüber, und die Sonne stand bereits tief, als wir zum erstenmal das winzige Geschöpf sahen. Melissa kam, mit einer Hand das Neugeborene an sich drückend, den Hang herunter auf unser Camp zu. Immer wieder blieb sie stehen, und es schien, als ob sie etwas löste, was sich im Gestrüpp verfangen hatte. Als sie näher kam, sahen wir, daß es die Nachgeburt war, die immer noch durch die Nabelschnur mit dem Baby verbunden war.

Melissa kam, ohne eine Spur von Angst um ihr Kind, direkt auf uns zu. Sie schien benommen, ihre Augen waren glasig, ihre Bewegungen langsam und unsicher. Als eines der ausgewachsenen Männchen im Camp erschien, wurde es von Melissa, die im allgemeinen ihre Artgenossen eilfertig begrüßte und immer darauf bedacht war, sich bei ranghöheren Schimpansen beliebt zu machen, keines Blickes gewürdigt. Auch folgte sie dem Männchen nicht, als es sich kurz darauf wieder entfernte. Sie blieb sitzen, das Baby warm zwischen ihre Schenkel gebettet, einen Arm hinter seinen Kopf gelegt, die Füße unter dem winzigen Körper gekreuzt. Eine Zeitlang konnten wir das kleine Wesen überhaupt nicht sehen, als sie jedoch ein paar Bananen gegessen hatte, zog sie den stützenden Arm zurück.

Der Kopf des Kleinen fiel zurück, so daß er nun auf ihren Knien ruhte, und Melissa betrachtete unendlich lange das winzige Gesichtchen. Nie zuvor hatten wir ein so groteskes kleines Gesicht gesehen. Mit ein paar großen Ohren, kleinen aufgeworfenen Lippen und einer unsagbar verschrumpelten Haut, die statt rosa bläulichschwarz war, wirkte es irgendwie komisch in seiner Häßlichkeit. Die Augen des Zwergs waren fest gegen das Licht der untergehenden Sonne geschlossen, und er sah aus wie ein verhutzelter Gnom, weshalb wir ihn denn auch auf der Stelle Goblin (Kobold) tauften. Melissa betrachtete ihren Sohn volle zwei Minuten lang, bevor sie eine Hand stützend an seinen Rücken drückte und sich auf den Weg machte, um ihr Nest für die Nacht zu bauen.

Hugo und ich folgten in gemessenem Abstand. Etwa alle fünfzehn Schritt blieb Melissa stehen und ließ sich für einige Augenblicke nieder, bevor sie – immer noch mit einer Hand das Kind stützend und immer noch die Nachgeburt mitschleifend – weiterzog. Es war schon dämmrig, als sie unter einem hohen, dicht belaubten Baum haltmachte und hinaufkletterte. Und wir konnten kaum noch etwas sehen, als ihr Schlafnest fertig war. Sie baute ein sehr großes Nest, und da sie überdies nur eine Hand frei hatte, brauchte sie dafür statt der üblichen drei bis fünf volle acht Minuten. Endlich legte sie sich nieder, und alles war still.

Wir ließen sie allein, stiegen leise den Berg hinunter zu unseren Zelten und dachten dabei an das junge Weibchen, das, wie zahllose Mütter vor ihm, angesichts des Wunders der Geburt eine tiefe Bestürzung ergriffen hatte. Zum erstenmal, seit sie ihre eigene Mutter verlassen hatte, teilte Melissa ihr Schlafnest mit einem anderen Schimpansen.

Flo und ihre Familie

Die alte Flo lag, den Bauch voller Palmfrüchte, auf dem Rücken und ließ sich von der Morgensonne bescheinen. Mit ihrem großen, schwieligen Fuß hatte sie eines von Flints winzigen Handgelenken umspannt, hob ihn daran hoch und ließ ihn hin- und herschaukeln. Während er so vor- und zurückpendelte und dabei mit dem freien Arm winkte und mit den Beinen zappelte, hob sie ihre Hand und kitzelte ihn in der Leistengegend und am Hals, bis er die Lippen zu dem charakteristischen Schimpansenlächeln öffnete und sein Spielgesicht machte. Fifi saß daneben, betrachtete Flint aufmerksam und berührte ihren kleinen Bruder dann und wann vorsichtig mit der Hand.

Ganz in der Nähe spielten Figan und Faben, die beiden älteren Söhne Flos. Seit Flint zweieinhalb Monate zuvor zur Welt gekommen war, hatte sich Faben mehr und mehr angewöhnt, mit seiner Familie umherzuziehen. Jedesmal, wenn das Spiel der beiden besonders heftig wurde, konnte ich das hechelnde und glucksende Schimpansenlachen hören.

Plötzlich ging Faben, der drei bis vier Jahre älter als Figan war, zu einem ziemlich rabiaten Spiel über; er setzte sich hin und bearbeitete Figans gebeugten Kopf mit seinen Fußsohlen. Nach wenigen Augenblicken hatte Figan genug. Er kehrte Faben den Rücken, näherte sich Fifi in dem munter hüpfenden Gang, den wir so oft bei ihm beobachtet hatten, und versuchte, mit ihr zu spielen. Sofort nahm Flo den kleinen Flint an ihre Brust und zog sich mit ihm in den Schatten zurück. Im gleichen Augenblick wandte sich Fifi von Figan ab und folgte ihrer Mutter. Seit Hugo und ich zum Gombe zurückgekehrt waren – Flint war damals sieben Wochen alt – war Fifis Interesse an ihrem neuen Bruder ständig gewachsen.

Flo ließ sich nieder und begann, Flint mit kleinen knabbernden Bewegungen ihrer abgenutzten alten Zähne am Hals zu kitzeln, und Fifi rückte wiederum dicht an sie heran und strich Flint ein paarmal über den Rücken, als ob sie lausen wollte. Flo nahm keinen Anstoß an dieser Geste. Früher freilich, als Flint noch keine zwei Monate alt gewesen war, hatte Flo fast immer Fifis Hand weggeschoben, sobald sie versuchte, Flint zu berühren, und häufig hatte Fifi einen solchen Kontakt zu dem Baby nur herstellen können, indem sie Flo eifrig das Fell pflegte und sich dabei näher und näher an jene Stellen heranarbeitete, wo Flints Hände sich im Haar der Mutter festklammerten. Aufmerksam hatte Fifi ihre Finger immer wieder um die Hände des kleinen Bruders herumwandern lassen und dabei ab und zu kurz seine winzigen Finger gestreichelt, um sich gleich darauf mit einem Seitenblick auf Flo hastig wieder dem Lausen zu widmen.

Inzwischen jedoch war Flint ein wenig älter geworden, und in den meisten Fällen gestattete Flo ihrer Tochter nun, ihn zu berühren. Während ich die drei beobachtete, fing Fifi an, mit Flint zu spielen, indem sie seine Hand nahm und vorsichtig an seinen Fingern nagte. Flint ließ ein leises Wimmern vernehmen – mag sein, daß Fifi ihm weh getan hatte –, und sofort stieß Flo die Hand ihrer Tochter zurück und zog den kleinen Flint fest an sich. Enttäuscht saß Fifi da, ließ sich, die Arme hinter dem Kopf verschränkt, leicht vor- und zurückwiegen und schaute ein wenig schmollend zu Flint hin. Aber es dauerte nicht lange, bis sie aufs neue ihren Arm nach ihm ausstreckte und ihn, diesmal noch vorsichtiger, berührte.

Ich finde, daß Menschenkinder immer faszinierender werden, je mehr sie dem Stadium babyhafter Hilflosigkeit entwachsen und anfangen, auf Menschen und Dinge zu reagieren. Mit Sicherheit wird ein Schimpansenbaby mit zunehmendem Alter interessanter, und zwar nicht nur für seine Mutter und seine Geschwister, sondern auch für die übrigen Mitglieder der Gemeinschaft, in der es lebt – und für die Menschen, die es beobachten. Für Hugo und mich bleibt das beobachtende Miterleben der Entwicklung Flints eine unserer schönsten Erfahrungen, die nur vergleichbar ist mit einer Freude, die wir erst viel später kennenlernen sollten: der Freude, unseren eigenen Sohn aufwachsen zu sehen.

Als Flint drei Monate alt war, konnte er auf dem Körper seiner Mutter herumkrabbeln, indem er sich an ihrem Fell festhielt, mit den Armen zog und mit den Beinen schob. Zu jener Zeit begann er auch auf Fifis Bemühungen zu reagieren; näherte sie sich ihm, dann streckte er die Arme nach ihr aus. Fifis Interesse für ihren Bruder nahm ständig zu. Sie versuchte jetzt wiederholt, ihn von seiner Mutter wegzuziehen. Zunächst wurde sie von Flo energisch zurückgewiesen. Aber selbst wenn Fifi nicht aufgab und wieder und wieder an ihrem Bruder zog, wurde sie nicht ein einziges Mal von Flo bestraft. Manchmal schob Flo ihre Hand zurück, manchmal ging sie ganz einfach weg und ließ Fifi sitzen, die dann mit seltsamen verdrehten Gliedmaßen dasaß und sich leicht vor- und zurückwiegte. Gebärdete sich Fifi besonders hartnäckig, ging Flo, statt sie streng abzuweisen, dazu über, sie zu lausen oder intensiv mit ihr zu spielen. Diese Maßnahmen dienten in der Regel dem Zweck, Fifis Aufmerksamkeit – jedenfalls vorübergehend – von ihrem kleinen Bruder abzulenken.

Im weiteren Verlauf des Jahres schien es, als ob Flo – vielleicht, weil sie so oft mit Flint und Fifi, ihren beiden jüngsten Kindern, spielte – immer mehr Freude am ausgelassenen Spiel fand. Nicht selten sahen wir sie in jenen Wochen auch mit Figan und dem elfjährigen Faben spielen; sie kitzelte die beiden oder tobte mit ihnen wieder und wieder um einen Baumstamm herum, wobei sich der kleine Flint an sie klammerte, als gelte es das Leben. Einmal senkte die alte Dame mitten in einer Balgerei mit Faben ihren nur noch spärlich behaarten Kopf auf den Boden, hob ihr dürres Hinterteil in die Luft und schlug einen Purzelbaum. Dann entfernte sie sich, fast als käme sie sich ein wenig lächerlich vor, ließ sich nieder und fing an, Flint mit großem Eifer zu lausen.

Als Flint dreizehn Wochen alt war, gelang es Fifi, ihn von seiner Mutter wegzuziehen. Flo war gerade damit beschäftigt, Figan zu lausen, als Fifi, unendlich vorsichtig und immer wieder einen raschen Blick auf das Gesicht ihrer Mutter werfend, an Flints Fuß zog. Zoll für Zoll zog sie den Kleinen zu sich her – und plötzlich war er in ihren Armen. Fifi legte sich auf den Rücken, drückte Flint mit Armen und Beinen sanft an ihren Bauch und blieb regungslos liegen.

Zu unserer Überraschung schien Flo zunächst überhaupt keine Notiz von dem Vorgang zu nehmen. Aber als Flint, der wahrscheinlich nie zuvor den Kontakt mit dem Körper seiner Mutter verloren hatte, die Arme nach ihr ausstreckte, seine Lippen spitzte und ein leises, kummervolles «Huu» ausstieß, zog ihn Flo augenblicklich an sich, beugte sich über ihn und küßte seinen Kopf. Flint suchte sofort Beruhigung an der mütterlichen Brust und trank ein paar Augenblicke, bevor er den Kopf wandte und nach Fifi Ausschau hielt. Und Fifi – die Hände hinter dem Kopf verschränkt, die Ellbogen in der Luft – starrte wie gebannt ihren Bruder an.

Zehn Minuten später durfte Fifi noch einmal für eine kurze Weile Flint halten, aber wie zuvor wurde er sofort von Flo gerettet, als er sein leises, unglückliches Wimmern vernehmen ließ. Und wieder sog Flint kurz an der Brust der Mutter, sobald er sicher in ihren Armen war.

Von nun an verging kein Tag, an dem Fifi ihren kleinen Bruder nicht zumindest einmal von der Mutter wegzog. Mit der Zeit gewöhnte sich Flint an die Arme seiner Schwester, und es dauerte länger und länger, bis er seinen kaum hörbaren Hilferuf ausstieß, der noch neun Monate lang das sofortige Einschreiten der Mutter zur Folge hatte. Flo erlaubte Fifi sogar, Flint zu tragen, wenn die Familie durch die Wälder wanderte.

Befanden sich Flo und ihre Familie freilich in einer großen Gruppe, so zeigte sich Flo weniger duldsam. Zog Fifi bei solchen Gelegenheiten mit Flint davon, folgte Flo, nun selber leise Wimmerlaute ausstoßend, bis sie die «Kidnapperin» eingeholt und ihr Baby zurückerobert hatte. Selbst in solchen Fällen jedoch wurde Fifi nie bestraft. Flo streckte einfach einen Arm vor, hielt ihre Tochter am Fußgelenk fest und zog Flint an ihre Brust. Manchmal zwang Fifi ihre alte Mutter dabei zu wahren Verfolgungsjagden um Bäume herum, durch niedriges Gebüsch – so daß Flo beinahe auf dem Bauch kriechen mußte, um mithalten zu können – und sogar ins Geäst der Bäume hinauf. Und es kam auch vor, daß sie rückwärts vor ihrer Mutter herlief, als ob sie auf diese Weise verhindern wollte, daß Flo sie zu packen bekam; dabei stieß sie leise Grunzer aus und hüpfte auf und ab, als wolle sie damit ihren Gehorsam bekunden, aber sie ließ Flint erst los, wenn sie dazu gezwungen wurde.

Solange Flint noch sehr klein war, schenkten ihm seine beiden älteren Brüder wenig Aufmerksamkeit, wenn sie auch dann und wann zu ihm hinschauten. Zwar kam es gelegentlich vor, daß Faben, während er seiner Mutter das Fell pflegte, den Kleinen behutsam streichelte, Figan aber schien, obwohl er so eng mit der Familie verbunden war, in jener frühen Zeit geradezu Angst davor zu haben, Flint zu berühren. Lausten sich Figan und Flo gegenseitig, und der Kleine berührte Figan zufällig, wenn er nach Babyart mit den Armen herumfuchtelte, schien Figan – nach einem raschen Seitenblick auf die Mutter – beinahe ängstlich darauf bedacht, Flint mit den Augen auszuweichen. Denn Figan hatte, obwohl er inzwischen ein kräftiger «Halbstarker» war, immer noch großen Respekt vor seiner alten Mutter.

Eine bestimmte Szene ist mir noch lebhaft in Erinnerung. Fifi hatte Flint an sich genommen und saß, etwa zehn Schritte von Flo entfernt, auf dem Boden und lauste ihn. Wenig später kam Figan herbei und setzte sich neben seine Schwester. Flint wandte sich ihm zu, musterte mit großen Augen Figans Gesicht und griff nach den Brusthaaren des Bruders. Figan fuhr zusammen und riß, nach einem raschen Blick in Flos Richtung, seine Hände erschrocken in die Höhe. So blieb er regungslos sitzen und starrte Flint mit zusammengepreßten Lippen an. Der kleine Bruder kam näher und rieb seine Nase an Figans Brust – bis ihn ganz plötzlich die Angst vor dem Unvertrauten zu packen schien. Gewöhnlich hatte er nur Kontakt zu Flo und Fifi, und er war es gewohnt, daß die eine wie die andere ihn an sich drückte, wenn er nach ihr griff. Mit leicht gespitzten Lippen sah er sich nach Fifi um, aber gleich darauf wandte er sich, als ob er irgendwie verwirrt sei, mit einem leisen Wimmern aufs neue Figan zu. In diesem Augenblick eilte Flo zu seiner Rettung herbei, und auch Figan stieß leise ängstliche Laute aus und hob seine Hände noch höher, als wolle er sich ergeben. Flo nahm ihr Baby an sich, und langsam, wie benommen, ließ Figan die Hände sinken.

Eines Tages, Flint war damals knapp fünf Monate alt, stand Flo auf, faßte, statt Flint gegen ihren Bauch zu drücken, seinen Arm und zog ihn über die Schulter auf ihren Rücken. Dort blieb er für ein paar Schritte sitzen, rutschte dann aber herunter und klammerte sich an ihren Arm. Ein kurzes Stück ging Flo so weiter, dann schob sie Flint, der immer noch an ihrem Ellenbogen hing, unter ihren Bauch. Als Flo am nächsten Tag im Camp erschien, saß Flint unsicher auf ihrem Rücken und hielt sich mit Händen und Füßen an ihrem spärlichen Haar fest. Als Flo davonzog, schob sie ihn erneut auf ihren Rücken, und wieder klammerte er sich für eine Weile fest, ehe er herunterrutschte, sich mit einer Hand an ihrem Fell festhielt und an ihrer Seite baumelte. Diesmal hob ihn Flo, nachdem sie etwa dreißig Schritte gegangen war, noch einmal auf ihren Rücken. Von nun an saß Flint fast immer rittlings auf seiner Mutter oder baumelte an ihrer Seite, wenn sie durch die Berge zog. Das überraschte uns nicht; alle Schimpansenkinder fangen in einem gewissen Alter an, auf ihrer Mutter zu reiten, statt sich weiter an ihrem Bauch festzuklammern. Was uns dagegen erstaunte, war, daß Fifi, als wir das nächste Mal beobachteten, wie sie Flint nahm, ebenfalls versuchte, ihn auf ihren Rücken zu heben. Hier hatten wir ein Beispiel dafür, wie ein Schimpansenkind durch direkte Beobachtung des Verhaltens der Mutter lernte.

Mit fünf Monaten war Flint bereits ein geschickter Reiter geworden, und es kam nur noch selten vor, daß er abrutschte und an Flos Seite hing. Beim ersten Zeichen einer Unruhe in der Gruppe jedoch, oder wenn Flo in dichtes Unterholz eindringen wollte, griff sie stets nach hinten und schob Flint wie früher unter ihren Bauch. Nach einiger Zeit lernte er, sich auf die leichteste Berührung hin ohne fremde Hilfe von Flos Rücken und unter ihren Bauch zu schlängeln.

Etwa zur gleichen Zeit, als Flint sich daran gewöhnte, auf Flos Rücken zu reiten, sahen wir auch zum erstenmal, wie er auf eigene Faust einen ersten selbständigen Schritt wagte. Schon einige Wochen zuvor hatte er, auf zwei Beinen und einem Arm balancierend, auf dem Boden stehen können, wenn er sich dabei mit einer Hand an Flos Fell festhielt; und gelegentlich hatte er auf diese Weise auch ein paar Schritte gemacht. Eines Morgens jedoch ließ er Flo plötzlich los und stand ohne Stütze auf allen vieren da. Dann hob er vorsichtig eine Hand vom Boden, setzte sie langsam ein Stück weiter und hielt inne. Nach einer Pause hob er einen Fuß, beugte sich zur Seite, taumelte und fiel auf die Nase. Sofort streckte Flo eine Hand nach ihm aus und hob ihn in ihre Arme. Aber der Anfang war gemacht. Tag für Tag ging Flint ein, zwei Schritte weiter, aber es dauerte noch Monate, bis sein Gang sicherer wurde. Ständig gerieten ihm Hände und Füße durcheinander, und er fiel – und stets war Flo zur Stelle und hob ihn auf. Oft hielt sie eine Hand unter seinen Bauch, während er dahintorkelte.

Kurz nachdem Flint zu laufen begonnen hatte, machte er auch seine ersten Kletterversuche. Eines Tages sahen wir, wie er aufrecht dastand und sich mit beiden Händen an einem kleinen Ast festhielt, den er zuerst mit dem einen, dann mit dem anderen Fuß ergriff. Aber es wollte ihm nicht gelingen, beide Füße auf einmal vom Boden abzuheben, und schon bald lag er auf dem Rücken. Er wiederholte seinen Versuch noch mehrmals, und Flo hielt, während sie Fifi das Fell pflegte, eine Hand hinter seinen Rücken, um auf diese Weise weitere Unfälle zu vermeiden. Schon eine Woche nach seinem ersten Versuch war Flint in der Lage, ohne große Mühe ein kleines Stück zu klettern. Wie ein menschliches Kind fand er es sehr viel schwieriger, allein wieder herunterzukommen, wenn er einmal oben war. Aber Flo und Fifi behielten ihn ständig im Auge, und entweder die eine oder die andere seiner Wächterinnen brachte ihn in Sicherheit, sobald er sein leises Wimmern hören ließ. Nicht selten holte ihn Flo auch dann zu sich herab, wenn sie bemerkte, daß das Ende des Zweigs, auf dem er schaukelte, sich zu biegen begann, und sie tat es auch dann, wenn Flint selber noch keinerlei Angst zeigte. Ebenso rasch streckte sie ihren Arm nach ihm aus, wenn sie irgendein Zeichen der Unruhe oder Aggressivität unter den Mitgliedern der Gruppe entdeckte.

Nach und nach lernte Flint ein wenig besser, seine Gliedmaßen beim Gehen unter Kontrolle zu behalten, wenn er auch immer noch oft genug eher auf das Tempo als auf die Koordinierung der Bewegungen vertraute, sooft es darum ging, von einem Platz zum anderen zu gelangen. Langsam fing er auch an, sich ein paar Schritte von Flo zu entfernen; und da jede Bewegung, die von seiner Mutter wegführte, ungeheuer aufregend war und sich bei jeder Aufregung seine Haare sträubten, taumelte er, die weit aufgerissenen Augen starr auf irgendeinen Gegenstand oder Artgenossen vor ihm gerichtet, wie ein wolliger schwarzer Ball umher.

Damals steigerte sich Fifis Interesse an ihrem kleinen Bruder fast zur Besessenheit. Sie spielte beinahe den ganzen Tag lang mit ihm, lauste ihn, wenn er schlief, oder trug ihn mit sich herum. Flo, so schien es, war keineswegs unzufrieden darüber, daß ihr von Zeit zu Zeit ein Teil ihrer Mutterpflichten abgenommen wurde. Solange Fifi mit Flint nicht außer Sichtweite geriet und solange keine potentiell aggressiven Männchen in der Nähe waren, störte es sie nicht mehr, wenn Fifi Flint «kidnappte». Auch hatte Flo nichts dagegen, wenn andere Schimpansenkinder sich Flint näherten und behutsam mit ihm spielten. Ganz anders Fifi! Entdeckte sie plötzlich, daß Gilka oder ein anderer ihrer früheren Spielgefährten Flint näher kam, eilte sie augenblicklich zu ihrem Bruder und verjagte die Zudringlichen mit gesträubten Haaren, wild gestikulierenden Armen und stampfenden Füßen. Selbst Schimpansen, die viel älter als sie selbst waren, wurden – vorausgesetzt, sie waren nicht ranghöher als Flo – von der aggressiven Fifi bedroht oder gar angegriffen. Vermutlich baute sie darauf, daß die alte Flo ihr zu Hilfe kommen würde, falls irgend etwas schiefging – und es schien, als ob die Opfer ihres Zorns sich dieser Konsequenz ebenfalls durchaus bewußt waren.

Figan und Faben indessen konnte Fifi nicht von Flint fernhalten, und je mehr der Kleine heranwuchs, desto mehr wuchs das Interesse, das seine beiden älteren Brüder für ihn zeigten. Häufig kamen sie herbei und spielten mit ihm; sie kitzelten ihn oder schaukelten ihn, wenn er mit zappelnden Beinen an einem niedrigen Ast hing, vor und zurück. Manchmal, wenn Figan mit Flint spielte, beobachteten wir, wie Fifi herbeirannte und – oft mit Erfolg – versuchte, Figan ihrerseits in ein Spiel zu verwickeln. War das Spiel dann vorüber, lief sie zu Flint zurück und hatte ihn nun für sich alleine. War das die gleiche Ablenkungstechnik, deren sich Flo so oft bei ihr bedient hatte?

Torkelte Flint auf eines der ausgewachsenen Männchen zu, hatte Fifi naturgemäß kaum eine Chance einzugreifen; in solchen Fällen blieb sie sitzen und sah mit starrem Blick zu, wie David, Goliath oder Mike Flint berührte, ihm dann und wann über das Fell strich oder ihn vorsichtig in die Arme schloß. Und mit der Zeit verlangte Flint, ganz wie ein verwöhntes menschliches Kind, mehr und mehr Aufmerksamkeit. Einmal geschah es, daß der alte Mr. McGregor, als Flint auf ihn zutrottete, aufstand und davonging. Ich glaube nicht, daß er es mit Absicht tat; es traf sich wohl ganz einfach so, daß er ohnehin gerade aufbrechen wollte. Jedenfalls blieb Flint wie angewurzelt stehen, starrte mit weit aufgerissenen Augen dem sich entfernenden Hinterteil des Männchens nach und stolperte dann in wilder Hast hinter ihm her, wobei er wieder und wieder auf sein Gesicht fiel und unentwegt sein leises Wimmern hören ließ. Sofort eilte Flo zu seiner Rettung herbei. Aber damit war das Problem noch keineswegs erledigt; denn während der folgenden Wochen lief Flint ständig wimmernd hinter dem einen oder anderen erwachsenen Männchen her, das sich nicht dazu herabgelassen hatte, stehenzubleiben und ihn zu begrüßen, oder das sich aus irgendeinem Grunde entfernte, wenn Flint sich ihm näherte. Nicht selten blieb das Männchen in solchen Fällen, beunruhigt vielleicht durch die kläglichen Rufe, die ihm folgten, stehen oder kam zurück, um Flint zu streicheln.

Als Flint acht Monate alt war, verbrachte er manchmal, wenn er spielte oder seine Umwelt erforschte, an die fünfzehn Minuten ohne körperlichen Kontakt mit Flo, blieb jedoch stets in ihrer Nähe. Er stand inzwischen ein wenig sicherer auf seinen Beinen und konnte sogar schon bei einigen der etwas stürmischeren Spiele Fifis mithalten; er jagte mit ihr um ein Grasbüschel herum, oder er kletterte, wenn sie auf dem Boden lag, auf sie und kitzelte sie mit den Händen und der Schnauze. Das war die Zeit, als die Termitensaison begann.

Eines Tages, als Flo wieder einmal beim Termitenangeln war, konnten wir beobachten, wie Figan und Fifi, die sich aus dem gleichen Bau Termiten geholt hatten, unruhig wurden und offenkundig fort wollten. Die alte Flo jedoch, die bereits seit zwei Stunden geangelt hatte und selber nur alle fünf Minuten nicht viel mehr als zwei Termiten erwischte, machte keinerlei Anstalten aufzuhören. Und da sie schließlich ein altes Weibchen war, war durchaus damit zu rechnen, daß sie noch mindestens eine Stunde lang weiterfischte. Mehrmals war Figan resolut ein Stück den Pfad hinuntergelaufen, der zum Bach führte, aber jedesmal hatte er, nachdem er sich wiederholt nach Flo umgeschaut hatte, aufgegeben und war zurückgekommen, um auf seine Mutter zu warten.

Flint, der noch zu jung war, als daß es ihn interessiert hätte, wo er war, spielte auf dem Termitenhügel herum und tippte gelegentlich mit dem Finger auf eines der Insekten. Plötzlich stand Figan noch einmal auf und näherte sich diesmal Flint. Er nahm die Haltung einer Schimpansenmutter ein, die ihrem Baby das Zeichen gibt, auf ihren Rücken zu steigen, das heißt, er beugte ein Knie, streckte eine Hand nach hinten und stieß dabei leise, flehende Laute aus. Sofort torkelte Flint auf ihn zu, und Figan, der nach wie vor seine sanften Laute hören ließ, schob seine Hand unter den kleinen Bruder und hob ihn behutsam auf seinen Rücken. Sobald Flint oben war, warf er einen raschen Blick zu Flo hinüber und ging eilig den Pfad entlang. Sekunden später ließ Flo ihr Werkzeug fallen und folgte den beiden.

Hugo und ich waren verblüfft angesichts dieses neuen Beispiels der Erfindungsgabe, die Figan bewies, um sein Ziel zu erreichen. Aber hatte er tatsächlich bewußt gehandelt? Wir konnten diese Frage natürlich nicht mit Sicherheit bejahen. Aber dann, wenige Tage später, sahen wir, wie Fifi genau das gleiche tat. Und eine Woche darauf konnten wir beobachten, wie Faben, nachdem er mehrfach versucht hatte, seine Mutter von einem Termitenbau wegzulocken, Flint hochhob und an seine Brust drückte. Wir hatten nie zuvor erlebt, daß Faben seinen Bruder trug.

Und bald konnte es keinen Zweifel mehr geben, daß Flos ältere Sprößlinge Flint bewußt «kidnappten» mit der Absicht, ihre Mutter dazu zu bringen, wenigstens für eine Weile die endlose Termitenfischerei aufzugeben. Alle drei bedienten sich des Manövers mit Flint bei jeder Gelegenheit. Es versteht sich, daß sie nicht immer Erfolg damit hatten. Häufig fiel Flint herunter und rannte zu seiner Mutter zurück, und manchmal, wenn das Loch, in das Flo ihre Angel hielt, noch reichliche Ausbeute versprach, eilte sie Flint zu Hilfe und kehrte dann mit ihm zu dem Bau zurück – gefolgt von dem gescheiterten Kidnapper, der dann gewöhnlich später einen neuen Versuch riskierte.

Flint war natürlich noch zu jung, um Interesse an einer Termitenmahlzeit zu haben. Wohl probierte er gelegentlich eine Feige oder ein Stück Banane, aber im Grunde erhielt er alles, was er zu seiner Ernährung brauchte, mit der Muttermilch – ein Zustand, an dem sich auch in den nächsten zwölf Monaten nichts ändern sollte. Er begnügte sich damit, gelegentlich eine kriechende Termite anzutippen oder, wenn er auf einem Termitenhügel umherspazierte, mit den herumliegenden Grashalmen, die die anderen als Werkzeuge benutzt hatten, zu spielen. Überdies fing er an, alles mögliche «aufzuwischen». Man muß dazu wissen, daß ältere Schimpansen die Angewohnheit haben, Termiten, die von ihrem Halm heruntergefallen sind, mit dem Rücken ihres Handgelenks «aufzuwischen»: Die Insekten bleiben im Fell hängen und werden mit den Lippen davon abgelesen. Schon bald nach Anbruch der Termitensaison hatte Flint mit dem Aufwischen begonnen. Er wischte den Boden, seine eigenen Beine, den Rücken seiner Mutter, wenn er auf ihr ritt, kurz alles – nur Termiten wischte er nie auf! Obwohl er manchmal mehrere Sekunden lang aufmerksam zusah, wenn seine Mutter oder eines seiner Geschwister bei der Arbeit war, zeigte er nie ein besonderes Interesse für dieses Tun, dem sich die anderen mit solcher Hingabe widmeten.

Fifi dagegen war eine begeisterte Termitenanglerin, und wenn Flint, weil er mit seiner Schwester spielen wollte, auf ihren Rücken sprang und dabei die Insekten von ihren Grashalmen stieß, war sie ganz offensichtlich verärgert. Immer wieder kam es dann vor, daß sie ihn ziemlich grob wegstieß. Natürlich spielte Fifi, wenn sie nicht gerade mit den Termiten beschäftigt war, nach wie vor häufig mit Flint, aber als ob irgendein Zauber gebrochen war, zeigte sie nie wieder jenes fanatische Interesse an ihm, das wir früher bei ihr beobachtet hatten. Auch schirmte sie ihn nicht mehr so beharrlich gegen jeden Kontakt mit anderen jungen Schimpansen ab.

Und da Fifi, besonders wenn sie sich an einem Termitenbau zu schaffen machte, nicht selten Gilka oder einem der anderen jungen Schimpansen erlaubte, sich Flint zu nähern und mit ihm zu spielen, und da sie zudem nicht mehr jedesmal zornig herbeieilte, wenn eines der jüngeren Weibchen Flint umhertrug, ihn lauste oder mit ihm spielte, fing Flint an, seinen Freundeskreis nach und nach zu erweitern. Kurzum: Flint wurde ganz einfach älter. Selbst dann, wenn Fifi ihrem kleinen Bruder einmal ihre ungeteilte Aufmerksamkeit schenkte, konnte sie ihn nicht länger wie eine Puppe behandeln, da er inzwischen seinen eigenen Kopf hatte. Wollte ihn Fifi in die eine Richtung tragen, während er selbst in die andere wollte, riß er sich von ihr los und ging seiner Wege. Zudem wurde er naturgemäß schwerer. Einmal beobachteten wir, wie er auf Fifis Schoß schlief und sich dabei mit festem Griff an ihr Fell klammerte. Es war offenkundig, daß er seiner Schwester weh tat. Fifi löste vorsichtig erst die eine, dann die andere Hand, aber sobald beide Hände frei waren, packte Flint, der sich gestört fühlte, aufs neue fest zu. Schließlich erlebten wir zum erstenmal, daß Fifi den kleinen Flint zu Flo zurücktrug und ihn der Mutter zuschob.

Als Flint ein Jahr alt war, war er immer noch ziemlich wacklig auf den Beinen, aber er war mit von der Partie, wo immer gespielt wurde, und stets zur Stelle, wenn es galt, einen Neuling, der sich der Gruppe anschloß, zu begrüßen. Er begann, am sozialen Leben in der Gruppe teilzuhaben – in einer Gemeinschaft, die nach dem dramatischen Machtwechsel zugunsten Mikes noch immer nicht gefestigt war. Flint konnte kaum etwas ahnen von dem Kampf, der schließlich zu Goliaths Niederlage geführt hatte; denn dieser Kampf hatte begonnen, als er eben erst geboren war. Flint wuchs auf in einer Welt, in der Mike unangefochten an der Spitze stand.

27 *Fifi*

28/29 *Flint wendete sich von Fifi zu Figan. Als Flo herbeikam, hob Figan seine Hände, als wollte er auf diese Weise deutlich machen, daß er dem Baby nichts tun würde.*

30 *Faben, Fifi und Figan tollen um Flo und Flint herum.*

32 *Nach Flints Geburt wurde Flo immer spielfreudiger.*

31 *Flo ruht sich aus.*

33 *Mike verbeugt sich vor dem überlegenen Goliath.*

34 *Fifi sieht ihr Spiegelbild in der Linse an Hugos Kamera.*

35 *Flo*

36 *Flo laust Flint.*

Die Hierarchie

Mikes Aufstieg zum ranghöchsten Schimpansenmännchen war ebenso interessant wie spektakulär. 1963 war sein Platz in der Hierarchie der ausgewachsenen Männchen noch fast ganz unten gewesen. Er war stets der letzte gewesen, der an die Bananen herankam, und fast alle übrigen Männchen hatten ihm gedroht und ihn sogar gelegentlich angegriffen. Eine Zeitlang war er fast kahl gewesen, so viele Haarbüschel hatten ihm seine Artgenossen bei solchen Zusammenstößen ausgerauft.

Als Hugo und ich gegen Ende des Jahres kurz vor unserer Heirat nach England abgereist waren, hatte sich an seinem sozialen Status noch nichts geändert; aber als wir vier Monate später zurückkamen, fanden wir einen völlig veränderten Mike vor. Kris und Dominic berichteten uns, wie er dazu übergegangen war, sich bei seinen Imponier-Veranstaltungen immer häufiger leerer Paraffinkanister zu bedienen. Und es vergingen nur wenige Tage, bis wir Mikes neue Technik mit eigenen Augen beobachten konnten.

Eine dieser Szenen ist mir besonders lebhaft in Erinnerung. Etwa dreißig Schritt von Mike entfernt saß eine Gruppe von fünf ausgewachsenen Männchen, unter denen sich Goliath – damals noch der Ranghöchste –, David Greybeard und der massige Rodolf befanden. Seit ungefähr zwanzig Minuten waren diese fünf damit beschäftigt gewesen, einander das Fell zu pflegen, und Mike hatte immer wieder zu ihnen hinübergespäht und sich dann und wann fast beiläufig gelaust.

Plötzlich stand er auf, ging auf unser Zelt zu und schnappte sich einen leeren 18-Liter-Paraffinkanister. Dann packte er einen zweiten und kehrte damit aufrecht gehend zu dem Platz zurück, an dem er gesessen hatte. Bewaffnet mit seinen beiden Kanistern, fuhr er zunächst fort, die anderen Männchen zu fixieren. Wenig später fing er an, sich hin und her zu wiegen. Zuerst war dieses Schaukeln kaum wahrnehmbar, aber Hugo und ich beobachteten ihn genau. Nach und nach wurden die wiegenden Bewegungen heftiger, und langsam richteten sich seine Haare auf. Darauf stieß er, leise erst, dann lauter und lauter, eine Serie von *pant-hoots* aus, richtete sich auf und schoß unvermittelt, die beiden Kanister vor sich her treibend, auf die anderen Männchen zu. Die Kanister machten einen gewaltigen Lärm, der durch Mikes *pant-hoots* wirkungsvoll unterstrichen wurde. Kein Wunder, daß die Männchen, die bis dahin friedlich beeinandergesessen hatten, auseinanderstoben. Mike rannte mit seinen Kanistern den Pfad hinunter und verschwand, nach wenigen Augenblicken herrschte wieder Ruhe. Einige Männchen versammelten sich wieder und setzten ihre Fellpflege fort. Die übrigen standen ein wenig verängstigt herum.

Es dauerte nicht lange, bis sich die leisen *pant-hoots* aufs neue vernehmen ließen, und unmittelbar darauf tauchten die beiden lärmenden Kanister und Mike wieder auf. Ohne zu zögern, stürmte er auf die anderen Männchen los, und auch diesmal ergriffen sie die Flucht. Noch bevor sich die Gruppe wieder versammeln konnte, trat Mike abermals in Aktion. Nun jedoch rannte er geradenwegs auf Goliath zu – und das ranghöchste Männchen ergriff wie alle übrigen die Flucht. Darauf hielt Mike inne und ließ sich schwer atmend und mit wildgesträubtem Fell nieder. Seine Augen funkelten, und seine Unterlippe hing leicht herab, so daß die rosa Innenseite deutlich sichtbar wurde und das Bedrohliche seiner Erscheinung unterstrich.

Rodolf war das erste Männchen, das sich Mike mit leisem Grunzen näherte, sich unterwürfig niederkauerte und die Lippen auf seinen Schenkel drückte. Dann begann er, Mike zu lausen, und zwei andere Männchen näherten sich gleichfalls und folgten seinem Beispiel. Schließlich kam auch David Greybeard herbei, legte eine Hand auf Mikes Leistengegend und machte sich ebenfalls daran, ihn zu lausen. Nur Goliath hielt sich abseits; er saß allein da und fixierte Mike. Es war offenkundig, daß Mike ernsthafte Ansprüche auf die bis dahin unangefochtene Führungsposition Goliaths erhob.

Wenn Mike mit Vorliebe Gegenstände benutzte, die von Menschen hergestellt waren, so war das vermutlich ein Zeichen seiner außergewöhnlichen Intelligenz. Zwar hatten viele ausgewachsene Männchen gelegentlich statt der üblichen Zweige oder Steine Paraffinkanister mit sich geschleppt, um ihrem Imponieren mehr Nachdruck zu verleihen, aber allein Mike war allem Anschein nach in der Lage gewesen, aus der zufälligen Erfahrung Nutzen zu ziehen, und nur er hatte gelernt, die Kanister bewußt ausfindig zu machen und zu seinem eigenen Vorteil einzusetzen. Es versteht sich, daß die Kanister um ein Vielfaches mehr Lärm verursachten als ein Zweig, wenn sie mit großer Geschwindigkeit auf dem Boden entlanggeschleift wurden, und nach einer Weile war Mike sogar imstande, an die fünfzig Meter weit drei Kanister gleichzeitig vor sich her zu stoßen, wenn er mit Höchstgeschwindigkeit über die Camplichtung raste. Kein Wunder, daß Männchen, die ihm bis dahin übergeordnet waren, eilig auswichen, wenn er daherkam.

In der Regel kommt es zu Imponier-Veranstaltungen, wenn ein Schimpanse erregt ist, das heißt zum Beispiel, wenn er bei einer Nahrungsquelle eintrifft, sich einer anderen Gruppe anschließt oder frustriert ist. Bei Mike indessen hatte es den Anschein, als ob er seine Imponier-Veranstaltungen plante – kaltblütig kalkulierte, könnte man fast sagen. Häufig ließ er keinerlei sichtbare Zeichen von Frustration oder Erregung erkennen, wenn er aufstand, um seine Kanister zu holen. Diese Zeichen stellten sich erst ein, wenn er, bewaffnet mit seinen Imponier-Requisiten, anfing, sich hin und her zu wiegen, sein Fell zu sträuben und *pant-hoots* auszustoßen.

Später wurde Mikes Vorliebe für die Paraffinkanister gefährlich, weil er lernte, sie vor sich her zu schleudern. Einmal erwischte er mich damit am Hinterkopf, ein anderes Mal traf er Hugos kostbare Filmkamera. Wir beschlossen, sämtliche Kanister wegzuräumen, und beschworen damit eine Phase des Schreckens herauf, da Mike von nun an versuchte, alle möglichen anderen Gegenstände umherzuschleifen. Einmal bekam er Hugos Stativ zu fassen, und wir hatten Glück, daß die Kamera nicht aufmontiert war; ein andermal brachte er es fertig, den großen Schrank, in dem wir ein gut Teil unserer Nahrungsvorräte und unser gesamtes Steingutgeschirr mitsamt den Bestecken aufbewahrt hatten, zu packen und umzuwerfen. Der Krach und die Spuren der Verwüstung waren phantastisch. Schließlich jedoch gelang es uns, unsere Habseligkeiten so zu vergraben oder zu verstecken, daß Mike sich wie seine Artgenossen mit Zweigen und Steinen zufriedengeben mußte.

Inzwischen aber war sein neuer Status gesichert, wenn es auch noch ein volles Jahr dauerte, bis sich Mike selber seiner Position völlig sicher zu fühlen schien. Er fuhr fort, seinen Führungsanspruch durch häufige und energische Imponier-Veranstaltungen zum Ausdruck zu bringen, und die rangniederen Schimpansen hatten allen Grund, ihn zu fürchten; denn es kam immer wieder vor, daß er Weibchen oder Jungtiere schon bei der geringsten Provokation heftig angriff. Ein besonders gespanntes Verhältnis herrschte, wie man sich vorstellen kann, zwischen Mike und Goliath, dem ehemals ranghöchsten Männchen.

Goliath gab seine Position keineswegs kampflos auf. Auch er suchte häufiger und spektakulärer zu imponieren, und auch seine Aggressivität wuchs. In der ersten Phase des Machtkampfes gab es sogar eine Zeit, in der Hugo und ich fürchteten, er könnte durchdrehen. Nachdem er ein paar junge Schimpansen angegriffen hatte und, riesige Zweige hinter sich herschleifend, auf und ab gerannt war, pflegte er mit gesträubten Haaren und vor Anstrengung bebenden Flanken dazusitzen, mit glitzerndem Schaum vor der halbgeöffneten Schnauze und einem Funkeln in den Augen, das wirkte, als sei er dem Irrsinn nahe. Wir sahen uns sogar genötigt, in Kigoma einen Käfig mit einem soliden Eisennetz bauen zu lassen, in den wir uns zurückzogen, wenn Goliath besonders jähzornig war.

Eines Tages, als Mike wieder einmal im Camp war, kündigten melodiöse *pant-hoots* mit dem charakteristischen Tremolo am Ende die Rückkehr Goliaths an, der sich für zwei Wochen irgendwo im Süden des Reservats aufgehalten hatte. Mike reagierte sofort, indem er seinerseits *pant-hoots* ausstieß, quer über die Lichtung rannte, auf einen Baum kletterte und mit gesträubtem Fell über das Tal spähte.

Wenige Minuten später tauchte Goliath auf und begann, sobald er den

Rand der Camplichtung erreicht hatte, eines seiner wilden Imponier-Schauspiele in Szene zu setzen. Er mußte Mike gesehen haben; denn er ging, einen großen Zweig hinter sich herziehend, geradenwegs auf ihn zu. Dann sprang er auf einen Baum, der dicht bei Mikes Baum stand, und verhielt sich still. Einen Augenblick lang starrte Mike zu ihm hinüber, bevor auch er mit dem Imponieren begann, die Äste seines Baumes schüttelte, sich herabschwang, ein paar Steine schleuderte und schließlich in Goliaths Baum kletterte und nun dort an den Ästen rüttelte. Sobald er innehielt, trat Goliath in Aktion, schwang sich im Baum umher und schüttelte die Äste. Als er nach einem seiner wilden Sprünge dicht neben Mike landete, blieb auch der nicht länger untätig, und ein paar faszinierende Augenblicke lang schüttelten die beiden kräftigen Schimpansenmännchen Seite an Seite die Zweige, daß ich glaubte, der ganze Baum werde zu Boden krachen. Aber schon im nächsten Moment sprangen die beiden herab und setzten ihr Imponieren im Unterholz fort. Schließlich hielten sie inne, setzten sich hin und starrten einander an. Es war Goliath, der als erster wieder in Aktion trat; er richtete sich auf und schüttelte einen jungen Baum. Als er die Schüttelei einen Augenblick lang einstellte, schoß Mike an ihm vorbei, schleuderte einen Stein und trommelte mit den Füßen auf einem Baumstamm herum.

Dieses Schauspiel dauerte fast eine halbe Stunde: Erst drohte der eine, dann der andere, und von Mal zu Mal wurde ihr Gehabe wilder und spektakulärer. Und dennoch: Sieht man davon ab, daß sie einander gelegentlich mit den Enden der Zweige trafen, an denen sie rüttelten, griff während der ganzen Zeit doch keiner der beiden Schimpansen den anderen wirklich an. Plötzlich, nach einer besonders langen Pause, schien Goliaths Widerstand gebrochen. Er lief auf Mike zu, duckte sich neben ihn mit lauten, nervösen *pant-grunts* nieder und begann ihn mit fieberhafter Intensität zu lausen. Zunächst schien ihn Mike überhaupt nicht zur Kenntnis zu nehmen; dann plötzlich wandte er sich um und lauste seinen besiegten Rivalen mit einem Eifer, der dem Goliaths kaum nachstand. Über eine Stunde saßen sie da und pflegten einander pausenlos das Fell.

Es war das letzte echte Duell zwischen den beiden Männchen. Von nun an hatte man den Eindruck, daß Goliath die Überlegenheit Mikes akzeptierte, und zwischen den beiden entwickelte sich eine merkwürdig intensive Art der Beziehung. Sie begrüßten einander überschwenglich, umarmten sich, beklopften sich gegenseitig und küßten einander auf den Hals, bevor sie sich niederließen und sich gegenseitig lausten. Während sie dies taten, schien es, als ob der enge, freundschaftliche, körperliche Kontakt die Spannung, die zwischen ihnen bestand, löste. Nach der Fellpflege fraßen sie manchmal oder ruhten Seite an Seite und wirkten friedlich und entspannt, als ob es zwischen ihnen nie eine Rivalität gegeben hätte.

Es ist in der Tat einer der bemerkenswertesten Aspekte des Zusammenlebens der Schimpansen, daß Tiere, die so rasch in wilde Erregung geraten und aggressiv werden können, imstande sind, während des größten Teils der Zeit in einer derart gelösten und freundschaftlichen Beziehung zueinander zu leben. Eines Tages folgte ich Mike vom Camp aus über den Bach und ein Stück in den dichten Wald am gegenüberliegenden Hang hinein. Bei ihm waren der alte J. B. und Flo mit Flint, Fifi und Figan. Unter ein paar Bäumen an einem jener Plätze, an denen Schimpansen besonders gern rasten, streckten sie sich im Schatten aus. Ich ließ mich in ihrer Nähe nieder. Fifi kletterte hoch in einen Baum hinauf und machte sich ein kleines Nest; Figan und J. B. dösten am Boden; Flo, auf deren Schoß Flint schlief, saß neben Mike und lauste ihn. Nach einer Weile legten auch sie sich nieder.

Es dauerte nicht lange, bis Mike einen Arm nach Flos Hand ausstreckte und fast unmerklich begann, mit ihren Fingern zu spielen. Sie reagierte, indem sie vorsichtig seine Hand ergriff und ihren Arm dann zurückzog – nur um ihn rasch wieder auszustrecken und seine Hand aufs neue zu fassen. Nach ein paar Minuten setzte Mike sich auf, beugte sich über Flo und kitzelte sie am Hals und in der besonders empfindlichen Leistengegend, bis sie – mit der einen Hand Flint schützend, mit der anderen Mike abwehrend – in ein japsendes Schimpansenlachen verfiel, das ihren ganzen Körper schüttelte. Nach einer Weile konnte sie es nicht mehr aushalten und rollte sich von ihm weg. Aber sie hatte Feuer gefangen, die uralte Flo mit ihren abgenutzten Zähnen, und wenige Minuten später schon kitzelte sie Mike mit ihren knochigen Fingern in den Rippen. Jetzt war es Mike, der lachen mußte, und er versuchte, ihre Hände zu greifen und sie zu kitzeln.

Nach zehn Minuten schien Flo die Kitzelei einfach nicht länger ertragen zu können und zog davon, während Mike, den Ausdruck des Wohlbehagens im Gesicht, ausgestreckt liegenblieb. Und dennoch hatte das gleiche Männchen noch knapp zwei Stunden zuvor einen gewaltigen Berg Bananen fallen lassen, um wild über Flo herzufallen und gnadenlos auf das alte Weibchen einzuschlagen – nur weil sie gewagt hatte, sich ein paar Bananen aus einer nahe stehenden Kiste zu nehmen. Wie war es ihr möglich, so wenig später schon in eine so entspannte Beziehung zu Mike zu treten? Die Lösung des Geheimnisses liegt vielleicht in der Tatsache, daß ein männlicher Schimpanse zwar rasch bei der Hand ist, wenn es gilt, einem rangniederen Artgenossen zu drohen oder ihn anzugreifen, daß er aber ebenso rasch bereit ist, sein Opfer durch eine Berührung, ein Klopfen auf die Schulter oder eine aufmunternde Umarmung zu beruhigen. Und Flo war nach Mikes wütender Attacke, noch während ihre Hand, die sie an einem Stein aufgeschabt hatte, blutete, hinter ihm hergeeilt und hatte so lange mit ihrer heiseren Stimme geschrien, bis er sich umgewandt hatte. Als sie sich ihm dann geduckt und verängstigt näherte, hatte er ihr wieder und wieder den Kopf getätschelt und sie dann, als ihre Spannung sich löste, vollends beruhigt, indem er sich vorbeugte und seine Lippen auf ihre Stirn drückte.

Wäre Mike auch dann zum ranghöchsten Männchen geworden, wenn ich nicht mit meinen Paraffinkanistern am Gombe aufgetaucht wäre? Diese Frage werden wir natürlich nie beantworten können, aber ich vermute, er wäre es trotzdem irgendwann geworden. Denn Mike zeichnet sich durch ein starkes «Verlangen» nach Vorherrschaft aus – ein Zug, der bei einigen Tieren sehr ausgeprägt ist, während er bei anderen fast völlig fehlt. Außerdem war Mike außergewöhnlich intelligent – und erstaunlich mutig. Ich werde nie vergessen, wie sich einmal einige ranghohe Männchen gegen Mike wandten, der sich seiner neuen Position als ranghöchstes Tier damals noch nicht ganz sicher war. Mike war Steine schleudernd ins Camp gestürzt und hatte im Vorbeilaufen ein paarmal auf David Greybeard eingeschlagen. David war in gewisser Hinsicht ein Feigling; denn er war fast immer darauf bedacht, Auseinandersetzungen zu vermeiden, und wenn das nicht möglich war, versuchte er zumeist, sich hinter einem ranghöheren Begleiter, wie etwa Goliath, zu verstecken. Geriet er jedoch wirklich in Zorn, war er ein außerordentlich gefährlicher Schimpanse.

Nachdem ihm Mike ein paar Schläge versetzt hatte, ergriff David zunächst schreiend die Flucht, wandte sich dann jedoch um und stieß ein lautes, grimmig klingendes Gebell aus. Dann lief er auf Goliath zu, umarmte ihn, wandte sich wieder um und bellte erneut Mike an. Hugo und ich kannten David damals bereits gut genug, um zu wissen, daß er in höchster Wut war.

Plötzlich rannte er ein Stück auf Mike los, und Goliath, der nun ebenfalls seinen wilden Angriffsruf hören ließ, folgte seinem Freund auf dem Fuße. Mike begann mit seinem Imponieren und stürmte quer über die Lichtung auf eine andere Gruppe von Männchen zu. Sie suchten schreiend das Weite, fielen aber dann in die Angriffsrufe Davids und Goliaths ein. Jetzt standen fünf kräftige Männchen – unter ihnen Goliath, der ehemalige Ranghöchste – gegen einen. Wieder raste Mike über die Lichtung, und plötzlich waren ihm die anderen mit David an der Spitze auf den Fersen. Jetzt war es Mike, der schreiend floh und auf einem Baum Zuflucht suchte. Hugo und ich waren überzeugt, daß eine Kraftprobe bevorstand und daß Goliath seine verlorene Position zurückgewinnen würde.

Aber statt in den nächsten Baum zu springen und das Weite zu suchen, drehte sich Mike zu unserer Verblüffung urplötzlich um. Er schrie zwar nach wie vor, begann aber, heftig an den Zweigen zu rütteln, und im nächsten Augenblick sprang er seinen fünf Verfolgern entgegen. In wilder Hast kletterten sie aus dem Baum und suchten, von Mike verfolgt, ihr Heil in der Flucht. Als Mike sich schließlich mit gesträubtem Fell und funkelnden Augen niederließ, blieben sie verängstigt in gemessenem Abstand sitzen. Mit Hilfe eines Bluffs hatte Mike einen spektakulären Sieg errungen.

Wenn ich Mike als das dominierende Männchen bezeichne, so meine ich damit, daß er zum Ranghöchsten unter den Schimpansen wurde, die ich kannte – unter jenen Schimpansen also, deren normaler Lebensbereich unser Tal einschließt. Sobald ich alle Schimpansen unserer Gruppe wirklich kannte, wurde mir bei Streifzügen in den Norden und Süden des Reservats rasch klar, daß es noch zwei weitere Gruppen gibt. Tiere, die zu diesen Gruppen gehören, dringen nur selten oder gar nicht bis zu unserem zentral gelegenen Tal vor; dennoch findet ohne Zweifel ein gewisser Austausch zwischen den Schimpansen der drei Gruppen statt.

So suchte zum Beispiel ein Männchen, das sich – soweit uns bekannt ist – normalerweise im Süden des Reservats aufhielt, jedesmal, wenn es in die Nähe kam, unsere Futterstation etwa eine Woche lang täglich auf, um dann wieder für einige Zeit zu verschwinden und in sein gewohntes Revier zurückzukehren. Kurz bevor es starb, entwickelte es sich zu einem ziemlich regelmäßigen Besucher unseres Camps, aber sein Verhältnis zu den Männchen unserer Gruppe blieb immer gespannt. Sehr häufig werden Weibchen aus den Gruppen im Norden und Süden zur Zeit ihrer Brunstschwellung von den Männchen unseres Tals mitgebracht; und manche von ihnen kommen, wenn sie erst einmal die Bananen entdeckt haben, verhältnismäßig häufig wieder, während andere nur ein- oder zweimal im Jahr erscheinen.

Wiederholt konnte ich beobachten, wie Tiere von zwei dieser Hauptgruppen einander ohne irgendwelche Zeichen der Aggression begegneten und Seite an Seite fraßen. Mike selber jedoch scheint sich nur ungern mit Schimpansen aus den Gegenden nördlich und südlich seines Herrschaftsbereichs einzulassen. Wenn die Rufe von «Fremden» aus einem Nachbartal herüberschollen, kam es immer wieder vor, daß sich Mike nach ausgiebigem Imponieren und eigenen Rufen abwandte und mit ein paar Schimpansen aus seiner Gruppe davonzog, während die anderen sich unter die fremden Tiere mischten.

Eine Schimpansengemeinschaft ist ein außerordentlich komplexes soziales Gebilde. Erst als eine größere Zahl von Tieren dazu überging, unsere Futterplätze aufzusuchen, so daß ich die Möglichkeit hatte, ihr Verhalten zueinander regelmäßig zu beobachten, begann ich zu begreifen, wie kompliziert das System tatsächlich ist, das in dieser Gemeinschaft herrscht. Die Tiere, die die Gemeinschaft bilden, ziehen in ständig sich verändernden Verbänden umher, aber obwohl das alles so zwanglos wirkt, kennt jedes einzelne Tier genau den Platz, der ihm in der Gemeinschaft zukommt – seinen Status im Verhältnis zu jedem anderen Schimpansen, der ihm im Laufe des Tages über den Weg laufen mag. Unter diesen Umständen kann die breite Skala der Begrüßungsgesten ebensowenig verwundern wie der Umstand, daß die meisten Schimpansen einander tatsächlich begrüßen, wenn sie sich nach einer Trennung wiederbegegnen. Wenn Figan sich einem älteren Männchen mit einem unterwürfigen *pant-grunt* nähert, so gibt er ihm damit vermutlich zu verstehen, daß er keineswegs die kleine Auseinandersetzung zwei Tage zuvor vergessen hat, in deren Verlauf er eine deftige Tracht Prügel einstecken mußte. «Ich weiß, daß du der Stärkere bist. Ich gebe es zu. Ich hab's nicht vergessen.» Das etwa ist es, was er mit seinen demütigen Gesten zum Ausdruck bringt. Und wenn Mike ein unterwürfiges Weibchen bei der Begrüßung freundlich tätschelt, so drückt diese Gebärde aus: «Ich erkenne deinen Respekt an. Im Augenblick brauchst du keine Angst zu haben, daß ich dich angreifen könnte.»

Je vertrauter Hugo und mir Mikes Gruppe wurde, desto mehr begriffen wir, wie mannigfaltig die Bindungen waren, die zwischen den einzelnen ausgewachsenen Schimpansen bestanden. Zwischen einigen Tieren entstand nur dann eine wechselseitige Beziehung, wenn der Zufall sie zusammenführte – sei es bei einem Früchte tragenden Baum oder im Gefolge eines sexuell attraktiven Weibchens. Andere zogen häufig gemeinsam umher und demonstrierten dem jeweiligen Partner gegenüber eine Toleranz und Aufmerksamkeit, die sich, unserer Meinung nach, am treffendsten mit dem Wort Freundschaft kennzeichnen ließen. Im weiteren Verlauf unserer Forschungsarbeit fanden wir heraus, daß einige dieser Freundschaften über Jahre bestanden, während andere von relativ kurzer Dauer waren. Außerdem lernten wir, wo in dieser Hinsicht die Unterschiede zwischen den männlichen und weiblichen Schimpansen lagen. Und je mehr wir herausfanden, desto mehr waren wir beeindruckt von den offenkundigen Parallelen zwischen einigen Formen der Beziehung, die für die Schimpansen charakteristisch waren, und gewissen Formen zwischenmenschlicher Beziehungen.

Feste Freundschaften, wie die zwischen Goliath und David Greybeard, scheinen besonders unter männlichen Schimpansen verbreitet. Mike und der reizbare, mürrische alte J. B. zogen sehr häufig in ein und derselben Gruppe umher. Als ich sie kennenlernte, war J. B. der Ranghöhere der beiden, aber nicht zuletzt Mikes Manöver mit den Paraffinkanistern trugen dazu bei, daß sich J. B. ihm genau wie alle anderen Männchen unterordnete. Als sich jedoch die Unruhe, die mit dem Führungswechsel verbunden war, gelegt hatte und Mike sich seiner ranghöchsten Position sicher war, wurde deutlich, daß J. B. trotzdem auf der sozialen Leiter ein Stück höher gerutscht war. Befand er sich in der gleichen Gruppe wie Mike, zeigte sich J. B. Goliath und den übrigen Männchen, die vor Mikes Aufstieg ranghöher gewesen waren als er, überlegen. Diese anderen Männchen waren rasch bereit, J. B. hinter Mike den zweiten Rang zuzugestehen. Nur Goliath demonstrierte, wenn Mike nicht in der Nähe war, immer wieder seine alte Überlegenheit über J. B. Ich erinnere mich noch gut, wie Goliath J. B. einmal drohte, weil dieser sich seiner Bananenkiste genähert hatte. J. B. trat sofort den Rückzug an, begann aber dann laut zu schreien und dabei über das Tal in die Richtung zu spähen, in der Mike zuvor davongetrottet war. Mike muß noch ziemlich nahe gewesen sein; denn wenige Minuten später erschien er mit gesträubtem Fell auf der Bildfläche und sah sich suchend nach dem Grund für die Aufregung seines Freundes um. Jetzt lief J. B. zu der Bananenkiste, bei der Goliath saß, und obwohl Mike nichts weiter unternahm, räumte Goliath unter demütigen *pant-grunts* eilig seinen Platz.

Ein andermal versuchte J. B., nachdem er bereits an die zwanzig Bananen verschlungen hatte, eine weitere Kiste aufzubrechen. Da er ein Meister im Demolieren von Kisten war und da sich die Kisten nur schwer reparieren ließen, versuchten Hugo und ich, ihn dadurch von seiner Idee abzubringen, daß wir langsam zu der Kiste hingingen und uns darauf niederließen. J. B. zog sich in der Tat zurück, kletterte aber dann auf einen nahe stehenden Baum und begann zu schreien. Und wieder blickte er dabei in die Richtung, in der sich Mike davongemacht hatte. Diesmal jedoch (und vielleicht war das unser Glück) muß Mike außer Hörweite gewesen sein; denn er kam nicht zurück.

Zwei andere Männchen, die sehr oft gemeinsam umherzogen, waren Leakey und Mr. Worzle. Leakey war ein robuster, ranghoher und im allgemeinen durchaus gutmütiger Schimpanse. Mr. Worzle dagegen war ständig nervös, ganz gleich, ob er es mit Schimpansen oder Menschen zu tun hatte. Er hatte einen sehr niedrigen Rang und war auch schon, bevor er kurz vor seinem Tod außerordentlich hinfällig wurde, allen anderen ausgewachsenen Männchen – und selbst einigen der jüngeren – untergeordnet. Dennoch verbrachten die beiden Stunden miteinander, pflegten sich gegenseitig das Fell, fraßen gemeinsam, zogen gemeinsam umher und bauten ihre Nester entweder in derselben Baumkrone oder zumindest in zwei nebeneinanderstehenden Bäumen. Solange Leakey bei ihm saß, wirkte Mr. Worzle weit gelöster und selbstsicherer als sonst.

Freundschaften dieser Art sind nicht nur für den rangniederen Partner von Vorteil. In der Zeit, als Goliath seine ranghöchste Position langsam verlor, tauchte er eines Tages allein im Camp auf. Er wirkte verkrampft, und es war offensichtlich, daß ihn irgend etwas beunruhigte: Immer wieder richtete er sich auf, spähte in die Richtung, aus der er gekommen war, und zuckte bei jedem Geräusch zusammen. Plötzlich entdeckten Hugo und ich drei Männchen, die auf einer kleinen Anhöhe standen und zu Goliath herüberschauten. Eines von ihnen war der ranghohe Hugh. Alle drei hatten ihr Fell leicht gesträubt und wirkten auf uns wie eine Räuberbande, als sie den Hang heruntergelaufen kamen. Goliath wartete nicht ab, was sie tun würden, sondern lief leise und rasch in die entgegengesetzte Richtung und verschwand in dem dichten Gebüsch, das das Camp umgab. Die drei hasteten ihm nach und tappten während der nächsten fünf Minuten – offenbar auf der Suche nach Goliath – geräuschvoll im Dickicht umher. Ihre Suche blieb erfolglos, und wenig später kamen sie wieder zum Vorschein und machten sich über die Bananen her. Plötzlich gab mir Hugo ein Zeichen, und ich sah, wie Goliath ein kurzes Stück hangaufwärts hinter einem Baumstamm hervorlugte. Jedesmal, wenn einer der drei aufschaute, verschwand Goliaths Kopf hinter dem Baum, um Sekunden später wieder zum Vorschein zu kommen. Kurz darauf sahen wir ihn langsam den Hang hinaufgehen.

In jener Nacht schliefen die Schimpansen in der Nähe des Camps, und bevor es noch richtig hell wurde, hörten wir plötzlich ein lautes *panthooting,* das aus der Richtung kam, in der Goliaths Nest war. Hugh und die beiden anderen Männchen trafen als erste im Camp ein – dunkle Gestalten im grauen Licht der Morgendämmerung. Sie waren gerade dabei, sich Bananen einzuverleiben, als oben am Hang wilde Angriffsrufe ertönten. Sekunden später stürmte Goliath herab. Er schleifte einen gewaltigen Ast hinter sich her, den er, als er die Lichtung überquerte, vor sich her schleuderte. Mit unverminderter Geschwindigkeit raste er auf Hugh zu und griff ihn an. Es war ein verbissener Kampf, und Hugh mußte weit mehr einstecken als Goliath. Gewöhnlich schlägt ein Männchen nur wenige Sekunden lang auf sein Opfer ein, aber diesmal wälzten sich die beiden Kämpfer so lange raufend und schlagend auf dem Boden, bis es Goliath gelang, auf Hugh zu springen, sich an seinem Schulterhaar festzuklammern und den Rücken des Gegners mit beiden Füßen zu bearbeiten.

Kurz nachdem der Kampf begonnen hatte, wurde Hugo und mir klar, warum Goliath plötzlich so tapfer war: Wir hörten die tiefen, unverwechselbaren *pant-hoots* David Greybeards und erkannten unscharf, wie er in Angriffspose auf seine langsame, bedächtige Art über die Lichtung und an den kämpfenden Männchen vorbeiging. David mußte seinen Freund an jenem Morgen begleitet haben, und seine bloße Gegenwart gab Goliath den Mut, Hugh und seiner Bande die Stirn zu bieten.

Mit Ausnahme von David und Goliath, die sich nicht im entferntesten ähnlich sahen, konnten wir bei allen männlichen Freundespaaren, die wir kennenlernten, Ähnlichkeiten in der körperlichen Erscheinung, in den charakteristischen Verhaltensweisen oder in beidem feststellen. Diese Ähnlichkeit war besonders auffällig im Fall von Leakey und Mr. Worzle. Bei Mr. Worzle war das Feld um die Iris herum nicht wie bei anderen Schimpansen braun, sondern weiß. Seine Augen wirkten deshalb wie die Augen eines Menschen. Der gleiche für Schimpansen höchst ungewöhnliche Pigmentmangel zeigte sich, wenn auch weniger ausgeprägt, bei Leakey. Wir vermuten deshalb, daß männliche Freundespaare häufig Geschwister sind.

Die einzigen uns bekannten erwachsenen Weibchen, die eine solche Freundschaft verband, waren fast mit Sicherheit Schwestern. Sie sahen sich nicht nur im Gesicht außerordentlich ähnlich, sie hatten auch den gleichen massigen Körperbau und die gleiche Vorliebe für ein Imponier-Gehabe, bei dem sie auf eine Weise den Boden stampften und umherstolzierten, die typischer für Männchen als für Weibchen ist. Sie waren überdies die einzigen ausgewachsenen Weibchen, die wir je miteinander spielen sahen; sie rollten, einen Arm um ihr Jüngstes geschlungen, auf dem Boden umher, kitzelten sich gegenseitig und schnappten vor Lachen nach Luft.

Die erwachsenen Weibchen der Schimpansen-Gemeinschaft nehmen den ausgewachsenen Männchen, ja selbst vielen der heranwachsenden Männchen gegenüber die demütige Haltung des Rangniederen ein. Aber sie haben ihre eigene Hierarchie, an deren Spitze seit vielen Jahren Flo stand, die von alten und jungen Weibchen gleichermaßen respektiert und sogar gefürchtet wurde. Flo verhielt sich ihren Geschlechtsgenossinnen gegenüber außergewöhnlich aggressiv, und sie duldete auch bei jungen heranwachsenden Männchen keinerlei Insubordination. Ein gut Teil ihres Selbstvertrauens war ohne Zweifel in der Tatsache begründet, daß sie so häufig von ihren beiden ältesten Söhnen begleitet wurde. Zusammen mit der aggressiven Fifi bildeten diese drei in der Tat eine Familie, die sich Respekt verschaffen konnte.

Wie schon erwähnt, hatte Flo eine Zeitlang die Gewohnheit, einen großen Teil des Tages in Begleitung der alten Schimpansenmutter Olly umherzuwandern. Die Beziehung, in der die beiden zueinander standen, unterschied sich jedoch grundlegend von der Beziehung zwischen Mike und J. B. oder der zwischen David und Goliath. Denn zum einen verhielt sich Flo Olly gegenüber häufig ausgesprochen aggressiv, und zum zweiten leistete keine der anderen in schwierigen Situationen Hilfestellung. Nur ein einziges Mal sah ich die beiden vereint: als sie sich gegen ein junges «fremdes» Weibchen zusammentaten.

Als dieses Weibchen zum erstenmal im Camp aufgetaucht war, hatte es einen Schwarm von Männchen in ihrem Gefolge gehabt und stolz seine rosa Brunstschwellung zur Schau gestellt. Es war zehn Tage hintereinander regelmäßig erschienen und hatte sich rasch an den sonderbaren Ort gewöhnt, an dem die Bananen in Kisten auf der Erde wuchsen. Häufig war die Außenseiterin gleichzeitig mit Flo und Olly im Camp gewesen, aber die beiden älteren Weibchen hatten sie allem Anschein nach völlig ignoriert.

Eines Tages – im Camp hatte sich eine kleine Gruppe von Schimpansen, unter ihnen auch Flo und Olly, versammelt, die damit beschäftigt waren, sich gegenseitig das Fell zu pflegen – sahen Hugo und ich das fremde Weibchen, dessen Schwellung inzwischen völlig verschwunden war, am Rand der Lichtung in einem Baum sitzen und unruhig zu uns herüberschauen. Wir waren erfreut, weil damals nur sehr wenige junge Weibchen unseren Futterplatz aufsuchten. Als wir gerade dabei waren, ein paar Bananen für die Fremde zurechtzulegen, bemerkten wir, daß Flo und Olly mit wild gesträubtem Fell zu ihr hinaufstarrten.

Es war Flo, die sich als erste in Bewegung setzte. Olly folgte ihr. Sie gingen ruhig und langsam auf den Baum zu, und ihr Opfer nahm sie erst wahr, als sie bereits ganz nahe waren. Unter ängstlichem Keuchen und Quieken kletterte die Verfolgte höher in die Zweige hinauf. Flo und Olly blieben einen Augenblick stehen und sahen ihr nach. Dann sprang Flo wie ein Blitz in den Baum, packte mit beiden Händen den Ast, an dem sich das – inzwischen laut schreiende – Weibchen festklammerte, und schüttelte ihn mit zornig aufgeworfenen Lippen heftig hin und her. Halb abgeschüttelt, halb springend, flüchtete die Bedrohte in den nächsten Baum; aber Flo blieb ihr dicht auf den Fersen, während Olly mit lautem zornigem Gebell unten auf dem Boden saß. Die Jagd ging so lange weiter, bis Flo das fremde Weibchen vom Baum heruntergescheucht und eingeholt hatte und mit beiden Fäusten bearbeitete. Dann jagte sie, mit den Füßen stampfend und von der immer noch bellenden Olly gefolgt, ihr Opfer davon.

Als die Fremde im Wald verschwunden war, blieb Flo stehen. Ihr Gesicht war über und über bespritzt mit flüssigem Kot – Produkt des panischen Schreckens, den sie dem jungen Weibchen eingejagt hatte –, und ihr Fell war immer noch gesträubt. Olly stand neben ihr, und die beiden lauschten den Schreien nach, die allmählich in der Ferne verhallten. Endlich drehte sich Flo um, wischte mit einer Handvoll Blätter den Kot ab und ging langsam zum Camp zurück – wo Fifi während der wilden Jagd den acht Monate alten Flint gehütet hatte.

Es war nicht das einzige Mal, daß wir beobachteten, wie zwei oder mehr ausgewachsene Weibchen sich ganz plötzlich verbündeten, um junge Neulinge gleichen Geschlechts aus dem Futtergebiet zu vertreiben. Wir haben indes nie erlebt, daß sie sich auf diese Weise zusammenrotteten, um ein fremdes Männchen, das noch nicht ausgewachsen war, zu verjagen. Genausowenig konnten wir beobachten, daß ausgewachsene Männchen unserer Gruppe fremde Tiere des einen oder anderen Geschlechts aus der Umgebung der Futterstation vertrieben. Damit stellt sich die Frage nach den Motivationen, die dem aggressiven Verhalten dieser Weibchen zugrunde liegen. Vielleicht läßt sich ihr Verhalten durch die Tatsache erklären, daß ältere Weibchen, deren Aktionsradius wesentlich kleiner ist als der der Männchen, in stärkerem Maße auf ein bestimmtes Gebiet angewiesen sind als diese. Vielleicht aber ist der Grund auch in einem komplexeren Gefühl zu suchen. Stört es die alten Weibchen am Ende, wenn «ihre» erwachsenen Männchen jungen fremden Weibchen Aufmerksamkeit schenken? Ist ihr Motiv, mit anderen Worten, ein Gefühl, das wir bei den Menschen als Eifersucht bezeichnen? Wir können es nicht nachweisen, aber manchmal hat man durchaus den Eindruck, daß es so sein könnte.

Eines Tages, als die alte Flo und vier ausgewachsene Männchen gerade damit beschäftigt waren, sich gegenseitig zu lausen, traf ein junges, trächtiges Weibchen ein, das aus der Gruppe im Norden stammte und sich kurz zuvor unserer Gruppe zugesellt hatte. Es ist keine Seltenheit, daß trächtige Weibchen weiterhin ihre Monatsschwellung zeigen, und so zeichnete sich auch dieses Weibchen durch ein rosarotes Hinterteil aus. Zwar paarten sich die Männchen in diesem Falle nicht mit ihr, aber sie demonstrierten dennoch ein lebhaftes Interesse. Sie verließen Flo, eilten der Ankommenden entgegen, betrachteten ausgiebig ihre Kehrseite und machten sich daran, sie intensiv zu lausen. Es waren nur wenige Minuten vergangen, als ich auf Flo aufmerksam wurde. Sie hatte sich dem jungen Weibchen ein paar Schritte genähert und stand nun mit gesträubtem Fell da und fixierte sie. Sie hätte den ungebetenen Gast mit Sicherheit angegriffen, wenn sie es hätte wagen können. Da das Risiko eines solchen Angriffs aber zu groß war, ging sie langsam auf die Gruppe zu und untersuchte selber mit großer Sorgfalt die Schwellung. Dann zog sie sich zurück, ließ sich nieder und lauste Flint.

Wir trauten unseren Augen kaum, als wir am nächsten Tag entdeckten, daß Flo die ersten Ansätze einer Schwellung zeigte. Flint war noch keine zwei Jahre alt, und während junge Weibchen die erste Brunstschwellung bereits wieder bekommen können, wenn ihr Baby erst vierzehn Monate alt ist, vergehen bei alten Weibchen, die ein Junges zur Welt gebracht haben, in der Regel vier bis fünf Jahre, ehe sie zum erstenmal wieder «rosig» werden. Flos Schwellung jedoch war sichtbar genug, um augenblicklich Rodolfs Aufmerksamkeit zu erregen und ihn zu veranlassen, sie mit fieberhafter Eile zum Aufstehen zu bewegen und mit großer Aufmerksamkeit ihr Hinterteil zu begutachten. Einige andere Männchen folgten seinem Beispiel. Dann setzten sie sich zu ihr und lausten *sie*. Am folgenden Tag war die ungewöhnliche Schwellung wieder verschwunden – und es sollten vier Jahre vergehen, ehe sie sich aufs neue zeigte. Es fällt mir schwer zu glauben, daß es sich bei diesem Ereignis um einen reinen Zufall handelte.

Schimpansenweibchen unterscheiden sich im allgemeinen erheblich von den Männchen, wenngleich einige Weibchen – genau wie bei den Menschen – zahlreiche maskuline Züge aufweisen und umgekehrt; für ausgewachsene Weibchen ist es typisch, daß sie sich viele Gesten und Rufe der Schimpansenkinder zu eigen machen, wenn sie versuchen, bei einem ranghöheren Tier ihren Willen durchzusetzen. Wenn zum Beispiel Melissa etwas von einem Männchen haben will, streckt sie wieder und wieder ihre Hand aus und berührt ihn auf eine einschmeichelnde Weise. Führt dieses Verhalten nicht zum Ziel, kann es geschehen, daß sie wie ein schlechtgelauntes, trotziges Kind zu jammern und sogar zu schreien beginnt. Wie andere Weibchen kann sie überaus hartnäckig sein, wenn es etwas zu erbetteln gilt, so daß sie nicht selten am Ende das Stück Banane oder Pappe, oder was es sonst sein mag, tatsächlich bekommt. Einmal passierte es, daß der alte Mr. McGregor sich, nachdem er sie eine Weile gelaust hatte, plötzlich abwandte, um ein ranghöheres Männchen zu lausen, das sich der Gruppe angeschlossen hatte. Melissa starrte eine Zeitlang seinen Rücken an und ging dann dazu über, sich wimmernd vor und zurück zu wiegen. Er nahm keine Notiz von ihr. Ihr Wimmern wurde lauter, und dann und wann streckte sie ihren Arm aus und tippte ihn kurz mit ihrem Finger an. Mr. McGregor fuhr ungerührt fort, das andere Männchen zu lausen. Schließlich versetzte ihm Melissa, die inzwischen in ihrer Enttäuschung schon beinahe schrie, einen derben Stoß mit dem Fuß – worauf das alte Männchen endlich doch noch nachgab, sich ihr zuwandte und dem aufdringlichen Weibchen aufs neue das Fell pflegte.

Es scheint, daß Schimpansenweibchen eher dazu neigen als Männchen, ihren Groll zu hegen und zu pflegen. Eine Zeitlang lief Melissa fast jedesmal, wenn sie von einem ihr übergeordneten Schimpansen bedroht wurde, zu einem ranghöheren Tier, berührte es mit der Hand und stieß dabei laute Schreie aus, die unmißverständlich an die Adresse des Angreifers gerichtet waren. Offensichtlich versuchte sie, den Beschützer ihrer Wahl dazu anzustacheln, es ihm heimzuzahlen. Die Tatsache, daß die Männchen, bei denen sie Zuflucht suchte, nur selten reagierten – außer daß sie vielleicht versuchten, das lärmende Weibchen zu beruhigen –, dämpfte ihren Eifer in keiner Weise und hinderte sie auch nicht daran, genau die gleiche Szene zu wiederholen, wenn sie das nächste Mal bedroht wurde. Eines Tages versetzte ihr Rodolf einen leichten Stoß. Aber der Zufall wollte es, daß er das ranghöchste Männchen war, das sich in diesem Augenblick in der Gruppe aufhielt. Als etwa zehn Minuten später Mike auftauchte, konnten wir zu unserem Erstaunen beobachten, wie Melissa auf ihn zulief, ihre Schnauze gegen seinen Hals preßte und dann, eine Hand auf Mikes Rücken gelegt, die Augen starr auf Rodolf gerichtet und mit der anderen Hand kurze, schlagende Bewegungen machend, wild zu schreien begann. Wie gewöhnlich wurde ihr Verhalten nicht zur Kenntnis genommen und dennoch gebärdete sie sich bei anderen Gelegenheiten wieder genauso.

Doch Melissa war keineswegs das einzige Weibchen, das seinen Groll so lange lebendig zu halten wußte. Pooch, von der wir mit ziemlicher Sicherheit wußten, daß sie ihre Mutter verloren hatte, als sie zwischen fünf und sechs Jahre alt war, verband eine höchst seltsame Beziehung mit einem alten Männchen, das wir Huxley nannten. Wenn die beiden sich auch gelegentlich gegenseitig lausten, so schenkten sie einander doch im allgemeinen nur wenig Aufmerksamkeit. Erhob sich Huxley aber und verließ das Camp, folgte ihm Pooch wie ein Schatten. Als einmal eine große Schimpansengruppe nach einem Besuch im Camp wieder fortzog, blieb Pooch, die damals etwa sechs Jahre alt war, mit dem um ein Jahr älteren Evered hinter den anderen zurück. Keines der beiden Tiere hatte eine Banane erwischt. Sobald die Gruppe außer Sicht war, gaben wir ihnen ein paar Früchte, und es kam zu einer kleinen Balgerei, in deren Verlauf Evered Pooch einen leichten Schlag versetzte. Pooch reagierte sofort mit Geschrei, drehte sich dann aber um und präsentierte unterwürfig ihr Hinterteil. Er gab ihr daraufhin ein paar freundschaftliche Klapse, und die beiden ließen sich friedlich Seite an Seite nieder und fraßen ihre Bananen. Wir staunten nicht wenig, als Pooch ein paar Minuten später plötzlich ihre Bananen fallen ließ und Evered angriff, ihn biß und an seinen Haaren zerrte. Evered war vermutlich genauso verblüfft, da es in der Tat ungewöhnlich ist, daß ein Weibchen ein älteres Männchen angreift.

Dann wurde uns klar, was Poochs sonderbares Verhalten ausgelöst hatte: In einiger Entfernung sahen wir den alten Huxley mit gesträubten Haaren stehen und zu uns herüberschauen. Seine Augen wanderten von Hugo und mir zu den beiden jungen Schimpansen. Vermutlich hatte er Poochs Schreie mit uns in Verbindung gebracht und war aus diesem Grunde zurückgeeilt, um ihr Beistand zu leisten. Einen Augenblick lang blieb er stehen, bevor er auf die streitenden Schimpansen zurannte. Es sah aus, als ob er beiden ein paar Schläge versetzte. Dann wandte er sich um und trottete davon. Evered schrie, bis sich seine Stimme überschlug, und saß gekrümmt da, als ob er Schmerzen hätte. Pooch eilte sofort ihrem Beschützer nach. Als sie dabei an Evered vorbeiging und ihm einen raschen Blick zuwarf, machte sie ein Gesicht, wie ich es bei einem Schimpansen noch nie gesehen hatte und auch nie wieder sah. Es war genau das hämisch feixende Gesicht, das man in ähnlichen Situationen gelegentlich bei kleinen Menschenmädchen beobachten kann.

Einen noch eindeutigeren Verstoß gegen die Schimpansenetikette leistete sich Pooch mit Fifi, die ein paar Jahre jünger war als sie und ihre treue Spielgefährtin. Der Zwischenfall ereignete sich, als die beiden wieder einmal miteinander herumtollten und Fifi dabei Pooch – vermutlich aus Versehen – weh tat. Pooch schrie und schlug nach Fifi. Fifi zeigte ein ängstliches Grinsen, drehte sich um und präsentierte Pooch ihr Hinterteil. Eigentlich hätte Pooch in dieser Situation ihre Hand ausstrecken und Fifis Hinterteil berühren müssen. Statt dessen aber beugte sie sich vor und biß absichtlich und fest in Fifis kleine spitze Klitoris.

Fifi schoß mit der ganzen Entschlossenheit, die sie von ihrer Mutter geerbt hatte, herum und stürzte sich auf das größere Weibchen. Die beiden wälzten sich am Boden und rissen einander große Haarbüschel aus, bis schließlich Flo mit gesträubtem Fell auftauchte und Pooch schreiend das Weite suchte. Jetzt präsentierte Fifi, die so gellend schrie, daß sich ihre Stimme überschlug, ihr Hinterteil der Mutter, und Flo streichelte es wieder und wieder, bis das Kind sich beruhigte. Die Bißwunde blutete heftig und verursachte eine starke Schwellung. Es war offensichtlich, daß sie außerordentlich schmerzhaft war. Fifi bereitete sich auf dem Boden ein weiches Nest aus Blättern, auf dem sie sich ausstreckte und ihre Wunde vorsichtig mit einer Handvoll Blätter betupfte.

Es gibt in der Tat zahlreiche Züge im sozialen Verhalten der Schimpansen, die uns an unser eigenes Verhalten erinnern – mehr vielleicht, als vielen unter uns lieb ist. Nur durch weitere Jahre der Beobachtung und des Studiums der sozialen Struktur von Gruppen, in denen die Blutsverwandtschaften zwischen den einzelnen Tieren bekannt sind, werden wir das ganze komplexe System der Struktur verstehen lernen.

Ausbau der Forschungsstation

Als ich zum erstenmal den Sandstrand des Gombe Stream Reserve betrat, habe ich mir nicht träumen lassen, daß damit der erste Schritt zur Gründung des Gombe Stream Research Centre getan war und daß neun Jahre später zehn Forscher und mehr hier die Lebensweise nicht nur der Schimpansen, sondern auch der Paviane und der Roten Kolobusaffen studieren würden.

Bald nach Flints Geburt stellten wir Edna Koning als unsere erste Forschungsassistentin ein. Edna schrieb mir einen Brief, in dem sie mich inständig bat, ihr am Gombe irgendeine Arbeit anzuvertrauen. Nun konnte ich damals nach Flints Erscheinen die Arbeit ohnehin nicht mehr allein bewältigen. Hugo und ich waren also ganz begeistert von der Idee, daß Edna zu uns kommen würde.

Edna übertrug nicht nur meine Notizen mit der Schreibmaschine, sie lernte auch rasch, selbständig präzise Beobachtungen zu machen. Von nun an konnte ich Flo und Flint beruhigt in die Berge folgen, weil ich wußte, daß Edna alles Interessante, was sich während meiner Abwesenheit im Lager ereignete, zu Protokoll nehmen würde.

Wir arbeiteten damals jeden Tag bis tief in die Nacht hinein. Da ich meine Beobachtungen auf ein Tonband sprach, verlor ich das, was um mich her vorging, nie aus den Augen. Abends übertrug Edna mit der Schreibmaschine meine Worte vom Band auf Papier, während ich mich mit den Analysen für meine Doktorarbeit herumschlug. Wir gingen dazu über, neben den üblichen zwei Kopien meiner auf Band gesprochenen Beobachtungen noch eine dritte zu machen, in der ich die verschiedenen Kategorien des sozialen Verhaltens – wie Hautpflege, Unterwerfung, Aggression usw. – kennzeichnete. Die so markierten Abschnitte wurden anschließend von Edna, Hugo und mir ausgeschnitten, in der richtigen Reihenfolge zusammengeklebt und in Ordnern untergebracht. Diese Ordner leisteten mir große Dienste bei meiner Dissertation. Die dritte Kopie schickte ich am Ende jedes Monats zur Aufbewahrung an Louis, um sicherzugehen, daß sie nicht am Gombe etwaigen Feuersbrünsten, Fluten oder anderen Katastrophen zum Opfer fielen.

Eine andere wichtige Arbeit war das Kot-Sieben. Es war Hugo, der zuerst auf die Idee kam, den Schimpansenkot zu waschen, statt getrocknete Kotproben daraufhin zu untersuchen, welche Art von Nahrung die Schimpansen zu sich genommen hatten. Schimpansen schlucken beim Fressen zahlreiche Fruchtkerne herunter, die uns stets bestens darüber informierten, welche Fruchtart gerade reif war. Es ist erstaunlich, wieviel von der Nahrung, die ein Schimpanse zu sich nimmt, nur teilweise verdaut wird. Die Sieb-Methode leistete uns hervorragende Dienste, wenn es darum ging herauszufinden, wie oft die einzelnen Mitglieder unserer Gruppe Insekten und Fleisch fraßen. Die Daten, die wir auf diese Weise sammelten, ergaben, zusammen mit den Informationen, die wir durch die Beobachtung der Schimpansen beim Fressen erhielten, ein umfassendes Bild von der Nahrung, die die Schimpansen im Laufe des Jahres zu sich nehmen. Wir siebten den Kot unten am Bach, indem wir die einzelnen Proben in große Blechbüchsen mit perforiertem Boden legten, Wasser hineingossen und das Ganze ausgiebig über einem Loch, das wir zu diesem Zweck ausgehoben hatten, schüttelten.

Hugo half mir bei meinen Auswertungen und hatte überdies eine Menge eigener Arbeiten zu erledigen. Er bekam sein Geld natürlich nach wie vor von der National Geographic Society, und er erledigte nicht nur seine Abrechnungen, sondern auch meine. Außerdem mußte er zahllose Texte für seinen Film und seine 35-Millimeter-Aufnahmen verfassen, und besonders während der Regenzeit war er unentwegt damit beschäftigt, seine Fotoausrüstung funktionsfähig zu halten.

Wir arbeiteten so hart, daß Vanne, die in jenem Jahr für einige Zeit zu Besuch kam und natürlich sofort mit eingespannt wurde, uns vorschlug, doch wenigstens einen Abend in der Woche Pause zu machen. Wir fanden den Vorschlag großartig und freuten uns auf unsere «Ruheabende», wie viele Menschen sich auf die Wochenenden freuen. An diesen kostbaren Abenden hörten wir Tonbandmusik, setzten uns zu ein paar Drinks um ein Feuer und nahmen in aller Ruhe unser Abendessen ein – statt es in einem der Zelte herunterzuschlingen, um möglichst rasch wieder an die Arbeit gehen zu können. Dann und wann kam es auch vor, daß wir uns bei einem Würfelspiel entspannten.

Doch selbst an solchen Abenden drehten sich unsere Gespräche fast ausschließlich um die Schimpansen, und es ist sehr die Frage, ob wir unser Tempo hätten durchhalten können, wenn unsere Arbeit uns nicht so viel Freude gemacht hätte. Wir standen sämtlich im Banne dessen, was sich innerhalb unserer Schimpansengruppe abspielte; es war – um Hugo zu zitieren –, als ob man das Leben in irgendeinem kleinen Dorf beobachtete. Endlose Faszination, endlose Freude, endlose Arbeit.

Gegen Ende jenes Jahres konnten wir, sosehr wir uns auch bemühen mochten, einfach nicht mehr Schritt halten mit all der Arbeit, die zu bewältigen war; denn unentwegt gesellten sich neue Schimpansen zu unseren Dauergästen am Futterplatz, und außerdem forderten Melissas Baby Goblin und Flos Sohn Flint ständige genaue Beobachtung. Aus diesem

Grunde stellten wir eine Sekretärin ein. Sie hieß Sonia Ivey und war, genau wie Edna, sehr bald von der Arbeit und den Schimpansen begeistert. Von nun an übertrug Sonia meine sämtlichen Tonbänder mit der Schreibmaschine. Auf diese Weise gewann Edna mehr Zeit für Beobachtungen, und ich konnte mich intensiver meinen Forschungsarbeiten in den Wäldern widmen. Die Tiere gewöhnten sich mehr und mehr daran, daß ich ihnen folgte. So konnte ich mich immer länger in ihrer Nähe aufhalten.

Inzwischen war die Gruppe der Schimpansen, die unser Camp aufsuchten, auf 45 Tiere angewachsen, von denen einige – wie Flo und ihre Familie – regelmäßig kamen, während andere, die normalerweise im Norden oder Süden des Reservats lebten, nur dann kamen, wenn ihre Wanderungen sie in die Nähe unseres Tals führten. Abgesehen von einigen der sehr unregelmäßigen Besucher, waren diese Schimpansen so an die unmittelbare Umgebung des Futterplatzes gewöhnt, daß sie ohne Zögern in unseren Zelten aus und ein gingen und sich alles nahmen, wonach ihnen gerade der Sinn stand.

Wir hatten natürlich unsere Lehre gezogen aus dem, was Kris Pirozynski erlebt hatte: All unsere Habseligkeiten, die aus Stoff waren – einschließlich des Bettzeugs, das wir jeden Morgen mühselig zusammenlegen mußten –, wurden in Blechkisten verstaut. Eines Morgens in aller Frühe hörte ich einen Angstschrei, der aus Vannes Zelt kam. Ich ging hin, um nachzuschauen, was geschehen war, und stellte fest, daß David Greybeard meine Mutter beim Anziehen überrascht hatte. Sie saß halb nackt auf ihrem Bett und zerrte verzweifelt an einem Pyjamabein, während David, eine Hand auf ihr Knie gelegt, neben ihr saß und am unteren Ende des anderen Hosenbeins saugte. Nachdem ich mich ausgelacht hatte, holte ich eine Banane und stellte mich damit vor das Zelt. David zerrte noch eine Weile an seinem Pyjamabein, ließ dann aber davon ab und akzeptierte die Banane als Ersatz. Als er die Frucht nahm, zog Vanne rasch den Reißverschluß am Zelteingang zu und brachte ihren Pyjama in Sicherheit.

Bei einem ähnlichen «Zwischenfall», der sich hoch oben in den Bergen ereignete, gab es weit und breit keine Banane, die ich hätte anbieten können. Rodolf hörte plötzlich auf, seinen Artgenossen zu lausen, kam mit gesträubtem Fell auf mich zu, packte meine Bluse und begann daran zu zerren. Er schaute dabei so grimmig drein, daß ich schon mit dem Gedanken spielte, sie auszuziehen, als sich sein Fell langsam wieder glättete und er sich dicht neben mir niederließ, um an Ort und Stelle an dem Stoff zu saugen. Er blieb wohl fünfzehn Minuten so sitzen, bevor er mit einem winzigen Fetzen, den er abgerissen hatte, davonzog und sich wieder ans Lausen machte.

Nach und nach gewannen wir den Eindruck, daß den Schimpansen rein gar nichts heilig war. Häufig versteckten wir ein paar Bananen in den Taschen unserer Kleidung, um sie heimlich Fifi oder anderen Affenkindern zuzuschanzen, die von dem Vorrat in den Kisten nichts abbekommen hatten. Da aber die ausgewachsenen Männchen rasch merkten, was gespielt wurde, mußten wir diese Methode aufgeben. Die Schimpansen aber erinnerten sich noch lange an das alte Versteck. Eines Morgens stieß Hugo, der sich eben angezogen hatte und noch halb im Schlaf war, einen Schrei aus: Leakey war im Zelteingang aufgetaucht, hatte ihn eingehend gemustert, sein Hemd hochgehoben und mit ausgestrecktem Finger forschend seinen Nabel betastet! Und Leakey war es auch, dem gewisse Schwellungen in Ednas Bluse so vielversprechend schienen, daß er danach griff und zart ihren Busen drückte.

Einmal hatte ich mir, ohne mir etwas dabei zu denken, eine schmackhafte Banane in die Tasche gesteckt, die ich selber essen wollte. Als Fifi versuchte, ihre Hand hineinzustecken, wich ich aus. Fifi betrachtete eingehend meine ausgebeulte Tasche, nahm dann einen langen dünnen Grashalm und schob ihn behutsam tief hinein. Nachdem sie ihn wieder herausgezogen und ausgiebig beschnuppert hatte, wußte sie offenbar alles, was sie wissen wollte, und lief so lange wimmernd hinter mir her, bis ich ihr die Banane schließlich geben mußte.

Besonders sorgfältig mußten wir unseren Eiervorrat verstecken. Mr. McGregor, Mr. Worzle und Flo waren die drei Schimpansen, die am liebsten Eier fraßen. Eines Tages gelang es dem alten McGregor, sich mit vier hartgekochten Eiern, die Edna für unser Mittagessen bestimmt hatte, aus dem Staube zu machen. Der Spaß jedoch, der für uns mit diesem Diebstahl verbunden war, ließ uns den Verlust vergessen. Der Schimpanse frißt Eier fast stets zusammen mit großen Portionen Blättern. Erst wenn er sich genügend Blätter zwischen die Zähne gestopft hat, zerkaut er die Schale des Eis. Danach sitzt er dann minutenlang da und labt sich an dem Blätterbrei mit Eieinlage.

Mr. McGregor machte ein verdutztes Gesicht, als er sich das erste Ei in den Mund schob – kein Wunder, denn das Ei war heiß. Er nahm es heraus, inspizierte es sorgfältig, beschnupperte es und schob es zusammen mit einer reichlichen Portion Blättern wieder hinein. Dann hörten wir, wie er die Schale zerbiß. Aber zu seiner offenkundigen Verblüffung rannen keinerlei köstliche Säfte in seinen Mund. Er spuckte das Ei mitsamt den Blättern wieder aus und betrachtete das Gemisch. Darauf versuchte er es mit den übrigen drei Eiern und stopfte sich dabei von Mal zu Mal mehr Blätter in den Mund, bis er schließlich von einem Chaos aus Eiweiß, Eigelb und zerkautem Grünzeug umgeben war.

Ein weiteres Problem, mit dem wir uns in jenem Jahr konfrontiert sahen, war der Schutz unserer Zelte. Wir befestigten alle Spannschnüre hoch in den Bäumen oder an dem soliden Holzgatter, mit dem Hassan jedes Zelt umgeben hatte; denn die Schimpansen hatten herausgefunden, daß sie spektakuläre Erfolge erzielen konnten, wenn sie beim Ankunfts-Imponieren im Vorbeilaufen einen Hering nach dem anderen herauszogen. Auf diese Weise hatten wir für eine Weile Ruhe, bis Goliath eines Tages einen Teil seiner Vorführung mitten in unser Zelt verlegte und bei dieser Gelegenheit sämtliche Zeltstangen durchbiß, als ob es Streichhölzer wären. Er hinterließ einen Haufen zerknitterter Zeltbahnen, der traurig an den Seilen hing, die in den Bäumen befestigt waren. Schließlich besorgten wir uns ein paar solide Baumstämme, die wir mit Hassans Hilfe aufrichteten und in einem Zementsockel versenkten. Auf diese Weise kamen wir zu neuen Zeltstangen, die zwar ein wenig unkonventionell, aber sehr widerstandsfähig waren.

Unser Hauptproblem jedoch war zu jener Zeit die Versorgung der Schimpansen mit Bananen. Zum einen hatten wir nie genügend Kisten. Hassan war fast ununterbrochen damit beschäftigt, neue zu bauen, aber jeden Tag brachten es die Schimpansen fertig, zwei oder drei – wenn nicht gar mehr – funktionsunfähig zu machen. Selbst als endlich alles in Zement eingegossen war, fanden einige der Männchen noch Möglichkeiten, etwas zu zerbrechen. Am schlimmsten von allen trieb es J. B. Er brach unentwegt die Stahlgriffe von den Hebelvorrichtungen ab, so daß wir die Deckel nicht mehr schließen konnten. Und er brachte es sogar fertig, das starke Kabel durchzubeißen, obwohl nur etwa siebzehn Zentimeter davon zwischen dem in Zement eingegossenen Ende des Rohrs und der Stelle, an der es an dem Hebel befestigt war, sichtbar waren. Auf diese Weise lieferte er einen eindrucksvollen Beweis für die übermenschliche Kraft, die den Schimpansen innewohnt.

Alles war in Ordnung, solange die eine Gruppe das Camp verließ, bevor die nächste eintraf. Wir hatten dann die Möglichkeit, die Kisten mit Bananen aus unserem kleinen Vorratslager aufzufüllen. Aber wir wagten nicht, den Vorratsraum zu öffnen, wenn eine Schimpansengruppe in der Nähe war. Dennoch wurden wir oft genug überrascht bei dem Versuch, die Kisten wieder zu füllen; und wenn J. B., Goliath oder eines der anderen großen Männchen aufkreuzte, wenn wir einen Eimer voll Bananen in der Hand hatten, blieb uns nichts anderes übrig, als ihnen die ganze Ladung zu überlassen. Sie waren zu kräftig, als daß wir es riskieren konnten, uns mit ihnen einzulassen.

Unser größtes Problem war es, David Greybeard mit Bananen zu versorgen. David hatte die «gute alte Zeit» nicht vergessen, als er, Goliath und William alle Bananen, die zur Verfügung standen, für sich allein hatten. In jenen Tagen hatte er nicht mit fünf bis zehn anderen hungrigen Männchen um seinen Anteil kämpfen müssen. David hatte es nie eilig, wenn er im Camp eintraf. Er zog es vor, die anderen Männchen voranlaufen zu lassen, so daß sich, wenn er endlich bei den Bananen ankam, die Wogen der Erregung weitgehend geglättet hatten. Trotzdem mußten wir auf irgendeine Weise dafür sorgen, daß er an seine Bananen kam. Denn wenn er nichts abbekam, drang er mit entschlossen vorgestülpter Unterlippe in sämtliche Zelte ein und suchte etwas, das er fressen konnte. Bei solchen Gelegenheiten zerschlug er alles mögliche, stieß das gesamte Inventar um und schlitzte sogar die Moskitonetze vor den Fenstern auf, wenn das Zelt verschlossen war. Natürlich machten die anderen Schimpansen es ihm bald nach und durchsuchten ebenfalls unsere Zelte nach verborgenen Früchten – wenn auch längst nicht so fanatisch wie David und nicht mit ganz so verheerender Wirkung. Stets hatten sie rasch unsere Verstecke ausfindig gemacht, so daß wir uns unentwegt neue ausdenken mußten.

Doch selbst wenn der für David bestimmte Vorrat nicht entdeckt wurde, blieb uns immer noch die komplizierte Aufgabe, ihm die Bananen zuzuschanzen, ohne daß die anderen, aggressiveren Männchen etwas merkten. Und hatten wir es endlich unter großen Mühen fertiggebracht, ihm einen Haufen Bananen direkt in die Arme zu praktizieren, dann waren gewöhnlich Flo, Melissa und einige der anderen Weibchen zur Stelle und streckten, eines nach dem anderen, die Hände aus, um sich von seinen Bananen zu bedienen. Es kam selten vor, daß David sich dagegen wehrte – *er* war schließlich jederzeit in der Lage, sich mehr von den Früchten zu beschaffen! Das Leben wurde immer hektischer und verwickelter, und mehr und mehr sehnte ich mich nach jener unkomplizierten Zeit zurück, als ich noch allein durch die Berge streifte.

1965 jedoch begann sich die Lage zu verbessern. Die National Geographic Society, die nach wie vor das Forschungsprojekt unterstützte, bewilligte uns die Mittel für die Errichtung einiger Fertighäuser aus Aluminiumblech. Wir wählten einen anderen, noch höher gelegenen Platz, von dem aus wir einen herrlichen Blick auf den gegenüberliegenden Berg hatten und ein wenig vom See sehen konnten. Wieder mußte die ganze Arbeit bei Nacht bewerkstelligt werden. Aber abgesehen von der Vorbereitung der Fundamente, brauchten wir nicht viel Zeit, um die Häuser aufzustellen. Als sie fertig waren und wir Außenwände und Dach mit Gras verkleidet hatten, fügten sie sich gut in ihre bewaldete Umgebung ein. Das größte der Häuser bestand aus einem ziemlich geräumigen Zimmer zum Arbeiten und zum Aufbewahren unserer Unterlagen, zwei sehr kleinen Kammern, die Edna und Sonia als Schlafzimmer dienten, und zwei noch kleineren, die als Küche und Vorratsraum gedacht waren. Das zweite Haus war für Hugo und mich bestimmt. Überdies stellten wir unmittelbar unterhalb des neuen Camps eine kleinere Hütte auf, in der wir unsere Bananen lagern konnten.

Diesmal war es noch leichter, die Schimpansen an den neuen Platz zu gewöhnen. Als Hugo und ich eines Morgens oben bei den eben fertiggestellten neuen Gebäuden waren, um alles noch einmal zu überprüfen, entdeckten wir bei einem Blick über das Tal David Greybeard und Goliath, die in einer Palme saßen und fraßen. Was für ein Glück! Rasch hielten wir ein großes Bündel Bananen hoch. Die beiden Männchen schrien und umarmten einander eine volle Minute lang, bevor sie durch das Tal herbeigelaufen kamen. Der Zufall wollte es, daß sich an verschiedenen Punkten im Tal weitere fünfzehn Schimpansen aufhielten, die, als sie David und Goliath rufen hörten, ebenfalls herbeieilten, so daß die ganze Gruppe auf einmal dem neuen Futterplatz zustrebte. Die einzige Enttäuschung war, daß Hugo, da das alles nicht geplant war, keine Kamera bei sich hatte, mit der er den Begeisterungstaumel hätte festhalten können: die Umarmungen, die Küsse und die Klapse, mit denen die Schimpansen unter lautem Geschrei und Gebell ihre Entdeckung feierten, bis sie sich hinreichend beruhigt hatten, um sich über die Bananen herzumachen.

Innerhalb von drei Tagen hatten – bis auf die seltensten Besucher – alle Schimpansen den neuen Platz entdeckt, und wir konnten unsere alte Futterstelle endgültig außer Betrieb setzen. Die neuen Gebäude waren im Vergleich zu dem, was Hugo und ich bis dahin am Gombe kennengelernt hatten, so luxuriös, daß uns das Herz brechen wollte, als wir wenige Wochen, nachdem alles fertiggestellt war, die Gegend verlassen mußten. Aber Hugo war gezwungen, eine andere Aufgabe zu übernehmen. Die National Geographic Society konnte es sich nicht leisten, einen Fotografen ausschließlich in einem Schimpansencamp zu beschäftigen, und ich mußte für neun Monate nach England zurück, um die Forschungsergebnisse für meine Doktorarbeit auszuwerten.

Erst als Hugo und ich abgereist waren, wurde uns klar, daß wir während des Jahres einen schwerwiegenden Fehler gemacht hatten. Wir hatten Flint ermutigt, uns zu berühren, und wir hatten ihn vorsichtig gekitzelt. Es war ein herrliches Erlebnis gewesen, und Flint hatte mehr und mehr Vertrauen zu uns gefaßt. Wir hatten darüber gestaunt, daß eine in Freiheit lebende Schimpansenmutter ihre Furcht vor Menschen so weit verlieren konnte, daß sie ihrem Kind erlaubte, mit uns zu spielen. Überdies war Fifi Flints Beispiel gefolgt und Figan ebenso. Damals hatten wir diesem Umstand keine größere Bedeutung beigemessen; er bewies – genau wie die Tatsache, daß sich David von mir lausen ließ –, daß es möglich ist, eine enge und freundschaftliche Beziehung zu einer Kreatur herzustellen, die während der ersten Jahre ihres Lebens in ständiger Furcht vor den Menschen gelebt hat. Hugo und ich konnten Figan kitzeln und uns mit ihm auf dem Boden wälzen, obwohl er mit seinen acht Jahren bereits weitaus kräftiger war als wir.

Als wir jedoch abfuhren, als uns zu dämmern begann, was die neuen Forschungsgebäude tatsächlich bedeuteten, als wir die ersten Briefe von Wissenschaftlern erhielten, die anfragten, ob sie sich unserem Team anschließen könnten – erst da wurde uns klar, wie unklug wir uns verhalten hatten. Zum einen ist das ausgewachsene Schimpansenmännchen mindestens dreimal so kräftig wie ein Mensch; wenn also Figan heranwuchs und erkannte, wieviel schwächer als er die Menschen waren, konnte er gefährlich werden. Außerdem muß der wiederholte Kontakt mit einem wilden Tier zwangsläufig dessen Verhalten beeinflussen. Wir nahmen uns vor, dafür zu sorgen, daß kein Mitarbeiter absichtlich einen Kontakt mit irgendeinem der Schimpansen herstellte.

Fast ein Jahr lang sahen Edna und Sonia, die rasch gelernt hatten, selber präzise Beobachtungen zu machen, allein nach dem Rechten. Seither ist der Strom der Forscher, die zum Gombe kommen, um bei uns zu arbeiten, nicht mehr abgerissen. Nach und nach hat sich unser Forschungsprogramm erweitert, so daß wir seit einigen Jahren auch Arbeitsmöglichkeiten für solche Forscher bieten, die das Verhalten der Paviane und der Roten Kolobusaffen studieren wollen. Einige Wissenschaftler waren ein Jahr lang für mich als Forschungsassistenten tätig und für das überaus wichtige allgemeine Protokoll des Verhaltens der uns bekannten Schimpansen verantwortlich. Die meisten dieser jungen Leute hatten ihre Magister-Prüfung bereits hinter sich, alle arbeiteten unermüdlich und trugen erheblich zur Erweiterung unserer Kenntnisse über die Schimpansen bei. Einige entschlossen sich, ein zweites Jahr zu bleiben und an ihren eigenen Projekten zu arbeiten, die der Erforschung einzelner Aspekte des Schimpansenverhaltens galten.

1967 änderte sich der Status des Gombe-Stream-Gebietes ganz wesentlich: Es wurde als Gombe National Park von den Tanzania National Parks übernommen. Die Game Department Scouts räumten den National Park Rangers das Feld, die sich im Süden des Gebiets niederließen. Zusammen mit den für die National Parks zuständigen Behörden arbeiten wir langsam auf die Eröffnung einer zweiten Futterstation im Süden hin, die interessierten Touristen und Besuchern zugänglich sein soll. Seit zwei Jahren bereits arbeiten Forscher in dem dafür ausersehenen Gebiet und versuchen, die Schimpansen der südlichen Gruppe an sich zu gewöhnen, so wie ich 1960 versuchte, unsere eigene Gruppe an mich zu gewöhnen.

Auf diese Weise wurde das Gombe Stream Research Centre nach und nach immer mehr erweitert. Heute gibt es oben im Beobachtungsgebiet acht kleine Schlafhäuser, die in den umstehenden Bäumen verborgen sind. Unten am Strand stehen drei größere Gebäude und ein paar Hütten für die Forscher, die sich mit den Pavianen und Roten Kolobusaffen beschäftigen. Die Hütten der afrikanischen Mitarbeiter, die sich um das Haus des alten Iddi Matata gruppieren, machen allein schon ein beachtliches Dorf aus. Dominic, Sadiki und Raschidi arbeiten nach wie vor für uns, viele neue Gesichter sind hinzugekommen. Man kann nicht behaupten, daß die Bedingungen im Gombe Stream Research Centre in irgendeiner Weise luxuriös wären. Aber die Einrichtungen sind mehr als ausreichend für junge Menschen, die sich begeistern können für Tiere, aufregende und faszinierende Forschungsprojekte – und harte Arbeit.

Das schwierigste Problem, mit dem wir uns immer wieder konfrontiert sahen, war die Austeilung unserer Bananen: Wie konnten wir die Fütterung so vornehmen, daß sie für die Schimpansen möglichst natürlich wirkte und ihr soziales Verhalten sowenig wie möglich beeinflußte. Wir erprobten vieles im Laufe der Jahre, und wir machten vieles falsch.

Anfangs gaben wir den Schimpansen Bananen, sooft sie sich im Camp blicken ließen. Es war so fesselnd für Hugo und mich, die einzelnen Tiere regelmäßig aus so großer Nähe filmen und beobachten zu können, daß wir nicht viel darüber nachdachten, ob sie das Tal öfter aufsuchten, als sie es vielleicht getan hätten, wenn keine Futterstation dagewesen wäre. Außerdem dachte damals noch keiner von uns daran, daß die Forschungsarbeit über lange Zeiträume hinweg fortgesetzt werden könnte, und wir waren eifrig bemüht, soviel wie möglich von dem Verhalten der Schimpansen auf Papier oder Film zu bannen, bevor wir das Gebiet verlassen mußten.

Nach einigen Jahren jedoch wurde uns klar, daß das ständige Füttern einen erheblichen Einfluß auf das Verhalten der Schimpansen hatte. Sie gingen dazu über, häufiger als zuvor in großen Gruppen umherzuziehen. Sie schliefen in der Nähe des Camps, und ihr erster Weg am Morgen führte sie zum Futterplatz, wo sie in lärmenden Horden eintrafen. Das schlimmste aber war, daß die ausgewachsenen Männchen immer aggressiver wurden. Als wir damit anfingen, den Schimpansen Bananen zu geben, kam es nur selten vor, daß sich die Männchen um die Früchte stritten. Sie teilten sich den Inhalt der Kisten und scheuchten schlimmstenfalls einmal einen Artgenossen fort oder bedrohten ihn, ohne ihn wirklich anzugreifen.

Als wir zum Gombe zurückkehrten, nachdem ich meine Trimester in Cambridge erfolgreich hinter mich gebracht hatte, sahen wir mit Entsetzen, daß sich das Verhalten der Schimpansen grundlegend geändert hatte. Sie stritten sich weit mehr, als es je zuvor der Fall gewesen war, und viele von ihnen trieben sich Tag für Tag stundenlang im Camp herum. Diesen Wandel hatten wir fast ausschließlich Fifi, Figan und – bis zu einem gewissen Grade – auch Evered zu verdanken.

Diese drei jungen Schimpansen hatten entdeckt, daß sie, wenn sie eine Bananenkiste öffnen wollten, nichts anderes zu tun brauchten, als den Bolzen herauszuziehen, der den Hebel festhielt. Daraufhin hatte Hassan in mühevoller Arbeit sowohl in die Bolzen als auch in die Griffe der Hebel Gewinde eingekerbt, so daß sich die Bolzen nicht mehr einfach herausziehen ließen, sondern herausgeschraubt werden mußten. Das hatte ein paar Monate lang gewirkt, aber schließlich hatten die drei auch dieses Problem gelöst. Nun hatte Hassan die Schrauben mit Muttern blockiert, die entfernt werden mußten, bevor sich die Bolzen herausschrauben ließen. Aber kurz vor unserer Rückkehr hatten Figan, Fifi und Evered auch dieses Hindernis überwunden. Es herrschten chaotische Zustände.

Evered hatte sich angewöhnt, zu einem der Hebel zu gehen, den Bolzen herauszudrehen und dann mit lauten Fressen-Quietschern zu der Kiste zu laufen, die er auf diese Weise geöffnet hatte. Das gleiche taten natürlich sämtliche anderen Schimpansen, die sich in der Nähe aufhielten, und so kam es, daß Evered selber entweder gar keine oder nur wenige Bananen abbekam, wenn er nicht zufällig der einzige oder der ranghöchste Schimpanse im Camp war. Gewöhnlich machte er die Runde von Hebel zu Hebel und öffnete eine Kiste nach der anderen, bis er schließlich alle übrigen Schimpansen «gefüttert» hatte, und wenn dann noch eine Kiste übrig war, gehörte der Inhalt ihm. Sein einziger Versuch, seine Artgenossen zu täuschen, bestand darin, daß er von Mal zu Mal früher im Camp eintraf – vermutlich in der Hoffnung, der erste zu sein und das Feld für sich zu haben. Aber auch die anderen kamen früher und früher!

Fifi und Figan waren weit gerissener. Beide fanden rasch heraus, daß sie, ganz gleich, wie viele Kisten sie öffnen mochten, kaum Bananen abbekamen, solange ranghöhere Schimpansen in der Nähe waren. Also saßen sie zusammen mit Flo ganz einfach herum und warteten darauf, daß die anderen sich entfernten. Waren dann keine ausgewachsenen Artgenossen mehr im Camp, öffneten sie sich rasch je eine Kiste. Manchmal konnten sie der Versuchung nicht widerstehen, sich schon vorher dem Griff zu nähern und den Bolzen herauszudrehen. Aber sie hüteten sich bei solchen Gelegenheiten, den Hebel zu lösen und zu der offenen Kiste zu laufen; sie saßen einfach da, hielten mit einem Fuß den Hebel fest, lausten sich beiläufig und vermieden es geflissentlich, zu der Kiste hinüberzuschauen. Einmal beobachtete ich, wie Figan länger als eine halbe Stunde so dasaß. Aber wenn die übrigen Schimpansen auch das Geheimnis der Schrauben nicht gelöst hatten, so waren sie doch klug genug zu wissen, daß Fifi und Figan sie vielleicht doch noch mit Bananen versorgen würden, wenn sie nur lange genug in der Nähe blieben. Also dehnten auch sie ihre Besuche mehr und mehr aus. Manchmal kam es vor, daß sie länger durchhielten als Fifi; und besonders Mike konnte überaus hartnäckig sein. Aber es geschah nur selten, daß Fifis Geduld vorzeitig erlahmte. Und so hielt sich Flos Familie tagaus, tagein im Camp auf – und nun war es Flo, die dann und wann versuchte, ihre Sprößlinge zum Aufbruch zu bewegen, so wie die beiden ein Jahr zuvor versucht hatten, ihre Mutter vom Termitenbau wegzulocken. Der einzige Unterschied war, daß Flo keinen Köder hatte, und so kam es, daß sie, nachdem sie zunächst ein Stück den Pfad hinuntergetrottet war und dabei immer wieder über die Schulter zurückgeschaut hatte, fast immer zurückkehrte und sich aufs neue im Schatten einer Palme niederließ.

Wenn uns Figan und Fifi mit ihrer Intelligenz auch einerseits in Erstaunen versetzten, so zwangen sie uns andererseits durch ihre Findigkeit, ein völlig neues Füttersystem zu entwickeln. Wir installierten eine große Zahl von Stahlkisten, die wir in Nairobi hatten anfertigen lassen. Sie wurden mit einer Batterie betrieben und öffneten sich, wenn man die entsprechenden Knöpfe drückte, die innerhalb des Hauptgebäudes angebracht waren. Ein Vorteil dieses Systems lag darin, daß es uns erlaubte, bei Eintreffen einer großen Schimpansengruppe beinahe gleichzeitig jedem der ausgewachsenen Männchen seinen Teil anzubieten. Auf diese Weise brauchten sie nicht länger wartend herumzustehen – eine Situation, die stets eine Zunahme ihrer Aggressivität zur Folge gehabt hatte. Überdies gewöhnten sich die Schimpansen langsam daran, Bananen mehr mit Kisten als mit Menschen in Verbindung zu bringen; denn die meisten von ihnen kamen nie auf die Idee, daß das Drücken eines Knopfes etwas mit dem Öffnen einer Kiste zu tun haben könnte.

Darüber hinaus beschlossen wir, die Bananen in unregelmäßigen Abständen auszuteilen, so daß es vorkommen konnte, daß es zwei oder drei Tage hintereinander gar keine Bananen gab. Wir hofften, dadurch zu erreichen, daß die Schimpansen künftig nicht mehr tagelang in unserem Tal herumlungerten. Dieses System bewährte sich 1967 recht gut, aber der Weisheit letzter Schluß war es keineswegs.

Ein weiteres Problem, mit dem wir zwar von Anfang an konfrontiert gewesen waren, das aber Jahr für Jahr schwieriger wurde, war der Konkurrenzkampf, der sich am Futterplatz zwischen Schimpansen und Pavianen abspielte. 1968, als Hugo und ich noch einmal für ein paar Monate ins Gombe-Gebiet zurückkehrten, fanden wir ein Chaos vor. Eine Horde von Pavianen – die «Camp-Horde» – hatte sich angewöhnt, ständig in der Nähe der Futterstation herumzugammeln. Sobald eine Schimpansengruppe eintraf, eilten sie aus den nahe stehenden Bäumen oder von der gegenüberliegenden Seite des Tals, von der aus sie unsere Gebäude gut überblicken konnten, herbei und versuchten, sich ihren Teil von den Bananen zu holen. Zu allem Überfluß hatte auch noch eine zweite Horde – die «Strand-Horde» – angefangen, täglich mehrere Stunden in der Nachbarschaft des Camps zu verbringen.

Die ausgewachsenen Pavianmännchen gebärdeten sich überaus aggressiv, und zwar nicht nur den Schimpansen, sondern auch den Menschen gegenüber. Einige unserer Forscher – besonders die Mädchen – empfanden diese Situation als beunruhigend – und zwar zu Recht, denn ein Pavianmännchen kann ein ebenso gefährlicher Gegner sein wie ein Leopard.

Eine Zeitlang versuchten wir, die Paviane dadurch zu entmutigen, daß die gefüllten Kisten verschlossen blieben, solange sie in der Nähe waren. Aber alles, was wir damit erreichten, war, daß wir in den anwesenden Schimpansen starke Spannungen und Frustrationen erzeugten. Paviane wie Schimpansen wußten, daß in den verschlossenen Kisten Bananen waren, und je länger wir zögerten, sie zu öffnen, desto heikler wurde die Situation. Das aggressive Verhalten der Tiere untereinander nahm um ein Vielfaches zu, und wenn dann die Kisten endlich geöffnet wurden, war der Teufel los. Irgend etwas mußte geschehen, und zwar schnell.

Zunächst stellten wir das Füttern ganz ein. Wie Hugo und ich vorausgeahnt hatten, suchten die Schimpansen, nachdem sie Tag für Tag nichts als offene Kisten ohne Bananen gefunden hatten, das Camp immer seltener auf. Schon nach einer Woche wurde es sehr ruhig. Nur ab und zu trafen kleine Gruppen ein, spähten in die Kisten und zogen weiter. Auch die Paviane gaben das Warten auf.

Nach drei Wochen begannen wir wieder mit sehr unregelmäßigen Fütterungen; wir füllten die Kisten nur dann, wenn wir genau wußten, daß die Paviane an einem entfernten Platz schliefen und am nächsten Morgen nicht allzu früh eintreffen konnten. Inzwischen machte die Arbeit an einem unterirdischen Bunker Fortschritte, der etwa zehn Schritt lang war und an dem Gebäude mündete, das unser Hauptbeobachtungsplatz war.

Der Bunker ist etwa 1,20 Meter breit und hoch genug, daß man aufrecht darin gehen kann. Er bietet genügend Raum für einen Bananenvorrat, der in jedem Fall für einen Tag ausreicht. Die Kisten wurden, nachdem wir sie an den Hängen ausgegraben hatten, zu beiden Seiten des Bunkers – oder «Schützengrabens», wie er später genannt wurde – installiert und so umgebaut, daß sie sich nicht nur nach außen, sondern ebenso nach innen öffnen ließen. Seit dieser Bau abgeschlossen ist, haben wir es endlich vollkommen in der Hand, wann und wen wir füttern. Wenn einige der Kisten gefüllt sind und die Paviane kommen, bevor die Schimpansen ihre Mahlzeit beendet haben, öffnen wir ganz einfach die innere Klappe, nehmen die Bananen wieder heraus und öffnen dann die äußere Klappe, so daß Paviane wie Schimpansen gleichermaßen glauben müssen, daß es an diesem Tag keine Bananen gibt. Trifft eine kleine Gruppe von Schimpansen ein, so kann sie ohne Schwierigkeiten mit einer angemessenen Menge Bananen versorgt werden.

Seit dem Bau des «Schützengrabens» haben wir hinsichtlich der Fütterung kaum noch Probleme. Nur einmal ging die Rückwand einer Kiste kaputt, und Goblin fand heraus, daß er sich durch das Loch in den unterirdischen Stollen zwängen konnte. Als er durch die Kiste wieder emportauchte, war er mit einem Armvoll Bananen beladen, die er im Innern des Bunkers stibitzt hatte.

Heute ist es uns möglich, sehr genau die Abstände zu bestimmen, in denen die einzelnen Schimpansen gefüttert werden, und wir achten darauf, daß keiner innerhalb von zehn bis vierzehn Tagen mehr als einmal Bananen bekommt. Auf diese Weise sind die Schimpansen fast völlig zu ihren alten Nomadengewohnheiten zurückgekehrt und ziehen zumeist nur dann durch das Camp, wenn sie zufällig in der Gegend sind. Das bedeutet natürlich, daß wir nicht mehr so viele Informationen sammeln können wie früher, aber die Tiere erscheinen nach wie vor so häufig, daß es den Forschern möglich ist, die Mehrzahl von ihnen ziemlich regelmäßig zu beobachten.

Sowohl bei der Futterstation, wo man eine Menge über die Entwicklung der Affenkinder, über Veränderungen in der Rangordnung und andere Beziehungen zwischen den einzelnen Tieren erfahren kann, als auch in den Wäldern, wo die Schimpansen unter normaleren Bedingungen leben, haben die Forscher vom Gombe in den letzten Jahren zahlreiche Details über das Verhalten der Schimpansen gesammelt. Was die Schimpansen selbst betrifft, so sind sie gegenüber Menschen, die, fast als ob sie zu ihrer Gruppe gehörten, über die Bergpfade hinter ihnen herziehen, erstaunlich tolerant geworden. Und wenn sie einmal die Nase voll haben, ist es ein Kinderspiel für sie, ihre menschlichen Verfolger in dem unwegsamen Terrain abzuschütteln.

Wir wissen nicht, wie lange das gegenwärtige Füttersystem noch funktionieren wird. Im Augenblick scheint es fast, als hätten wir zu guter Letzt die optimale Lösung gefunden. Wenn ich die Notizen über die verschiedenen Tiere, die rasch anwachsende Datensammlung zur Lebensgeschichte von Schimpansen wie Flint und dem kleinen Goblin durchblättere, dann wird mir aufs neue bewußt, wie sehr sich alle Mühen und Sorgen gelohnt haben.

Der Säugling

Die Geburt eines Babys ist in vielen Tier- und Menschengesellschaften ein besonderes Ereignis. Da die Schimpansenweibchen nur alle dreieinhalb bis fünf Jahre ein Junges zur Welt bringen, sind in der Schimpansengemeinschaft Geburten etwas relativ Seltenes, das sich zum Beispiel in unserer Gruppe, die dreißig bis vierzig Tiere umfaßte, nicht öfter als ein- oder zweimal im Jahr ereignete. Deshalb erregt eine Mutter, die mit einem Neugeborenen auftaucht, oft ein erhebliches Aufsehen unter den übrigen Schimpansen.

Ich werde nie den Tag vergessen, an dem Goblin zum erstenmal einer großen Gruppe vorgeführt wurde. Er war ganze zwei Tage alt, konnte sich ohne die Hilfe seiner Mutter Melissa nur wenige Schritte weit an ihr festklammern und war immer noch durch die Nabelschnur mit der Nachgeburt verbunden. Die Gruppe saß zunächst friedlich da und widmete sich der Fellpflege. Als jedoch Melissa sich dem Baum näherte und sich anschickte hinaufzuklettern, merkte ich, wie sich unter den Schimpansen, die zu ihr hinabspähten, eine Spannung ausbreitete. Fifi schwang sich augenblicklich zu Melissa hinüber und folgte ihr, als sie sich Mike näherte, um ihn mit unterwürfigen *pant-grunts* und einer kurzen Berührung seiner Flanke zu begrüßen. Sie präsentierte sich ihm, und er klopfte ihr sanft auf das Hinterteil. Als er sich jedoch auf sie zu bewegte und dabei Goblin musterte, zog sie sich eilig zurück. Das gleiche wiederholte sich bei der Begrüßung von Goliath, David und Rodolf: Auch sie wollten das Baby genauer in Augenschein nehmen.

Nach fünf Minuten fing Mike an, durch den Baum zu springen und die Äste zu schütteln. Melissa sprang ihm schreiend aus dem Weg, wobei sich um ein Haar die Nachgeburt in den Zweigen verfangen hätte. Mir blieb das Herz stehen bei dem Gedanken, das Neugeborene könnte von der Brust seiner Mutter weggerissen werden. Zum Glück geschah das nicht, und Melissa konnte die Nabelschnur gerade noch zu sich heranziehen, als Goliath mit drohenden Gebärden auf sie zu kam. Bald war die ganze Gruppe in heller Aufregung. Sämtliche Männchen sprangen umher und schüttelten Zweige, und alle Weibchen und Jungtiere ergriffen schreiend die Flucht. Das Ganze wirkte wie eine wilde Begrüßungszeremonie für das neue Baby, war aber ohne Zweifel nichts anderes als der Ausdruck einer unbefriedigten Neugier; denn Melissa war einfach nicht bereit, die Männchen so nahe herankommen zu lassen, daß sie das Baby genau betrachten konnten.

Nach einer Weile beruhigten sich die Gemüter, und die Männchen begannen erneut, sich gegenseitig zu lausen. Nun versammelten sich Fifi und die übrigen jungen Weibchen der Gruppe um Mutter und Kind und betrachteten ausgiebig den kleinen Goblin. Kamen sie ihm zu nahe, drohte ihnen Melissa mit einem leisen Bellen oder mit einem erhobenen Arm, aber sie zog sich nicht zurück, und die Weibchen konnten sich in aller Ruhe satt sehen.

Seit jenem Tag konnten wir Szenen dieser Art noch mehrmals beobachten, wenn eine Schimpansenmutter zum erstenmal mit ihrem Neugeborenen erschien – im allgemeinen jedoch nur dann, wenn es sich um junge Mütter handelte. Weit weniger aufgeregt geht es normalerweise zu, wenn ein altes Weibchen wie Flo wieder einmal mit einem neuen Baby aufkreuzt. Da das erfahrene Weibchen nicht die Flucht ergreift, haben die anderen Schimpansen Gelegenheit, ihre Neugier zu befriedigen. Wir konnten einmal beobachten, wie vier Männchen in aller Ruhe ganz dicht neben einer alten Schimpansenmutter saßen und aufmerksam ihr Neugeborenes beäugten. Wenn die Mutter davonläuft, entsteht eine Situation, die für das Baby außerordentlich gefährlich werden kann, da das Schimpansenkind während der ersten Tage seines Lebens offenbar noch nicht in der Lage ist, sich so im Fell der Mutter festzuhalten, daß es nicht fallen kann. Eine zusätzliche Gefahrenquelle stellt die noch an der Nabelschnur hängende Nachgeburt dar; denn soweit uns bekannt ist, unternimmt die in Freiheit lebende Schimpansenmutter nie den Versuch, die Nabelschnur selber durchzutrennen. Wir haben allerdings kein einziges Mal erlebt, daß ein Neugeborenes im Verlauf solcher hektischen Szenen tatsächlich fiel oder zu Schaden kam; andererseits wissen wir von verschiedenen Schimpansenbabies, die nach den ersten Lebenstagen auf mysteriöse Weise verschwanden.

Im Verlauf der sechs Jahre, die seit der Geburt Flints und Goblins vergangen sind, haben in unserer Gruppe zwölf gesunde Schimpansenbabies das Licht der Welt erblickt, und obwohl viele von ihnen noch vor Ablauf ihres ersten Lebensjahres starben, haben wir aus der Beobachtung dieser Schimpansenkinder und ihrer Mütter viel gelernt. Bis zum fünften Monat werden die kleinen Schimpansen normalerweise von ihren Müttern vor jedem Kontakt mit anderen Artgenossen, ausgenommen die eigenen Geschwister, geschützt. Vom vierten Monat an strecken sie häufig ihre Hand nach anderen Schimpansen, die in der Nähe sitzen, aus, aber gewöhnlich zieht die Mutter in einem solchen Fall die Hand rasch wieder zurück. Ganz anders freilich war es bei Pom, einem der ersten weiblichen Schimpansenbabies, die in unserer Gruppe geboren wurden. Denn Passion, ihre Mutter, legte das Baby vom ersten Tag an auf den Boden und gestattete ein paar jungen Weibchen, es zu berühren, ja sogar zu lausen, während es so dalag. Aber Passion war schließlich eine etwas unnatürliche Mutter.

Sie war nicht mehr jung, die gute Passion. Schon als wir ihr 1961 zum erstenmal begegneten, war sie ein voll ausgereiftes Weibchen, und ich weiß, daß sie bereits ein Kind verlor, bevor Pom 1965 geboren wurde. Und wenn man von der Art und Weise, wie sie mit Pom umging, schließen durfte, so war anzunehmen, daß ihr sogar schon mehr als ein Kind gestorben war; denn Pom mußte vom ersten Augenblick an um ihr Überleben kämpfen. Sie war ganze zwei Monate alt, als sie – drei oder vier Monate früher als andere Schimpansenkinder – anfing, auf dem Rücken ihrer Mutter zu reiten. Pom hatte sich damals gerade einen Fuß so sehr verletzt, daß sie sich nicht mehr richtig festhalten konnte. Und es ist anzunehmen, daß Passion, statt ihr Kind, wie die meisten Mütter es getan hätten, ständig mit einer Hand zu stützen, Pom ganz einfach auf ihren Rücken schob. Schon während des ersten Tags, den Pom in dieser neuen Reitstellung überstehen mußte, rannte Passion einmal an die dreißig Meter in großem Tempo durchs Gelände, um eine Gruppe von Männchen zu begrüßen, und schien sich dabei nicht die leiseste Sorge um ihr Kind zu machen. Pom hielt sich verzweifelt fest und überstand den Ritt, ohne herunterzufallen, obwohl selbst viel ältere Schimpansenkinder, wenn sie anfangen, auf dem Rücken ihrer Mutter zu reiten, meist schon bei der geringsten unerwarteten Bewegung ihrer Mutter abrutschen.

Wir nahmen an, daß Pom, wenn ihr Fuß abgeheilt war, wieder dazu übergehen würde, sich unter den Bauch ihrer Mutter zu hängen. Aber nichts dergleichen geschah. Es ist vermutlich leichter für die Mutter, wenn das Kind auf ihrem Rücken reitet, und Passion dachte nicht daran, auf diese Bequemlichkeit, in deren Genuß sie drei Monate zu früh gekommen war, wieder zu verzichten. Selbst wenn es in Strömen goß und Pom wimmernd versuchte, unter dem warmen Körper ihrer Mutter Schutz zu suchen, zeigte Passion nur selten Erbarmen. Meist schob sie die arme Pom auch in solchen Situationen immer wieder in die Reitstellung zurück.

Die meisten der Schimpansenmütter, die wir beobachteten, halfen ihren kleinen Babies, wenn sie nach einer Zitze suchten. Flo hatte Flint gewöhnlich während seiner ganzen Mahlzeit gestützt, so daß er bequem saugen konnte, und sie hatte es selbst dann noch getan, als er bereits sechs Monate alt war. Auch Melissa hatte versucht, Goblin zu helfen, wenn sie sich dabei auch jedesmal so ungeschickt anstellte, daß seine suchenden Lippen in ihrem Schulter- und Nackenfell umherstöberten. Passion dagegen nahm in der Regel keinerlei Notiz von Poms Wimmern; fand die Kleine die Zitze nicht selber, dann hatte sie eben Pech gehabt. Wollte sich Passion auf den Weg machen, während Pom gerade trank, wartete sie nur selten, bis das Kind seine Mahlzeit beendet hatte – sie stand ganz einfach auf und ging, und Pom, die es endlich einmal geschafft hatte, unter dem Bauch ihrer Mutter zu hängen, bemühte sich verzweifelt, die Zitze zu behalten, bis sie von Passion erbarmungslos hervorgezogen wurde. Dieser Mangel an Fürsorge hatte zur Folge, daß Pom selten länger als zwei Minuten saugen konnte, bevor sie von Passion unterbrochen wurde; und oft genug war die Mahlzeit noch viel kürzer. Die meisten Affenkinder saugen während des ersten Lebensjahrs stündlich etwa drei Minuten. Pom machte die Kürze der Mahlzeiten vermutlich dadurch wett, daß sie häufiger trank.

Die gleiche Geschichte wiederholte sich, als Pom laufen lernte. Wir erinnern uns, daß Flo sich außerordentlich fürsorglich zeigte, als Flint seine ersten Gehversuche machte. Sobald er fiel, hob sie ihn auf, und häufig stützte sie ihn mit einer Hand ab, wenn er schwankend dahintrottete. Melissa war weniger besorgt; wenn Goblin fiel und jammerte, begnügte sie sich damit, eine Hand nach ihm auszustrecken, während er versuchte, wieder auf die Füße zu kommen. Passion hingegen zeigte sich absolut gleichgültig. Eines Tages – wir hatten Pom noch nie mehr als zwei Meter ohne fremde Hilfe laufen sehen – erhob sich Passion plötzlich und ging ohne ihr Kind fort. Pom, die sich hektisch bemühte, ihr zu folgen, und dabei immer wieder fiel, wimmerte lauter und lauter, bis ihre Mutter schließlich zurückkam und die Kleine achtlos auf ihren Rücken schob. Diese Szene wiederholte sich wieder und wieder. Und als Pom erst ein wenig besser laufen konnte, machte sich Passion nicht einmal mehr die Mühe umzukehren, wenn das Kleine schrie; sie wartete einfach, bis Pom sie aus eigener Kraft eingeholt hatte.

Als Pom ein Jahr alt war, sahen wir sie fast nur noch wimmernd hinter ihrer Mutter herlaufen und mit aller Kraft versuchen, Passion einzuholen und auf ihr davoneilendes Transportmittel zu klettern. Es war im Grunde nicht überraschend, daß sie in ihrem zweiten Lebensjahr – zu einer Zeit also, in der die meisten Affenkinder sich bereits sorglos von ihren Müttern entfernen – meist in unmittelbarer Nähe von Passion saß oder spielte. Und monatelang hielt sie sich ständig mit einer Hand an Passion fest, wenn sie mit Flint, Goblin und den anderen Kindern spielte. Offensichtlich hatte sie ständig Angst, allein gelassen zu werden.

Genau wie menschliche Kinder sind auch Schimpansenkinder für lange Zeit von ihrer Mutter abhängig. Mehr als vier Jahre lang trinken und schlafen sie bei ihrer Mutter, und wenn sie unter normalen Umständen auch immer weniger auf der Mutter reiten, so springen sie doch rasch auf, sobald sie ein Zeichen von Unruhe in der Gruppe oder irgendeine andere Gefahr wittern. Während dieser Phase der Abhängigkeit lernt das Schimpansenkind nach und nach, seine physische Umgebung zu beherrschen: Es lernt, sich leicht und rasch auf der Erde und durch die Bäume zu bewegen, und wird zunehmend geschickter im Umgang mit Gegenständen wie Ästen und Zweigen, die es beim Fressen und beim Nestbau braucht.

Flint machte den ersten Versuch, ein Nest zu bauen, als er zehn Monate alt war. Er bog einen kleinen Zweig herab und setzte sich in der altbewährten Art und Weise darauf – wenn sich das Ganze auch zu ebener Erde abspielte. Dann zog er eine Handvoll Grashalme zu sich her und legte sie *auf* seinen Schoß. Später beobachtete ich manchmal, wie er, in der Luft baumelnd, versuchte, Nester zu bauen, indem er Zweige herabzog und versuchte, sie unter sich mit den Füßen festzuhalten, um neue herbeiziehen zu können. Während der folgenden Monate wurde Flint zusehends geschickter, und wie andere einjährige Schimpansenkinder baute er häufig Nester, wenn er für sich allein in einem Baum spielte. Manchmal streckte er sich für eine kurze Zeit darauf aus; meist aber hüpfte er einfach darauf herum, und wenn es dabei aus den Fugen ging, baute er nach wenigen Minuten ein neues. Diese ständige Übung führt dazu, daß der junge Schimpanse, wenn er vier oder fünf Jahre alt ist und für sich allein schlafen kann, die Technik des Nestbaus bereits beherrscht. Das gleiche gilt für die Verwendung von Zweigen und Stöcken beim Insektenfressen: Lange bevor in ihnen das Interesse erwacht, derlei Materialien für das ernste Geschäft der Nahrungsaufnahme nutzbar zu machen, spielen und stochern sie damit herum.

Menschliche Kinder lernen im großen und ganzen sehr viel leichter umherzutappen, Treppen zu steigen und mit dem Löffel zu essen, als die Regeln der Wohlerzogenheit zu befolgen, die ihnen die meisten Erwachsenen oktroyieren. Kleine Kinder beweisen häufig einen bemerkenswerten Mangel an Gefühl für die Stimmung der Erwachsenen. Oft merkt ein kleiner Junge, der minutenlang die Tischplatte mit einem Blechteller bearbeitet, erst dann, daß seine Mutter verärgert ist, wenn sie ihn mehrfach ermahnt, ihm den Teller weggenommen oder ihm eine Ohrfeige gegeben hat. Und ebenso kann es vorkommen, daß ein Kind beharrlich versucht, die Aufmerksamkeit seines Vaters, der gerade in ein Buch vertieft ist, auf sich zu lenken, obwohl es weiß, daß es sich damit nichts anderes einhandeln kann als strenge Blicke und die zornige Aufforderung, es möge gefälligst Ruhe geben.

Ein solches Verhalten wird gewöhnlich als absichtliche Ungezogenheit betrachtet. Fest steht jedoch, daß das gleiche Verhalten bei den Schimpansen zu beobachten ist. Schimpansenkinder können laufen und klettern, bevor sie sich in ihrem Verhalten gegenüber älteren Tieren die Demutsgesten des Kommunikationssystems der Erwachsenen aneignen. Und auch sie zeichnen sich während des ersten Lebensjahrs durch einen verblüffenden Mangel an Sinn für die Stimmung der erwachsenen Schimpansen aus. Während dieses Jahrs muß die Schimpansenmutter ständig nicht nur ihr Kind, sondern auch die übrigen Schimpansen der Gruppe im Auge behalten.

Eines Tages folgte ich einer kleinen Gruppe den Berghang hinauf. Nach kurzer Zeit ließen sich die Tiere zum Lausen und Rasten nieder, und ich setzte mich in ihrer Nähe auf die Erde. Goblin, mit seinen zehn Monaten immer noch einigermaßen wacklig auf den Beinen, tappte auf Mike zu, der im Schatten einer Palme saß und Feigen kaute. Als Goblin zu ihm aufsah, streckte das ranghöchste Männchen die Hand aus und klopfte dem Kleinen mehrmals ganz zart auf den Rücken. Goblin watschelte davon, stolperte über eine Schlingpflanze und fiel der Länge nach hin. Fast im gleichen Augenblick eilte Fifi herbei, hob ihn auf und drückte ihn einen Moment lang an sich. Dann fing sie an, ihn zu lausen, aber er riß sich los und trottete aufs neue davon. Mit dem intensiven, konzentrierten Blick des Kindes

37 *Die Heimat der Schimpansen – weites, wildes Land.*

38 *Eine Schimpansengruppe beim Ausruhen in einem Baum.*

39 *Flo benutzt einen Halm als Werkzeug beim Termitenangeln.*

40 *Ich konnte mich mit Hugo über Sprechfunkgerät unterhalten.*

41 *David Greybeard*

42 *Der verwaiste Merlin blieb verkümmert und wurde neurotisch.*

43 *In Hugo fand ich einen verwandten Geist.*

44 *Schimpansen suchen bei Regen keinen Unterschlupf.*

fixierte er einen kleinen Baumstumpf, der vor ihm lag, ging darauf zu und versuchte hinaufzuklettern. Als er halb oben war, rutschte er mit der einen Hand aus, so daß er fast hinuntergefallen wäre, wenn nicht David Greybeard, der ganz in der Nähe saß, rasch einen Arm ausgestreckt und seine Hand so lange stützend unter Goblins Ellenbogen gehalten hätte, bis der kleine Kobold sicher oben war.

Gerade in diesem Augenblick kam der sechs Monate ältere Flint herbeigehüpft, und die beiden Kinder begannen zu spielen und lachten dabei, die unteren Zähne zeigend, ihr munteres Schimpansenlachen. Flo hatte sich dicht bei ihnen behaglich zurückgelehnt und lauste Figan; Goblins Mutter Melissa, die ein wenig weiter abseits saß, war ebenfalls mit der Fellpflege beschäftigt. Es war ein Bild des Friedens, das sich mir dort im dichten Wald bot, hoch oben an der Bergflanke, von der aus man durch eine Baumlücke den See schimmern sah. Plötzlich aber kündigten *pant-hoots* die Ankunft neuer Schimpansen an, und sofort kam Unruhe in die Gruppe. Flint vergaß sein Spiel und sprang hastig auf den Rücken Flos, die im gleichen Moment dabei war, auf einer Palme Zuflucht zu suchen. Ich sah, wie sich Mikes Fell sträubte, bevor er sein Hupen begann, und wußte, daß seine Imponier-Veranstaltung unmittelbar bevorstand. Auch die übrigen Schimpansen seiner Gruppe waren in Alarmbereitschaft, um jeden Augenblick ausweichen oder in das Imponieren einfallen zu können. Die einzige Ausnahme war Goblin. Er schien völlig sorglos, und ich traute meinen Augen kaum, als ich sah, daß er zu Mike hinübertrottete. Melissa hastete, vor Angst quiekend, hinter ihrem Sohn her, aber sie kam zu spät. Mike stürmte los, und im Vorbeirasen packte er Goblin, als ob er ein Zweig sei, und schleifte ihn hinter sich her.

In diesem Augenblick warf sich die sonst furchtsame, vorsichtige Melissa aus Angst um ihr Kind Mike entgegen. Noch nie hatten wir ein derartiges Verhalten beobachtet. Sie wurde wegen ihrer Einmischung übel zugerichtet, aber es gelang ihr, Goblin vor Mike zu retten. Der Kleine lag an den Boden gepreßt und schreiend an der Stelle, wo das ranghöchste Männchen ihn fallen gelassen hatte.

Noch ehe Mike von Melissa abgelassen hatte, hob der alte Huxley Goblin vom Boden auf. Ich war überzeugt, daß auch er mit dem Kleinen eine Imponier-Veranstaltung inszenieren wollte, aber er blieb ganz ruhig, hielt Goblin in seinen Armen, und ich glaubte fast etwas wie Bestürzung in seinem Gesicht zu entdecken, als er ihn anschaute. Als Melissa endlich schreiend und blutend Mike entwischte, setzte Huxley den Kleinen auf die Erde. Goblin sprang seiner herbeieilenden Mutter in die Arme, und sie floh mit ihm ins Dickicht. Die langsam verhallenden Schreie der beiden zeigten die Richtung an, in der sich Melissa eilends von der Gruppe entfernte.

Es ist nicht leicht, Mikes Verhalten zu verstehen. Normalerweise wird kleinen Kindern von allen Mitgliedern der Gemeinschaft eine fast unbegrenzte Toleranz entgegengebracht, aber es scheint, als ob das ausgewachsene Männchen während seines Imponierens alle Hemmungen verliert.

Mag sein, daß Mike in der Erregung des Augenblicks alles, was ihm in den Weg kam, als angemessenes Requisit für sein Imponieren betrachtete. Einmal sah ich, wie Rodolf während einer Imponier-Veranstaltung auf ein altes Weibchen, unter dessen Bauch sich schreiend ein Junges festklammerte, einschlug und es hinter sich herschleifte, bis er plötzlich innehielt, sich umdrehte und die so Mißhandelte umarmte, tätschelte und küßte.

Nur wenige Wochen, nachdem ihm Mike derart mitgespielt hatte, wurde Goblin in ein neues dramatisches Abenteuer verwickelt. Er spielte mit einem kleinen Schimpansenmädchen, und die beiden Mütter saßen dicht dabei und lausten sich gegenseitig. Plötzlich brach ein Tumult los; ein Männchen stürmte auf die Gruppe zu, und eine der Mütter wurde kurz angegriffen. Sofort liefen beide Weibchen zu ihren Kindern, und Melissa, die zuerst dort war, griff sich das falsche und rannte mit ihm den Hang hinauf. Die andere Mutter packte Goblin, stieß ihn aber sofort wieder von sich und raste hinter ihrem eigenen schreienden Kind her. Goblin blieb, das Gesicht von einem ängstlichen Grinsen verzerrt, allein zurück. Im gleichen Augenblick eilte Mike herbei, aber diesmal verhielt er sich völlig anders. Über die Maßen behutsam nahm er den verängstigten Goblin hoch, drückte ihn an seine Brust und trug ihn ein Stück weiter. Als der Kleine sich von Mike loszuringen versuchte, setzte er ihn auf die Erde, blieb jedoch volle zehn Minuten lang bei ihm und bedrohte oder verscheuchte andere Schimpansen, die seinem Schützling zu nahe kamen. Als Melissa endlich wieder auf der Bildfläche erschien, sah Mike gutmütig zu, wie Goblin seiner Mutter entgegenrannte.

Wie einige der anderen Erstgeborenen junger und unerfahrener Mütter bekam auch Goblin mehr Schrammen ab als Kinder wie Flint, die Mütter hatten, für die das Großziehen von Sprößlingen nichts Neues war. Hinzu kam bei Flint, daß nicht nur seine Mutter, sondern auch Fifi auf ihn aufpaßte, als er noch klein war; stand ihm Fifi gerade am nächsten, wenn Gefahr drohte, dann war sie es, die ihn ergriff und in Sicherheit brachte.

Manche Mütter wirken geradezu übervorsichtig und «retten» ihre Kinder immer wieder aus Situationen, die nicht im geringsten gefährlich scheinen. Ich erinnere mich noch, wie aufgeregt die damals gerade zwei Jahre alte Gilka jedesmal war, wenn ihre Mutter – was selten genug vorkam – sich einmal für eine Weile in einer großen Gruppe aufhielt, in der sich einige ausgewachsene Männchen befanden. Wie ein kleines menschliches Mädchen, das vor Erwachsenen die Aufmerksamkeit auf sich ziehen will, richtete sich Gilka auf, ließ ihre Arme kreisen und stampfte mit den Füßen oder drehte sich unentwegt im Kreise. Wenn sie sich einem der Männchen näherte, so tätschelte oder kitzelte dieses Männchen sie fast immer auf die toleranteste Weise; dennoch eilte Olly beinahe jedesmal mit nervösen *pant-grunts* herbei, berührte das Männchen unterwürfig und zog Gilka mit sich fort. Einmal, als Gilka sich im Kreis drehte und dabei einer Gruppe von Männchen, die friedlich dasaßen, ständig näher kam, schritt Olly viermal ein, packte schließlich ihre Tochter bei der Hand und zerrte sie fort.

Noch schlimmer war es für Olly, wenn Gilka versuchte, mit einem der ausgewachsenen Männchen ein Spiel zu beginnen. Die meisten Männchen gingen bereitwillig auf das Angebot der lustigen Kleinen ein, aber sobald Olly etwas merkte, war sie zur Stelle, zerrte Gilka fort oder lauste das Männchen, so daß es von dem Kind abgelenkt wurde. Sie tat das, obwohl keines der Männchen sich bei solchen Gelegenheiten je aggressiv verhielt.

Hugo und ich werden nie vergessen, wie Olly einmal, als sie plötzlich merkte, daß Gilka Rodolf für ein Kitzelspiel gewonnen hatte, mit besorgten *pant-grunts* rasch herbeikam und dem wuchtigen Männchen beschwichtigend eine Hand auf den Rücken legte. Rodolf jedoch, der gar keine Beschwichtigung nötig hatte, ließ sich bei seinem Spiel nicht stören; er blieb auf der Seite liegen und lachte sein leises Schimpansenlachen, so daß er nach Luft schnappen mußte, während Gilka auf seinem mächtigen Körper herumkrabbelte und ihm verspielt in den Hals biß, wo er besonders kitzlig war.

Nachdem sie den beiden einen Augenblick lang zugesehen hatte, ging Olly dazu über, Rodolf aufgeregt zu lausen, wobei sie jedesmal rasch ihre Hand zurückzog, wenn er beim Spiel einen Arm oder ein Bein bewegte. Plötzlich wandte sich Rodolf Olly zu und fing an, sie mit einer Hand im Nacken zu kitzeln, während er Gilka mit einem Fuß weiterkitzelte. Olly machte ein Gesicht zum Fotografieren; ihre Lippen bebten vor Erregung, ihre Augen bekamen einen starren Blick, und ihre *pant-grunts* steigerten sich ins Hysterische. Sie wich aus, aber Rodolf folgte ihr und kitzelte sie aufs neue. Einen Moment lang verzogen sich ihre Lippen so, daß ihr Gesichtsausdruck dem eines spielenden Schimpansen ähnelte, und in ihre wilden *grunts* mischte sich die Andeutung eines Lachens. Kurz darauf aber konnte sie die Kitzelei nicht länger ertragen und entzog sich dem so beunruhigenden körperlichen Kontakt mit einem ausgewachsenen Männchen.

Bei einigen der großen Männchen kommt es in der Tat vor, daß sie ein Weibchen während des Spiels plötzlich angreifen. Ich kann nicht mit Sicherheit sagen, warum das so ist, ich glaube aber, der Grund für dieses sonderbare Verhalten liegt darin, daß sich das Weibchen, wenn das Spiel rauher und vielleicht sogar schmerzhaft wird, zurückzieht und damit das Männchen reizt. Für Olly indes bestand gewiß kein Grund zur Beunruhigung; ich habe nie beobachtet, daß bei Rodolf ein Spiel in aggressives Verhalten einmündete.

Junge Schimpansen verbringen viel Zeit mit Spielen. Ja, wenn sie zwei oder drei Jahre alt sind, scheinen sie kaum etwas anderes zu tun. Das Spiel ist eine in wissenschaftlichen Kreisen vieldiskutierte Verhaltenskategorie. Was ist das Spiel? Welche Funktion hat es? Wie läßt es sich definieren? Aber trotz aller Meinungsverschiedenheiten und einander widersprechender Spekulationen sind sich die meisten Menschen, ob geübte Wissenschaftler oder gelegentliche Beobachter, einig in dem Urteil darüber, *wann* Tiere spielen, mag es nun um einen Wurf junger Hunde gehen, die umhertollen, oder um einen jungen Schimpansen, der einen Purzelbaum schlägt.

Vielleicht lassen sich einige der Widersprüchlichkeiten darauf zurückführen, daß bei *menschlichen* Kindern zwei völlig verschiedene Arten der Aktivität dem Etikett «spielen» subsumiert werden. Wenn ein zweijähriges Kind mit großer Konzentration aus zehn Klötzen einen Turm baut, so sagt man, es spiele mit Klötzen. Dieses Verhalten indessen ist völlig verschieden von dem, das das gleiche Kind zeigt, wenn es, vor Lachen quiekend, auf dem Sofa umherwatschelt, während sein Vater hinter ihm herkriecht und nach seinen Beinen greift. Das Schimpansenkind, das wieder und wieder versucht, einen Zweig herabzubiegen und sich daraufzusetzen oder mit einem winzigen und völlig ungeeigneten Grashalm eine Termite zu fischen, zeigt vermutlich ein Verhalten, das dem des Kindes, das einen Turm baut, äquivalent ist. Die Mehrzahl der Verhaltensweisen jedoch, die wir bei den Schimpansen als spielerisch bezeichnen, entsprechen dem Umhertollen und Lachen des menschlichen Kindes, das auf die beschriebene Weise gejagt oder gekitzelt wird.

Junge Schimpansen spielen, wenn kein Spielgefährte zur Stelle ist, häufig allein: Sie schwingen in einem Baum umher, wiederholen endlos den gleichen Sprung von einem federnden Ast zu einem anderen hinüber, schlagen Purzelbäume oder hüpfen auf der Erde umher. Am liebsten jedoch spielen sie mit anderen Schimpansenkindern, jagen sich gegenseitig um Baumstämme herum, springen, einer nach dem anderen, durch die Baumwipfel, lassen sich an einem Arm baumeln und schubsen sich dabei gegenseitig oder wälzen sich ausgelassen auf dem Boden und beißen, schlagen oder kitzeln sich, ohne einander weh zu tun.

Ob sich die Wissenschaftler je über die Funktion des Spiels einigen werden oder nicht: Fest steht, daß das Spiel unter anderm dazu beiträgt, das heranwachsende Schimpansenkind mit seiner Umgebung vertraut zu machen. Es lernt im Spiel, auf welcher Art von Zweigen man herumhüpfen kann, ohne Gefahr zu laufen, daß sie brechen, und es entwickelt turnerische Fertigkeiten wie den sicheren Sprung von einem Ast zu einem weit tiefer stehenden, die ihm, wenn es älter ist – zum Beispiel bei einer Auseinandersetzung mit einem ranghöheren Schimpansen in den Baumwipfeln –, sehr zustatten kommen. Es stimmt einfach nicht, daß das Schimpansenkind, wie einige Leute behaupten, derlei Dinge genausogut beim Fressen, bei der normalen Fortbewegung usw. lernen würde; denn diese Routinehandlungen machen nur selten solche wilden Sprünge nötig.

Außerdem ist zu bedenken, daß das gemeinsame Spiel dem jungen Schimpansen ohne Zweifel die Gelegenheit gibt, mit den Eigenarten anderer Schimpansen seiner Altersstufe vertraut zu werden. Er lernt, welche von diesen jungen Schimpansen kräftiger sind als er; welche von ihnen Mütter haben, die ranghöher sind als seine eigene Mutter und deshalb auf eine Weise Vergeltung üben könnten, die für ihn unangenehm sein kann. Er entdeckt, welche seiner Spielgefährten sich durch Kraftdemonstrationen einschüchtern lassen und bei welchen damit zu rechnen ist, daß sie nicht auf sein Bluffen hereinfallen werden. Mit anderen Worten, der junge

Schimpanse wird mit der komplexen Struktur der Schimpansengesellschaft vertraut.

Wenn jedoch das Spiel für den jungen Schimpansen einerseits auch eine Art Lernprozeß ist, so ist es andererseits doch zugleich offensichtlich eine höchst vergnügliche Beschäftigung. Viele Mütter haben große Schwierigkeiten, ihren Sprößling dazu zu bringen, ein Spiel zu unterbrechen, wenn sie selber weiterziehen wollen.

Für Passion war es natürlich selten ein Problem, Pom dazu zu bewegen, ihr zu folgen; denn erst als die Kleine drei Jahre alt war, ließ ihre Angst, allein gelassen zu werden, langsam nach. Eine Zeitlang hatte sie ständig solche Angst, daß Passion ohne sie fortgehen könnte, daß sie ihren Spielgefährten bereits den Rücken kehrte, wenn ihre Mutter nur ein paar Schritte ging, um sich an einem anderen Ruheplatz niederzulassen. Andere Schimpansenkinder dagegen waren oft nur höchst ungern bereit, ein Spiel abzubrechen.

Flo löste das Problem, Flint von seinen Spielgefährten zu trennen, gelegentlich dadurch, daß sie selber mit ihm spielte. Wenn sie ihn bei einem solchen Versuch an einem Fuß packte und wegschleifte, glaubte er offenkundig, auch das gehöre zum Spiel; denn nicht selten lachte er, wenn er dabei mit dem Rücken über den unebenen Boden holperte. Am meisten jedoch brachte uns Melissa zum Lachen. Als Goblin einmal mit Flint, Pom und ein paar Schimpansenmüttern spielte, wollte Melissa plötzlich aufbrechen. Sie zog Goblin von der Gruppe weg, drückte ihn gegen ihren Bauch und machte sich auf den Weg. Aber sie war kaum zehn Schritte gegangen, als Goblin ihr entwischte und zurückgaloppiert kam, um sich wieder unter die balgenden Affenkinder zu mischen. Melissa folgte ihm leise wimmernd. Nachdem sie eine Weile dagestanden und ihren Sohn beobachtet hatte, packte sie ihn noch einmal und zog davon. Diesmal kam sie ein Stück weiter, aber als sie ungefähr dreißig Meter zurückgelegt hatte, war Goblin wieder auf und davon. Diesmal klagte Melissa bereits lauter, als sie ihm folgte. Und sie wimmerte immer noch, als sie ihn aus dem Haufen der Spielgefährten herausgeholt hatte und sich ein drittes Mal auf den Weg machte. Diese Szene wiederholte sich nicht weniger als fünfzehnmal, bevor es ihr endlich gelang, den Ausreißer mitzunehmen.

Wenn man die Entwicklung der männlichen und weiblichen Schimpansenkinder vergleicht, so erkennt man nur wenige grundsätzliche Unterschiede im Verhalten der beiden Geschlechter. Schimpansenjungen neigen mehr zu einer rauheren, wilderen Art des Spielens als Schimpansenmädchen, und sie üben während ihrer Spiele häufiger Formen des aggressiven Verhaltens wie das Umherschleifen von Zweigen und das großspurige Aufundabstolzieren. Überdies beginnen die männlichen Jungtiere früher als die weiblichen, anderen zu drohen und sie anzugreifen. Ein wesentlicher Unterschied jedoch ergibt sich aus der sexuellen Frühreife der männlichen Schimpansen.

Schon von der frühen Kindheit an zeigen die Männchen ein großes

Interesse an der Brunstschwellung der Weibchen. Ich erinnere mich, wie Flint einmal, bevor er noch richtig laufen konnte, nach Kräften versuchte, sich einem solchen Weibchen zu nähern. Endlich bei ihm angekommen, machte er, als sich das Weibchen auf dem Boden ausstreckte, mehrmals den Versuch, es zu besteigen. Damals verblüffte mich diese Beobachtung noch; inzwischen jedoch weiß ich, daß dieses Verhalten beim männlichen Affenkind durchaus normal ist, wenn man auch zugeben muß, daß Flint in dieser Beziehung seinen Geschlechtsgenossen ein wenig voraus war.

Im Alter von ein bis vier oder fünf Jahren sind die männlichen Affenkinder, wenn ein Weibchen mit einer Brunstschwellung sich in der Gruppe befindet, ständig damit beschäftigt, sich ihm zu nähern, ihm auf den Rücken zu klettern und alle Bewegungen zu machen, die ein ausgewachsenes Männchen während des Akts der Paarung ausführt. Ich erinnere mich noch, wie sich der zweijährige Goblin einmal einem Weibchen im Verlauf einer halben Stunde fünfzehnmal auf diese Weise näherte. Meist kauerte das Weibchen nieder, um ihm die «Paarung» zu erleichtern. Ein paarmal allerdings erhob es sich, bevor er von ihm abgelassen hatte, so daß er plötzlich den Boden unter den Füßen verlor und mühsam auf ihren Rücken krabbelte, wo er dann mit verdutztem Gesicht sitzen blieb. Duckte sich das Weibchen nicht nieder, wenn er sich ihm näherte, dann versuchte Goblin, ihm beizukommen, indem er sich während der «Paarung» auf kleine Äste stellte oder auf den Zehenspitzen balancierte.

Als Flint drei Jahre alt war, begann er, sich einige der Werbegesten des ausgewachsenen Männchens anzueignen. Nachdem er sich einmal während eines gemeinsamen Spiels an die zwanzigmal mit Pooch «gepaart» hatte, schien das junge Weibchen des kindlichen Partners langsam müde zu werden und zog sich vor ihm in einen kleinen Baum zurück. Flint ließ sich unter dem Baum nieder, sah mit wild gesträubtem Fell zu ihr hinauf und rüttelte heftig an ein paar Zweigen, bis sie wimmernd herabkletterte und sich noch einmal für ihren kleinen, aber anspruchsvollen Freier hinhockte.

Wenn es indessen um wirklichen Sex geht, verhalten sich weibliche Affenkinder genauso wie ihre männlichen Altersgenossen. Wenn sie sehen, daß ein sexuell reifes Männchen sich mit einem Weibchen paart, eilen sie fast stets herbei und versuchen, sich einzumischen. Bei keiner anderen Gelegenheit beweist das Männchen seine erstaunliche Toleranz gegenüber Schimpansenkindern deutlicher als in dieser Situation. Es kommt vor, daß er fast nicht mehr zu sehen ist, weil ihn bis zu vier Jungtiere bedrängen und ihn während des Paarungsakts immer wieder stoßen oder ihm ihre Hände vors Gesicht legen. In den meisten Fällen wendet er einfach seinen Kopf ab, und man hat den Eindruck, als versuche er, die Plagegeister einfach nicht zur Kenntnis zu nehmen. Nur gelegentlich schlägt er nach einem Kind – und dann ist das Opfer im allgemeinen ein drei oder vier Jahre altes Männchen.

Wir wissen nicht, warum sich Schimpansenkinder so verhalten. Als die kleine Fifi die Freier Flos bedrängte, schien es, als ob ihr Motiv etwas wie

Eifersucht sei. Aber seither konnten wir oft beobachten, wie Männchen in solchen Situationen von Jungtieren gestoßen und attackiert wurden, ganz gleich, ob das Weibchen die Mutter eines der Angreifer war oder nicht. Dieses seltsame Verhalten bleibt eines der vielen Rätsel, deren Lösung uns fürs erste unmöglich ist.

Wenn die jungen Schimpansen das vierte Lebensjahr erreicht haben, wandelt sich nach und nach die außerordentlich tolerante Atmosphäre, von der sie bis zu dieser Zeit umgeben sind. Die Spiele werden rauher und wilder, und die älteren Schimpansen zögern nicht mehr, jungen Artgenossen, die sich unvorsichtig verhalten, zu drohen. Hinzu kommt, daß die meisten Schimpansenkinder in dieser Zeit endgültig entwöhnt werden, was ein äußerst langwieriger und schwieriger Prozeß sein kann, der in einigen Fällen mehr als ein Jahr in Anspruch nimmt. Für Gilka, bei der die Entwöhnung zeitlich mit vielen anderen widrigen Umständen zusammenfiel, war der Übergang von der Kindheit zur Jugend eine besonders unglückliche Phase.

Das Kind

Teilnahmslos hing Gilka, das eine Bein angewinkelt und den Fuß gegen den Oberschenkel des anderen Beins gestemmt, an einem Ast des Baumes, unter dem ich stand. Fast regungslos blieb sie eine volle Minute so hängen. Dann kletterte sie mit langsamen Bewegungen herab und hinkte, den einen Fuß nach wie vor gegen den Oberschenkel drückend, auf drei Gliedmaßen davon. Als sie sich ihrer Mutter Olly, die gerade dabei war, mit einem Grashalm Termiten zu fischen, bis auf vier Schritte genähert hatte, blieb sie stehen und stieß ein paar leise, wimmernde Laute aus. Zunächst reagierte Olly nicht auf das Kind; dann aber streckte sie einen Arm aus, zog Gilka zu sich heran und begann, sie zu kitzeln. Es dauerte nicht lange, bis Gilka das hechelnde, glucksende Schimpansenlachen vernehmen ließ. Aber es war noch keine Minute vergangen, als Olly ihre Tochter zurückstieß und sich wieder ihrer endlosen Termitenangelei widmete. Aber genau wie es Flo durch ein ganz ähnliches spielerisches Verhalten gelungen war, Fifi vorübergehend abzulenken, wenn sie versuchte, Flint zu berühren oder zu sich heranzuziehen, so gelang es auch Olly bei ihrer Tochter. Gilka sah sich um, hob einen der Halme auf, die Olly fortgeworfen hatte, schob ihn gleichgültig in einen der offenen Ausgänge des Termitenbaus und zog ihn wieder hervor; kein Insekt hing daran. Sie versuchte es noch einmal; dann gab sie auf, kletterte in einen Baum und fing an, sich zu lausen.

Wenige Minuten später näherte sie sich Olly noch einmal und ließ aufs neue ihr leises, flehendes Wimmern hören. Zunächst nahm Olly keinerlei Notiz von ihr. Dann plötzlich zog sie Gilka an ihre Brust und ließ sie etwa eine halbe Minute lang trinken, bevor sie sie wieder beiseite schob. Gilka stand da und sah Olly an, drehte sich dann um und kletterte wieder in ihren Baum. Dort saß sie in sich zusammengesunken und löste kleine Stücke von der Rinde des Stammes, die sie, kaum darauf achtend, was sie tat, mit den Fingern zerbröselte und herabfallen ließ. Gilka langweilte sich.

Sie war damals etwa viereinhalb Jahre alt, und die voraufgegangenen sieben Monate waren für sie eine schwierige Zeit gewesen. Zum einen hatte ihr älterer Bruder Evered, der ihr ständiger Spielgefährte gewesen war, die Phase der Adoleszenz erreicht und zog daher immer seltener mit seiner

Familie umher. Zum zweiten hatte sich Fifis Verhältnis zu Gilka ganz plötzlich gewandelt. Als Flint drei Monate alt war, hatte Fifi Gilkas Aufforderungen zum Spiel nicht nur ignoriert, sondern der jüngeren Artgenossin sogar gedroht und sie manchmal angegriffen, wenn sie Flint zu nahe kam. Und als Fifi dann endlich den Alleinanspruch auf ihren kleinen Bruder langsam aufgab, eher bereit war, mit Gilka zu spielen, und sich toleranter zeigte, wenn Gilka mit Flint spielte, fing Olly an, Flos Familie zu meiden. Dieses Verhalten hatte seinen Grund beinahe mit Sicherheit darin, daß Faben und Figan damals einen großen Teil ihrer Zeit bei Flo und der übrigen Familie verbrachten. Und es beunruhigte Olly ganz einfach, wenn diese beiden kräftigen und lebhaften jungen Männchen in der Nähe waren.

So kam es, daß Gilka oft tagelang nur in Begleitung ihrer alten Mutter durch die Wälder zog – einer Mutter, die ihr Kind abstillte und Gilkas Versuche zu trinken immer häufiger scheitern ließ. Außerdem hatte die Termitensaison begonnen, und wie alle Schimpansenkinder packte Gilka die Langeweile, wenn ihre Mutter drei oder mehr Stunden hintereinander dasaß und nach den Insekten angelte.

Kein Wunder, daß Gilka, die früher ein so vergnügtes und lebhaftes kleines Schimpansenmädchen gewesen war, auf diese Situation mit wachsender Lethargie reagierte. Kein Wunder auch, daß sie sonderbare Neigungen zu entwickeln begann, zu denen etwa gehörte, daß sie manchmal minutenlang einen Fuß gegen den Oberschenkel des anderen Beines preßte oder gedankenlos kleine Borkenstücke zerbröckelte. Und es kann kaum einen Zweifel daran geben, daß ihre Langeweile, ihr Mangel an Spielgefährten unter den Schimpansen der Grund dafür war, daß Gilka in dieser Zeit eine überaus seltsame Freundschaft schloß.

Als Gilka wieder einmal sich selbst überlassen war, während Olly Termiten angelte, hörte ich weiter unten im Tal das Bellen eines Pavians. Dieses Geräusch bewirkte bei Gilka eine ebenso plötzliche wie grundsätzliche Veränderung ihres Verhaltens. Sie richtete sich auf und spähte in die Richtung, aus der das Geräusch gekommen war. Dann kletterte sie höher in die Äste hinauf und richtete ihren Blick auf eine Lichtung etwa hundert Meter weiter unten im Tal. Als auch ich in diese Richtung schaute, entdeckte ich ein paar Paviane, die durch die Bäume kletterten. Sekunden später schwang sich Gilka rasch von ihrem Baum und lief auf die Lichtung zu. Olly warf ihrer Tochter nur einen kurzen Blick nach und widmete sich dann wieder ihren Termiten.

Ich folgte Gilka ein kurzes Stück und blieb an einem Punkt, von dem aus ich die Lichtung relativ gut überblicken konnte, stehen, um zu beobachten, was geschehen würde. Kurz darauf sah ich Gilka zwischen den Bäumen hervorkommen, und fast im gleichen Augenblick trennte sich ein kleiner Pavian von der Horde und galoppierte zu ihr hinüber. Ich brauchte keinen Feldstecher, um zu erkennen, daß es Goblina war, ein Pavianweibchen, das ungefähr genauso alt wie Gilka sein mußte. Die beiden liefen einander entgegen, und ich sah, wie sich ihre Gesichter einen Augenblick lang fast berührten, wobei jedes der beiden Affenkinder einen Arm um das andere legte. Schon im nächsten Moment spielten die beiden miteinander, balgten herum und schubsten sich gegenseitig. Goblina näherte sich Gilka mit ausgestreckter Hand von hinten, und es schien, als ob sie ihre Spielgefährtin in den Rippen kitzelte. Gilka lehnte sich zurück und stieß, die Schnauze zu einem breiten Lachen geöffnet, nach Goblinas Hand.

Es kommt verhältnismäßig oft vor, daß junge Schimpansen und junge Paviane miteinander spielen, aber ihre Spiele bestehen für gewöhnlich darin, daß sie einander entweder auf der Erde oder in den Bäumen umherjagen oder daß sie Übungskämpfe veranstalten, bei denen sie blitzschnell nacheinander schlagen und sich dann zurückziehen. Nicht selten enden solche Spiele damit, daß der eine oder andere Partner aggressiv wird. Gilkas Freundschaft mit Goblina war etwas ganz anderes: Die beiden gingen fast immer behutsam miteinander um, und häufig suchten sie – wie in dem beschriebenen Fall – ganz bewußt die Gesellschaft des anderen. Zu jener Zeit gab es niemanden, der das Verhalten der Paviane studierte, aber Hugo und ich kannten Goblina schon lange, und wir hatten den Eindruck, daß sie schon in sehr frühem Alter ihre Mutter verloren hatte. Als ich eines Abends beobachtete, wie sich die Horde zum Schlafen niederließ, sah ich, wie Goblina von einem ausgewachsenen Weibchen zum anderen lief und sich schließlich neben einem alten, kinderlosen Weibchen niederkauerte. Aber anders als Gilka hatte sie natürlich Spielgefährten in Überfluß unter den Pavianen.

Ich beobachtete Gilka und Goblina volle zehn Minuten beim Spielen, und es fiel mir auf, daß sie während der ganzen Zeit erstaunlich sanft miteinander umgingen. Als dann die Pavianhorde weiterzog, rannte Goblina sofort hinter den anderen her. Gilka sah ihr nach, drehte sich dann um und ging langsam zu Olly zurück, die nach wie vor mit den Termiten beschäftigt war. Als sie auf gleicher Höhe mit mir war, schwang sie sich in einen Baum und stampfte, immer noch zum Spielen aufgelegt, auf einem Ast dicht über meinem Kopf entlang, so daß ein Regen von kleinen Ästen auf mich herabrieselte. Dann, als sie sich Olly näherte, ließ sie wieder ihr leises Wimmern hören.

Aber Olly kümmerte sich nicht um ihre Tochter, und nach einer Weile kletterte Gilka auf einen Baum. Die Spielstimmung war verflogen, und sie begann aufs neue, kleine Stücke von der Borke des Stamms abzulösen, sie achtlos zwischen den Fingern zu zerkrümeln und sie dann auf den Boden herabfallen zu lassen.

Die seltsame Freundschaft zwischen Gilka und Goblina währte etwa sechs Monate. Dann verschwanden Olly und Gilka, und wir dachten bereits, daß ihnen irgend etwas zugestoßen sein müsse, als einer unserer Mitarbeiter sie eines Tages zusammen mit David Greybeard in einem Tal im Norden sah. Als sie sechs Monate später in unser Tal zurückkehrten, befand sich Goblina bereits in der Pubertätsphase und war daher naturgemäß weniger zum Spielen aufgelegt als früher. Die Freundschaft zwischen den beiden wurde nicht erneuert.

Wir merkten bald, daß Gilka im Verlauf jener sechs Monate entwöhnt worden war. Und obgleich sie ihre Mutter immer noch ständig begleitete, sahen wir kaum je, daß es zwischen den beiden zu freundschaftlichen Interaktionen kam. Manchmal schien sich Olly, die inzwischen übrigens trächtig war, ihrer Tochter gegenüber sogar unnötig aggressiv zu gebärden. Nicht selten zum Beispiel drohte sie Gilka kurz, wenn diese sich ihr während des Fressens bis auf etwa drei Meter näherte – und zwar selbst dann, wenn die beiden in einem Baum saßen, auf dem sich mehr Früchte fanden, als sie hätte bewältigen können.

Mich interessierte es, ob Gilka nach wie vor das Schlafnest mit ihrer Mutter teilte. Deshalb folgte ich den beiden bei der nächsten Gelegenheit, als sie nach einem Besuch am späten Nachmittag gemeinsam wieder davonzogen. Ich war früher stundenlang mit diesen beiden Schimpansen durch die Wälder gestreift, und so beachteten sie mich kaum, als ich auf einem der ausgetretenen Wechsel, die in die Berge führten, rasch hinter ihnen herging. Ab und zu blieb Olly oder Gilka stehen, um eine reife Frucht oder eine Handvoll Weinlaub abzupflücken, aber es war offenkundig, daß die beiden auf ein ganz bestimmtes Ziel zustrebten.

Als wir den Wald verließen und auf einem der Bergrücken entlangmarschierten, von denen aus man den See überblicken kann, wurde das Gras mannshoch, so daß ich immer wieder fürchten mußte, Olly und Gilka zu verlieren. Glücklicherweise aber verriet mir das leise Rascheln, das sie beim Gehen verursachten, immer wieder, wo sie waren, und so gelang es mir, ihnen auf den Fersen zu bleiben. Kurz bevor die Dämmerung hereinbrach, kletterte Olly, dicht gefolgt von Gilka, in einen hohen Baum. Etwa zwanzig Minuten lang fraßen sie von den gelben Blüten, die sie hier in verschwenderischer Fülle vorfanden. Ich suchte mir einen bequemen Felsbrocken, der noch warm von der Sonne war, und ließ mich darauf nieder, um zu warten, bis sie ihre Mahlzeit beendet hatten. Ich konnte von meinem Platz aus über den abendlichen See blicken und beobachtete, wie das von der Wasserfläche reflektierte Karmin- und Ziegelrot des Sonnenuntergangs nach und nach einem bläulichen Purpur und einem Stahlgrau wichen, als die Sonne langsam hinter den dunklen Bergen des Kongo auf der gegenüberliegenden Seite des Sees verschwand. Das schrille Zirpen der Zikaden verstummte, und die nächtliche Symphonie der Grillen begann. Langsam verblaßten die Bäume und Gräser, und die schmale Sichel des Mondes erschien mit dem Abendstern über dem See. Ob Olly und Gilka wohl je mit ihrer Abendmahlzeit fertig würden?

Als es gerade noch hell genug für mich war, um den Baum vor mir auszumachen, kletterten Olly und Gilka plötzlich herab und zogen auf einem schmalen Wechsel davon, der zu einem kleinen Waldstück führte, das etwa hundert Schritt entfernt war. Ich folgte den beiden in aller Eile. Wenn sie in den Wald eindrangen, machte ihr schwarzes Fell sie für mich unsichtbar.

Ich wußte indes, daß es nur Minuten dauern konnte, bis sie ins Bett gingen, und schritt noch ein kurzes Stück auf dem Wechsel weiter, um dann stehenzubleiben und zu horchen. Es dauerte dann auch nicht lange, bis ich das Knacken eines Zweiges hörte. Ich trat ein paar Schritte näher heran und sah vor einem Himmel, aus dem die letzten Spuren des Tageslichts rasch wichen, den dunklen Umriß eines Schimpansen.

Zwei Minuten später war das Nest fertig, und der Schimpanse legte sich nieder. Kurz darauf bewegte sich etwas in einem anderen Teil des Baums: Ein kleinerer Schimpanse begann mit dem Nestbau. Dann lag auch Gilka still. Ich wartete noch zehn Minuten, da es nicht selten vorkommt, daß ein Schimpansenkind am Abend sich ein eigenes kleines Schlafnest baut, das es dann jedoch verläßt, um sich zu seiner Mutter zu legen. Gilka jedoch blieb, wo sie war. Also machte ich mich auf den Heimweg zum Camp und war froh, daß ich in der Dunkelheit meine Taschenlampe dabei hatte, die stets zu meiner Ausrüstung gehört, wenn damit zu rechnen ist, daß ich nicht mehr bei Tageslicht zu den Zelten zurückkomme. Im Grunde ist es einfacher, sich ohne Taschenlampe zurechtzufinden; denn selbst wenn der Mond nicht scheint, macht das Sternenlicht im allgemeinen die groben Umrisse der Landschaft erkennbar, während man beim Licht einer Taschenlampe leicht die Orientierung verliert. Schon bald, nachdem ich meine Arbeit am Gombe aufgenommen hatte, stellte ich jedoch fest, daß einem der kleine Lichtkegel der Taschenlampe ein ausgeprägtes Gefühl der Sicherheit gibt. Mochte im Dunkel der Leopard umherschleichen und der Büffel stampfen – innerhalb meines magischen Lichtkreises, in dem das Gras seine Farbe und der Fels seine Gestalt wiedergewann, konnte mir nichts zustoßen. Wie anders muß das Leben des primitiven Menschen plötzlich gewesen sein, als er das Feuer entdeckt hatte!

Ich folgte Olly und Gilka noch einmal, und wieder ließ sich Gilka in ihrem eigenen Schlafnest nieder. Diesmal kehrte ich noch vor Tagesanbruch zu dem Baum zurück und stellte fest, daß Gilka in dem gleichen Nest aufwachte, in dem sie eingeschlafen war.

Wie bereits beschrieben, machte Fifi, unmittelbar nachdem Flo keine Milch mehr hatte, eine Phase der Abhängigkeit durch, die dadurch gekennzeichnet war, daß sie sich eine Zeitlang wie ein Neugeborenes an ihre Mutter klammerte. Aber ihre Probleme waren, verglichen mit denen Gilkas, von kurzer Dauer. Und nachdem sie ihre fast fanatische Besessenheit in bezug auf Flint überwunden hatte, wurde sie ein heiteres und besonders verspieltes Schimpansenmädchen. Sie spielte nicht nur mit allen Mitgliedern ihrer eigenen Familie, sondern genauso mit vielen heranwachsenden und ausgewachsenen Männchen. Einmal tollte sie volle zwanzig Minuten lang mit dem alten J. B. umher und jagte ihn wieder und wieder um eine Palme herum. Das große, dicke und oft ziemlich schlecht gelaunte Männchen rannte bald laut lachend vor ihr her, offenbar in Erwartung der Kitzelei, die er über sich ergehen lassen mußte, sobald er stehenblieb und Fifi sich auf ihn warf. Die meisten anderen Schimpansen im jugendlichen Alter, die wir beobachten konnten, hatten, ganz gleich, ob männlichen oder weiblichen Geschlechts, zuviel Angst vor den großen Männchen, um häufiger mit ihnen zu spielen.

Mag sein, daß Fifis gelöstes Verhalten gegenüber älteren Schimpansen seinen Grund in der Tatsache hatte, daß ihre Beziehung zu ihrer Mutter besonders intensiv war. Flo war toleranter gegenüber ihrer heranwachsenden Tochter als Olly – ganz zu schweigen von der alten Marina. Marinas Tochter Miff war genauso alt wie Fifi; sie hatte einen älteren Bruder und einen jüngeren. Ihre Mutter wirkte überaus kühl. Ich habe nie erlebt, daß sie mit Miff spielte; ja, es kam sogar selten genug vor, daß sie mit ihrem zweijährigen Sohn Merlin spielte, wenn er sie nicht so lange plagte, indem er wieder und wieder ihre Hand zu sich heranzog und dabei sein Spielgesicht machte, bis sie nicht mehr anders konnte.

Abgesehen von den Augenblicken, in denen sie sich gegenseitig lausten, kam es, nach meinen Beobachtungen, zwischen Miff und ihrer Mutter niemals zu einem Austausch von Freundlichkeiten irgendwelcher Art. Es war sogar offensichtlich, daß sich Miff vor ihrer Mutter fürchtete. Im krassen Gegensatz zu Fifi eilte sie nie herbei, wenn sich ihre Mutter an einer Bananenkiste zu schaffen machte. Auch bettelte Miff Marina nie um eine Banane an, wenn sie selbst keine hatte, während Fifi in einer solchen Situation nicht nur beharrlich bettelte, sondern einen regelrechten Wutanfall bekommen konnte und schrie, sich auf den Boden warf und mit den Armen fuchtelte, wenn Flo ihr nichts abgab. Das Ergebnis war häufig genug – jedenfalls solange Fifi noch im Kindesalter war –, daß Flo nachgab und ihrer Tochter eine Banane reichte.

Besonders lebhaft erinnere ich mich an das Verhalten, das Marina und Flo während der Termitensaison ihren Töchtern gegenüber an den Tag legten. Als Marina und Miff sich einmal an ein und demselben Termitenhügel zu schaffen machten, bemerkte ich, daß Marinas Ausbeute nur dürftig war, Miff dagegen ein paar Schritte entfernt ein Loch erwischt hatte, das ihr reichlichen Termitensegen bescherte. Plötzlich ging Marina zu ihrer Tochter hinüber und stieß sie beiseite. Miff zog sich leise wimmernd zurück und sah zu, wie Marina einen Grashalm herauszog, der dicht mit saftigen Termiten besetzt war. Darauf entfernte sich Miff ein paar Schritte, holte sich einen langen Grashalm und versuchte ihr Glück an einem neuen Loch. Gerade in diesem Augenblick knickte Marinas Grashalm in der Mitte ab, und sie streckte ihren Arm aus und riß Miff mir nichts, dir nichts den schönen neuen Halm aus der Hand.

Ganz anders behandelte Flo ihre Tochter Fifi. Einmal – es war zu Beginn der Saison – suchte sich Flo einen Termitenbau aus, der zum großen Teil mit vertrocknetem Laub bedeckt war. Die Öffnungen der Ausgänge waren unter dem Laub versteckt, und es dauerte eine ganze Weile, bis Flo, nachdem sie an vielen Stellen die Blätter auseinandergescharrt hatte, einen guten Platz zum «Angeln» fand. Auch Fifi wanderte um den Hügel herum, konnte jedoch kein einträgliches Loch finden und ließ sich schließlich dicht neben Flo nieder, um ihr aufmerksam zuzuschauen. Kurz darauf fing sie an zu wimmern, sich leicht vor- und zurückzuwiegen und ganz langsam ihre mit einem Grashalm bewaffnete Hand auf das Loch zuzubewegen, in dem ihre Mutter «angelte». Als Flo einen Halm herauszog, spähte Fifi kurz zu ihr hinauf und schob dann vorsichtig ihr eigenes Werkzeug in das Loch. Geduldig wartete Flo, bis ihre Tochter den Halm wieder hervorgezogen hatte, ehe sie sich selber wieder ans Werk machte. Das ging eine ganze Weile so weiter, bis Flo endlich davonzog und sich einen anderen «Angelplatz» suchte.

Als Fifis Termitenquelle wenig später unergiebig wurde, näherte sie sich erneut ihrer Mutter und versuchte sich an der Ausbeute ihres Loches zu beteiligen. Diesmal schob Flo die Hand ihrer Tochter zweimal sanft zurück, aber als Fifi dann wie vorher zu wimmern und sich vor- und zurückzuwiegen begann, gab ihre Mutter wiederum nach und machte sich noch einmal auf die Suche nach einem ergiebigen Loch.

Das heranwachsende Schimpansenkind muß, besonders wenn seine Mutter inzwischen ein neues Kind zur Welt gebracht hat, lernen, daß es nunmehr an ihm ist, ein Auge auf seine Mutter zu haben, und nicht, wie bis dahin, umgekehrt. Wenn ein Schimpansenmädchen dieses Alters seine Mutter einmal aus den Augen verliert, ist es gewöhnlich tief beunruhigt. Die alte Flo wartete selbst nach Flints Geburt fast immer auf Fifi. Nur einmal tat sie es nicht, und da Fifi, damals etwa fünfeinhalb Jahre alt, gerade ganz in ihr Spiel mit ein paar anderen Schimpansenkindern vertieft war, merkte sie nicht, daß Flo sich auf den Weg machte. Flo schaute sich immer wieder um, gab es dann aber auf und wanderte mit Flint davon.

Sobald Fifi merkte, daß ihre Mutter sich nicht mehr in der Gruppe befand, wurde sie unruhig. Unter leisem Gewimmer kletterte sie eilig auf einen hohen Baum, lief darin hin und her und hielt nach allen Richtungen Ausschau. Ihre Klagerufe steigerten sich nach und nach zu lauten, mißtönenden Schreien. Plötzlich schwang sie sich vom Baum herab und hastete, immer noch schreiend, auf einem Wechsel davon. Dieser Wechsel jedoch führte nicht in die Richtung, die ihre Mutter gewählt hatte, sondern in die entgegengesetzte. Ich folgte Fifi. Immer wieder kletterte sie auf einen Baum, blickte in die Runde und lief dann mit gesträubtem Fell schreiend und wimmernd weiter.

Kurz vor Einbruch der Dämmerung stieß sie auf Olly und Gilka, aber obwohl Gilka immer wieder versuchte, sich Fifi zu nähern, sie zu lausen und mit ihr zu spielen, nahm Fifi keinerlei Notiz von diesen freundlichen Gesten und lief, statt die Nacht in Ollys Nachbarschaft zu verbringen, allein weiter. Schließlich machte sie sich in der Spitze eines hohen Baumes ein einsames Nest. Ich blieb in ihrer Nähe und hörte sie während der mondlosen Nacht dreimal rufen, schreien und wimmern.

Es war noch dunkel, als sie am nächsten Morgen ihr Nest verließ und klagend in den Wald lief. Da es noch nicht hell genug war, um ihr zu folgen, kehrte ich zum Camp zurück. Hugo berichtete mir, daß Fifi an diesem

Morgen gegen sieben Uhr, immer noch wimmernd und suchend umherschauend, aufgetaucht und dann durch das Tal weitergeeilt sei.

Zwei Stunden später erschien Fifi, diesmal mit Faben, aufs neue im Camp. Gewöhnlich schenkte Faben seiner Schwester – abgesehen von einem kleinen Spiel mit ihr, zu dem er sich dann und wann bereit fand – wenig Aufmerksamkeit, aber jetzt wirkte Fifi in seiner Begleitung ruhig und entspannt. Die beiden waren noch im Camp, als Flo eintraf. Wir erwarteten eine stürmische Begrüßung, aber Fifi lief lediglich auf ihre Mutter zu, und die beiden ließen sich nieder und lausten einander aufmerksam und ausgiebig. Seither haben wir noch andere Wiedervereinigungen zwischen Schimpansenmüttern und ihren verlorenen Kindern erlebt, und nie kam es zu einer spektakulären Begrüßung. In jedem Falle aber setzten sich Mutter und Kind zusammen und lausten sich gegenseitig – ein weiterer Beweis für die Bedeutung, die der sozialen Hautpflege in der Schimpansengesellschaft zukommt.

Was uns immer unerklärlich war, ist die Tatsache, daß die Schimpansenmutter, wenn sie ihr verlorenes Kind rufen hört, zwar sogleich in die Richtung eilt, aus der die Rufe kommen, selber jedoch keine Laute ausstößt, die dem Kind anzeigen könnten, wo sie sich befindet. Daher kann es vorkommen, daß das Kind, wenn sie an der Stelle eintrifft, an der sie die Rufe gehört hat, bereits außer Hörweite ist, so daß es Stunden, ja sogar Tage dauern kann, bis sich die beiden endlich wiederfinden. Wie kaum anders zu erwarten, achtete Marina beim Fortgehen nur selten darauf, ob Miff ihr folgte, und als Miff fünf Jahre alt war, war es durchaus nichts Ungewöhnliches, sie traurig wimmernd und rufend nach ihrer Mutter suchen zu sehen.

Zwar werden auch männliche Schimpansenkinder unruhig, wenn sie ihre Mutter aus den Augen verlieren, aber sie können ihre Unabhängigkeit unter Umständen sehr viel früher erlangen als ihre weiblichen Altersgenossen. Einige von ihnen ziehen bereits mit sechs Jahren gelegentlich tagelang mit anderen Schimpansen umher.

Figan allerdings verbrachte den größten Teil seiner Kindheit mit Flo und Fifi in den Bergen. Als er etwa sechs Jahre alt war, saß er einmal mit den beiden in einem großen Feigenbaum und fraß, als plötzlich ein lautes *pant-hooting* und Trommeln die Ankunft einer großen Schimpansengruppe im Tal ankündigte. Die Geräusche ließen darauf schließen, daß die Tiere in ein paar Feigenbäume kletterten, die weiter oben am Bach standen. Flo und ihre Familie spähten in die Richtung, aus der der Lärm kam, und «hupten» ebenfalls. Gleich darauf schwang sich Figan durch seinen Baum, stampfte auf den Ästen umher und sprang auf den Boden. Dann rannte er ein Stück den Wildwechsel hinunter, der zu den anderen Schimpansen führte, stieß dabei wiederholt *pant-hoots* aus und trommelte auf einem Baumstamm herum. Plötzlich blieb er stehen und sah sich nach Flo um – offensichtlich in der Erwartung, daß sie ihm folgen werde. Aber das alte Weibchen fühlte sich dort, wo es war, durchaus wohl.

Figan drehte sich um und ging weiter, aber an der Stelle, wo der Wechsel einen Bogen beschrieb und verschwand, blieb er aufs neue stehen und schaute noch einmal zu Flo zurück. Einen Augenblick später machte er sich auf den Rückweg zu seiner Mutter, blieb dann aber ein drittes Mal stehen, warf einen Blick zu der großen Gruppe hinüber, drehte sich um und entfernte sich mit entschlossenen Schritten von Flo und Fifi. Diesmal verschwand er aus dem Blickfeld, und ich hörte seine hohen *pant-hoots* weiter oben am Bach.

Vier Minuten später jedoch tauchte er wieder auf, kam in betont lässigem Gang daher und schlug im Vorübergehen, halb spielerisch, halb aggressiv, mit der Hand nach mir – ganz wie ein Mensch, der eine für ihn peinliche Situation überspielen möchte.

Später schloß sich Flo dann doch noch der großen Gruppe an. Als sie fortging, um in einiger Entfernung ihr Nest zu bauen, blieb Figan absichtlich zurück. Erst zwei Tage später trafen sich die beiden im Camp wieder. Fifi, die ihren Spielgefährten vermißt hatte, eilte auf ihn zu und umarmte ihn. Aber Figan ignorierte sie. Dann ging er, um die Rolle des überlegenen großen Bruders zu Ende zu spielen, auf Flo zu und ließ seine Lippen nur ganz flüchtig über ihre Wange gleiten. Doch schon wenig später balgte er sich wieder mit offenkundigem Vergnügen mit seiner Schwester herum.

Das Verhalten der halb erwachsenen Schimpansen gegenüber den ausgewachsenen Tieren ist durch große Vorsicht gekennzeichnet. Vermutlich ist es der zunehmende Respekt vor den ausgewachsenen Männchen, der dazu führt, daß sich die Halbwüchsigen weit weniger als in ihrer frühen Kindheit an brünstige Weibchen heranmachen oder diese Gewohnheit sogar völlig aufgeben. Aber auch vor ihren Müttern haben sie im allgemeinen beachtlichen Respekt, wenn ich auch nie einen heranwachsenden Schimpansenjungen gesehen habe, der Angst vor seiner Mutter hatte wie Miff vor Marina.

Einmal lief mir Figan mit einem offensichtlich eben erst erlegten Kolobus über den Weg. Den Schwanz des Affen umklammernd und den Körper über die Schulter geworfen, kletterte er auf einen Baum. Fifi folgte ihm auf den Fersen. Als er einen bequemen Ast gefunden hatte, setzte er sich hin und begann zu fressen. Fifi, die damals etwa drei Jahre alt war, setzte sich beharrlich bettelnd daneben und bekam dann und wann einen Fetzen Fleisch ab.

Ein paar Minuten später sah ich Flo zu Figan hinaufklettern. Sofort schwang sich Figan den Kadaver über die Schulter und stieg auf einen höheren Ast. Flo blieb unten im Baum in einer Astgabel sitzen und ließ ihre Blicke schweifen, vermied es jedoch, auch nur ein einziges Mal zu ihrem Sohn hinaufzuschauen. Figan machte es sich bequem und begann wieder zu fressen, spähte jedoch immer wieder ängstlich zu seiner Mutter hinunter. Die alte Flo blieb volle zehn Minuten in ihrer Astgabel sitzen. Dann kletterte sie, nachdem sie Figan mit einem flüchtigen Blick gestreift hatte, ganz langsam und mit betont gleichgültiger Miene ein kleines Stück höher und ließ sich auf dem nächsten Ast nieder. Figan, dessen Augen jetzt noch häufiger zu ihr hinabwanderten, fraß weiter. Aber als Flo dann wie beiläufig wieder ein Stück höher stieg, setzte sich bei Figan offenbar endgültig das Gefühl durch, daß sie ihm zu nahe kam, und er kletterte ebenfalls höher.

Und so ging es weiter, Ast für Ast. Flos Absichten lagen für ihren Sohn ebenso auf der Hand wie für mich. Als er in der Spitze des Baumes angelangt war, konnte Flo den Schein nicht länger wahren: Sie schoß auf ihn zu, und Figan stieß einen Schrei aus, sprang und verschwand im dichten Blattwerk. Fifi und Flo machten sich an seine Verfolgung, und ich verlor die drei aus den Augen.

Jahre der Reifung

Wie für einige Menschen, so ist auch für einige Schimpansen die Phase der Adoleszenz eine problemreiche und frustrierende Zeit, eine Zeit, die in beiden Fällen für die männlichen Heranwachsenden wahrscheinlich schwieriger ist als für die weiblichen. Der männliche Schimpanse erlangt seine körperliche Reife zwischen sieben und acht Jahren. Dennoch ist er weit davon entfernt, voll ausgewachsen zu sein; er wiegt knapp dreißig Kilo, während das ausgewachsene Männchen etwa fünfzig bis zweiundfünfzig Kilo wiegt. Überdies dauert es noch weitere sechs oder sieben Jahre, bis sein sozialer Status der eines ausgewachsenen Männchens ist. Während einerseits seine Fähigkeit zunimmt, weibliche Tiere zu unterwerfen, ja sogar zu terrorisieren, muß er in seinem Verhalten erwachsenen Männchen gegenüber Vorsicht walten lassen, um keine Aggression zu provozieren.

Als einer der wichtigsten Stabilisierungsfaktoren für das heranwachsende Männchen darf wohl seine Beziehung zur Mutter bezeichnet werden. Während ihrer Adoleszenz hielten sich Faben und Figan häufig in der Nähe der alten Flo auf, die sich all ihren Kindern gegenüber liebevoll und tolerant zeigte. Olly und Marina, die ein weniger entspanntes Verhältnis zu ihrem Nachwuchs hatten als Flo, wurden seltener, aber dennoch ungewöhnlich häufig von ihren heranwachsenden Söhnen begleitet. In den meisten Fällen zeigten diese heranwachsenden Männchen erheblichen Respekt vor ihren alten Müttern, und zwar selbst dann noch, wenn sie bereits zehn oder elf Jahre alt waren. Boten wir eine Banane an, so hielt sich der Sohn gewöhnlich zurück und wartete ab, ob die Mutter die Frucht nahm. Einmal hielten wir eine Banane zwischen Evered und Olly: Beide zögerten zunächst und griffen dann gleichzeitig danach. Evered zog seine Hand sofort zurück – aber Olly, die mit bebenden Lippen einen raschen Blick auf ihren Sohn warf, tat das gleiche. Ganz langsam begannen sich Evereds Haare aufzurichten, aber er unternahm keinen weiteren Versuch, bis Olly schließlich mit nervösen *pant-grunts* nach der Banane griff.

Häufig kommt es vor, daß eine Schimpansenmutter versucht, ihrem heranwachsenden Sohn beizustehen. Als Mr. Worzle einmal Faben – der damals etwa dreizehn war – angriff, eilte Flo, an der sich Flint festklammerte, mit gesträubtem Fell herbei. Als sie näher kam, verwandelten sich Fabens ängstliche Schreie augenblicklich in ein zorniges Gebell, und er verlegte sich aufs Imponieren, indem er sich aufrichtete und forsch von einem Fuß auf den anderen trat. Dann stürmten Mutter und Sohn Seite an Seite auf den alten Mr. Worzle los, wobei Flo ihr lautes, heiseres Bellen hören ließ und zornig auf den Boden stampfte – und Mr. Worzle drehte sich um und ergriff die Flucht.

Wird ein heranwachsender Schimpanse von einem ranghohen Männchen angegriffen, kann die Mutter natürlich wenig tun, aber sie ist dennoch meist sogleich zur Stelle, um nachzusehen, was geschieht, und stößt im Hintergrund ein bellendes «Uaah» aus. Selbst die ängstliche Olly verhielt sich einmal so, als Mike Evered angriff. Als dann ihr Sohn schreiend das Weite gesucht hatte, kroch sie unterwürfig und mit hysterischen *pant-grunts* auf Mike zu und legte eine Hand auf seinen Rücken, als wollte sie ihn um Verzeihung bitten für die unbesonnene Tat ihres Sohnes, der die Auseinandersetzung vom Zaun gebrochen hatte.

Natürlich tritt eine gewisse Veränderung in der Beziehung zwischen Mutter und Sohn ein, wenn das heranwachsende Männchen älter wird. Sooft der siebenjährige Figan bei einer Imponier-Veranstaltung an Flo vorbeistürmte, nahm sie ihn überhaupt nicht zur Kenntnis – obgleich andere ausgewachsene Weibchen in einer solchen Situation normalerweise die Flucht ergriffen. Ein Jahr später jedoch wich auch Flo zurück, wenn Figan – einen Zweig hinter sich herschleppend und das Fell gesträubt, so daß er doppelt so groß aussah wie gewöhnlich – auf sie zugestürmt kam. Dennoch konnten wir in dem gleichen Jahr einmal beobachten, wie Flo in der Hitze der Bananenmahlzeit plötzlich so lange mit beiden Fäusten auf Figans Rücken einschlug, bis er schreiend das Weite suchte.

Wenn das heranwachsende Männchen älter wird, kommt es immer häufiger vor, daß es seiner Mutter zur Hilfe eilt, wenn *sie* bedroht oder angegriffen wird. Einmal sahen wir, wie die alte Marina Fifi drohte. Fifi schrie, Flo rannte herbei, um ihrer Tochter zu helfen, und die beiden alten Weibchen wälzten sich im Sand. In diesem Augenblick merkte Marinas neunjähriger Sohn Pepe, der in einer Palme gesessen und gefressen hatte, was vorging. Eilig kletterte er von seinem Baum herab und lief zu seiner Mutter hinüber. Als Flo ihn kommen sah, ergriff sie die Flucht. Jetzt waren es Marina und Pepe, die Flo und Fifi davonjagten, und Flo, die noch zwei Jahre zuvor in der Lage gewesen wäre, aus Pepe Hackfleisch zu machen, schrie mit ihrer heiseren Stimme, bis sie vor Wut keinen Laut mehr hervorbrachte.

In seinem Umgang mit den ranghöheren Männchen muß sich der heranwachsende Schimpanse vorsichtig verhalten; denn die Wahrscheinlichkeit, daß ein Akt der Insubordination eine energische Bestrafung nach sich zieht, ist jetzt weit größer als früher. Als Leakey sich einmal an einem besonders großen Haufen Bananen gütlich tat, sahen wir, wie sich ihm Pepe behutsam näherte. Pepe war offenkundig halbwegs auf eine Drohgeste gefaßt, die ihn auf Distanz halten sollte; denn jedesmal, wenn Leakey eine plötzliche Bewegung machte, zuckte er zusammen. Aber nach und nach kam er näher und saß schließlich, nur ein paar Zentimeter entfernt, mit einem ängstlichen Grinsen da. Zögernd streckte er seine Hand nach einer Banane aus, aber seine Furcht vor Leakey veranlaßte ihn, sie mit einem nervösen Quieken rasch wieder zurückzuziehen. Noch einmal streckte er die Hand aus, und noch einmal gewann die Furcht die Oberhand, und er zog sie, diesmal lauter schreiend, zurück. Dann beugte sich Leakey vor und berührte Pepe zunächst an der Schnauze, dann in der Leistengegend. Pepe jedoch ließ weiterhin sein leises, ängstliches Quieken vernehmen, bis Leakey noch einmal einen Arm nach ihm ausstreckte und ihm mehrfach den Kopf und das Gesicht tätschelte. Schließlich beruhigte sich Pepe, nahm sich einen kleinen Haufen Bananen und zog damit ab, um seine Beute an einem sicheren Ort zu verzehren.

Viele ausgewachsene Männchen indessen sind weniger tolerant als Leakey. Doch bei einer anderen Gelegenheit, in einer anderen Stimmung wäre es durchaus möglich gewesen, daß selbst Leakey Pepe gedroht hätte, statt ihn zu beruhigen, so unterwürfig sich Pepe ihm auch nähern mochte. Und zu gewissen Zeiten scheint sich in heranwachsenden Männchen, die aus der Ferne einem ranghohen Männchen beim Fressen zusehen müssen, eine solche Spannung zusammenzubrauen, daß sie sich mit einer Imponier-Veranstaltung Luft machen müssen, bei der sie mit großem Getöse durch das Dickicht stürmen und Zweige hinter sich herschleppen. Aber selbst diese Reaktion kann zu einer Bestrafung durch eines der großen Männchen führen; denn es scheint, daß ausgewachsene Schimpansen sich leicht durch den Lärm und die Unruhe, die ein heranwachsender Artgenosse verursacht, gestört fühlen und aus diesem Grunde den Störenfried verjagen oder gar angreifen. Es versteht sich, daß es bei Figan nicht lange dauerte, bis er diese Tatsache begriffen hatte. Zweimal innerhalb einer Woche beobachteten wir, wie Mike ihn nach solchen Veranstaltungen angriff. In der folgenden Woche stand Figan, nachdem er Mike beim Fressen zugeschaut hatte, ohne selber eine Banane zu erwischen, plötzlich auf und entfernte sich halb gehend, halb laufend von der Gruppe und stieß dabei wie ein Kind laute, klagende Rufe aus, bis er nach etwa hundert Metern an einen riesigen, knorrigen Baum kam. Sein Wimmern steigerte sich zu schrillen *pant-hoots*, und er sprang wieder und wieder an dem Baum hoch und trommelte mit den Füßen gegen den Stamm. Dann kam er in dem übermütigen Gang, der so typisch für ihn war, zurückgelaufen und setzte sich, jetzt ganz gelöst und ruhig wirkend, wieder hin; von diesem Tag an sahen wir ihn häufig allein davonlaufen, um das beschriebene Schauspiel an seinem Baum zu wiederholen, wenn ihm die Gegenwart der älteren Artgenossen unerträglich wurde.

Aber trotz aller Geschicklichkeit, die er bewies, wenn es darum ging, einer Bestrafung zu entgehen, wurde selbst Figan während der Pubertät häufig genug angegriffen – wenn auch nicht so oft wie einige seiner Altersgenossen. Es stellt sich die Frage, weshalb sich das heranwachsende Männchen unter diesen Umständen so häufig ausgewachsenen Männchen anschließt. Ein Teil der Antwort liegt vermutlich in der Tatsache, daß die aggressiven Begegnungen – insbesondere jene, an denen heranwachsende Männchen beteiligt sind – in den meisten Fällen gleichsam gestellt sind. In der Tat scheint bei vielen jungen Schimpansenmännchen das Bedürfnis nach freundschaftlicher körperlicher Berührung durch das Männchen, das ihnen eben erst gedroht oder sie gar angegriffen hat, geradezu zwanghaft.

Einmal wurde Evered von Goliath wütend angegriffen – und zwar nur deshalb, weil Evered ihm während einer Imponier-Veranstaltung in den Weg geraten war. Ein blutender Evered, dem große Büschel Haare fehlten, blieb auf der Strecke. Dennoch folgte er Goliath, als dieser davontrottete, und sobald sich das große Männchen niedergelassen hatte, kroch er vorsichtig auf ihn zu. Dabei schrie er laut, und seine Angst vor Goliath war so groß, daß er sich wieder und wieder umdrehte und Anstalten machte davonzulaufen. Sein Verlangen nach der beruhigenden Berührung jedoch war größer, und als er nahe genug war, kehrte er Goliath sein Hinterteil zu und kauerte sich, immer noch schreiend, flach auf den Boden nieder. Es dauerte nicht lange, bis Goliath einen Arm ausstreckte und Evered so lange den Rücken klopfte, bis seine Schreie nach vollen anderthalb Minuten zu einem Wimmern wurden und schließlich ganz verstummten. Erst dann zog Goliath seine Hand zurück.

Natürlich verhalten sich die ranghohen Männchen jenseits der künstlichen Bedingungen des Futterplatzes den rangniederen Tieren gegenüber sehr viel weniger aggressiv, und häufig wirkt das heranwachsende Schimpansenmännchen draußen im Wald sehr viel gelöster, wenn ausgewachsene Männchen in der Nähe sind. Im allgemeinen jedoch nimmt es nicht an den langen Sitzungen teil, die der von den Älteren so geliebten sozialen Hautpflege gewidmet sind. Es hockt ein paar Meter von den ausgewachsenen Männchen entfernt und laust sich selber. Wenn die Gruppe zum Fressen in einen Baum klettert, hält sich das heranwachsende Männchen oft in diskretem Abstand zu den Ranghöheren, wenn es sich nicht sogar in einem benachbarten Baum seine Nahrung sucht. Und wenn die ausgewachsenen Männchen bei der Ankunft an einer Futterquelle mit ihrem Imponieren beginnen, zieht sich das junge Männchen nicht selten in einen Baum zurück und schließt sich den übrigen Tieren erst wieder an, wenn die Aufregung sich gelegt hat. Dennoch ist es ein Teil der Gruppe, die die erwachsenen Männchen bilden, und ist so in der Lage, von ihnen zu lernen – und es darf beinahe als sicher gelten, daß junge Schimpansen schon durch die einfache Beobachtung der anderen Tiere eine Menge mitbekommen. Auch die heranwachsenden Weibchen haben natürlich ausreichend Gelegenheit, von ihrer Mutter zu lernen; das gilt besonders, wenn diese Mutter noch ein Baby hat, das es zu versorgen gilt. Das junge Männchen dagegen muß, da es keinen «Vater» hat – das heißt, da es kein Männchen gibt, das sich ständig bei der Familiengruppe aufhält –, seine Mutter verlassen und sich nach ausgewachsenen Männchen umsehen, denen es sich anschließen kann.

Wenn die inneren Spannungen, die daraus resultieren, daß es mit Artgenossen umherzieht, die ihm so weit überlegen sind, zu groß werden, kehrt das heranwachsende Männchen entweder für eine Weile zu seiner Mutter zurück, oder es zieht – was häufig vorkommt – allein umher. Fast alle heranwachsenden Männchen, die uns bekannt sind, verbrachten, wenn sie älter wurden, Stunden oder gar Tage außer Sichtweite und häufig sogar außer Hörweite anderer Schimpansen. Dieses Alleinsein wird – jedenfalls in einigen Fällen – ohne Zweifel absichtlich gesucht. Als Figan acht Jahre alt war, folgte ich ihm einmal, als er sich von einer ziemlich großen Gruppe von ausgewachsenen Tieren entfernte. Für eine Stunde blieb er bei den anderen, um dann, als sie zum Fressen auf einen Baum kletterten, allein weiterzuziehen. Kurz darauf kletterte auch er in einen Feigenbaum, fraß, schwang sich zwanzig Minuten später wieder herab und entfernte sich weiter von der Gruppe. Am folgenden Tag besuchte er immer noch allein unseren Futterplatz und zog auch allein wieder fort. Gegen Abend jedoch schloß er sich Flo und Fifi an.

Wir haben im Laufe der Zeit verschiedene junge Männchen im Alter zwischen vierzehn und fünfzehn Jahren beobachtet, die nach und nach die Phase der Adoleszenz überwanden und in die Hierarchie der sozial reifen Männchen hineinwuchsen. Faben und Pepe, die etwa gleichaltrig waren, versuchten nicht nur, im Wettstreit um den höheren Rang einander gegenseitig durch Veranstaltungen zu imponieren; sie demonstrierten ihr Imponierverhalten auch vor rangniederen ausgewachsenen Männchen. Es ist sehr wohl denkbar, daß diese Art des Imponierens in besonderem Maße der Anpassung dient. Ich habe bereits auf die Möglichkeit hingewiesen, daß ein Schimpanse während einer solchen Veranstaltung ein gut Teil seiner sozialen Hemmungen verliert. Dieser Umstand böte auch eine Erklärung dafür, daß sich das Imponierverhalten eines jungen Männchens durchaus gegen einen Schimpansen richten kann, vor dem es normalerweise tiefen Respekt haben würde. Es kommt gelegentlich sogar vor, daß ein ranghohes Männchen sich aus dem Staub macht, wenn ein solcher «Jüngling» ein eindrucksvolles Imponieren veranstaltet. Gelingt es dem jungen Männchen häufig genug, rangniedere ausgewachsene Männchen in die Flucht zu schlagen, so steigert das mit Sicherheit sein Selbstbewußtsein, und es kann durchaus sein, daß die Rangordnung auf diese Weise ständig erschüttert wird. Die Wahrscheinlichkeit, daß der heranwachsende Schimpanse sich seinen Platz in der Hierarchie der Älteren erobert, scheint in der Tat um so größer, je spektakulärer und heftiger seine Imponier-Veranstaltungen sind. Nach einer Weile setzten sich denn auch Faben und Pepe langsam durch, und sie gingen sogar zum Angriff über, wenn rangniedere, ausgewachsene Tiere sie bedrohten. Außerdem fingen sie an, sich mit den toleranteren unter den ranghohen Männchen, wie Rodolf, Leakey und David Greybeard, zu lausen. Sie stürmten gemeinsam mit den anderen großen Männchen ins Camp und machten wie diese in der allgemeinen Erregung nach dem Eintreffen bei einer Futterquelle attraktiven Weibchen den Hof, statt zu warten, bis sich die Lage beruhigt und die Erregung der Älteren gelegt hatte. Ihre Lehrzeit war vorüber; von nun an hing ihr Aufstieg in der Hierarchie nicht mehr von dem langsamen Prozeß der körperlichen Reifung ab, sondern von ihrer Intelligenz und ihrer Entschlossenheit.

Auch für das Schimpansenweibchen beginnt die Phase der Adoleszenz, wenn es etwa sieben Jahre alt ist. Von nun an zeigt es in unregelmäßigen Abständen leichte Brunstschwellungen, obwohl es noch ungefähr zwei Jahre dauert, bis es die erste Menstruation erlebt und für die ausgewachsenen Männchen sexuell attraktiv wird. Auch das heranwachsende Weibchen muß sich im Umgang mit ranghöheren Schimpansen – in diesem Falle nicht nur mit den ausgewachsenen Männchen, sondern zugleich mit den älteren Weibchen und den heranwachsenden Männchen – vorsichtig verhalten. Und es kann geschehen, daß es von den frühreifen Söhnen ranghoher Mütter bedroht wird.

Fifis Eintritt in die Adoleszenzphase brachte keinen sichtbaren Wandel in ihrer Beziehung zur Mutter mit sich, wenn man davon absieht, daß Flos Bereitwilligkeit, ihre Nahrung mit der Tochter zu teilen, zusehends geringer wurde. Fifi folgte Flo weiterhin durch die Wälder, schlief weiterhin in der Nähe der Mutter und fuhr fort, ihr bei der Beaufsichtigung des vierjährigen Flint zu helfen. Und wenn eines der beiden Weibchen angegriffen wurde, zeigte sich das andere in der Regel deutlich beunruhigt. Bislang war es nur noch in einem weiteren Fall möglich, das Verhältnis zwischen Mutter und heranwachsender Tochter zu beobachten. Wie Flo und Fifi zogen auch diese beiden Weibchen gemeinsam umher; im übrigen aber schien ihr Verhältnis zueinander sehr verschieden zu sein von der Beziehung zwischen Flo und Fifi. Während des Fressens war das Verhältnis zwischen Mutter und Tochter gespannt und nervös, und wir sahen nie, daß sich die beiden im Falle einer Bedrohung oder eines Angriffs gegenseitig halfen. Von der ruhigen Kameradschaft, die Flo und Fifi verband, war bei den beiden kaum etwas zu spüren, wenngleich in beiden Fällen Mutter und Tochter viel Zeit damit zubrachten, sich gegenseitig zu lausen.

Während der Adoleszenzphase zeigt sich das heranwachsende Schimpansenweibchen noch stärker fasziniert von Schimpansenbabies als vorher. Es hat nicht nur die Gewohnheit, solche Babies immer wieder ein kurzes Stück zu tragen, mit ihnen zu spielen und sie zu lausen, sondern ist ganz allgemein an dem Wohlergehen der Kleinen interessiert. Als Pooch acht Jahre alt war, trug sie einmal ein sechs Monate altes Schimpansenbaby auf einen Baum und fing an, ihm das Fell zu pflegen. Der Zufall wollte es, daß die Spitze eines Palmwedels, der sich in der Brise sanft hin und her bewegte, dann und wann über Poochs Schultern strich, und ich bemerkte, daß das Baby wie gebannt den Wedel beobachtete. Plötzlich griff es danach, wand sich von Poochs Schoß und ließ sich zum Stamm der Palme hinüberschwingen. Einen Augenblick lang starrte Pooch dem Kleinen nach, als traute sie ihren Augen nicht; dann verzog sich ihr Gesicht zu einem entsetzten Grinsen. In wilder Hast kletterte sie von ihrem Baum herunter, sprang auf einen anderen und lief auf einen Ast, von dem aus sie mit Müh und Not den Wedel erwischen konnte, als er gerade herüberschwang. Dann packte sie das Baby – das nicht im geringsten verängstigt war, sondern das Schaukeln vermutlich sogar herrlich fand – und drückte es fest an sich. Erst jetzt wich das angstvolle Grinsen langsam aus ihrem Gesicht.

Wenn das erste Jahr der Adoleszenz vorüber ist, wird die Brunstschwellung des Weibchens nach und nach immer größer – wenn auch nie so groß wie bei einem voll ausgewachsenen Schimpansenweibchen. Selbst in diesem Stadium zeigen die reifen Männchen, ganz im Gegensatz zu den männlichen Affenkindern, noch keinerlei Interesse an den jungen Weibchen. Die Weibchen ihrerseits scheinen in diesem Stadium die Aufmerksamkeit ihrer winzigen Freier durchaus zu begrüßen und zögern in der Regel nicht, sich zu präsentieren, indem sie sich tief niederducken, wenn kindliche Männchen sich ihnen nähern, um sich mit ihnen zu «paaren». Einmal sahen wir sogar, wie ein junges Weibchen Flint von einer anderen, mit der er sich gerade «paarte», wegzerrte, und sich selber anbot, indem es sich vor ihm niederkauerte.

Irgendwann aber – zumeist, wenn das Weibchen etwa neun Jahre alt ist – ist der Zeitpunkt da, an dem es eine Brunstschwellung entwickelt, die auch die reifen Männchen anzieht. Ich erinnere mich noch lebhaft an den Tag, an dem Pooch zum erstenmal die Schwellung eines erwachsenen Weibchens zeigte. Erst näherte sich ihr ein ausgewachsenes Männchen, dann ein zweites. Beide kamen mit gesträubten Haaren auf sie zu, schüttelten Zweige nach ihr, schwankten hin und her, indem sie von einem Fuß auf den anderen traten, oder zogen die Schultern hoch – denn fast alle Werbegesten sind zugleich Teil des Drohverhaltens. Wieder und wieder ergriff Pooch schreiend die Flucht, aber die Männchen folgten ihr, wobei ihr Werben immer aggressiver wurde. Schließlich machte Pooch kehrt, lief auf sie zu, kauerte sich tief nieder und ließ sich schreiend von den Männchen begatten. Nach dem Geschlechtsakt lief sie, immer noch schreiend, davon. An jenem ersten Tag waren ihre Angst und ihre Verwirrung unübersehbar. Am zweiten Tag wirkte sie bereits ein wenig ruhiger, und obgleich sie nach wie vor schrie, wenn sich ein Männchen ihr näherte, schien sie doch weniger erschreckt.

Ganz anders als bei Pooch und auch bei jedem anderen jungen Weibchen, das wir bis heute beobachten konnten, verlief die sexuelle Entwicklung bei Fifi. Sie war vermutlich das, was man bei den Menschen als Nymphomanin bezeichnet. Schon etwa sechs Monate bevor sie ihre erste wirkliche Schwellung entwickelte, zeigte Fifi ein fast fanatisches Interesse für das sexuelle Verhalten älterer Schimpansenweibchen. Es kam vor, daß sie Pooch, Gigi oder irgendeinem anderen Weibchen, das «rosig» war, ständig auf den Fersen blieb, um dabeizusein, wenn es zur Paarung kam. Wenn dann ein solcher Augenblick da war, sprang Fifi entweder auf den Rücken des Weibchens und schob ihr kleines Hinterteil so dicht wie möglich an das Männchen heran, oder sie näherte sich dem Paar von hinten und drückte während des Paarungsakts ihr Hinterteil gegen das des Männchens.

Als Fifi schließlich selber die Brunstschwellung eines reifen Weibchens entwickelte, war ihr nichts von der Angst anzumerken, die wir bei Pooch beobachtet hatten. Sie reagierte vielmehr augenblicklich auf die leiseste Andeutung eines sexuellen Interesses, das bei irgendeinem der Männchen erkennbar wurde. Häufig genug kam sie den Männchen sogar entgegen, indem sie auf sie zulief und sich ihnen präsentierte, bevor die Männchen auch nur in ihre Richtung geschaut hatten. Als ihre ersten «rosigen» Tage schließlich zu Ende gingen, machte Fifi den Eindruck, als ob sie es einfach nicht fassen könnte. Am ersten Morgen sahen wir, wie sie auf Mike zulief, sich umdrehte, ihm ihr Hinterteil zuwandte und sich, zur Paarung herausfordernd, vor ihm niederkauerte. Einen Augenblick lang verharrte sie regungslos, um ihn dann über die Schulter hinweg anzusehen, als ob sie sich fragte, warum er nicht reagierte. Darauf schob sie sich, die Augen immer noch auf ihn gerichtet, ein Stück näher heran. Schließlich streckte Mike eine Hand aus, legte sie auf ihr Hinterteil, lauste sie kurz und entfernte sich. Langsam richtete Fifi sich auf und starrte hinter ihm her, als ob sie völlig verblüfft sei. Kurz darauf tauchte Evered im Camp auf. Fifi eilte ihm entgegen und wiederholte ihre Werbung. Wieder und wieder schob sie sich rückwärts an ihn heran, und immer wieder wich er aus. Bei ihrem letzten Annäherungsversuch schaute Evered gerade in eine andere Richtung, verlor das Gleichgewicht und fiel hintenüber. Rasch rappelte er sich auf und beeilte sich, dem aufdringlichen jungen Weibchen zu entkommen!

Fifi fuhr noch einige Tage fort, die Männchen auf die beschriebene Weise zur Paarung herauszufordern, ehe sie sich, wie es schien, endlich mit der Tatsache abfand, daß sie nicht länger attraktiv war. Wir mußten lachen, als wir während ihrer nächsten Brunstperiode beobachteten, wie sie sich ständig auf die Seite legte und eine Hand wie zum Schutz über ihre Brunstschwellung hielt, als ob sie entschlossen sei, diesmal zu verhindern, daß die rosa Schwellung wieder auf geheimnisvolle Weise verschwand.

Auch während des folgenden Jahrs zeigte Fifi während ihrer Brunstperioden ein starkes Verlangen nach sexuellem Kontakt. Sie hielt sich vorwiegend im Camp oder irgendwo im Tal auf, wo sie die Schimpansen im Auge behalten konnte, die kamen, um sich Bananen zu holen. Tauchte ein Männchen auf, so geschah es häufig, daß sie zu ihm hinüberlief und zur Paarung aufforderte. Und wenn die ausgewachsenen Männchen für die Tochter auch nicht den gleichen Enthusiasmus aufbrachten wie für die Mutter, so kam es doch selten vor, daß sie auf Fifis Einladung nicht reagierten.

Besonders interessant war für uns die Entdeckung, daß sie sich außerordentlich zurückhaltend zeigte, wenn sich einer ihrer Brüder mit ihr paaren wollte. Sie verhinderte es sogar, daß der kleine Flint sich an sie heranmachte, obwohl sie in den Tagen vor ihrer ersten echten Schwellung nichts dagegen gehabt hatte, daß er sich mit ihr «paarte». Und wenn auch beobachtet wurde, daß sich Figan und Faben mit ihrer Schwester paarten, nachdem Fifi zunächst auf die Annäherungsversuche ihrer Brüder mit großem Geschrei reagiert hatte, so kam es im weiteren Verlauf doch nur sehr selten zum geschlechtlichen Verkehr zwischen den Geschwistern.

Eine chaotische Zeit brach an, als Flo und Fifi einmal gleichzeitig «rosig» wurden. Während dieser für die Männchen strapaziösen acht Tage zogen die Schimpansen in einer großen Gruppe von über zwanzig Tieren umher. Jedesmal, wenn sich ein Männchen mit Flo paarte, waren Fifi und Flint zur Stelle und mischten sich ein, indem sie das Gesicht des Männchens wegzustoßen suchten; anschließend bot sich dann Fifi selber an. Wenn sich dagegen ein Männchen mit Fifi paarte, waren es Flo und Flint, die sich dazwischendrängten, worauf sich das Männchen dann gewöhnlich Flo zuwandte. Außer Flint eilten im allgemeinen noch zwei oder mehr andere Schimpansenkinder herbei, so daß die beiden sich paarenden Tiere manchmal unter der Traube der kleinen Störenfriede beinahe völlig verschwanden.

Unter den neun Weibchen, deren Entwicklung während der Adoleszenzphase wir beobachten konnten, war nicht eines, das ein Junges zur Welt brachte, bevor nicht mindestens zwei Jahre seit der ersten wirklichen Brunstschwellung vergangen waren. Das gleiche gilt weitgehend für Schimpansen, die in Gefangenschaft leben. Über die physiologischen Prozesse freilich, die hier am Werk sind, können wir bis heute keine genaue Auskunft geben. Fest steht jedoch, daß die Zeitspanne von etwa zwei Jahren, die zwischen der ersten Brunstschwellung und dem ersten Gebären liegt, für das in Freiheit lebende Schimpansenweibchen von großem Nutzen ist; denn mit neun Jahren ist es weder reif im Hinblick auf seinen sozialen Status noch voll ausgewachsen, und es hat auch schon ohne die zusätzliche Bürde und Verantwortung, die die Geburt eines Babys mit sich bringt, in dieser Phase mehr als genug Probleme zu bewältigen.

Erwachsenenbeziehungen

Bei den Menschen vollzieht sich der Übergang von der Pubertät zum Erwachsenendasein nicht zu einem bestimmten Zeitpunkt und gleichsam über Nacht, sondern als ein Prozeß, der sich über viele Monate hinzieht, bis dann eines Tages die Eltern überrascht feststellen, daß ihr Kind gar kein Kind mehr ist. Das gleiche gilt für die Schimpansen. Es war an einem heißen Sommertag des Jahres 1966, als mir, während ich die alte Schimpansenmutter Marina und ihre Kinder beobachtete, plötzlich bewußt wurde, daß Pepe kein Halbwüchsiger mehr war, sondern ein ganz und gar reifes Männchen.

Ich konnte die angespannten Muskeln unter seinem glänzenden Fell sehen, als er mit beiden Händen einen kurzen dicken Stock mehrmals in den Eingang eines unterirdischen Bienennests stieß und wieder herauszog, um die Öffnung zu erweitern. Bei ihm standen zwei Weibchen: seine alte Mutter Marina und seine kleine Schwester Miff. Alle drei schienen den Schwarm von aufgescheuchten Bienen, die sie umschwirrten, überhaupt nicht zur Kenntnis zu nehmen; nur das jüngste Mitglied der Familie, der kleine Merlin, hatte sich auf einen etwas abseits stehenden Baum verkrochen, als die anderen sich über das Bienennest hermachten, um sich den Honig und die Larven zu holen.

Nach einer Weile legte Pepe den Stock beiseite und wartete, während Marina in das Nest griff und ein Stück von einer Honigwabe hervorzog. Dann holte sich Pepe eine Portion von den Waben. Nur Miff wagte es nicht, sich zu bedienen. Statt dessen sah sie – das Gesicht nur eine Handbreit von Pepes Schnauze entfernt – zu, wie die beiden anderen fraßen.

Fünfzehn Minuten später wandte sich Pepe von dem leeren Nest ab und zog davon. Marina fühlte noch einmal nach, ob auch wirklich nichts mehr übrig war, bevor sie ihm folgte. Jetzt endlich schob auch Miff ihre Hand in das Loch und leckte ausgiebig den süßlichen Sand von ihren Fingern. Schließlich folgte auch sie ihrem Bruder in den Schatten eines großen Baumes. Nun schwang sich auch Merlin von seinem Ast und kletterte von Baum zu Baum, um zu seiner Familie zu gelangen, wobei er freilich einen großen Bogen um das Nest machte.

Pepe fing an, Marina das Fell zu pflegen, Miff kletterte auf einen Baum und fraß ein paar Hände voll Weinlaub, und Merlin hing über Mutter und Bruder an einem Ast, ließ sich hin und her baumeln und schlug dabei mit einer Hand nach Pepes Kopf. Kurz darauf ließ er sich herabfallen, landete auf Pepes Schulter, machte ein Spielgesicht und zog an der Hand seines großen Bruders. Pepe kitzelte ihn beiläufig und fuhr mit der anderen Hand fort, Marina zu lausen. Durch diese Geste ermutigt, wurde Merlin zudringlicher; er richtete sich auf, zog an Pepes Schulterhaaren, kroch auf ihm herum und zwängte sich zwischen Bruder und Mutter.

Jeder Uneingeweihte, der zufällig vorbeigekommen wäre, hätte mit Sicherheit den Eindruck gehabt, eine typische Familiengruppe zu sehen: eine Mutter mit ihren beiden Kindern und ihrem Partner. Wir, die wir diese Schimpansen seit Jahren beobachtet hatten, wußten, daß Pepe in Wirklichkeit ihr Sohn war. In Schimpansengesellschaften setzt sich die Familiengruppe stets aus der Mutter und einigen ihrer Kinder oder ihrem gesamten Nachwuchs zusammen; der Vater spielt, abgesehen von dem Beitrag, den er zur Zeugung leistet, keine Rolle in der Familie. Normalerweise haben weder wir noch die Schimpansen selbst auch nur eine Ahnung, wer der Vater welches Kindes ist.

In dieser Entbindung des Männchens von jeglichen familiären Verpflichtungen besteht vielleicht einer der Hauptunterschiede zwischen der Gesellschaft der Menschen und der der Schimpansen. Denn die meisten menschlichen Familiengruppen betrachten den Vater nicht nur als den Erzeuger der Kinder, sondern zugleich als den Beschützer und überdies in der Regel auch als denjenigen, der für die Beschaffung von Nahrung, Grund und Boden oder Geld verantwortlich ist. Zugegeben, in gewissen Teilen der Welt, in denen die Frauen Gleichberechtigung verlangen und in denen eine freie Liebe dazu führt, daß es zahlreiche ledige Mütter gibt, vollzieht sich in dieser Hinsicht heutzutage ein Wandel; aber wenn man die Völker der Erde in ihrer Gesamtheit betrachtet, so sind es doch nur sehr kleine kulturelle Minderheiten, bei denen sich derartige Wandlungen beobachten lassen.

Menschliche Familien haben natürlich, was ihren Aufbau betrifft, eine ungeheure Variationsbreite. Die kleinste Einheit, bestehend aus Mann, Frau und Kindern, kann erweitert werden zu einer Gruppe, die zwei oder zweihundert Frauen und zahllose Blutsverwandte und angeheiratete Verwandte umfaßt. Bis heute wissen wir nicht, ob die Schimpansenfamilie je auch nur die Enkel als integrierenden Teil der Einheit umfaßt. Fest steht indessen, daß sie niemals die «Ehefrau» oder die Kinder eines männlichen Nachkommen oder den «Ehemann» eines weiblichen Nachkommen umfassen kann.

Trotz dieses fundamentalen Unterschieds im Aufbau zwischen der menschlichen Familiengruppe und der der Schimpansen unterscheidet sich das Verhalten vieler Männer keineswegs so grundlegend von dem der Schimpansenmännchen, wie man erwarten könnte. Viele Väter – zumindest in der westlichen Welt – verbringen, obwohl sie für das materielle

Wohlergehen ihrer Familien verantwortlich sein mögen, einen Großteil ihrer Zeit fern von ihren Frauen und Kindern, und zwar nicht selten in der Gesellschaft anderer Männer. Gruppen, die ausschließlich aus Männern bestehen, sind in vielen Kulturen verbreitet: Man denke nur an die Clubs und die Herrenabende in der westlichen Welt oder die Initiations- und Kriegergruppen bei primitiveren Völkern.

Kurz, zahllose Männer sind, mögen sie zeitweilig auch noch so großen Wert auf weibliche Gesellschaft legen, nicht selten darauf aus, sich vor den Frauen zurückzuziehen und sich unter Männern aufzuhalten. Bei den männlichen Schimpansen scheint das ganz ähnlich zu sein. Natürlich scharen sie sich um brünstige Weibchen, sofern solche verfügbar sind. Oft aber ziehen sie in Gruppen umher, die nur aus Männchen bestehen, und sie neigen mehr dazu, sich untereinander zu lausen, als Weibchen oder Jungtieren das Fell zu pflegen.

Nie jedoch haben wir irgend etwas beobachtet, was auf Homosexualität bei Schimpansen hindeuten könnte. Gewiß kann es vorkommen, daß in Augenblicken der Spannung und der Erregung ein Männchen auf den Rücken eines anderen steigt und sich, die Arme um seinen Leib geschlungen, an ihm festklammert. Und es kommt sogar gelegentlich vor, daß es in dieser Stellung sein Becken ruckartig vor- und zurückbewegt. Zur Einführung des Gliedes indessen kommt es nie. Es kann schließlich auch geschehen, daß ein Männchen versucht, sich oder ein anderes Männchen zu beruhigen, indem es die Genitalien dieses anderen Männchens berührt oder betastet. Aber wenn wir auch noch nicht allzuviel über diese Verhaltensweise wissen, so können wir doch mit Sicherheit sagen, daß sie nichts mit Homosexualität zu tun hat. Das Männchen tut dergleichen nur in akuten Krisensituationen, und der Partner kann in solchen Fällen durchaus auch ein Weibchen sein.

Wie aber steht es mit den normalen heterosexuellen Beziehungen beim Menschen und bei den Schimpansen? Ein offenkundiger Unterschied zwischen dem Verhalten der Menschen und dem der Schimpansen besteht in dieser Beziehung darin, daß Mann und Frau in der Lage sind, Liebesbeziehungen sowohl körperlicher als auch geistiger Art anzuknüpfen, die von langer Dauer sind. Eine solche Art der Beziehung ist bei Schimpansen nie beobachtet worden. Aber es gibt schließlich auch Beziehungen zwischen Männern und Frauen, die anders geartet sind. Tatsache ist, daß sich überall in der Welt bei den Männern eine Tendenz zur Promiskuität beobachten läßt. In einigen Kulturen wird diese Neigung akzeptiert, und es ist den Männern gestattet, ja man erwartet sogar von ihnen, mehr als eine Frau zu haben. In anderen Gesellschaften, in denen Monogamie die Regel ist, nimmt man es dennoch hin, daß unverheiratete – ja selbst verheiratete – Männer ihre Affären haben, sich Frauen für eine Nacht «auflesen» oder Freudenhäuser besuchen. Auch viele junge Mädchen verhalten sich, wenn sie die Gelegenheit dazu haben, durchaus promiskuitiv. Es mag sogar sein, daß das, was wir für echte Liebe halten – ein Gefühl, das Körper *und* Seele des geliebten Partners einbezieht, das mit der Zeit reift, das die Harmonie des Lebens bringt und bei beiden Partnern jedes Verlangen nach Partnerwechsel überflüssig macht –, in Wahrheit eine der seltensten Formen heterosexueller Beziehung ist, die unter Menschen anzutreffen ist.

Die sexuellen Beziehungen zwischen männlichen und weiblichen Schimpansen ähneln weitgehend denen, die man heute bei einem großen Teil der Jugend in westlichen Ländern beobachten kann. Mit anderen Worten, Schimpansen sind überaus promiskuitiv. Damit ist freilich nicht gesagt, daß jedes Weibchen jedes Männchen akzeptiert, das ihm den Hof macht.

Ein junges Weibchen zum Beispiel, das nur wenig älter als Fifi war, zeigte eine deutliche Abneigung gegen die Annäherungsversuche des aggressiven Humphrey. Gigi zog, wenn sie «rosig» war, stets eine große Schar von Männchen an – ja, von dem Augenblick an, da sie ihre erste Brunstschwellung zeigte, schien sie genausoviel Sex-Appeal zu haben wie Flo. Aber sie konnte Humphrey einfach nicht ertragen. Wenn alle anderen Männchen befriedigt waren, konnte man regelmäßig beobachten, wie sich ihr Humphrey – das Fell gesträubt, die Augen funkelnd, die Schultern hochgezogen – Zweige schüttelnd und mit den Füßen stampfend vorsichtig näherte. Und immer wieder zog sich Gigi schreiend vor ihm zurück. Manchmal kam es vor, daß Humphrey ihr nachjagte, aber obwohl er sie einmal regelrecht aus dem Baum schüttelte, in dem sie Zuflucht gesucht hatte, erlebten wir nie, daß er sie wirklich «vergewaltigte». Nicht selten freilich führte seine Hartnäckigkeit schließlich doch zum Ziel. Und unbeirrt machte er ihr den Hof, sooft sie «rosig» war. Seine Beharrlichkeit zahlte sich aus; denn zwei Jahre später schien Gigi Humphrey fast jedem anderen Männchen vorzuziehen.

Auch Fifi ging Humphrey aus dem Wege, wenngleich sie sich weniger vor ihm fürchtete, als es Gigi getan hatte, und nur ganz ruhig beiseite ging, wenn er anfing, um sie zu werben. Einmal beobachteten wir, wie Fifi nicht weniger als fünfzehnmal um einen Baum herumging und hüpfte, während Humphrey sie mit wild gesträubtem Fell verfolgte. Es wäre ein leichtes für ihn gewesen, sie zu erwischen, aber er tat es nicht, sondern stürmte schließlich frustriert davon, schleuderte große Steine durch die Luft, stampfte mit den Füßen auf und verschwand schließlich von der Bildfläche. Es versteht sich, daß auch andere Weibchen gewisse Männchen grundsätzlich meiden.

Manchmal kommt es vor, daß ein männlicher Schimpanse ein Weibchen gegen seinen Willen zwingt, ihn so lange auf seinen Wanderungen zu begleiten, bis er das Interesse an ihm verliert oder bis es ihm entwischen kann. Diese Art der männlichen Machtdemonstration führte in der ersten Zeit unserer Forschung nicht selten dazu, daß «neue» Weibchen zu unserem Futterplatz gebracht wurden. Einmal sah ich J. B., gefolgt von einer alten Schimpansenmutter, die ihr dreijähriges Kind bei sich hatte und unruhig in unsere Richtung spähte, den Hang hinunterstürmen. Das Weibchen war noch nie beim Camp gewesen, und wir versteckten uns rasch in einem der Zelte. Als die beiden näher gekommen waren, blieb das Weibchen spähend stehen. Plötzlich sah sich J. B. um und bemerkte, daß es ihm nicht folgte. Er richtete sich auf, packte einen jungen Baum und schüttelte ihn so lange hin und her, bis das Weibchen wimmernd herbeieilte und unterwürfig seine Flanke berührte. Das Schimpansenkind kletterte derweil auf einen Baum, wo es fast während der ganzen Zeit, die die beiden beim Camp zubrachten, hocken blieb.

J. B. setzte sich wieder in Bewegung, aber schon nach ein paar Schritten blieb das Weibchen, von dem Anblick unserer Zelte erschreckt, aufs neue stehen. Es schickte sich eben an, die Flucht zu ergreifen, als J. B. sich nach ihm umsah, mit wenigen Sätzen bei ihm war, auf seinen Rücken sprang und es, wild mit den Füßen stampfend, attackierte. Das Weibchen lief laut schreiend davon, blieb aber schon nach wenigen Metern stehen, drehte sich um, lief zu J. B. zurück und duckte sich demütig nieder, bis er eine Hand ausstreckte und ihm ausgiebig den Kopf tätschelte. Dann setzte er sich wieder in Marsch, und diesmal folgte sie ihm – wenn auch nur wenige Schritte. Als J. B. jedoch gleich wieder einen Schößling packte und schüttelte, zeigte sich, daß ihre Furcht vor ihm größer war als die Furcht vor dem fremden Ort, zu dem er sie hinführte, und sie eilte an seine Seite. Schließlich folgte sie ihm mitten auf die Lichtung, und zu unserer Überraschung (J. B. achtete im allgemeinen streng darauf, daß niemand seinem Futter zu nahe kam) erlaubte er dem Weibchen, sich reichlich von seinen Bananen zu nehmen.

Das Merkwürdigste an der ganzen Geschichte ist die Tatsache, daß das Weibchen nicht die leiseste Andeutung einer Brunstschwellung zeigte. Drei Tage hintereinander zwang J. B. die Schimpansenmutter, ihn zum Camp zu begleiten. Am vierten Tag erschien er ohne sie. Als wir etwa zwölf Tage später dasselbe Weibchen, jetzt mit einer voll entwickelten Brunstschwellung und umgeben von einer ganzen Schar von werbenden Männchen, wiedersahen, zeigte J. B. nicht mehr Interesse an ihm als jedes andere Männchen auch. Ähnliches konnten wir häufiger beobachten, obwohl einige Männchen nur sexuell attraktive Weibchen zwingen, ihnen zu folgen.

Häufiger als alle anderen Männchen zwangen Leakey und Mr. Worzle irgendwelche Weibchen, sie tagelang zu begleiten. Eine geraume Zeit war es die nervöse Olly, für deren Begleitung sich die beiden mit Vorliebe entschieden, und zwar wiederum auch dann, wenn sie nicht «rosig» war. Wir haben indessen nie beobachtet, daß sich beide Männchen gleichzeitig von ihr begleiten ließen.

Als Fifi etwa ein Jahr regelmäßig ihre Brunstschwellung gehabt hatte und die meisten Männchen sich weniger interessiert zeigten als in den Tagen, da dieser Zustand bei ihr noch eine Neuheit war, erwählte Leakey sie zu seiner Begleiterin. Manchmal schien es, als ob Fifi durchaus nichts dagegen hatte, dem alten Männchen zu folgen. Wollte sie ihm entwischen, so schlich sie sich zumeist vorsichtig fort, wenn Leakey gerade mit etwas anderem beschäftigt war, kam jedoch augenblicklich zurück – sozusagen bevor er Zeit hatte, böse auf sie zu werden –, wenn er ihr Manöver durchschaute.

Einen bestimmten Tag werde ich nie vergessen. Leakey zeichnete sich zu jener Zeit durch ein überaus merkwürdiges Interesse für seine weiblichen Artgenossen aus. Ständig zwang er erst das eine Weibchen und dann das andere, ihn zu begleiten. Als ihm gerade einmal sein derzeitiges Opfer entronnen war und er sich im Camp an den Bananen gütlich tat, tauchte plötzlich Fifi auf der Bildfläche auf. Augenblicklich hatte er seine Bananen vergessen, richtete sich mit gesträubten Haaren auf und schüttelte Zweige nach ihr. Sie kam rasch zu ihm gelaufen und kauerte sich, da sie «rosig» war, so vor ihm nieder, daß er sich mit ihr paaren konnte. Als das geschehen war, setzten sich die beiden nebeneinander und lausten sich gegenseitig. Plötzlich hob Leakey den Kopf und sah, daß Olly sich dem Camp näherte. Sofort richteten sich seine Haare auf, und er fing an, nunmehr in *ihre* Richtung Zweige zu schütteln. Olly eilte herbei, und Leakey begann sie zu lausen. Fifi entfernte sich ganz langsam und mit dem unschuldigsten Gesicht der Welt. Aber Leakey merkte es, sein Fell sträubte sich erneut, und Fifi kam eilig zurück und lauste ihn. Dann versuchte Leakey, seine beiden Weibchen dazu zu bewegen, ihm zu folgen. Aber weder Olly noch Fifi schien mit ihm gehen zu wollen. Erst funkelte er die eine an und schüttelte Zweige nach ihr, bis sie herbeieilte, dann wiederholte er das gleiche bei der anderen.

So ging es weiter, bis die Spannung Leakey plötzlich zu überwältigen schien: Obwohl Fifi sich gehorsam näherte, rannte er auf sie zu, griff sie an und rollte sie auf dem Boden umher. Olly nutzte natürlich die Chance zu einer unauffälligen und raschen Flucht aus dem Blickfeld des Männchens. Als der Angriff vorüber war, stand Leakey, das Fell immer noch gesträubt, vor Anstrengung keuchend da, während Fifi schreiend auf dem Boden kauerte.

Plötzlich merkte Leakey, daß Olly verschwunden war. Sofort rannte er ein Stück den Hang hinauf, spähte umher und lief dann zur anderen Seite der Lichtung, um von dort Ausschau zu halten. Auf diese Weise konnte auch Fifi entwischen. Es dauerte gut zehn Minuten, bis Leakeys Fell langsam wieder glatt wurde, nachdem er die Suche aufgegeben hatte und sich endlich niederließ, um ein paar Bananen zu vertilgen.

Ganz anderer Art war die Beziehung, die der massige Rodolf mit Flo anknüpfte und von der bereits die Rede war. Rodolfs Verhalten Flo gegenüber hatte nichts von der tyrannischen Aggressivität, die das Verhältnis Leakeys und der übrigen Männchen zu den Weibchen ihrer Wahl charakterisierte. Rodolf folgte Flo, wohin sie auch ging, und er war es, bei dem sie am häufigsten Trost suchte, wenn sie beunruhigt war oder verletzt wurde. Auch nachdem Flos Schwellung verschwunden war, blieb Rodolf noch zwei Wochen bei ihr und ihrer Familie.

Es ist natürlich müßig, sich zu fragen, welche heterosexuellen Beziehungen die Schimpansen bei anderen physiologischen Voraussetzungen

45 *Manchmal versteckten wir Bananen unter dem Hemd.*

46 *Imponier-Veranstaltungen können einem Männchen zur Erringung der Vorherrschaft verhelfen.*

47/48 *Mike setzt leere Paraffinkanister ein, deren Gedröhn ihm den höchsten Rang verschafft.*

49/50 *Der ranghohe Goliath beruhigt Figan mit der Hand. Figan entspannt sich allmählich.*

51 *Flo mit Flint*

52 *Flint und Goliath stören Faben beim Paarungsakt.*

53 *Olly und Gilka folgen den Lockrufen Leakeys.*

54 *Fifi (rechts) preßt ihr Hinterteil gegen das eines Männchens bei der Paarung.*

55 *Eine erfahrene Mutter läßt andere Schimpansen ruhig ihr Neugeborenes besichtigen.*

56 *Halbwüchsige Männchen reagieren nervös, wenn sie an einer Fellpflegesitzung der Männer teilnehmen.*

entwickeln könnten: wenn zum Beispiel Flo in der Lage gewesen wäre, Rodolf ständig die Möglichkeit der sexuellen Befriedigung zu bieten oder wenn der Zyklus des Schimpansenweibchens dem der menschlichen Frau entspräche. Tatsache bleibt, daß sich die Schimpansenweibchen so entwickelt haben, daß sie sich nur zehn Tage im Monat mit den Männchen paaren können – vorausgesetzt, daß sie weder trächtig sind noch stillen, was für ältere Weibchen bedeutet, daß sie unter Umständen über einen Zeitraum von fünf Jahren hinweg auf jegliche sexuelle Aktivität verzichten müssen. Neben dieser Begrenzung ihrer sexuellen Möglichkeiten «verdanken» sie der Natur auch noch Brunstschwellungen, die außerordentlich hinderlich sein können.

Wie oft habe ich ein Schimpansenweibchen mit einer riesigen Schwellung dabei beobachtet, wie es immer wieder seine Stellung veränderte, um einigermaßen bequem auf einem Zweig oder einem Stein sitzen zu können, und dabei der Evolution gedankt, daß sie dem menschlichen Weibchen eine ähnliche, periodisch wiederkehrende Verunstaltung erspart hat. Warum nur ist das Schimpansenweibchen mit einer solchen Last gestraft? Manchmal scheint die Antwort einfach. Eines Tages saß ich bei Goliath und David Greybeard, die einander friedlich lausten. Plötzlich starrte Goliath aufmerksam über das Tal, und Sekunden später folgte David seinem Blick. Selbst ich entdeckte mit bloßem Auge bald etwas, das wie eine große rosa Blüte aussah, die in einem dichtbelaubten Baum schimmerte. Im Nu waren die beiden Männchen auf den Beinen und entfernten sich rasch durch das Dickicht. Da ich wußte, daß ich ohnehin nicht mit ihnen Schritt halten konnte, blieb ich, wo ich war, und sah wenig später, wie sich Goliath und David in den Baum schwangen, die Zweige schüttelten und sich mit dem Weibchen paarten.

In Fällen wie diesen dient die Schwellung ganz offensichtlich als ein Signal; und ein solches Signal kann natürlich wichtig sein in einer Gemeinschaft, deren Mitglieder so häufig frei ausschwärmen und in der es häufig genug vorkommt, daß selbst Weibchen allein umherziehen. Diese Erklärung scheint besonders einleuchtend, wenn man sich vor Augen hält, daß nicht alle Schimpansenweibchen so dreist sind wie Fifi. Olly, zum Beispiel, schien sich manchmal während ihrer «rosigen» Tage geradezu vor den Männchen verstecken zu wollen. Aber die Theorie hat eine schwache Stelle. Wenn Schimpansenweibchen weithin sichtbare rosa Schwellungen entwickeln, um potentielle Freier schon von weitem anlocken zu können, warum entwickeln dann auch Pavianweibchen solche Schwellungen, die nicht minder auffällig sind als die der Schimpansenweibchen? Schließlich leben die meisten Paviane im engen Gruppenverband, und die Weibchen entfernen sich nur selten aus dem Blickfeld der Männchen.

Es gibt noch andere Argumente, aber da keines gleichermaßen auf Schimpansen, Paviane und die wenigen anderen Affenarten zutrifft, die Brunstschwellungen zeigen, ist es wenig sinnvoll, sie an dieser Stelle zu erörtern. Das Problem wird noch weiter kompliziert durch die Tatsache, daß

Orang-Utans, die in noch lockerer gefügten Verbänden und in noch dichteren Wäldern als die meisten Schimpansen leben, überhaupt keine Schwellung entwickeln. Der Grund für solche Schwellungen bleibt fürs erste und vielleicht für immer ein Geheimnis.

Junge Schimpansenweibchen (selbst jene, die noch keine Babies haben) entwickeln sehr viel häufiger Brunstschwellungen als alte Weibchen. Flo zum Beispiel zeigte nach der Geburt von Flint fünf Jahre lang keine Schwellung. Ebenfalls fünf Jahre dauerte es, bis sich nach Gilkas Geburt bei Olly wieder die erste Schwellung entwickelte. Das gleiche Ausbleiben der Schwellung zeigte sich bei beiden auch bereits während der ersten Monate ihrer Schwangerschaft. Melissa und andere junge Weibchen dagegen wurden in vier und mehr der acht Monate ihrer Trächtigkeit noch regelmäßig «rosig», und nach der Geburt verging kaum mehr als ein Jahr, bis sie wieder ihre Schwellungen zu zeigen begannen. Und es ist interessant, daß in erster Linie junge Weibchen eine dauerhafte Vorliebe für bestimmte Männchen erkennen lassen, und umgekehrt.

Figan war Pooch mehr als ein halbes Jahr lang treu – womit freilich nicht gemeint ist, daß er anderen «rosigen» Weibchen keine Beachtung schenkte, sondern daß die beiden sechs Monate hintereinander jedesmal, wenn Pooch ihre Schwellung entwickelte, gemeinsam davonzogen. Soweit uns bekannt ist, hielten sich die beiden während dieser Zeiten von den anderen Schimpansen fern; fest steht jedenfalls, daß sie nicht das Camp aufsuchten, wo Pooch ohne Zweifel anderen Männchen begegnet wäre.

Einmal folgte ich den beiden, als sie am dritten Tag von Poochs Schwellung gemeinsam davonzogen. Als sie etwa vierhundert Meter vom Camp entfernt waren, kletterten sie in einen Baum und lausten sich gegenseitig über eine Stunde lang. Dann zogen sie weiter, fraßen eine Weile und kletterten, als es dämmerig wurde, in einen anderen Baum, um sich dicht nebeneinander ihre Nester zu bauen. Während der ganzen Zeit sah ich nicht ein einziges Mal, daß sie sich paarten. Am nächsten Morgen, als ich im Halbdunkel bei ihrem Schlafbaum eintraf, paarten sie sich einmal und wanderten dann gemeinsam friedlich zur nächsten Futterquelle.

Sechs Tage später tauchte Pooch, deren Schwellung inzwischen zusammengeschrumpft war, allein bei unserem Futterplatz auf. Etwa eine halbe Stunde später traf Figan ein, der aus der gleichen Richtung kam. Beim Verlassen des Camps wählte jedes der beiden seinen eigenen Weg. Wir beobachteten, daß sie von solchen «Flitterwochen» nie gemeinsam zurückkehrten; es war, als ob sie nicht wollten, daß jemand etwas von ihrem Verhältnis merkte. Der wahre Grund dafür, daß sie getrennt zurückkehrten, lag vermutlich in der Tatsache, daß sie sich zwar gemeinsam auf den Weg zum Camp machten, daß aber der Abstand zwischen ihnen, wenn Figans sexuelles Interesse an Pooch erlosch, im Verlauf der Wanderung immer größer wurde.

Es war uns nicht möglich, die weitere Entwicklung dieses Verhältnisses zu beobachten, da Pooch starb, als sie ungefähr zehn Jahre alt war. Seither ist Figan häufig auf die gleiche Weise mit Melissa davongezogen. Sie schweiften zusammen durch die Wälder, wobei Goblin sie begleitete, und es konnte nur vergleichsweise selten beobachtet werden, daß sich die beiden paarten. Im allgemeinen begnügten sie sich damit, sich gegenseitig das Fell zu pflegen und einander ganz einfach nahe zu sein. Interessanterweise zeigt Faben die gleiche Vorliebe für Melissa, und neuerdings verbringen Melissa und Goblin den größten Teil ihrer Zeit zuerst mit dem einen der Brüder, dann mit dem anderen.

Wenn aber solche Beziehungen auch so etwas wie Vorformen der menschlichen Liebe sein mögen, so kann ich mir doch nicht vorstellen, daß Schimpansen Gefühle füreinander entwickeln, die in irgendeiner Weise der Zärtlichkeit, der Fürsorge, der Toleranz und der seelischen Beglückung vergleichbar wären, die die Zeichen der menschlichen Liebe in ihrem echtesten und tiefsten Sinne sind. Denn den Schimpansen fehlt im allgemeinen jegliche Rücksichtnahme auf die Gefühle des jeweiligen Partners, und nicht zuletzt dieser Umstand scheint mir den Abgrund sichtbar zu machen, der zwischen ihnen und uns liegt. Nein, für das Schimpansenmännchen und das Schimpansenweibchen kann es jenes feine Empfinden für den Körper – oder gar die Seele – des Partners nicht geben. Das höchste, was das Schimpansenweibchen von seinem Freier erwarten kann, ist eine kurze Werbung, ein sexueller Kontakt, der, wenn es hoch kommt, eine halbe Minute dauert, und danach gelegentlich ein wenig soziale Hautpflege. Die Romantik, die Rätselhaftigkeit und die grenzenlose Freude der menschlichen Liebe sind den Schimpansen unbekannt.

Seit den Tagen, in denen ich begann, Schimpansen zu beobachten, habe ich mich oft gefragt, ob ein Männchen und ein Weibchen wohl je in der Nacht miteinander schliefen. Eines Abends beobachtete ich, wie ein junges Weibchen sorgfältig die kleinen dichtbelaubten Zweigspitzen zurückbog, die am Nestrand herausragten, ehe es sich niederlegte. Ich saß etwa hundertfünfzig Meter entfernt, und es war eben noch hell genug, daß ich es aus dieser Entfernung liegen sehen konnte. Wenige Augenblicke später jedoch richtete es sich auf, verließ zu meiner Überraschung sein Nest, kletterte höher in den Baum hinauf und erschien wenig später am Rande von Mr. McGregors Nest. Das alte Männchen setzte sich hin und begann das Weibchen zu lausen. Fünf Minuten später jedoch wandte er sich ab und legte sich nieder, und das Weibchen kehrte zu seinem eigenen Bett zurück. Bis es schließlich zur Ruhe kam, war es fast stockdunkel geworden, aber ich wußte, daß bald der Mond aufgehen würde.

Als ich den Berg hinunter zum Camp lief, war ich entschlossen, später zurückzukehren und die Nacht bei den Schimpansen zu verbringen. Ich aß mein Abendbrot, trug die Notizen ein, die ich mir während des Tages gemacht hatte, und machte mich gegen elf Uhr erneut auf den Weg. Die Berge und Täler lagen still im hellen Licht des Vollmonds, und die Kühle der Nacht gab mir wie immer das Gefühl, daß ich selbst die steilsten Hänge hinaufrennen könnte. Als ich bei «meinem» Gipfel ankam, beschloß ich, mir ein wenig Kaffee zu machen, bevor ich mit der Nachtwache begann. Also sammelte ich Reisig, machte mir ein kleines Feuer und hängte meinen Kessel darüber. Dann ließ ich mich mit meinem Becher auf dem felsigen Aussichtsplatz nieder, von dem aus man unser ganzes Tal überblicken kann. Unter mir wurde das Mondlicht von dem Blätterdach des Waldes zurückgeworfen und schimmerte hell auf dem sanften Grün der Palmwedel. Irgendwo unten im Tal bellte zweimal ein Pavian und verstummte dann wieder. Hinter mir war der Wald dunkler, und es war nicht schwer, sich vorzustellen, wie ein Leopard durch die Bäume schlich oder wie eine Büffelherde im feuchten Dickicht graste.

Verzaubert von der Schönheit um mich her, trank ich langsam meinen Kaffee. Der Mond schien so hell, daß nur die Sterne mit der größten Leuchtkraft sichtbar waren, und der feine graue Dunst des Nachthimmels legte sich um die Berggipfel und breitete sich über das Tal unter mir. Es war eine Nacht wie für die Liebe gemacht – die Liebe zwischen zwei Menschen. Als ich jedoch zu der Stelle hinunterkletterte, von der aus ich am frühen Abend die Schimpansen beobachtet hatte, und meinen Feldstecher auf den Schlafbaum richtete, sah ich, daß die beiden immer noch in respektvollem Abstand voneinander schliefen. Mr. McGregor lag lang ausgestreckt auf dem Rücken. Das Weibchen lag auf der Seite, und da es mir den Rücken zugekehrt hatte, konnte ich mit einiger Anstrengung den blassen Schimmer ihrer rosa Schwellung ausmachen.

Gegen vier Uhr versank der Mond hinter den Bergen des Kongo auf der anderen Seite des Sees, und kurz darauf verschwand auch das fahle Licht, das er am Himmel zurückgelassen hatte. Von diesem Augenblick an schien die Nacht wie verwandelt; es war stockfinster und unheimlich, und überall raschelten und knackten Zweige. Etwa eine Stunde später stimmte eine Pavianhorde unten im Tal ein lautes Gebell an, und wenig später fielen die Schimpansen mit ihrem wilden «Uaah» und lauten *pant-hoots* ein. Ich vermutete, daß ein Leopard auf der Suche nach Beute im Tal umherschlich, und zog meine Decke fester um mich. Die Nacht kam mir plötzlich weniger romantisch vor, aber ich hätte trotzdem nichts dagegen gehabt, wenn Hugo in der Nähe gewesen wäre.

Es dauerte nicht lange, bis der Tag heraufzudämmern begann. In dem Baum, auf dem die Schimpansen die Nacht verbracht hatten, rührte sich nichts. Aber als es ein wenig heller wurde, sah ich, daß das Weibchen und Mr. McGregor nach wie vor in ihren getrennten Nestern lagen. Gegen 6 Uhr 15 drehte sich das alte Männchen um, setzte sich auf, schwang sich dann plötzlich aus seinem Nest, kletterte eilig durch den Baum und sprang mitten in das Bett des Weibchens. Die Ärmste, die vermutlich noch im tiefen Schlaf gelegen hatte, stieß einen markerschütternden Schrei aus und sprang von ihrem Lager. Mr. McGregor folgte ihr durch die wild hin und her schwingenden Zweige vom Baum herab auf den Boden. Während sie, ihren ungestümen Freier dicht auf den Fersen, durch den Wald floh, wurden ihre Schreie immer schwächer. Mag sein, daß dieser Abschluß der

Nacht nicht besonders romantisch war, aber er zeigte eindeutig, daß die Gedanken des alten McGregor durchaus noch bei dem Weibchen waren, als er an jenem Morgen aufwachte.

Ein paar Jahre später, als Figan und Melissa wieder einmal gemeinsam unterwegs waren, beobachteten wir, wie Figan unmittelbar vor Anbruch der Dunkelheit den Zweig, auf dem er kauend gesessen hatte, verließ und sich Melissas Nest näherte. Das Laub war zu dicht, als daß wir hätten sehen können, was sich dann ereignete, aber wir hörten weder das Knacken der Äste und Zweige noch das Rascheln der Blätter, das gewöhnlich den Nestbau begleitet. Als die Schimpansen am Morgen davongezogen waren, versuchten wir, aus allen möglichen Blickwinkeln, herauszufinden, wie viele Nester sich in dem Baum befanden. Das Gewirr der Zweige und Palmwedel war außerordentlich dicht, und es ist durchaus möglich, daß uns irgend etwas verborgen blieb, aber keiner von uns sah mehr als ein Nest, und wir alle sahen dasselbe – genau dort nämlich, wo Melissa am Abend zuvor ihr Bett gemacht hatte. Hatten Figan und Melissa am Ende zusammen mit dem kleinen Goblin in ein und demselben Nest geschlafen?

Paviane und Raubtierverhalten

Figan saß im Schatten und lauste sich. Außer ihm waren noch ungefähr zehn andere Schimpansen im Camp, die sich entweder ebenfalls lausten oder in kleinen Gruppen ruhend beieinanderlagen. Auch ein ausgewachsenes Pavianmännchen war im Camp und brach mit seinen kräftigen Zähnen Palmkerne auf, während ein junger Pavian sich an den reifen Früchten einer Palme gütlich tat.

Als Figan aufstand und auf diese Palme zuging, weckte irgend etwas an seiner Art zu gehen – eine gewisse Gespanntheit, die in seiner Haltung zum Ausdruck kam – Mikes Aufmerksamkeit. Figan warf einen kurzen Blick auf den jungen Pavian und kletterte dann ganz langsam den Stamm hinauf. Als er höher kam, spähte der Pavian ängstlich grinsend zu ihm hinunter und begann, kleine schrille Laute auszustoßen. Dann sprang er in die Krone einer benachbarten Palme hinüber. Als Figan den Wipfel seines Baumes erreicht hatte, hielt er einen Augenblick inne, bevor er dem Pavian sehr langsam folgte. Dieser sprang, jetzt lauter kreischend, auf den Baum zurück, auf dem er zunächst gesessen hatte. Wieder folgte ihm Figan. Nachdem sich dieses Hin und Her zwischen den beiden Bäumen noch zweimal wiederholt hatte, stürzte Figan plötzlich auf den Pavian zu, der sich entsetzt mit einem gewaltigen Sprung etwa sieben Meter hinab auf einen anderen Baum rettete.

Inzwischen verfolgten die übrigen Schimpansen mit gesträubtem Fell die Jagd mit unverhohlenem Interesse. Als der Pavian sprang, kletterte Mike rasch den Baum hinauf, auf dem er landete. Im gleichen Augenblick rannte das ausgewachsene Pavianmännchen mit lautem Gebrüll herbei. Schreiend setzte der Gejagte zu einem zweiten Sprung an und landete auf der Erde. Mike sprang ebenfalls herab und setzte ihm nach, während der ausgewachsene Pavian Mike verfolgte. In dem allgemeinen Durcheinander, zu dem die übrigen Schimpansen das Ihrige beitrugen, gelang es dem kleinen Pavian, zu entwischen.

Vier Jahre zuvor hatten Hugo und ich Figan, der damals noch zu den Heranwachsenden zählte, schon einmal dabei beobachtet, wie er auf einen jungen Pavian, der auf einem großen Feigenbaum saß, zukroch. Damals war es, soweit wir das beurteilen konnten, Rodolf gewesen, der die Jagd ausgelöst hatte. Er war auf den Baum zugegangen und dort mit ganz leicht gesträubtem Fell stehengeblieben, und wenn er überhaupt zu dem Pavian hinaufgeschaut hatte, dann so vorsichtig, daß wir nichts bemerkt hatten. Dennoch hatten sich die bis dahin friedlich herumsitzenden und sich gegenseitig lausenden Schimpansen wie auf ein Signal erhoben und sich in der Nähe jener Bäume postiert, die dem Pavian als Fluchtweg dienen konnten. Und Figan, das jüngste Männchen der Gruppe, war, wie gesagt, auf den als Beute Auserkorenen zugekrochen.

Auch damals war das Opfer entwischt. Und auf seine Rufe hin war eine ganze Pavianhorde, die sich ein paar hundert Meter entfernt aufgehalten hatte, herbeigeeilt, und es war zu einer wilden Auseinandersetzung zwischen Schimpansen und Pavianen gekommen. Aber, obwohl die Tiere unter lauten Angriffsrufen aufeinander losgegangen waren, war, soweit wir sehen konnten, weder ein Schimpanse noch ein Pavian zu Schaden gekommen. Der junge Pavian jedoch hatte den Tumult benutzt, um sich davonzustehlen.

Während der zehn Jahre, die vergangen sind, seit ich meine Arbeit am Gombe begann, haben wir beobachtet, wie Schimpansen junge Buschböcke, Buschschweine und Paviane ebenso wie junge und kleine ausgewachsene Rote Kolobusaffen, Berg-Weißnasenmeerkatzen und Blaugesichtige Diademmeerkatzen fraßen. Und in zwei Fällen ist es in dieser Gegend sogar vorgekommen, daß Schimpansen Babies von Afrikanern raubten – vermutlich, um sie zu fressen; denn einem der Babies, das man im letzten Moment retten konnte, waren von einem ausgewachsenen Schimpansenmännchen die Gliedmaßen angefressen worden. Zum Glück ereigneten sich diese Zwischenfälle, bevor ich zum erstenmal am Gombe auftauchte, mit anderen Worten, bevor ich die Schimpansen «gezähmt» hatte.

Viele Menschen sind entsetzt, wenn sie hören, daß ein Schimpanse ein menschliches Baby fressen kann. Aber Menschen sind für die Schimpansen nichts weiter als eine andere Art von Primaten, die sich in *ihren* Augen nicht sehr von Pavianen unterscheiden. Nicht weniger entsetzlich scheint mir übrigens die Tatsache, daß die Schimpansen in vielen Gebieten, in denen sie leben, von den Menschen als Delikatesse betrachtet werden.

Bis vor kurzem sahen wir zwar relativ häufig, wie Schimpansen Fleisch fraßen, konnten jedoch nur selten ihre Jagdmethoden beobachten. Während der letzten zwei Jahre jedoch gelang es uns – da inzwischen mehr Menschen am Gombe arbeiten und die Schimpansen ihren menschlichen Beobachtern gegenüber toleranter geworden sind –, eine ganze Menge über die Art und Weise in Erfahrung zu bringen, wie sie bei der Jagd vorgehen. Manchmal scheint es, daß sie ihre Beute fast zufällig erwischen: Dem Schimpansen läuft ein Buschschweinferkel über den Weg, er packt es, und im nächsten Augenblick ist es zur Strecke gebracht. In anderen Fällen scheinen die Schimpansen sehr viel überlegter und zielbewußter zu jagen. Nicht selten kommt es bei solchen Gelegenheiten vor, daß die verschiedenen Tiere einer Gruppe auf eine verblüffende Art zusammenarbeiten – etwa indem verschiedene Schimpansen dem in die Enge getriebenen Opfer den Fluchtweg abschneiden.

Ich selber war nur zweimal Zeuge, als ein Schimpanse sein Opfer tötete: einmal an jenem weit zurückliegenden Tag, als Hugo und ich sahen, wie ein Roter Kolobus ergriffen und in Stücke gerissen wurde, und einmal vier Jahre später, als ein junger Pavian an der Peripherie des Camps erwischt wurde. In diesem zweiten Fall ging es weit spektakulärer zu.

Der Zwischenfall ereignete sich eines Morgens, als Rodolf, Mr. McGregor, Humphrey und ein junges Männchen mit Bananen vollgestopft dasaßen und die Pavianhorde durch das Campgelände zog. Plötzlich stand Rodolf auf und ging, gefolgt von den drei anderen Schimpansen, rasch hinter eines der Gebäude. Bei allen drei Tieren beobachtete ich die gleiche Gangart – leise, zielbewußt, beinahe verstohlen –, die mir bei Figan aufgefallen war, als er sich der Palme genähert hatte, auf der der kleine Pavian saß, den er jagen wollte.

Ich folgte, aber ich war nicht schnell genug, um noch mitzuerleben, wie das Opfer gepackt wurde. Als ich um das Gebäude herumging, hörte ich plötzlich das Schreien eines Pavians und dann, wenige Sekunden später, das Gebrüll männlicher Paviane und das Schreien und Bellen von Schimpansen. Die letzten Meter legte ich im Laufschritt zurück und entdeckte hinter einem dichten Gebüsch Rodolf; er stand aufrecht, und über seinen Kopf schwang er den Körper eines jungen Pavians, den er an einem Bein festhielt und mit dem Schädel auf ein paar Steine schmetterte. Ich wußte nicht, ob dieser Aufprall dem Leben des Pavians ein Ende setzte; fest steht indes, daß das Opfer tot war, als Rodolf, seine Beute mit einer Hand haltend, den Hang hinaufstürmte.

Die anderen Schimpansen folgten ihm, immer noch schreiend, auf den Fersen, und auch ein paar ausgewachsene Pavianmännchen ließen nicht von Rodolf ab und fielen ihn immer wieder brüllend an. Zu meiner Überraschung aber gaben sie schon wenige Minuten später auf. Kurz darauf erschienen die vier Schimpansen wieder auf der Bildfläche und kletterten auf die oberen Äste eines hohen Baumes, wo sich Rodolf niederließ und mit seiner Mahlzeit begann, indem er seine Zähne in das zarte Fleisch an Bauch und Lenden seiner Beute schlug.

Angezogen von den lauten Schreien und Rufen, die Jagd und Tötung des Opfers gewöhnlich begleiten, erschienen auch andere Schimpansen aus dem Tal in dem Baum, und eine Gruppe von ranghohen Männchen sammelte sich um Rodolf und bettelte um einen Anteil an seiner Jagdbeute. Ich habe häufig beobachtet, wie Schimpansen um Fleisch betteln, und für gewöhnlich gestattet ein Männchen, das eine anständige Portion davon erwischt hat, zumindest einigen aus der Gruppe, daran teilzuhaben. Rodolf indessen wachte an jenem Tag eifersüchtig über seine Beute. Als Mike mit der Gebärde des Bittens eine hohle Hand ausstreckte, stieß Rodolf sie zurück. Als Goliath die Hand nach Rodolfs Schnauze ausstreckte, um auf diese Weise den Kloß aus Fleisch und Blättern zu erbetteln, auf dem der erfolgreiche

Jäger kaute, wandte ihm Rodolf den Rücken zu. Als J. B. mutig ein Stück von dem Kadaver ergriff, stieß Rodolf ein leises, drohendes Bellen aus, hob einen Arm und riß ihm das Fleisch weg. Und als der alte Mr. McGregor zaghaft das Ende eines herabhängenden Stücks Eingeweide anfaßte, war es nichts als pures Glück, daß ihm die Därme Meter um Meter entgegenfielen und seinen kahlen Kopf und die Schultern bekränzten. Rodolf sah hinunter und zog an dem Teil seiner Beute, der ihm zu entgleiten drohte, aber die Därme rissen, und Mr. McGregor kletterte hastig zu einem entfernten Teil des Baumes, wo sich rasch eine Gruppe von Weibchen und jungen Schimpansen versammelte, um ein paar Leckerbissen von ihm zu erbetteln.

Schimpansen lassen sich fast immer reichlich Zeit, wenn sie Fleisch fressen; gewöhnlich kauen sie jeden Bissen mit einer Portion Blätter, als ob sie den Geschmack so lange wie möglich genießen wollten. Alles in allem widmete sich Rodolf an jenem Tag volle neun Stunden dem Kadaver, und er behielt ihn fast ganz für sich, wenn er auch dann und wann einmal einen zerkauten Bissen in eine bettelnde Hand spuckte und wenn auch gelegentlich die anderen Männchen es fertigbrachten, ein Stück Fleisch abzureißen und sich damit zu entfernen. Manchmal fielen auch kleine Häppchen herab, worauf dann jedesmal die jungen Schimpansen wie der Blitz vom Baum herabschossen und sich im Unterholz auf die Suche nach den winzigen Stückchen machten. Immer wieder sah ich sie zudem an den Ästen des Baumes lecken, die mit der Beute in Berührung gekommen waren oder auf die, wie ich vermute, Blut getropft war.

Zu jener Zeit waren fast drei Jahre vergangen, seit Mike die Führung übernommen hatte, und Rodolf war längst nicht mehr das sehr ranghohe Männchen, das er gewesen war, als wir ihn kennenlernten. Wie aber war dann zu erklären, daß er es wagte, Mikes Hand zurückzustoßen, er, der es normalerweise so eilig hatte, seine Demut kundzutun, wenn sich Mike ihm näherte? Wie kam es, daß er es wagte, Goliath und J. B. zu drohen, die ihm normalerweise übergeordnet waren? Und warum vor allem schnappten diese ranghöheren Männchen Rodolf nicht zumindest einen Teil seiner Beute weg? Ich hatte dieses scheinbar inkonsequente Verhalten schon des öfteren beobachtet, wenn ein Beutetier gefressen wurde, und ich habe mich oft gefragt, ob in diesem Verhalten nicht die ersten Keime eines Gefühls für moralische Werte sichtbar wurden. Rodolf hat den Pavian getötet, also gehört das Fleisch Rodolf. Denkt man indessen ernsthafter über diese Frage nach, so drängt sich einem der Verdacht auf, daß hier etwas ganz anderes im Spiel ist.

Mike hätte Rodolf gewiß ohne Zögern angegriffen, wenn die Beute ein Haufen Bananen gewesen wäre, obwohl diese Bananen, wenn Rodolf sie für sich selber aus der Kiste geholt hätte, genauso sein Besitz gewesen wären, wie es das Fleisch war. Deshalb frage ich mich, ob nicht das Prinzip, das dahintersteht, jenem Prinzip ähnlich ist, demzufolge ein revierverteidigendes Tier sich innerhalb seines eigenen Reviers aggressiver verhält und mehr dazu neigt, einen Eindringling zu verjagen, als wenn ihm dasselbe Tier außerhalb der Grenzen seines Territoriums begegnet. Fleisch ist eine sehr begehrte, hochgeschätzte Nahrung. Ein ausgewachsenes Männchen, das im Besitz einer solchen Beute ist, mag eher bereit sein, darum zu kämpfen und seine Angst vor den ranghöheren Artgenossen zu überwinden, als ein Männchen, das etwas so Alltägliches wie Bananen erbeutet hat. Diese Theorie wird gestützt durch die Beobachtung, daß die Schimpansen auch in jenen Tagen, als wir mit dem Füttern begannen und die Bananen noch etwas Neues für sie waren, nur sehr selten über diese Früchte in Streit gerieten.

Wie aber läßt sich der Mangel an Aggressivität bei den ranghöheren Männchen erklären? Mag sein, daß sie weniger bereit sind, auf ihren normalen Privilegien zu bestehen, wenn sie statt der Zeichen der Furcht, die für gewöhnlich das Verhalten rangniederer Tiere ihnen gegenüber charakterisieren, unmißverständliche Zeichen der Aggressivität wahrnehmen.

Das gleiche kann durchaus für das sexuelle Verhalten zutreffen; es kann der Grund dafür sein, daß ausgewachsene Männchen im allgemeinen nicht um ihr Privileg, sich mit einem sexuell attraktiven Weibchen zu paaren, kämpfen, sondern statt dessen warten, bis sie an der Reihe sind. Mag sein, daß das Männchen, das sich eben zur Paarung anschickt, genauso bereit ist, sein sexuelles Recht auf den Akt der Arterhaltung zu verteidigen. Und es ist sehr wohl denkbar, daß die moralischen Werte des Menschen letztlich auf fundamentale Verhaltensmuster dieser Art zurückgehen.

Aber wie dem auch sei, fest steht, daß wir bei zahlreichen Gelegenheiten beobachten konnten, daß Rodolf und auch andere Schimpansen normalerweise nicht bereit waren, das Fleisch, das sie erbeutet hatten, mit ranghöheren Artgenossen zu teilen. In solchen Situationen lassen die ranghöheren Männchen ihre Aggressionen nicht selten an rangniederen Tieren aus. Deshalb geschieht es immer wieder, daß die großen Männchen, bevor sie ein Stück von dem Fleisch ergattert haben, Weibchen, junge Schimpansen und auch Männchen, die in der sozialen Hierarchie unter ihnen stehen – besonders wenn sie sich zu nahe an das Beutetier heranwagen –, wütend durch die Bäume jagen.

Diese Situationen waren es, in denen sich die Schimpansenmännchen während der ersten Zeit meines Aufenthaltes am Gombe auch mir gegenüber außerordentlich aggressiv verhielten. Eines Tages, als Rodolf ein Tier erbeutet hatte und den übrigen Schimpansen nichts von dem Fleisch abgab, rannte J. B. plötzlich zum Camp hinüber, um sich ein paar Bananen zu holen. Als er die Strecke von etwa zweihundert Metern zurückgelegt hatte und wiederauftauchte, muß er gedacht haben, daß ich während seiner Abwesenheit ein Stück von dem Kadaver erwischt hätte. Als er durch das dichte Unterholz herbeigeeilt kam, sah er mich plötzlich, blieb stehen und starrte mich an. Langsam richtete sich sein Fell auf, und unvermittelt schoß er mit einem lauten Bellen geradenwegs auf mich los. Das Gewirr der Schlingpflanzen um mich herum war so dicht, daß jeder Versuch, ihm auszuweichen, sinnlos war, und ich glaube, ich schloß ganz einfach meine Augen, als er etwa einen halben Meter vor mir zum Stehen kam und mir einen harten Stoß versetzte. Aber er begnügte sich damit, in wilder Eile zunächst meinen Pullover und dann meine Provianttasche zu nehmen und ausgiebig daran zu schnuppern. Dann legte er beides wieder hin, drehte sich um und rannte davon, um sein Glück dort zu suchen, wo die Beute tatsächlich war.

Bei einer anderen Gelegenheit wurde es gefährlicher. Hugo und ich hatten eine große Gruppe von Schimpansen beobachtet, die in einem Baum saß. Mike hatte einen Pavian erlegt und teilte seine Beute großzügig mit J. B. und ein paar anderen Schimpansen. Fünf ausgewachsene Männchen aber hatten nicht mehr als ein paar kleine Fetzen abbekommen. Diese Männchen tobten wild im Baum umher und verjagten jedes rangniedere Tier, das ihnen in die Quere kam. Der am meisten Frustrierte unter diesen Zukurzgekommenen schien uns David Greybeard zu sein. Nach einer Weile schwang sich Mike vom Baum herab, zog sich ins Dickicht zurück und fraß dort weiter. Natürlich folgten die anderen Schimpansen. Hugo und ich machten, als wir näher krochen, um beobachten zu können, den Fehler, uns zu still zu verhalten. Als wir deshalb plötzlich auftauchten, ergriff ein junges Weibchen, das noch nicht lange zu unserer Gruppe gehörte, erschreckt die Flucht. Das beunruhigte auch die übrigen Tiere, und es kam zu einem kurzen, aufgeregten Durcheinander. Dann merkten die Schimpansen, daß es keinen Grund zur Beunruhigung gab, und fünf der Männchen, die nichts von der Beute abbekommen hatten, kamen, nachdem sie uns ein paar Sekunden lang angestarrt hatten, aufrecht und mit fuchtelnden Armen auf uns zu und stießen dabei ein lautes, zornig klingendes Drohgebell aus. Kurz bevor sie bei uns angelangt waren, blieben sie stehen – bis auf David.

David Greybeard konnte, wie ich bereits gesagt habe, zu einem außerordentlich aggressiven Schimpansen werden, wenn er hinreichend gereizt war. Und in diesem Falle war das eindeutig der Fall. Hugo und ich drehten uns im gleichen Augenblick um und flohen. Als wir uns umschauten, sahen wir, daß David uns immer noch verfolgte. Plötzlich blieb Hugo, der hinter mir lief, um mich zu decken, und dabei gleichzeitig mit seiner Kameraausrüstung zu kämpfen hatte, in einem Dornengestrüpp hängen. Während er versuchte, sich zu befreien, rannte der wütende David immer weiter, bis er nur noch wenige Schritte entfernt war. Erst im letzten Augenblick blieb er stehen, stieß noch einmal sein wildes «Uaah» aus, riß einen Arm hoch und machte kehrt, um zu den anderen Schimpansen zurückzulaufen.

Noch heute bin ich der Überzeugung, daß dies die heikelste Situation war, in die wir je mit einem Schimpansen gerieten. Denn David war, obwohl normalerweise durchaus sanft, für uns in gewisser Weise der gefährlichste Schimpanse, weil er nicht die leiseste Scheu vor Menschen hatte. Man hat sich oft darüber gewundert, daß Hugo und ich damals die Flucht ergriffen, aber im Grunde war diese Reaktion keineswegs abwegig. Schließlich kann ein sozial untergeordneter Schimpanse seine Unterwürfigkeit am besten dadurch beweisen, daß er aus dem Blickfeld des aggressiven Artgenossen verschwindet, mit anderen Worten, daß er wegläuft. Ein rangniederer Schimpanse, der seine Unterwürfigkeit dadurch beweist, daß er sich niederkauert, dem erzürnten Ranghöheren sein Hinterteil zuwendet oder ihm eine Hand entgegenstreckt, wird mit ziemlicher Sicherheit angegriffen. Sucht er dagegen das Weite, so kommt es nur selten vor, daß ein ausgewachsenes Männchen die Verfolgung aufnimmt.

Inzwischen hat sich in dieser Beziehung manches geändert. Die Schimpansen wirken nicht nur weit duldsamer, wenn sich ihnen Menschen nähern, sie scheinen auch begriffen zu haben, daß sie, wenn sie Fleisch erbeutet haben, kaum befürchten müssen, daß ihnen ihre menschlichen Beobachter die Beute streitig machen könnten. Aggressives Verhalten während einer Fleischmahlzeit, das sich gegen Forscher richtet, wird am Gombe immer seltener beobachtet.

Ebenso interessant wie die Tatsache, daß die Schimpansen bei der Jagd die ersten Ansätze eines Zusammenwirkens zeigen, wie es die menschlichen Jagdgemeinschaften charakterisiert, ist die Tatsache, daß derjenige, der im Besitz des Kadavers ist, normalerweise bereitwillig mit anderen Artgenossen teilt und sich damit, soweit bisher bekannt ist, von allen anderen nichthominiden Primaten, die in freier Wildbahn leben, unterscheidet. Nicht selten haben wir beobachtet, wie Schimpansen sogar Stücke von dem erbeuteten Fleisch abrissen und sie den bettelnden Tieren reichten. Besonders bemerkenswert war in dieser Hinsicht der folgende Fall: Angelockt durch ein plötzliches Geschrei von Schimpansen und Pavianen, sahen wir in einem Baum Goliath mit einem Pavianbaby sitzen, das offenbar erst kurz zuvor getötet worden war. Auch der alte Mr. Worzle saß auf dem Baum und bettelte um ein Stück Fleisch, wobei er wie ein Junges wimmerte. Alle paar Minuten erhob sich Goliath und sprang ein Stück weiter weg, aber Worzle folgte ihm schreiend und streckte, sobald Goliath stehenblieb, aufs neue seine Hand aus. Als Goliath wohl zum zehntenmal seine Hand wegstieß, bekam Worzle einen Koller, wie man ihn sonst nur bei Schimpansenkindern erlebt, warf sich rückwärts von seinem Ast herunter und landete schreiend im Gebüsch. Daraufhin riß Goliath zu unserem Erstaunen seine Beute in zwei Teile und reichte Mr. Worzle den ganzen unteren Teil des Rumpfes herab. Es war, als ob er auf diese Weise dem Geschrei und der Unruhe ein Ende bereiten wollte, um ungestört seine Beute genießen zu können. Auch Flo erhielt ihren Anteil von Goliath, als sie wenig später auftauchte.

Sobald sich Mike seiner Führungsposition sicher war, verhielt er sich den übrigen Schimpansen gegenüber zusehends toleranter und freundlicher. Hatte er einmal einen Kadaver erbeutet, so teilte er wenigstens ein Stück davon mit den anderen Männchen. Einmal beobachtete ich, wie Mike und Rodolf an den beiden Enden eines Kadavers kauten, der Mike gehörte. Nach einer Weile begann Mike, an seiner Hälfte zu ziehen. Ich hatte den

Eindruck, daß er nicht etwa versuchte, Rodolf seinen Teil wegzunehmen, sondern daß er ganz einfach den Kadaver in zwei Teile reißen wollte. Bei dieser Gelegenheit demonstrierte Rodolf eindrucksvoller als je zuvor, über welche Kräfte er verfügt; denn sosehr Mike auch zerren und ziehen mochte, Rodolf hielt seinen Teil der Beute fest und blieb regungslos wie ein Stein sitzen. Endlich beugte er sich, ungestört weiternagend, vor, während Mike weiter zerrte, bis der Kadaver auseinanderriß und Mike nur noch den Kopf in den Händen hielt. Eine besondere Delikatesse scheint für die Schimpansen das Gehirn zu sein. Aus diesem Grunde sichert sich Mike sehr oft den Kopf des Beutetiers. Ich konnte mehrfach beobachten, wie er nach und nach das Hinterhauptloch erweiterte, indem er mit den Zähnen kleine Knochenstücke abbiß. Wenn dann die Öffnung groß genug war, holte er mit dem Zeigefinger das Gehirn heraus. Es kommt auch vor, daß die Schimpansen das Gehirn freilegen, indem sie das Hauptstirnbein zerschlagen.

Als David einmal beharrlich bettelnd zusah, wie Mike sich an dem Gehirn eines Beutetiers labte, fing Mike plötzlich an, ihn – wie eine Schimpansenmutter, die ihr Kind von einem begehrten Gegenstand ablenken will – zu kitzeln. Kurz darauf kitzelten sich die beiden Männchen gegenseitig und ließen ihr glucksendes Schimpansenlachen hören. Der Trick hatte funktioniert: Als David die Kitzelei nicht mehr aushalten konnte, zog er ab, und Mike fraß ungestört weiter.

Nur in einem Fall erlebten wir, daß Mike den hochgeschätzten Kopf mitsamt dem Gehirn einem anderen überließ. Es war abends, und Mike hatte reichlich gefressen. Als die letzten Strahlen der sinkenden Sonne durch das Blätterdach drangen, hielt er den Kopf seines Opfers, eines jungen Pavians, hoch und machte sich daran, das Fell der Beute zu «lausen». Es war ein makabrer Anblick; denn eine Augenhöhle war leer, und aus der anderen hing das Auge am Sehnerv heraus. Plötzlich raschelte es im Unterholz, und J. B. tauchte auf, ergriff den Kopf und verschwand damit im Dickicht. Mike war offenbar so satt, daß es ihm gleichgültig war; denn er gab sich nicht einmal die Mühe, den Freund zu verfolgen. J. B. kletterte auf einen Baum in der Nähe, machte sich ein Nest und saß, bis die Dunkelheit hereinbrach, auf seinem Bett und fraß Hirn mit Blättern. Faßt man alle einschlägigen Informationen, die wir im Laufe der Jahre am Gombe sammeln konnten, zusammen, so spricht vieles dafür, daß die Schimpansen nur zu bestimmten Zeiten Fleisch fressen. Es kann vorkommen, daß zum Beispiel das zufällige Jagdglück eines Schimpansen, dem im Dickicht ein kleines Buschschwein über den Weg läuft, in der ganzen Gruppe eine Sucht nach Fleisch auslöst. Solange diese Sucht anhält – was bis zu zwei Monaten dauern kann –, geschieht es gelegentlich, daß die ausgewachsenen und die heranwachsenden Männchen sich ganz zielbewußt auf die Jagd machen. Irgendwann dann – sei es, weil ihre Sucht befriedigt ist, sei es, weil sie eine Zeitlang erfolglos gejagt haben – verlieren sie ihr Interesse und kehren zu ihrer Diät aus Früchten, Pflanzen und Insekten zurück, bis ein paar Monate später irgend etwas aufs neue ihre Gier nach Fleisch weckt.

Ich erinnere mich noch gut daran, wie Humphrey einmal mit der Haut eines Roten Kolobus im Camp auftauchte. Als er wieder davonzog, umklammerte er immer noch seine Trophäe. Etwa eine Stunde später traf Gregor ein, der aus der gleichen Richtung kam, aus der wir Humphrey hatten kommen sehen. Und ob er nun seinen Teil von der Beute abbekommen hatte oder nicht, es war deutlich, daß ihm der Sinn nach Fleisch stand. Nachdem er sich ungefähr fünfzehn Minuten im Camp aufgehalten hatte, spähte er plötzlich aufmerksam über das Tal. Wir folgten seinem Blick und sahen eine kleine Horde von Roten Kolobusaffen. Fast im gleichen Augenblick machte sich Gregor mit jenem raschen, leisen und zielstrebigen Gang, von dem bereits die Rede war, auf den Weg, und die anderen Schimpansen im Camp folgten ihm. Wir holten unser Fernglas hervor und warteten.

Kurz darauf sahen wir, wie in einiger Entfernung heftig Zweige geschüttelt wurden, hörten das Geschnatter der Affen und entdeckten den alten Gregor, der zusammen mit ein paar anderen Schimpansen und einer Anzahl von Kolobussen durch die Bäume sprang. Ich entdeckte, wie ein Kolobus einen kleinen Schimpansen jagte, der schreiend von einem Baum herabsprang. Dann sahen wir zu unserem Erstaunen, wie der alte Gregor, verfolgt von einem einzigen Kolobusmännchen, einen baumlosen, grasbedeckten Hang hinunterraste. Diese Episode zeigt, daß ein Tier, das in Wut gerät, weit gefährlicher wirken kann, als es in der Tat ist; denn jener Kolobus hätte mit Sicherheit den kürzeren gezogen, wenn der alte Gregor sich umgedreht und ihn angegriffen hätte.

Diese Beobachtung läßt es um so überraschender erscheinen, daß ausgewachsene Pavianmännchen, die um ein Vielfaches schwerer und für gewöhnlich weit aggressiver sind als Kolobusmännchen, ihren Jungen nicht mehr Schutz bieten, wenn sie von Schimpansen gejagt werden. Gewöhnlich stürmen sie zwar herbei, springen die Schimpansen brüllend an und brechen einen allgemeinen Tumult vom Zaune, wenn sie merken, daß ein kleiner Pavian gejagt wird. Aber obgleich sie ein außerordentlich aggressives Gebaren zeigen, konnten wir bisher nie feststellen, daß ein Schimpanse bei einer solchen Auseinandersetzung verletzt wurde. Als Mike einmal einem Opfer nachjagte, sprang ihm ein Pavianmännchen sogar auf den Rücken und klammerte sich dort für ein paar Sekunden fest, und trotzdem kam Mike völlig ungeschoren davon. Selbst wenn die Schimpansen ein Pavianbaby erwischt haben, das noch am Leben ist und schreit, greifen die Männchen nicht an. Wir haben es hier mit einem jener ungelösten Probleme zu tun, die uns zur Fortsetzung unserer Forschungsarbeit herausfordern.

In der Tat ist das Problem der Beziehungen zwischen den Schimpansen und den Pavianen am Gombe ebenso komplex wie faszinierend. Als ich mit meinen Forschungen begann, beobachtete ich, daß Schimpansen und Paviane im allgemeinen – mit Ausnahme der Jungtiere, die oft miteinander spielten – kaum Notiz voneinander nahmen. Es kam durchaus vor, daß ausgewachsene Schimpansen und Paviane ganz friedlich in ein und demselben Baum fraßen, obgleich die Schimpansen, wenn sie stark in der Minderzahl waren, gewöhnlich unruhig wurden und schließlich das Weite suchten, wenn ein Pavian nach dem anderen in die Äste ihres Baums kletterte. Gelegentlich kam es auch zu Auseinandersetzungen zwischen Gruppen der beiden Arten; im Lichte dessen, was wir heute wissen, scheint es mir, daß der Grund für solche Streitigkeiten darin bestand, daß die Schimpansen versuchten, einen jungen Pavian zu fangen.

Seit 1963, dem Jahr, in dem unser Futterplatz entstand, ist die Zahl der Begegnungen zwischen Schimpansen und Pavianen ungeheuer gestiegen. Während der schlimmsten Jahre, unmittelbar bevor wir den Futterbunker bauten, hielten sich Schimpansen und Paviane im Camp oft stundenlang in nächster Nachbarschaft auf. Anfangs schien es häufig, als zeigten die Paviane mehr Respekt vor den Schimpansen, als das heute der Fall ist. Ich glaube jedoch, daß der Grund hierfür ganz einfach in der Tatsache zu suchen ist, daß die Paviane damals noch mehr Angst vor Menschen hatten, so daß sich nur wenige von ihnen ins Camp wagten. Außerdem versuchten wir, sie dadurch abzuschrecken, daß wir sie mit Spiegeln anblinkten, so daß sie ohnehin verängstigt waren und die Drohung eines Schimpansen, der plötzlich auf und ab sprang und die Arme kreisen ließ, um so eher ihre Wirkung tat. Aber selbst damals gab es schon einige Pavianmännchen, die außerordentlich aggressiv waren und die meisten Schimpansen in Angst versetzten.

Später, als einige unserer Forscher anfingen, den Pavianen zu folgen, um ihr Verhalten zu studieren, wurde ihre Furcht vor den Menschen sehr viel geringer, und sie kamen in immer größerer Zahl zu unserem Futterplatz. Kein Wunder, daß sie jetzt aggressiver wirkten und daß die Mehrzahl der Schimpansen wachsenden Respekt vor ihnen zeigte. Aber mochte es auch oft zu Streitereien kommen, wenn Pavian und Schimpanse miteinander in Berührung kamen, so beobachteten wir doch nie, daß bei solchen Gelegenheiten eines der Tiere ernsthaft verwundet wurde. Meist beschränkten sich die Kämpfe um die Bananen auf Drohung und Bluff, wobei die Paviane brüllend und mit aufgerissener Schnauze auf ihre Gegner zusprangen oder nach ihnen schlugen, während die Schimpansen auf und ab hüpften, mit den Armen gestikulierten und dabei schrien oder ihr lautes «Uaah»-Gebell ausstießen.

Wer bei solchen Auseinandersetzungen den Sieg davonträgt, hängt weitgehend von den einzelnen Tieren ab, die in den Streit verwickelt sind. Die Schimpansen fanden rasch heraus, welche Pavianmännchen sich durch einen Bluff in die Flucht jagen ließen und welche nicht zurückwichen und daher zu meiden waren. Die Paviane ihrerseits erkannten, daß sie mit weiblichen und jungen Schimpansen in den meisten Fällen ein leichtes Spiel hatten, daß sich einige Männchen, wie zum Beispiel David Greybeard, ohne große Schwierigkeiten einschüchtern ließen und dazu gebracht werden konnten, einen ganzen Armvoll Bananen fallen zu lassen, während andere, wie

Goliath und Mike, mit Vorsicht zu genießen waren. Auch vor dem alten Mr. Worzle hatten die Paviane offenkundig Respekt. Mag sein, daß seine seltsamen, menschlich wirkenden Augen dabei eine Rolle spielten. Der eigentliche Grund aber war, daß Worzle im allgemeinen keine Angst zeigte und einfach nicht in die Flucht zu jagen war. Außerdem war er der erste Schimpanse, den wir dabei beobachteten, wie er Steine und andere Gegenstände nach Pavianen warf, die sich ihm näherten und ihm drohten. Gelegentlich kam es auch vor, daß er Blätter nach ihnen schleuderte, wenn kein anderes Wurfgeschoß zur Hand war, und einmal warf er – zur offenkundigen Genugtuung seines Opponenten – einem aggressiven Pavianmännchen eine ganze Handvoll Bananen entgegen. Mit der Zeit jedoch wurde Worzle wählerischer und benutzte mit Vorliebe große Steine.

Es überraschte uns nicht, als wir zum erstenmal sahen, wie Worzle einen Stein nach einem Pavian warf; denn wir hatten schon öfter Schimpansen beobachtet, die in aggressiver Stimmung mit irgendwelchen Gegenständen warfen. Rodolf zum Beispiel hatte bei seinem ersten Besuch im Camp einen großen Stein nach Hugo und mir geschleudert. Er war offenbar Goliath gefolgt, ohne groß darauf zu achten, wohin er ging. Als er plötzlich auf das Zelt aufmerksam wurde, in dem wir uns versteckt hielten, stieß er einen halb erstickten Ruf aus, richtete sich auf, schleuderte sein Wurfgeschoß und rannte zu den Büschen zurück.

Bald nachdem wir das erste Mal erlebt hatten, wie Mr. Worzle die Paviane mit Steinen unter Beschuß nahm, fingen andere Männchen an, das gleiche zu tun. Heute setzen fast alle erwachsenen Männchen geeignete Gegenstände auf diese Weise als Waffen ein. Aber obwohl sie zumeist ziemlich große Steine dazu verwenden, treffen sie die Paviane nur selten, wenn sie nicht ganz dicht vor ihnen stehen.

An dieser Stelle sei allerdings darauf hingewiesen, daß – wenn man von den Augenblicken absieht, in denen Bananen verteilt werden – die Beziehungen zwischen Schimpansen und Pavianen selbst im Bereich der Futterstelle normalerweise friedlich sind und daß die einzelnen Tiere sich den Tieren der anderen Gattungen gegenüber ziemlich tolerant verhalten. Ja, es hat uns immer wieder überrascht, daß Schimpansen und Paviane, nachdem sie sich unmittelbar zuvor noch überaus aggressiv gebärdet haben, häufig gelöst beieinandersitzen und ruhen, wenn alle Bananen verschlungen sind.

Da sowohl Schimpansen als auch Paviane bekanntlich außergewöhnlich intelligent sind, kann es im Grunde nicht verwundern, daß einzelne Tiere der beiden Gattungen bis zu einem gewissen Grade in Beziehung zueinander treten können. So beobachteten wir zum Beispiel einmal, wie ein Pavianweibchen ganz dicht an Mr. Worzle vorbeistrich, der angesichts dieser Annäherung leicht verstört wirkte. Er hob einen Arm und stieß ein leises Drohgebell aus, worauf das Weibchen sich sofort niederkauerte und sich unterwürfig präsentierte. Darauf streckte Mr. Worzle seine Hand nach ihrem Rumpf aus, und es schien ganz so, als ob er sie berührte, um sie zu beruhigen. Jedenfalls entspannte sich ihre Haltung, und sie ließ sich dicht neben ihm nieder. Dieses Verhalten war keineswegs ungewöhnlich; wir konnten es oft beobachten.

Als Flint etwa acht Monate alt war, näherte er sich auf seinen wackligen Beinen häufig Pavianweibchen mit Brunstschwellungen, und wir waren zunächst überrascht, daß sich diese Weibchen nicht selten umdrehten und dem kleinen Flint ihr Hinterteil zuwandten – genau wie es die Schimpansenweibchen taten. Einige unter ihnen gestatteten ihm sogar, ihre rosa Schwellung zu berühren. Nach einer Weile entdeckten wir, daß das gleiche geschah, wenn sich Goblin oder irgendein anderes Schimpansenkind einem Pavianweibchen näherte, wenn wir auch feststellten, daß die Weibchen in dieser Situation nicht alle das gleiche Maß an Toleranz zeigten.

Besonders faszinierend war die Beziehung, die zwischen einem alten Pavianmännchen, das wir Job nannten, und vielen unserer Schimpansen bestand. Vielleicht wegen seines Alters, vielleicht auch aus irgendeinem anderen Grunde entwickelte Job die Neigung zu ausgedehnten Aufenthalten im Camp, wobei er die Angewohnheit hatte, an einem Baumstamm gelehnt dazusitzen, als ob ihn das Leben beim besten Willen nicht mehr reizen konnte. Eines Tages sahen wir nicht ohne Staunen, daß er auf Fifi zuging und ihr, indem er ihr seine Flanke zuwandte, zu verstehen gab, daß er gelaust werden wollte. Noch erstaunlicher war für uns, daß Fifi seiner stummen Aufforderung nachkam. Nachdem sie ihm eine Weile das Fell gepflegt hatte, kehrte ihm Fifi ihrerseits ihre Flanke zu, aber Job reagierte nicht, und so lauste sie ihn noch einmal ein paar Augenblicke lang und entfernte sich dann. Seit diesem Tag konnte man häufig beobachten, wie Job sich dem einen oder anderen Schimpansen näherte, ihm durch seine Haltung zu verstehen gab, daß er gern gelaust werden wollte, und nicht selten erreichte, daß ihm sein Wunsch für kurze Zeit erfüllt wurde.

Einmal näherte sich Figan dem alten Pavianmännchen, und sein hüpfender, leicht schwankender Gang deutete an, daß er spielen wollte. Er streckte einen Arm aus, stieß Job ein paarmal an und kraulte ihn dann unter dem Kinn. Als das alte Männchen auf nichts reagierte, sondern einfach dasaß und höchstens ein wenig verwirrt dreinschaute, versuchte es Figan mit einer neuen Taktik. Er preßte seine Stirn gegen die des Pavians und stieß mehrmals so heftig mit dem Kopf zu, daß Jobs ganzer Körper erschüttert wurde. Nach kurzer Zeit schien Jobs Geduld erschöpft, und er drohte ihm, indem er seine alten Zähne zeigte und ein kurzes Stück auf ihn zusprang. Figan schien das nicht sonderlich zu beunruhigen, aber er trottete dennoch wenig später davon. Wir sahen noch zweimal, wie junge Schimpansenmännchen versuchten, Job zum Spielen zu bewegen, indem sie ihm Knüffe versetzten und ihn, wie es schien, mit den Fingern kitzelten. Aber keinem der beiden gelang es, dem alten Männchen auch nur das kleinste Zeichen einer Bereitschaft zu entlocken, auf ihren Wunsch einzugehen.

Trotz all dieser freundlichen Begegnungen zwischen Pavianen und Schimpansen und obwohl wir oft beobachten konnten, wie junge Schimpansen und Paviane miteinander spielten, haben wir nie wieder eine Freundschaft erlebt, wie sie sich damals zwischen Gilka und dem jungen Pavianweibchen Goblina entwickelte. Zwar gab es ein überaus verspieltes Pavianmännchen, das häufig mit Flint umhertollte, und es gab sogar ein schon beinah ausgewachsenes Männchen, das eine Zeitlang häufig mit Fifi spielte, als diese etwa sechs Jahre alt war. Aber solche Beziehungen bestanden nicht länger als ein paar Wochen, und die Tiere, zwischen denen sie sich anbahnten, spielten nur dann miteinander, wenn der Zufall sie zusammenführte. Die Freundschaft zwischen Gilka und Goblina dagegen bestand, wie bereits gesagt, fast ein Jahr lang, und es war eindeutig, daß die beiden jeweils die Nähe des andern suchten. Eines Tages, als wir Schimpansengeschrei und Paviangebrüll hörten, liefen Hugo und ich zu einem hohen Baum und entdeckten dort zwei ausgewachsene Schimpansenmännchen mit einem gerade getöteten Pavianbaby. Wir waren so sehr damit beschäftigt, das Verhalten der Schimpansen zu beobachten, daß wir zunächst der Pavianmutter, die immer wieder laut rufend auf die Schimpansen zulief, keine Beachtung schenkten. Aber als wir dann sahen, daß es Goblina war und daß die Schimpansen ihr erstes Kind getötet hatten, wurde es uns schwer, den Anblick noch länger zu ertragen.

Nach etwa dreißig Minuten zog Goblina mit dem Pavianmännchen, das bei ihr geblieben war, fort. Später jedoch kehrte sie, immer noch begleitet von dem jungen Männchen, zurück, ließ sich ein Stück hangaufwärts nieder und starrte zu den Schimpansen hinüber. In kurzen Abständen stieß sie ein leises Grunzen aus, das sich für Hugo und mich wie ein Klageruf anhörte. Sie blieb etwa zehn Minuten sitzen und zog sich dann aufs neue zurück. Während der vier Stunden jedoch, die die Schimpansen mit ihrer Beute auf dem Baum verbrachten, kehrte sie noch dreimal allein zurück. Drei Stunden später suchte sie, immer noch allein, den inzwischen verlassenen Schauplatz des Grauens noch ein viertes Mal auf, und alle paar Minuten hörten wir ihren klagenden Ruf.

Ein Jahr später brachte Gilkas alte Spielgefährtin ein zweites Kind zur Welt, das heute bereits halb erwachsen ist und, wenn es ein wenig Glück hat, nicht mehr das Opfer des räuberischen Angriffs eines Schimpansen werden wird. Ollys neues Baby jedoch, von dem wir hofften, daß es einmal ein echter Spielgefährte für Gilka werden würde, ereilte ein Schicksal, das vielleicht noch grausamer war als jenes, das Goblinas erstes Kind traf.

Sterben

Ollys Neugeborenes war vier Wochen alt, als es plötzlich krank wurde. Ich war ganz aufgeregt gewesen, als man mir von seiner Geburt berichtet hatte: Würde seine ältere Schwester Gilka genauso fasziniert von ihm sein, wie es Fifi von Flint gewesen war? Und wie würde in diesem Fall Olly reagieren? Ich war zwar nicht am Gombe, als das Baby zur Welt kam, aber ich war dort, als Olly einen Monat später eines Abends langsam die Lichtung des Camps betrat und dabei den Kleinen mit einer Hand stützte. Jedesmal, wenn sie eine plötzliche Bewegung machte, stieß er einen lauten Schrei aus, der sich wie ein Schmerzensschrei anhörte, und verlor den Halt. Erst glitt eine Hand oder ein Fuß aus Ollys Haar und baumelte herab, dann der zweite.

Während Olly ihre Bananen fraß, lauste Gilka ihre Mutter. Oft hatte ich beobachtet, wie Gilka ihre Hand näher und näher an die Hände ihres Bruders herangeschoben hatte, genau wie es Fifi zwei Jahre zuvor getan hatte, als Flint noch ein Baby gewesen war. Diesmal jedoch gestattete Olly ihrer Tochter, den Kopf und den Rücken des Babys zu lausen, ohne daß sie, wie sie es sonst zu tun pflegte, versuchte, Gilkas Hände zurückzustoßen.

Am nächsten Morgen konnte kein Zweifel mehr darüber bestehen, daß der Kleine schwer krank war. Alle vier Gliedmaßen hingen leblos herab, und er schrie fast bei jedem Schritt auf, den seine Mutter tat. Olly ließ sich vorsichtig nieder, um seine Beine nicht einzuquetschen, und Gilka setzte sich dicht neben ihre Mutter und starrte den kleinen Bruder an. Sie versuchte diesmal jedoch nicht, ihn zu berühren.

Olly fraß ein paar Bananen und machte sich dann auf den Weg durch das Tal. Gilka und ich folgten ihr. Olly ging nur jeweils ein paar Schritte, ließ sich dann, als ob die Schreie des Kleinen sie ängstigten, nieder, drückte ihn an sich und wiegte ihn, bis er ruhiger wurde. Dann zog sie weiter, aber sofort ließ er wieder seine Schreie vernehmen, und sie setzte sich aufs neue hin, um ihn zu beruhigen. Als Olly nach etwas mehr als einer halben Stunde etwa hundert Meter zurückgelegt hatte, kletterte sie auf einen Baum. Wieder legte sie beim Hinsetzen sorgfältig die Arme und Beine des Babys auf ihren Schoß. Gilka, die ihrer Mutter gefolgt war, betrachtete auch jetzt wieder ihren kleinen Bruder, bevor Mutter und Tochter begannen, sich gegenseitig zu lausen. Das Baby hörte auf zu schreien, und Olly schenkte ihm – wenn man davon absieht, daß sie gelegentlich kurz seinen Kopf lauste – keinerlei Aufmerksamkeit mehr.

Nach etwa fünfzehn Minuten setzte ein wolkenbruchartiger Regen ein, der mir fast vollständig die Sicht nahm. Während es eine halbe Stunde lang goß, muß das Baby entweder gestorben sein oder sein Bewußtsein verloren haben; denn als Olly danach den Baum verließ, gab es keinen Laut mehr von sich, und sein Kopf hing ebenso leblos herab wie Arme und Beine.

Was mich erstaunte, war, daß Olly plötzlich völlig anders mit ihrem Baby umging. Ich hatte eine junge und unerfahrene Mutter dabei beobachtet, wie sie ihr totes Baby noch einen Tag, nachdem es gestorben war, genauso behutsam mit sich herumtrug, als ob es nach wie vor am Leben sei. Als Olly vom Baum herabkletterte, hielt sie ihr Kind sorglos mit einer Hand fest, und als sie auf der Erde angekommen war, warf sie sich den schlaffen Körper über die Schulter. Vielleicht verhielt sie sich so, weil sich das Schimpansenbaby nicht mehr bewegte oder schrie, so daß ihre mütterlichen Instinkte nicht mehr angesprochen wurden.

Als Olly am nächsten Tag, gefolgt von Gilka, beim Camp eintraf, hatte sie sich den toten Körper wieder über die Schulter geworfen. Wenn sie sich hinsetzte, schlug er manchmal hart auf den Boden auf. Dann und wann schob sie ihn sich, wenn sie saß, gegen die Hüfte. Wenn sie aufstand, hielt sie ihn an einem Arm oder gar an einem Bein fest. Es war ein schauriger Anblick, und ein paar junge Schimpansenweibchen kamen herbeigelaufen und starrten. Das gleiche tat eine Anzahl von Pavianen. Olly achtete nicht auf sie.

Nach einer Weile verließ sie das Camp, und Gilka und ich folgten ihr ein Stück den Hang auf der gegenüberliegenden Seite des Tals hinauf. Olly wirkte benommen; den toten Körper über der Schulter und ohne nach links oder rechts zu schauen, stapfte sie den schmalen Wechsel durch den Wald hinauf, bis sie die halbe Höhe des Berges erreicht hatte. Dort ließ sie sich nieder. Der tote Körper fiel neben ihr auf den Boden. Sie streifte ihn nur mit einem kurzen Blick und starrte dann eine halbe Stunde lang in die Luft und bewegte sich nur, um die Fliegen zu verjagen, die sich rasch in Schwärmen sammelten.

Jetzt endlich kam für Gilka die Gelegenheit, mit ihrem Bruder zu spielen. Es war ein Anblick, der sich nur schwer ertragen ließ. Der tote Körper war bereits aufgedunsen; Gesicht und Bauch zeigten einen deutlichen Grünschimmer, und die weit aufgerissenen Augen starrten glasig nach vorn. Stück für Stück zog Gilka den Körper zu sich heran, wobei sie immer wieder einen raschen Blick auf das Gesicht der Mutter warf. Sorgfältig lauste sie ihren Bruder und versuchte dann sogar, mit ihm zu spielen, indem sie die leblose Hand an die empfindliche Stelle zwischen ihrem Schlüsselbein und ihrem Hals führte und dabei den Anflug eines Spielgesichts zeigte. Wir hatten uns um Gilkas willen gefreut, als die alte Olly noch einmal ein Junges zur Welt brachte, aber es schien, daß das Schicksal stets gegen Gilka war. Nach einem kurzen Blick auf ihre Mutter hob Gilka den Körper des Bruders hoch und drückte ihn gegen ihre Brust. Erst in diesem Augenblick erwachte Olly kurz aus ihrer Lethargie. Sie schnappte ihr den Körper weg, ließ ihn dann jedoch wieder zu Boden fallen.

Endlich erhob sich das alte Weibchen und ging auf dem gleichen Wechsel wieder hinunter und zum Camp zurück. Sie fraß zwei Bananen, blieb eine Weile ins Leere starrend sitzen und zog dann wieder durch das Tal davon.

Drei Stunden lang konnte ich mit der kleinen Familie Schritt halten. Etwa alle zehn Minuten setzte oder legte sich Olly hin, und Gilka versuchte wie zuvor, ihren Bruder zu lausen oder mit ihm zu spielen. Schließlich beschleunigte Olly, die sich offenbar durch meine Gegenwart beunruhigt fühlte, ihre Schritte und sah sich beim Laufen immer wieder nach mir um. Ich folgte ihr auch noch ein kurzes Stück, als sie in ein Dickicht eindrang, beschloß aber dann, die Verfolgung aufzugeben. Ich war froh, als ich aus dem Gewirr der Schlingpflanzen wieder ins Freie trat; denn in der heißen und feuchten Luft lag überall, wo Olly gegangen war, Leichengeruch, und allenthalben saßen Schwärme von angeschwollenen Fliegen.

Am Nachmittag des folgenden Tages kamen Olly und Gilka ohne den toten Körper ins Camp. Irgendwo im Tal mußten sie ihn endlich liegengelassen haben.

Hätten wir schon damals gewußt, daß Ollys Baby zweifellos das erste Opfer einer furchtbaren Epidemie war, die unsere Schimpansen heimsuchte, wäre ich der Familie niemals gefolgt – denn zu jener Zeit war bereits mein eigenes Baby unterwegs. Wir hatten indes keinerlei Verdacht, und die nächsten Opfer tauchten erst zwei Wochen danach auf. Später erfuhren wir, daß unter der afrikanischen Bevölkerung des Kigoma-Distrikts spinale Kinderlähmung ausgebrochen war; und da Schimpansen anfällig für fast jede Infektionskrankheit des Menschen sind, schien es fast sicher, daß die Epidemie, die unsere Schimpansen heimsuchte, in der Tat Polio war. Wir fanden heraus, daß zwei der menschlichen Opfer aus einem Dorf stammten, das zehn Meilen südlich unseres Futtergebiets lag – unmittelbar jenseits der Grenzen des Parks zwar, aber in einem Tal, in dem häufig Schimpansen gesehen worden waren. Mag sein, daß dort der erste Schimpanse von der Kinderlähmung befallen worden war und daß sich die Epidemie von jener Gegend aus nach Norden verbreitet hatte, wo sie dann unsere Schimpansengruppe heimsuchte.

Als auch andere Schimpansen krank wurden und sich bei uns der Verdacht verstärkte, daß sie unter Polio litten, gerieten wir in eine Panik, denn weder Hugo noch ich war genau mit der Anwendung von Polio-Impfstoffen vertraut. Wir stellten über das Funksprechgerät eine Verbindung mit Nairobi her und sprachen mit Louis. Er organisierte ein Flugzeug, das ausreichend Impfstoff für uns, unsere afrikanischen Helfer und die Schimpansen nach Kigoma brachte. Wir wußten nicht, wie lange die Epidemie unter den Schimpansen wüten würde, und wir beschlossen, zumindest den

Versuch zu machen, ihr dadurch Einhalt zu gebieten, daß wir die Tiere behandelten, die noch gesund waren.

Die Pfizzer Laboratories in Nairobi versorgten uns großzügig mit einem Impfstoff, der oral verabreicht wurde und den wir auf die Bananen träufeln konnten. Jedes einzelne Tier mußte drei Tropfen im Monat bekommen, und zwar drei Monate hintereinander. Die meisten der Schimpansen fraßen die mit dem Impfstoff präparierte Frucht ohne zu zögern, aber einige spuckten die Banane schon nach dem ersten Bissen wieder aus – obwohl die Tropfen für uns Menschen absolut geschmacklos waren. Für diese Tiere mußten wir drei Bananen mit je einem Tropfen präparieren, statt wie sonst alle drei Tropfen in einer Banane zu verabreichen. Außerdem mußten wir bei der Verabreichung stets sorgfältig darauf achten, daß kein ranghöherer Schimpanse, der bereits seine monatliche Dosis bekommen hatte, in der Nähe war und sich die Banane schnappte.

Ich glaube, diese Monate waren die schlimmsten, die ich je erlebt habe; denn jedesmal, wenn ein Schimpanse beim Futterplatz auftauchte, fragten wir uns, ob wir ihn noch einmal wiedersehen würden oder – was noch schlimmer war – ob er das nächste Mal verkrüppelt sein würde. Fünfzehn Schimpansen in unserer Gruppe wurden von der Krankheit befallen; sechs davon starben. Einige der Opfer hatten Glück und trugen nur geringe Dauerschäden davon. Gilkas eine Hand blieb teilweise gelähmt, und Melissa trug Schäden an Nacken und Schultern davon. Als Pepe und Faben nach kurzer Abwesenheit wiederauftauchten, hatten beide einen gelähmten Arm. Einem anderen jungen Männchen lähmte die Krankheit beide Arme; es schleppte sich in hockender Stellung dahin, als es nach langer Abwesenheit zurückkehrte. Es konnte nur das fressen, was es mit seinen Lippen zu erreichen vermochte, und war deshalb zu einem mit stumpfen, zottigen Haaren bedeckten Skelett geworden. Wir mußten es erschießen. Daneben gab es Opfer, die einfach verschwanden und von denen wir nur annehmen konnten, daß sie irgendwo einen einsamen Tod gestorben waren. Zu ihnen gehörte der wohlgenährte, emsige J. B., den wir alle so gern gehabt hatten. Aber es ist der Albtraum von Mr. McGregors Krankheit, der uns noch heute in schlaflosen Nächten heimsucht.

Es war schon ziemlich spät am Abend, als Hugo bemerkte, wie Flo, Fifi und Flint vorsichtig und aufmerksam nach vorn spähend auf ein niedriges Gebüsch unmittelbar unterhalb des Camps zugingen und dabei leise, ängstliche Rufe ausstießen, sooft sie sich aufrichteten, um über das hohe Gras hinwegschauen zu können. Zuerst sahen wir nur die Fliegen. Jedes Blatt und jeder Zweig in der Nähe des Busches war bedeckt mit metallisch blauen und grünen Fliegen, die ärgerlich summten, als wir sie aufstörten. Wir traten behutsam näher und erwarteten, daß wir ein totes Tier finden würden – aber es war Mr. McGregor, und er lebte noch. Er saß auf dem Boden, streckte die Hand nach den winzigen, purpurroten Beeren aus, die über seinem Kopf an einem Busch hingen, und steckte sie sich in die Schnauze. Erst als er versuchte, ein anderes Büschel von den Früchten zu erreichen, sahen wir mit Entsetzen, was geschehen war. Den Blick auf die Beeren gerichtet, griff das alte Männchen einen niedrigen Zweig und zog sich daran auf der Erde entlang – beide Beine schleiften gelähmt hinter ihm her. Als er seine Position verändern wollte, stützte er beide Hände hinter sich auf die Erde und schob seinen Körper Zentimeter für Zentimeter zurück.

Flo und ihre Familie zogen bald weiter, aber Hugo und ich blieben, bis es dunkel wurde. Zu unserem Erstaunen war Mr. McGregor in der Lage, sich mit seinen kräftigen Armen in einen Baum mit tiefhängenden Zweigen zu ziehen. Er wuchtete sich ziemlich hoch hinauf und brachte es fertig, sich ein Nest zu bauen. Während er kletterte, sahen wir den Grund für die Fliegenschwärme: der Schließmuskel seiner Blase war gelähmt, und jedesmal, wenn er sich reckte, um einen höheren Ast zu greifen, tropfte Urin an seinen gelähmten Schenkeln herab. Überdies sahen wir, daß sein Gesäß zerschunden und blutig war, und schlossen daraus, daß er sich ein langes Stück durch das Tal geschleift haben mußte, um zum Camp zurückzugelangen. Am nächsten Morgen folgten wir seiner Fährte, und die schmale Bahn der plattgedrückten Pflanzen führte uns etwa fünfzig Schritt den Hügel hinunter zum Bach und auf der anderen Seite des Baches noch einmal hundert Schritt weiter, bis wir sie in einer steilen Schlucht an der Bergflanke verloren.

Die folgenden zehn Tage – sie kamen uns wie zehn Jahre vor – waren wie ein Albtraum. Wir hofften unentwegt, daß ein Funke von Leben in seine gelähmten Beine zurückkehren würde, aber er bewegte nicht einmal einen Zeh. Während der ganzen Zeit hielt er sich stets in der Nähe unseres Futterplatzes auf. Am Morgen blieb er gewöhnlich bis elf Uhr oder sogar noch länger in seinem Nest. Dann ließ er sich langsam auf den Boden hinunter, blieb dort ungefähr eine halbe Stunde lang sitzen und schaute umher oder lauste sich gelegentlich. Danach schleppte er sich dann gewöhnlich ein paar Meter weiter zu einem Platz, an dem er ein wenig Nahrung fand, und fraß für eine Weile.

Wir fanden heraus, daß er sich noch auf eine andere Weise fortbewegen konnte – durch ein mühseliges Purzelbaumschlagen. Als wir ihn zum erstenmal dabei beobachteten, war unsere Freude groß, weil wir überzeugt waren, daß es noch ein paar Muskeln in seinen Schenkeln geben mußte, die nach wie vor funktionierten. Aber bald erkannten wir, daß es allein die ungeheure Kraft seiner Arme war, die ihn in die Lage versetzte, den Körper mitsamt den gelähmten Beinen vom Boden hochzustemmen. Deshalb konnte er sich auch nur dann so fortbewegen, wenn feste Grasbüschel oder Baumwurzeln seinen Händen den nötigen Halt boten.

Im allgemeinen war er spätestens gegen halb fünf wieder auf seinem Lager in den Ästen, und während der ganzen Zeit seiner Krankheit benutzte er nur drei verschiedene Nester, von denen zwei in ein und demselben Baum waren. Kurz nachdem ihn die Polio erwischt hatte, sahen wir einmal, wie er versuchte, nacheinander auf drei verschiedene Bäume zu klettern, aber sein Zustand machte es ihm unmöglich, auf einen der drei höher hinaufzugelangen. Nachdem er sich mit ungeheurer Anstrengung bis zu den unteren Ästen emporgearbeitet hatte, mußte er sich jedesmal wieder mühselig auf die Erde herablassen.

Natürlich versorgten wir ihn mit Nahrung. Zuerst wurde er unruhig, wenn wir ihm zu nahe kamen, und drohte uns, indem er rasch einen Arm hob und ein leises Bellen hören ließ. Nach zwei Tagen jedoch schien er zu spüren, daß wir versuchten, ihm zu helfen, und später legte er sich sogar zurück und gestattete mir, ihm mit Hilfe eines Schwamms Wasser in seine geöffnete Schnauze rinnen zu lassen. Wir machten einen kleinen Korb aus Blättern, den wir mit Bananen, Palmfrüchten und anderen wild wachsenden Nahrungsmitteln füllten, die wir für ihn sammeln konnten, und schoben den Korb mit Hilfe eines langen Stocks zu seinem Nest hinauf. Wenn er am Morgen sein Schlafnest verlassen hatte, kletterten wir hinauf und reinigten es für ihn, weil er natürlich nicht mehr in der Lage war, sich seiner Exkremente über den Rand des Nests hinweg zu entledigen.

Bald merkten wir, daß die riesigen Fliegenschwärme ihn zum Wahnsinn trieben, und wir nahmen jedesmal, wenn wir ihn besuchten, einen Aerosol-Spray mit und besprühten damit die ganze Umgebung – eine Aktion, der jedesmal weit über tausend der widerwärtigen, aufgeblähten Insekten zum Opfer fielen. Zunächst versetzte auch dies den alten Schimpansen in Schrecken, aber sehr rasch schien er zu verstehen, worum es ging, und begrüßte von nun an unsere Bemühungen.

Das traurigste an der ganzen tragischen Geschichte war die Art und Weise, wie die anderen Schimpansen auf die verzweifelte Situation des alten Männchens reagierten. Anfangs war es ziemlich offenkundig, daß sie sein seltsamer Zustand erschreckte. Die gleiche Beobachtung hatten wir gemacht, als einige der anderen Polio-Opfer zum erstenmal wieder im Camp erschienen. Als zum Beispiel Pepe sich, mit dem Gesäß auf dem Boden rutschend und den gelähmten Arm nachziehend, den Hang zum Futterplatz hinaufschleppte, starrten die Schimpansen, die bereits dort waren, einen Augenblick lang zu ihm hinüber und umarmten und beklopften sich dann gegenseitig mit einem breiten Grinsen der Angst auf den Gesichtern, um sich Mut zu machen, ohne dabei den unglücklichen Krüppel aus den Augen zu lassen. Pepe, der offensichtlich nicht ahnte, daß er selber der Anlaß ihrer Furcht war, zeigte ein noch breiteres Angstgrinsen und schaute wiederholt über die Schulter zurück – vermutlich, um herauszufinden, was seinen Genossen eine solche Furcht einjagte. Schließlich beruhigten sich die anderen, aber obgleich sie immer wieder zu ihm hinüberspähten, kam ihm keiner näher, und er schleppte sich, wiederum sich selbst überlassen, fort. Nach und nach gewöhnten sich die andern Tiere an Pepe, und bald waren seine Beinmuskeln stark genug, daß er aufrecht gehen konnte, wie es Faben von Anfang an getan hatte.

Der Zustand des alten McGregor jedoch war weit schlimmer. Zu der Tatsache, daß er sich auf eine höchst abnorme Weise fortbewegen mußte, kamen der Uringeruch, das blutende Hinterteil und der Schwarm von Fliegen, der ihn verfolgte. Als er am ersten Morgen nach seiner Rückkehr ins Camp in dem hohen Gras unterhalb des Futterplatzes saß, liefen die ausgewachsenen Männchen, eines nach dem anderen, mit gesträubtem Fell zu ihm hin, starrten ihn an und verfielen in ihr Imponiergehabe. Goliath griff das gequälte alte Männchen, das weder die Kraft hatte zu fliehen noch sich auf irgendeine Weise zu verteidigen, sogar an, und McGregor blieb nichts anderes übrig, als sich mit angstverzerrtem Gesicht zu ducken, während Goliath auf seinen Rücken einhämmerte. Als ein zweites Männchen sich anschickte, über McGregor herzufallen und mit wild gesträubten Haaren einen gewaltigen Ast herumwirbelte, stellten Hugo und ich uns vor den Krüppel, und zu unserer Erleichterung ließen die Männchen von ihm ab.

Nach zwei oder drei Tagen gewöhnten sich die Schimpansen an McGregors sonderbares Aussehen und an seine grotesken Bewegungen, aber sie näherten sich ihm nie. Der, von meinem Standpunkt aus gesehen, allerschmerzlichste Augenblick der ganzen zehn Tage kam eines Nachmittags. Acht Schimpansen hatten sich in einem Baum versammelt, der etwa sechzig Schritt von dem Schlafnest entfernt war, in dem McGregor lag, und lausten sich gegenseitig. Das kranke Männchen sah unentwegt zu ihnen hinüber und ließ dann und wann ein leises Grunzen vernehmen. Schimpansen widmen normalerweise einen großen Teil ihrer Zeit der sozialen Hautpflege, und das alte Männchen hatte seit dem Ausbruch seiner Krankheit auf diesen wichtigen Kontakt verzichten müssen.

Schließlich erhob sich McGregor mühsam von seinem Lager, ließ sich auf den Boden hinab und machte sich, wieder und wieder innehaltend, auf den langen Weg zu seinen Artgenossen. Als er endlich den Baum erreichte, ruhte er eine Weile im Schatten aus und zog sich dann mit letzter Kraft hinauf, bis ihn nur noch ein kurzes Stück von zwei der Männchen trennte. Mit einem lauten Grunzer der Freude streckte er grüßend die Hand nach ihnen aus, aber noch bevor er sie berührt hatte, sprangen sie, ohne sich nach ihm umzusehen, fort und setzten ihre Hautpflege auf der anderen Seite des Baumes fort. Volle zwei Minuten lang saß der alte Gregor regungslos da und starrte ihnen nach. Dann ließ er sich langsam wieder zur Erde herab.

Als ich ihn allein dasitzen sah und dann zu den anderen hinaufschaute, die nach wie vor mit ihrer Hautpflege beschäftigt waren, stieg in mir ein Gefühl auf, das ich nie zuvor gekannt hatte und bis heute nie wieder gespürt habe: ein Gefühl des Hasses auf die Schimpansen.

Seit einigen Jahren schon hatten Hugo und ich den Verdacht gehabt, daß der aggressive Humphrey Mr. McGregors jüngerer Bruder sein könnte. Die beiden waren häufig gemeinsam umhergezogen, und oft war das ältere Männchen Humphrey zur Hilfe geeilt, wenn dieser von anderen Schimpansen bedroht oder angegriffen wurde. Aber erst während dieser Krankheit McGregors wurde die Vermutung, daß die beiden Männchen Geschwister waren, zur Überzeugung: Keine andere Bindung als die der

Familie hätte das Verhalten erklären können, daß Humphrey während dieser zehn Tage und auch noch danach an den Tag legte.

In dieser Zeit entfernte sich Humphrey nur selten weiter als ein paar hundert Meter von dem alten Männchen – obwohl selbst er McGregor nie lauste. Es kam gelegentlich vor, daß Humphrey auf Nahrungssuche das Tal durchquerte, aber jedesmal war er binnen einer Stunde zurück, ließ sich in der Nähe seines gelähmten Freundes nieder und ruhte aus oder lauste sich. Am ersten Tag nach seiner Rückkehr ins Camp kletterte McGregor hoch in einen Baum und baute ein Nest. Plötzlich begann Goliath in seiner unmittelbaren Nähe eine Imponier-Veranstaltung und rüttelte immer wilder an den Zweigen, bis sie dem alten Männchen auf Kopf und Rücken peitschten. Gregors Schreie wurden lauter, und er klammerte sich an den schwankenden Ästen fest. Endlich ließ er sich wie aus Verzweiflung von Ast zu Ast durch den Baum hinabfallen, bis er auf dem Boden landete. Dann schleppte er sich langsam fort, und Humphrey, der, solange wir ihn kannten, stets erheblichen Respekt vor Goliath gezeigt hatte, sprang auf den Baum, veranstaltete ein wildes Imponieren und griff das weit ranghöhere Männchen einen kurzen Augenblick lang an. Ich traute meinen Augen kaum.

Eines Tages brachte es Mr. McGregor fertig, sich etwa dreißig Meter weit einen sehr steilen Hang hinaufzuschleppen und so zum Futterplatz vorzudringen, um sich der großen Zahl von Schimpansen zuzugesellen, die sich dort an den Bananen gütlich taten. Wir konnten ihm eine ganze Kiste voller Früchte zuschanzen, so daß er wenigstens für eine Weile wieder ein Teil der Gruppe war. Als die anderen das Tal hinaufzogen, versuchte Gregor, ihnen zu folgen. Aber ob er sich nun auf dem Bauch vorwärtszog, sich ruckweise mit dem Rücken nach vorn weiterbewegte oder mit großer Anstrengung Purzelbäume schlug: Er kam nur sehr langsam voran, und der Rest der Gruppe war bald verschwunden.

Etwa fünf Minuten später sahen wir Humphrey zurückkommen. Einen Moment lang blieb er stehen und beobachtete, wie Gregor vorankam. Dann drehte er sich um und lief hinter den anderen her. Aber er kam noch einmal zurück und wartete auf das alte Männchen. Diesmal gab er Mr. McGregor ein Zeichen, indem er Grashalme schüttelte, als ob er versuchen wollte, ein zögerndes Weibchen dazu zu bewegen, ihm zu folgen. Nach einer Weile gab Humphrey seine Versuche auf und lief der großen Gruppe nach, baute jedoch sein Schlafnest ganz in der Nähe des Baumes, in dem Gregor das seine hatte.

Als wir am Abend des zehnten Tages Mr. McGregor seine Mahlzeit bringen wollten, war er weder in seinem Nest, noch sahen wir ihn im Gras sitzen. Wir fanden ihn nach kurzer Suche und merkten bald, daß er sich einen Arm verrenkt hatte. In diesem Augenblick wurde uns klar, daß wir am nächsten Morgen unseren alten Freund erschießen mußten. Insgeheim war uns das während der ganzen Tage klar gewesen, aber wir hatten gewartet und auf ein Wunder gehofft. Ich blieb eine Weile bei ihm. Als die Dunkelheit hereinbrach, schaute er immer häufiger in den Baum hinauf.

Ich merkte, daß er den Wunsch hatte, sich ein Schlafnest zu bauen. Deshalb schnitt ich eine Menge Grünzeug ab und stapelte es neben ihm auf den Boden. Sofort kroch er auf den Blätterberg, legte sich nieder und zog sich mit dem Kinn und einer Hand die Zweige so zurecht, daß sie ein bequemes Kopfkissen abgaben. Später in der Nacht ging ich noch einmal zu ihm, und es beweist, in welchem Maße er uns vertraute, daß er, nachdem er meine Stimme gehört hatte, seine Augen schloß und wieder einschlief, obwohl ich keinen Meter von ihm entfernt stand, obwohl er mir den Rücken zugekehrt hatte und obwohl meine Sturmlaterne ein grelles Licht verbreitete. Am nächsten Morgen gaben wir ihm zwei harte Eier zu fressen, und während er sich unter Freudengrunzern an seiner Lieblingsmahlzeit labte, schickten wir ihn, ohne daß er etwas ahnte, in die ewigen Jagdgründe.

Wir achteten darauf, daß keiner der Schimpansen seinen toten Körper zu Gesicht bekam, und es schien, als ob Humphrey lange Zeit nicht ahnte, daß er seinen alten Freund nicht wiedersehen würde. Fast sechs Monate lang kehrte er immer wieder zu dem Platz zurück, an dem Gregor die letzten Tage seines Lebens verbracht hatte, kletterte auf einen Baum und spähte umher, wartete und horchte. Während dieser Zeit schloß er sich nur selten den anderen Schimpansen an, wenn sie sich auf den Weg zu irgendeinem abgelegenen Tal machten. Und wenn er gelegentlich mit ihnen ging, kam er gewöhnlich schon nach wenigen Stunden zurück und wartete wieder auf den alten Gregor und die tiefe, schallende Stimme des Gefährten, die seiner eigenen so ähnlich war.

Mutter und Kind

Der fünf Jahre alte Merlin war eines der ersten Opfer der Polio-Epidemie. Obwohl der verspielte Kobold uns einer der liebsten unter den jungen Schimpansen gewesen war, waren wir fast froh, als er starb; denn er war inzwischen zu einem ausgemergelten, lethargischen Wrack geworden. Aber ich muß zum Anfang zurückkehren und die ganze Geschichte berichten.

Als Merlin ungefähr drei Jahre alt war, noch bei seiner alten Mutter Marina trank, auf ihr umherritt und bei ihr schlief, hörten die beiden auf, zum Futterplatz zu kommen. Merlins sechsjährige Schwester Miff dagegen kam weiterhin regelmäßig. Und da sie bis zu diesem Zeitpunkt stets mit ihrer Mutter und dem kleinen Bruder umhergezogen war, nahmen wir an, daß Marina und Merlin tot seien. Aber gut drei Monate später tauchte Merlin, gefolgt von seinem ältesten Bruder, dem dreizehnjährigen Pepe, wieder im Camp auf. Er sah abgemagert aus, sein Bauch war eingefallen, und seine Augen wirkten so riesig, als ob er seit einer Ewigkeit nicht mehr geschlafen hätte. Der Himmel weiß, was seiner Mutter zugestoßen war und wie lange sie schon tot sein mochte – tot war sie gewiß, denn wir haben sie nie wieder gesehen.

Es schien, als ob die Schimpansen, die sich zur Zeit von Merlins Rükkehr gerade beim Futterplatz aufhielten, ihn seit langem nicht gesehen hatten; denn sie eilten ihm entgegen, um ihn zu begrüßen, und umarmten, küßten und beklopften ihn. Er fraß ein paar Bananen und saß dann zusammengekauert dicht bei seinem großen Bruder. Später an jenem Morgen traf Miff ein, lief sofort auf Merlin zu, und Bruder und Schwester begannen einander zu lausen. Merlin lauste Miff nur kurz, aber sie pflegte ihm sein Fell mehr als fünfzehn Minuten lang intensiv und aufmerksam. Als Miff gehen wollte, sah sie Merlin über die Schulter an und machte sich – genau wie eine Mutter, die auf ihr Kind wartet – erst auf den Weg, als er ihr folgte.

Von diesem Augenblick an übernahm Miff für den kleinen Merlin bei jeder Gelegenheit die Funktionen der Mutter. Sie wartete auf ihn, bevor sie weiterzog, sie erlaubte ihm, mit ihr das Schlafnest zu teilen, und sie lauste ihn genauso häufig, wie es seine Mutter getan hätte. In den ersten

Tagen nach seiner Rückkehr ließ sie es sogar zu, daß er gelegentlich auf ihrem Rücken ritt; später jedoch wehrte sie ihn ab, wenn er versuchte, aufzuspringen – sie war dünn und langbeinig, und Merlin war ihr vermutlich zu schwer. Ziemlich häufig kam es auch vor, daß Pepe sich seiner Schwester und dem kleinen Bruder anschloß, häufiger übrigens, als er es zu Lebzeiten seiner Mutter getan hatte. In solchen Fällen kam es nicht selten vor, daß Pepe Merlin in seine Obhut nahm, sobald Unruhe in der Gruppe aufkam.

In den folgenden Wochen wurde Merlin immer magerer, seine Augen sanken immer tiefer in die Höhlen, und sein Fell wurde stumpf. Seine Lethargie wuchs, und er spielte seltener und seltener mit seinen Altersgenossen. Aber auch in anderer Hinsicht begann sich sein Verhalten zu verändern.

Eines Tages, als Merlin und Miff gerade damit beschäftigt waren, sich gegenseitig zu lausen, näherte sich aus dem Wald eine Gruppe von Schimpansen. Sofort erhob sich Miff und kletterte eilig auf einen Baum, als Humphrey, der unter den Tieren war, die die Gruppe anführten, auch schon durch seine *pant-hoots* zu erkennen gab, daß ein Ankunfts-Imponieren unmittelbar bevorstand. Zwei andere Weibchen, die sich in der Nähe aufhielten, machten sich ebenfalls rasch aus dem Staub, aber Merlin lief geradewegs auf Humphrey zu und gab ihm durch *pant-grunts* seine Unterwerfung zu verstehen. Humphrey jedoch, der bereits mit seinem Imponieren begonnen hatte, rannte auf Merlin zu, packte ihn am Arm und schleifte ihn ein paar Meter hinter sich her. Als das große Männchen davonstürmte, rannte Merlin schreiend zu Miff und umarmte sie. Er hatte sich wie ein kleines Schimpansenkind verhalten, das die Zeichen noch nicht kennt, die ein aggressives Verhalten von seiten der älteren Tiere ankündigen. Wir wußten jedoch, daß Merlin vor dieser Zeit genau wie alle normalen dreijährigen Schimpansen stets sofort und richtig auf Signale dieser Art reagiert hatte.

Diese Episode markierte den Beginn eines deutlichen Verfalls seines sozialen Verhaltens. Immer wieder kam es vor, daß er von Männchen, die ein Imponieren veranstalteten, mitgeschleift oder umhergestoßen wurde, weil er, statt fortzulaufen, auf sie zu rannte. Als er vier Jahre alt war, verhielt sich Merlin weit unterwürfiger als andere Schimpansen in seinem Alter: Ständig näherte er sich ausgewachsenen Tieren, um ihre Gunst zu gewinnen, kehrte ihnen wieder und wieder sein Hinterteil zu oder kauerte sich, *pant-grunts* ausstoßend, vor ihnen nieder. Andererseits zeigte er sich seinen Altersgenossen gegenüber besonders aggressiv: Manchmal duckte er sich nur und drehte sich um, wenn Flint sich näherte und mit ihm spielen wollte; manchmal aber gebärdete er sich in der gleichen Situation außerordentlich aggressiv, so daß Flint, der ein Jahr jünger als er war, angstvoll schreiend das Weite suchte. Während so einerseits seine Lust am Spielen rapide abnahm, begann er andererseits, ältere Schimpansen, besonders seine Schwester, häufiger und länger zu lausen als andere gleichaltrige Tiere.

Zu Beginn seines sechsten Lebensjahrs wurde Merlins Verhalten zusehends abnormer. Manchmal hing er wie eine Fledermaus minutenlang regungslos mit dem Kopf nach unten an einem Ast und hielt sich mit den Füßen fest. Oft saß er, die Arme um die Knie geschlungen, kauernd da und wiegte sich mit weit offenen Augen, die in die Ferne zu starren schienen, von einer Seite zur anderen. Außerdem verbrachte er viel Zeit damit, sich selber zu lausen und sich dabei ein Haar nach dem anderen auszuziehen und es, nachdem er an der Wurzel herumgekaut hatte, fallen zu lassen.

Eine der seltsamsten Beobachtungen, die wir in diesem Zusammenhang machten, betraf die Art und Weise, wie Merlin während der Termitensaison Werkzeuge benutzte. Als er zwei Jahre alt war, hatte ich ihn oft dabei beobachtet, wie er in der Nähe seiner Mutter Marina herumspielte, wenn sie, wie es die alten Weibchen zu tun pflegen, stundenlang nach den Insekten angelte. Ab und an hatte Merlin seiner Mutter aufmerksam zugesehen, und einmal hatte ich beobachtet, wie er einen dünnen Zweig nahm, den er ganz ähnlich wie ein kleines menschliches Kind seinen Löffel hielt, während er damit auf dem Termitenhügel herumstocherte.

Im darauffolgenden Jahr, kurz bevor seine Mutter starb, konnte er schon weit besser mit Werkzeugen umgehen, wenn auch, wie bei einem dreijährigen Schimpansen nicht anders zu erwarten, noch keineswegs perfekt. Fast immer suchte er sich Grashalme oder Zweige aus, die zu kurz waren – etwa fünf Zentimeter lang, statt zwanzig bis dreißig Zentimeter wie die der erwachsenen Artgenossen. Außerdem ging er mit seinen winzigen Werkzeugen noch einigermaßen ungeschickt um. Zwar führte er sie relativ behutsam in die Termitengänge ein, zog sie dann aber sofort mit großem Schwung wieder heraus, und wenn sich tatsächlich einmal eine Termite daran hatte festklammern können, so wurde sie bei diesem Kraftakt mit Sicherheit wieder abgeworfen. Einmal stieß er einen dicken Halm so fest in ein Loch hinein, daß er ihn nicht wieder herausbekam.

Leider war ich während der folgenden Termitensaison nicht am Gombe, und es gibt keine Aufzeichnungen darüber, wie er in dieser Zeit mit seinen Werkzeugen umging. Im nächsten Jahr jedoch, als er fünf war, konnte ich ihn mehrfach beobachten. Gewöhnlich ist ein Schimpanse in diesem Alter bereits durchaus in der Lage, sich die richtigen Grashalme auszusuchen und sie sinnvoll einzusetzen. Deshalb war ich nicht wenig erstaunt, als ich feststellte, daß sich Merlins Technik in den zwei Jahren, die vergangen waren, seit ich ihn das letzte Mal beobachtet hatte, kaum verbessert hatte. Immer noch suchte er sich meistens winzige Werkzeuge aus, und wenn er einmal einen Halm erwischte, der lang genug war, war er entweder nicht stabil genug oder zu krumm. Nach wie vor riß er die Halme aus den Löchern, statt sie, wie es die ausgewachsenen Schimpansen taten, vorsichtig herauszuziehen. Das war nicht zuletzt deshalb sonderbar, weil Miff eine besonders geschickte Termitenanglerin war und man davon ausgehen konnte, daß Merlin viele Stunden lang mit ihr von Termitenbau zu Termitenbau gezogen war.

Nur in einem Punkt war sein Verhalten reifer geworden. Zwei- bis dreijährige Schimpansen widmen sich selten länger als ein paar Minuten ein und derselben Arbeit. Dann wenden sie sich ab und spielen eine Weile herum, bevor sie den nächsten kurzen Versuch unternehmen. Merlin dagegen arbeitete beharrlich vor sich hin mit der Konzentration eines Schimpansen, der älter als fünf ist. Einmal beobachtete ich ihn dabei, wie er ohne Unterbrechung vierzig Minuten lang angelte. Während der ganzen Zeit erwischte er eine einzige Termite, und auch diese nicht mit seinem Werkzeug, sondern mit dem Finger, als er versuchte, einen Ausgang zu erweitern!

Inzwischen war er so sehr abgemagert, daß man sämtliche Knochen sehen konnte. Seine Haare waren nicht nur stumpf, er hatte sich beim Lausen nach und nach so viele davon ausgezogen, daß sich an Armen und Beinen große kahle Stellen gebildet hatten. Während die anderen jungen Schimpansen spielten, lag er oft ausgestreckt auf dem Boden, als ob er ständig erschöpft sei. Außerdem war er eindeutig kleiner als Flint, der immerhin mehr als ein Jahr jünger war als er.

Kurz vor Anbruch der kleinen Regenzeit hatten wir für eine Weile den Eindruck, daß sich sein Zustand besserte. Er begann wieder zu spielen, und manchmal, wenn Flint, Goblin und Pom seine Partner waren, ging es sogar ziemlich wild dabei her. Aber sobald einer seiner Spielgefährten ein wenig zu rauh mit ihm umging, kauerte sich Merlin entweder unterwürfig winselnd nieder, oder er drehte sich um und schlug nach ihm. Trotz des Fortschritts, der darin bestand, daß er überhaupt wieder spielte, waren wir überzeugt, daß er die sechs Monate Kälte und Nässe nicht überleben würde. Beim kleinsten Schauer schon begann er zu zittern, und oft waren sein Gesicht, seine Hände und seine Füße blau vor Kälte. Deshalb waren wir in vieler Hinsicht erleichtert, als die Polio seinem Leiden ein Ende setzte.

Merlin war nicht die einzige Waise, die wir kannten. Drei weitere Schimpansenkinder verloren ihre Mütter, und zwei von ihnen wurden wie Merlin von ihren älteren Geschwistern adoptiert. Beattle verlor ihre Mutter ungefähr in dem gleichen Alter, in dem Merlin gewesen war, als Marina starb; aber Beattles Schwester war ein oder zwei Jahre älter als Miff und wesentlich größer und stärker. Beattle zog nicht nur mit ihrer großen Schwester umher und schlief des Nachts bei ihr, sie durfte auch auf ihrem breiten Rücken reiten.

Beattle zeigte die gleichen Zeichen der Depression, wie wir sie bei Merlin beobachtet hatten: auch sie magerte ab, und auch sie spielte immer seltener. Aber in dem Stadium, in dem sich Merlins Zustand endgültig zum Negativen hin entwickelte, begann sich Beattles Lage zu bessern. Und als sie das sechste Lebensjahr erreicht hatte, verhielt sich Beattle genau wie ein ganz normales Affenkind in diesem Alter, wenn man davon absieht, daß sie, genau wie Merlin, nach wie vor in hohem Maße abhängig von ihrer älteren Schwester war. Leider suchten diese beiden Schwestern das

Camp nicht sehr häufig auf, und kurze Zeit nachdem sich Beattle erholt hatte, ließen sie sich monatelang nicht blicken. Danach kam die Ältere der beiden ein paarmal allein, so daß wir bis heute nicht wissen, ob Beattle tatsächlich überlebt hat.

In gewisser Hinsicht war Sorema der tragischste Fall unter den Waisen, die wir kannten, da sie erst gut ein Jahr alt war, als ihre Mutter starb und, was Fortbewegung, Schutz und vor allem Nahrung betraf, noch völlig abhängig von ihr. Denn feste Nahrung beginnt für das Schimpansenkind erst eine wichtige Rolle zu spielen, wenn es über zwei Jahre alt ist.

Während der zwei Wochen, um die Sorema ihre Mutter überlebte, wurde sie von ihrem sechsjährigen Bruder Sniff überall hingetragen. Es war ein rührender Anblick, wie das junge Männchen mit seiner winzigen Schwester umherzog, sie mit einer Hand gegen seine Brust drückte und sie hätschelte und lauste. Wenn die beiden im Camp waren, fraß Sorema zwar ein paar Bananen, aber was sie brauchte, war Milch, und von Tag zu Tag wirkte sie schwächer, und ihre Augen schienen größer. Eines Morgens tauchte dann Sniff mit ihrem toten Körper in den Armen beim Futterplatz auf.

Es ist merkwürdig, daß es die älteren Geschwister sind, die an die Stelle der Mutter treten, und nicht erfahrene Weibchen, die selber ein Kind haben und dem verwaisten Wesen Milch und angemessenen Schutz bieten könnten. Es ist jedoch außerordentlich unwahrscheinlich, daß dies je geschieht. Als Cindys Mutter starb, zweifelten wir nicht daran, daß die Dreijährige nun mit einem ausgewachsenen Weibchen umherwandern würde, das wir häufig mit seiner Mutter zusammen gesehen hatten, ja von dem wir sogar annahmen, daß es die Schwester der Mutter war. Aber Cindy zog, soweit wir wissen, nicht ein einziges Mal mit der Freundin ihrer Mutter und deren Kind umher. Statt dessen wanderte sie allein oder trottete jeder Gruppe nach, die ihr über den Weg lief. Bei ihr zeigten sich weit schneller als bei den übrigen dreijährigen Waisen die ersten Zeichen der Depression, und es waren seit dem Tod ihrer Mutter noch keine zwei Monate vergangen, als sie aufhörte, zum Futterplatz zu kommen, und nie wieder gesehen wurde.

Was ist der Grund dafür, daß ein dreijähriger Schimpanse so leidet, wenn er seine Mutter verliert? Gewiß, bis zu einem bestimmten Grade ist er immer noch abhängig von ihrer Milch. Aber er trinkt im Laufe einer Stunde nur ein paar Minuten lang und kann die gleiche feste Nahrung fressen wie ein ausgewachsenes Tier. Bisher war es uns nicht möglich, die Antwort auf diese Frage zu finden, aber das unterschiedliche Verhalten, das Merlin und Beattle nach dem Tod ihrer Mütter zeigten, gibt uns einen Hinweis. Beide Schimpansenkinder waren im gleichen Alter ihrer Mutter beraubt worden und damit zugleich des Gefühls der Sicherheit, das die mütterliche Brust bedeutete. Beide reagierten zunächst mit ständig zunehmender Depression, aber anders als bei Merlin begann sich Beattles Zustand nach einer Weile zu bessern.

Beattle konnte auch weiterhin auf einem Schimpansen umherreiten, so

57 *Faben schwingt einen Stock, als er sein Bild in einem Spiegel sieht.*

58 *Faben wirft einen Stein nach einem Pavian, der sich einer Bananenkiste genähert hat.*

59 *Mike, das ranghöchste Männchen, bettelt bei Leakey um ein Stück Fleisch.*

60 *Sniff adoptierte seine Schwester nach dem Tod der Mutter.*

61 *Ollys Baby war das erste Opfer der Polio-Epidemie.*

62 *Flo mit Flint und Flame*

63 *Urwaldspaziergang mit Grub*

64 *Miff und Figan begrüßen sich.*

65 *Ein plötzliches Geräusch alarmiert Flo und Fifi.*

66 *Figan versucht, mit Job zu spielen, dem alten Pavian.*

67 *Das Präsentieren des Hinterteils ist ein Zeichen der Unterwerfung.*

68 *Körperlicher Kontakt flößt Sicherheit ein, selbst wenn sich nur zwei Hände berühren.*

69 *Unterwürfig küßt Melissa J. B.s beruhigende Hand.*

70 *Zwei Schimpansen umarmen sich zur Begrüßung.*

71 *Gilka, 18 Monate na dem sie von einer Pilzkrankheit befalle wurde*

72/73 *Rodolf greift ein Weibchen an. Unmittelbar darauf beruhigt er sie mit einer Umarmung.*

74 *Flo und Flame*

wie sie vorher auf ihrer Mutter geritten war. Der Tod ihrer Mutter hatte ihre Welt zusammenstürzen lassen, und wenn ihre Schwester nur ein paar Schritte ohne sie machte, lief sie wimmernd oder gar schreiend hinter ihr her. Aber wenn sie erst einmal auf dem Rücken der Schwester saß, war der körperliche Kontakt mit einem großen Schimpansen wiederhergestellt – mit einem Artgenossen, der wußte, was in schwierigen Situationen zu tun war, der rechtzeitig auf einen Baum kletterte, um sie zu schützen, und der sie rasch in Sicherheit zu bringen wußte.

Merlin indessen hatte nach Marinas Tod niemanden, bei dem er Zuflucht suchen konnte. Miff war nicht mehr als seine ständige Begleiterin und konnte ihrem Bruder wenig helfen, wenn Unruhe in der Gruppe aufkam. Deshalb erscheint es möglich, daß Merlins Probleme in erster Linie psychischer Art waren; daß sein trauriger körperlicher Zustand seine Ursache mehr in einem Gefühl der sozialen Unsicherheit hatte als darin, daß ihm die Muttermilch fehlte. Diese Theorie scheint durch die Tatsache bestätigt zu werden, daß er gerade, als sein körperlicher Zustand kurz vor seinem Tod am schlimmsten war, ein wenig aufzuleben schien, weil er sich psychisch langsam erholte. Zu diesem Zeitpunkt jedoch war es bereits zu spät.

Wenn wir eines Tages in der Lage sein werden, die Entwicklung einer Schimpansenwaise bis zum Eintritt ins Erwachsenenalter zu beobachten, wird uns das vielleicht wichtige Erkenntnisse bringen. Heilt die Zeit die Wunden, die durch den Tod der Mutter geschlagen werden? Welche Abnormitäten, die durch die frühe traumatische Erfahrung verursacht werden, sind irreparabel? Die Antworten auf diese Frage könnten von großer Bedeutung sein für jene Forscher, die sich mit der Situation verwaister oder sozial benachteiligter menschlicher Kinder befassen. Denn wenn die Schimpansengesellschaft auch gewisse Verhaltensnormen kennt, so doch weit weniger als selbst die primitivste menschliche Gesellschaft. Ein Mensch verfügt über ein erhebliches Maß an Selbstbeherrschung, und er lernt bereits in einem sehr frühen Stadium seiner Entwicklung die anerkannten Verhaltensnormen. Daraus folgt, daß er, sofern er nicht geistig gestört ist, im allgemeinen zumindest in der Öffentlichkeit jede Neigung, gegen diese Normen zu verstoßen, unterdrücken kann. Ein Schimpanse dagegen kennt nicht die Furcht, «sich zum Narren zu machen».

Natürlich können wir eine ganze Menge über die Auswirkungen eines frühen traumatischen Erlebnisses auf das Leben eines erwachsenen Menschen in Erfahrung bringen. Aber das menschliche Verhalten ist sehr viel komplexer, und es ist überdies schwieriger, einen erwachsenen Menschen über einen längeren Zeitraum hinweg ständig zu beobachten. Deshalb kann die Erforschung des weniger komplizierten Verhaltens einer Schimpansenwaise über mehrere Jahre hinweg von unschätzbarem Wert für das Verständnis einer Reihe von Problemen sein, mit denen die menschliche Waise konfrontiert ist.

Wir hoffen, daß wir zumindest in der Lage sein werden, eine detaillierte Studie vorzulegen über einen Schimpansen, dessen Verhalten erheblich gestört war, und zwar nicht, weil er seine Mutter verlor, sondern weil sich ihre Haltung ihm gegenüber veränderte. Diese Wandlung im Verhalten der Mutter, zusammen mit einigen anderen Faktoren, führte bei dem Schimpansenkind zu Symptomen, die denen nicht unähnlich sind, die das Verhalten unserer Waisen kennzeichnete: ich spreche von Flint.

Flint war noch nicht ganz fünf Jahre alt, als Flo zum erstenmal nach seiner Geburt wieder «rosig» wurde. Anders als die fünfwöchige Schwellung, die Flints Ankunft auf dieser Welt signalisierte, hielt Flos Brunstschwellung diesmal nur vier oder fünf Tage an. Während dieser Zeit gestattete sie Flint nicht, Milch zu trinken. Sie schob ihn von sich und spielte intensiv mit ihm, sooft er einen Versuch machte. Als ihre Schwellung jedoch schrumpfte, begann er wieder zu trinken – obwohl sie trächtig war, wie wir später entdeckten. Außerdem fuhr er fort, des Nachts bei Flo zu schlafen und häufig auf ihrem Rücken umherzureiten.

Die Erklärung für Flints verlängerte Kindheit war das hohe Alter Flos. Sie hatte einfach nicht mehr die Kraft, ihr etwas ungebärdiges Kind im Zaume zu halten. Denn Tatsache ist, daß sie immerhin versucht hatte, ihn zu entwöhnen, als er drei Jahre alt war. Flint jedoch hatte sich von Anfang an bemerkenswert hartnäckig gezeigt, wenn es darum ging, an Flos Brust zu gelangen. Wenn Flo seinen sanften Stößen und seinem Gewimmer nicht sofort nachgab, hatte Flint jedesmal einen wilden Koller bekommen, hatte sich auf die Erde geworfen, die Arme wie Dreschflegel durch die Luft sausen lassen und war schreiend den Hang hinuntergerast, bis Flo, nachdem sie ihm einen Augenblick lang nachgeschaut hatte, hinter ihrem Sohn hergelaufen war, um ihn zu beruhigen und zu säugen. Als Flint älter wurde, gewöhnte er sich an, nach seiner Mutter zu schlagen und zu beißen, wenn sie ihm die Brust verweigerte. Manchmal kam es vor, daß sie zur Strafe zurückbiß und schlug, ihn aber gleichzeitig an sich drückte, als ob sie ihn beruhigen wollte. Nach solchen Szenen gab sie schließlich stets ihren Widerstand auf und erlaubte ihm zu trinken.

Als Flo im sechsten Monat trächtig war, schien sie plötzlich keine Milch mehr zu haben. Auf diese Weise schließlich doch seiner Quelle des Trostes beraubt, zeigte Flint das gleiche babyhafte Benehmen, das wir fünf Jahre zuvor bei Fifi beobachtet hatten, als sie die Phase der Entwöhnung durchmachte: Ständig hängte er sich an seine Mutter, wimmerte, wenn sie nur ein paar Schritte vor ihm ging, drängte sich häufig dazwischen, wenn Flo eines ihrer anderen Kinder lauste, und jammerte, wenn sie ihm nicht augenblicklich ihre Aufmerksamkeit zuwandte.

Während der letzten Monate vor der Geburt ihres Kindes tat uns die alte Flo aufrichtig leid. Die Trockenzeit hatte ihren Höhepunkt erreicht, und es herrschte eine drückende Hitze. Trotzdem mußte sie, wenn sie langsam über die Berge zog, nicht nur das noch ungeborene Baby in ihrem ungeheuer angeschwollenen Bauch mit sich schleppen, sondern dazu noch den halberwachsenen Flint, der in komischer Stellung auf dem Rücken dieses geschwächten alten Weibchens hockte. Manchmal, wenn ich den beiden folgte, fürchtete ich, daß Flo die Geburt nicht überleben werde. Alle paar Meter blieb sie stehen, um auszuruhen, und ihre Augen blickten nicht selten leer und abwesend. Zu allem Überfluß war Flint ein ausgesprochener Quälgeist. Wenn sie sich für ein paar Minuten niederließ, gab er keine Ruhe, weil er unbedingt so schnell wie möglich zu den fruchttragenden Bäumen gelangen wollte, die das Ziel ihrer Wanderung waren. Er stieß und schob seine Mutter von hinten und wimmerte lauter und lauter, bis sie aufstand und schwerfällig weitertrottete. Dann hatte Flint nichts Eiligeres zu tun, als wieder auf ihren Rücken zu klettern. Manchmal trat er sie sogar, wenn sie nicht auf die Stöße reagierte, die er ihr mit den Händen versetzte. Und wenn er sie nicht drängte weiterzugehen, drängte er sie, ihn zu lausen, und wimmerte und zog an ihren Händen, wenn sie seinen Wunsch nicht sogleich erfüllte.

Zum erstenmal sahen wir das Neugeborene an einem frühen Morgen. Es war gerade erst trocken, und wir nannten es Flame. Es ist möglich, daß Flo während der mondhellen Nacht in ein neues Nest umgezogen oder gar vom Baum herabgeklettert war, um das Kind auf der Erde zur Welt zu bringen; denn in der Morgendämmerung war sie nicht in dem Nest gewesen, das sie am Abend zuvor gebaut hatte.

Im Gegensatz zu dem häßlichen kleinen Goblin war Flame schon als frisch geborenes Baby hübsch. Sie hatte ein blasses Gesicht, in dem ihre noch ein wenig unklaren Augen beinahe blau wirkten. Erstaunlich war allerdings, wie wenig Haar sie hatte: Brust, Bauch und die Innenseiten ihrer Arme und Beine waren völlig nackt und rosig.

Wir folgten Flo an jenem Morgen, als sie, begleitet von Flint, davonzog und beim Gehen Flame und die Nachgeburt, mit der das Baby immer noch verbunden war, mit einer Hand abstützte. Was uns überraschte, war, daß Flint sich geradezu mustergültig verhielt, und zwar nicht nur jetzt, sondern während der ganzen ersten Wochen von Flames Leben. Er hörte auf, seine Mutter zu drängen, ihn zu lausen, und er verzichtete darauf, auf Flos Rükken zu reiten. Häufig versuchte er, Flame zu berühren, aber wenn Flo dann sanft seine Hand zurückschob, gehorchte er widerstandslos.

Ich werde nie vergessen, wie Flint, nachdem seine Versuche, einen Kontakt zu seiner kleinen Schwester herzustellen, mehrfach gescheitert waren, ganz bewußt einen kleinen Zweig nahm und Flame *damit* berührte. Dann zog er ihn zurück und schnüffelte aufmerksam daran. Das geschah zum erstenmal, als Flame noch keinen Tag alt war, aber auch später beobachteten wir ihn mehrfach bei diesem Manöver. Er benutzte den Zweig als Werkzeug, um herauszufinden, was es mit dem neuen Baby auf sich hatte.

Flame entwickelte sich rasch zu einem gesunden, aufgeweckten und ein wenig frühreifen Kind. Bei Flint dagegen entdeckten wir, nachdem er sich anfangs so gut benommen hatte, bald die ersten Anzeichen für einen Rückfall in den Zustand des abhängigen, klettenhaften, lästigen Kindes, das er vor der Geburt seiner Schwester gewesen war. Aufs neue bestand er darauf, auf Flos Rücken reiten zu dürfen, wenn die Familie unterwegs war. Und ein paarmal beobachteten wir, wie Flint plötzlich die Angst packte, wenn er unter Flos Bauch hing und Flames winzigen Körper genau wie den seiner Mutter mit Armen und Beinen umklammerte. Außerdem bekam er heftige Wutanfälle, wenn Flo ihm nicht sofort gestattete, mit ihr und Flame das Schlafnest zu teilen.

Im Laufe der Wochen wurde Flints Verhalten dem eines verwaisten Schimpansenkindes immer ähnlicher: Immer seltener spielte er mit anderen jungen Schimpansen, immer häufiger und ausgiebiger lauste er sich, und er wurde merklich teilnahmsloser und lethargischer. Im Gegensatz zu manchen menschlichen Kindern jedoch, die eifersüchtig auf ihre neue Schwester oder ihren neuen Bruder sind, tat er nichts, was auf eine Feindseligkeit gegenüber Flame hätte schließen lassen. Als Flame drei Monate alt war und Flo nicht mehr jeden Annäherungsversuch der anderen Kinder abwehrte, spielten Flint und Fifi sogar häufig mit der kleinen Schwester und lausten und hätschelten sie. Manchmal trugen sie Flame abwechselnd durch den Wald, während Flo scheinbar unbesorgt hinter ihnen hertrottete.

Als Flame sechs Monate alt war, wurde die alte Flo von der gleichen grippeartigen Krankheit heimgesucht, die den alten William befallen hatte und von der die Schimpansen fast in jeder Regenzeit bedroht sind. Sechs Tage lang waren Flo, Flint und Flame verschwunden, und sämtliche Mitarbeiter der Forschungsstation machten sich in kleinen Gruppen auf die Suche nach ihnen. Als Flo endlich gefunden wurde, war sie so krank, daß sie sich kaum noch bewegen konnte – und Flame war nicht bei ihr. Wir nahmen an, daß Flo sterben würde, da sie weder fressen noch klettern konnte und so auf dem nassen Boden liegen mußte. Aber zu unserem Erstaunen wurde das zähe alte Weibchen bald wieder gesund und kräftig.

Von diesem Zeitpunkt an beobachteten wir bei Flint, der nicht krank gewesen war, eine Wandlung in seinem Verhalten. Nach und nach verlor sich seine Lethargie, und er spielte wieder häufig mit seinen alten Gefährten, wirbelte im Kreise herum und schlug Purzelbäume wie in den Tagen vor Flames Geburt. Sein babyhaftes Verhalten indessen gab er nicht auf; wir konnten sogar feststellen, daß seine Abhängigkeit von Flo sich noch verstärkte. Eine Zeitlang glaubten wir sogar, daß er wieder anfangen könnte, Muttermilch zu trinken, da er unentwegt seine Lippen an Flos Zitzen schob. Aber es schien, als ob seine Mutter seit ihrer Krankheit keine Milch mehr hatte. In jeder anderen Hinsicht freilich wurde Flint wieder ganz und gar zu Flos Baby. Sie teilte ihre Nahrung mit ihm, erlaubte ihm, auf ihren Rücken zu klettern, und ließ es gelegentlich sogar zu, daß er sich unter ihren Bauch hängte. Sie lauste ihn oft und lange und hieß ihn wie in alten Zeiten in ihrem Schlafnest willkommen. An diesem Zustand änderte sich nichts, bis Flint bereits mehr als sechs Jahre alt war.

Was war falsch an Flints Erziehung? War er als kleines Kind durch zuviel Aufmerksamkeit von seiten seiner Mutter, seiner Schwester und seiner beiden großen Brüder «verwöhnt» worden? Mit einer so fest zusammenhaltenden Familie im Rücken konnte er fast immer seinen Willen durchsetzen gegenüber Tieren, die nicht zur Familie gehörten. Hatte Flo versäumt, ihren Sohn rechtzeitig zu entwöhnen, weil sie zu alt war, um mit Flints Wutanfällen fertig zu werden, zu denen es jedesmal kam, wenn sie nicht sofort bereit war, ihn an ihrer Brust trinken zu lassen?

Was immer der Grund sein mag, Tatsache ist, daß Flint sich noch heute, als halberwachsener Schimpanse, ganz und gar ungewöhnlich verhält. Wird er mit zunehmendem Alter nach und nach seine Eigenarten ablegen, oder wird er als ausgewachsenes Männchen immer noch Spuren seines kindlichen Verhaltens zeigen? Wie zahllose andere Fragen, werden wir auch diese nur beantworten können, wenn wir unsere Arbeit am Gombe fortsetzen.

Aber schon heute wissen wir, in welchem erstaunlichen Maße das heranwachsende Schimpansenkind von seiner Mutter abhängig ist. Wer hätte gedacht, daß ein dreijähriger Schimpanse sterben kann, wenn er seine Mutter verliert? Wer hätte sich vorgestellt, daß ein fünfjähriges Schimpansenkind immer noch an der Brust seiner Mutter trinken und mit ihr in einem Nest schlafen kann? Und wer hätte sich träumen lassen, daß ein ausgereiftes Männchen von etwa achtzehn Jahren immer noch ein Großteil seiner Zeit in Begleitung seiner alten Mutter verbringt?

Nach allem, was wir bisher wissen, scheint es, daß die meisten in Freiheit lebenden Schimpansenmütter überaus tüchtig sind, was die Aufzucht ihrer Kinder betrifft. Gleichzeitig haben wir erkannt, daß mütterliche Unzulänglichkeiten – wie Flos Unfähigkeit, Flint rechtzeitig zu entwöhnen, oder die Gleichgültigkeit, die Passion ihrer Tochter Pom gegenüber an den Tag legte – erhebliche Konsequenzen für die betroffenen Schimpansenkinder haben können.

Auch 1966, als unser eigenes Kind unterwegs war, und ebenso während des folgenden Jahres, als es noch ein winziges Baby war, verbrachte ich mehrere Monate am Gombe. Dieser Umstand brachte es mit sich, daß ich den Umgang der Schimpansenmütter mit ihren Kindern mit anderen Augen sah. Viele ihrer Methoden hatten Hugo und mich von Anfang an beeindruckt, und wir waren entschlossen, einige davon auch bei unserem eigenen Kind anzuwenden. Zum ersten achteten wir darauf, daß es unserem Sohn nie an körperlichem Kontakt und Liebe fehlte, und spielten häufig mit ihm. Ein Jahr lang bekam er – und zwar vorwiegend dann, wenn er es forderte – die Brust. Nie kam es vor, daß wir ihn schreiend in der Wiege liegen ließen. Außerdem ließen wir ihn nie allein, sondern nahmen ihn mit, wohin wir auch gingen, so daß seine Beziehung zu den Eltern stets unverändert blieb, wenn die Umgebung auch oft wechselte. Bestraften wir ihn einmal, so beruhigten wir ihn stets rasch durch körperliche Berührung, und solange er klein war, versuchten wir ihn abzulenken, statt ihn einfach daran zu hindern, etwas zu tun, was er nicht durfte.

Als er älter wurde, war es natürlich immer häufiger nötig, daß wir die Methoden, die wir von den Schimpansen gelernt hatten, so modifizierten, wie es uns der gesunde Menschenverstand sagte – denn schließlich hatten wir es nicht mit einem Schimpansenkind zu tun. Dennoch versuchten wir, ihn nie für irgendwelche Irrtümer zu bestrafen, bis er ein Alter erreicht hatte, in dem er den Grund verstehen konnte, der hinter unserem Tadel stand, und wir fuhren fort, ihn ständig mitzunehmen und ihn durch häufigen körperlichen und geistigen Kontakt zu beruhigen und zu ermutigen.

War unsere Erziehungsmethode erfolgreich? Wir können es noch nicht beurteilen. Wir können nur feststellen, daß er heute, im Alter von drei Jahren, gehorsam und äußerst aufgeweckt und lebhaft ist, daß er mit anderen Kindern und Erwachsenen gleichermaßen gut auskommt und daß er verhältnismäßig furchtlos ist und auf andere Rücksicht nimmt. Überdies ist er, ganz im Gegensatz zu den Vorhersagen vieler unserer Freunde, außerordentlich unabhängig. Aber es könnte natürlich sein, daß er genauso wäre, wenn wir ihn ganz anders erzogen hätten.

Im Schatten des Menschen

Der erstaunliche Fortschritt der Gattung Mensch ist das Ergebnis der Evolution seines Gehirns, die unter anderem zu der Fähigkeit geführt hat, Werkzeuge zu gebrauchen und herzustellen und Probleme durch logisches Denken, planvolle Zusammenarbeit und Sprache zu lösen. Eine der, biologisch gesehen, auffälligsten Ähnlichkeiten zwischen Schimpansen und Menschen besteht in der Struktur des Gehirns. Tatsache ist überdies, daß die Art und Weise, in der das Gehirn des Schimpansen arbeitet, mit anderen Worten seine spezifische «Intelligenz», der unseren ähnlicher ist als die irgendeines anderen gegenwärtig lebenden Säugetiers. Das Gehirn des Schimpansen von heute ist vermutlich jenem Gehirn nicht allzu unähnlich, das vor vielen Millionen Jahren das Verhalten der ersten Affenmenschen bestimmt hat.

Bis zu dem Tag, an dem ich zum erstenmal beobachtete, wie David Greybeard und Goliath Grashalme so zurichteten, daß sie sie zum Angeln von Termiten benutzen konnten, wurde die Tatsache, daß der prähistorische Mensch Werkzeuge herstellte, als eines der entscheidenden Kriterien betrachtet, die ihn von allen anderen Wesen unterscheiden. Wie bereits gesagt, stellt der Schimpanse seine Sonden nicht nach einem «gleichbleibenden und festgelegten Schema» her. Aber ohne Zweifel hantierte der prähistorische Mensch, bevor er Werkzeuge aus Stein entwickelte, auch mit Stöcken und Halmen. Und es ist unwahrscheinlich, daß er in diesem Stadium seine Werkzeuge nach einem festgelegten Schema herstellte.

Wenn man denjenigen Tieren, die in der Lage sind, einen Gegenstand als Werkzeug zu benutzen, stets besondere Aufmerksamkeit geschenkt hat, so geschah das deshalb, weil für die meisten von uns eine enge Beziehung zwischen dem Werkzeug und dem Menschen besteht. Man muß sich jedoch darüber im klaren sein, daß diese Fähigkeit als solche noch nicht notwendig auf eine besondere Intelligenz des betreffenden Tieres schließen läßt. Die Tatsache, daß der Galapagos-Spechtfink einen Kaktusstachel oder einen Zweig benutzt, um damit Insekten aus den Rissen der Baumrinde zu holen, ist in der Tat ein faszinierendes Phänomen – ein Phänomen jedoch, das noch keineswegs beweist, daß der Vogel intelligenter ist als ein echter Specht, der zum gleichen Zweck den Schnabel und die Zunge benutzt.

Der Punkt, an dem das Benutzen und Herstellen von Werkzeugen als solche evolutionäre Bedeutung erlangen, ist mit Sicherheit erst dann erreicht, wenn ein Tier seine Fähigkeit, Gegenstände zu handhaben, für eine Vielzahl von Zwecken nutzbar machen kann und wenn es in der Lage ist, einen Gegenstand spontan zur Lösung eines ganz neuen Problems zu benutzen, das ohne die Benutzung eines Werkzeugs nicht zu lösen wäre.

Allein schon am Gombe konnten wir beobachten, wie die Schimpansen Gegenstände für zahlreiche verschiedene Zwecke benutzen. Sie benutzen Halme und Stöcke, um Insekten zu fangen und zu fressen, und sie nehmen Veränderungen an dem Gegenstand vor, den sie als Werkzeug benutzen wollen, wenn er in der Form, in der sie ihn vorfinden, nicht geeignet ist, seinen Zweck zu erfüllen. Sie benutzen Blätter, um mit ihrer Hilfe Wasser aufzusaugen, das sie mit ihren Lippen nicht erreichen können, und sie kauen diese Blätter zunächst, um sie saugfähiger zu machen. Ein Schimpanse benutzte einen ähnlichen Schwamm, um auch die letzten Reste des Hirns aus dem Schädel eines Pavians herauszuholen. Wir haben gesehen, wie Schimpansen mit einer Handvoll Blätter den Schmutz von ihrem Körper wischten oder ihre Wunden betupften. Und es kommt vor, daß sie Stöcke benutzen, um damit unterirdische Bienennester auszunehmen.

Bisher allerdings brachte es kein Schimpanse fertig, *ein* Werkzeug zur Herstellung eines *zweiten* zu benutzen. Ein Schimpansenweibchen, das uns immer wieder als Versuchsperson diente, war selbst nachdem wir es ihm ausgiebig vorgemacht hatten, nicht in der Lage, eine Steinaxt dazu zu verwenden, von einem Stück Holz Splitter abzuschlagen, mit deren Hilfe es an die Nahrung hätte gelangen können, die wir in einem engen Rohr verstaut hatten. Dasselbe Schimpansenweibchen war sehr wohl dazu fähig, wenn das Stück Holz so beschaffen war, daß die Äffin Splitter mit ihren Zähnen abspalten konnte. Aber obwohl ihr mehrfach vorgeführt wurde, wie man mit der Steinaxt auch härteres Holz spalten konnte, unternahm sie nicht einmal den Versuch, sich dieser Axt zu bedienen, um das Problem zu lösen. Bevor wir indes sagen können, daß der Schimpanse schlechthin unfähig ist, diese Leistung zu vollbringen, müssen noch zahlreiche andere Schimpansen getestet werden. Manche Menschen sind Mathematiker – andere sind es nicht.

Wenn man das Verhalten des Schimpansen im Freiland mit seinen Fähigkeiten in Testsituationen vergleicht, so gewinnt man den Eindruck, daß er durchaus irgendwann eine differenziertere Werkzeugkultur entwickeln könnte. Schließlich benutzte der primitive Mensch seine frühen Steinwerkzeuge auch jahrtausendelang, ohne daß es zu irgendeiner Veränderung kam. Dann plötzlich wurden verfeinerte Werkzeuge aus Stein hergestellt, die weit über die Kontinente verbreitet waren. Mag sein, daß ein Steinzeitgenie die neue Kultur erfand und daß seine Zeitgenossen, die ohne Zweifel voneinander lernten und einander imitierten, die neue Technik übernahmen.

Wenn man dem Schimpansen die Möglichkeit gibt weiterzuleben, könnte auch er plötzlich eine Rasse von Schimpansen mit Supergehirnen hervorbringen und eine ganz neue Werkzeugkultur entwickeln. Denn während die Fähigkeit, mit Gegenständen umzugehen, dem Schimpansen angeboren ist, scheint es beinahe sicher, daß die verschiedenen Arten der Benutzung von Werkzeugen, die wir bei den Schimpansen am Gombe beobachten konnten, erlernt sind. Wir sahen ein sehr gutes Beispiel dafür, wie junge Schimpansen von den älteren lernen: Ein Weibchen, das Durchfall hatte, nahm eine Handvoll Blätter und wischte sich damit ihr verschmutztes Hinterteil ab. Ihr zweijähriger Sohn beobachtete sie dabei aufmerksam, um dann ebenfalls zweimal nach Blättern zu greifen und sich damit sein sauberes Hinterteil zu putzen.

Für Hugo und mich genau wie für viele Forscher, die sich für das Verhalten und die Evolution des Menschen interessieren, liegt ein außerordentlich wichtiger Aspekt des Verhaltens der Schimpansen in der großen Ähnlichkeit, die viele ihrer der Kommunikation dienenden Gesten und Posen mit denen des Menschen aufweisen. Und es sind nicht nur die Posen und Bewegungen als solche, die den unseren ähnlich sind, sondern auch die Situationen, in denen es häufig zu ihnen kommt.

Wenn ein Schimpanse plötzlich erschreckt wird, kommt es oft vor, daß er seine Arme ausstreckt, um einen Artgenossen, der gerade bei ihm ist, zu berühren oder zu umarmen – ganz ähnlich wie Mädchen, die sich einen Horrorfilm ansehen, nicht selten die Hand ihres Begleiters ergreifen. Für Schimpansen wie für Menschen scheint in Krisensituationen von dem körperlichen Kontakt mit einem anderen Wesen ihrer Gattung eine beruhigende Wirkung auszugehen. Als sich David Greybeard einmal im Spiegel entdeckte, griff er entsetzt nach Fifi, die damals ganze drei Jahre alt war. Selbst dieser Kontakt mit einem noch sehr kleinen Schimpansen schien ihn zu beruhigen; nach und nach entkrampfte er sich, und das ängstliche Grinsen verschwand aus seinem Gesicht. Es kommt sogar gelegentlich vor, daß sich Menschen beruhigt fühlen, wenn sie in Augenblicken der emotionalen Krise einen Hund oder irgendein anderes Haustier berühren oder streicheln.

Diese beruhigende Wirkung, die für Schimpansen und Menschen gleichermaßen der körperliche Kontakt mit einem anderen Wesen zu haben scheint, hat ihren Ursprung vermutlich in den Jahren der frühen Kindheit, in denen für lange Zeit die Berührung der Mutter oder der Kontakt mit ihrem Körper dazu dient, die Ängste der Kinder zu lindern. Wenn deshalb das Kind älter wird und seine Mutter nicht mehr stets in der Nähe ist, sucht es – als nächstbeste Lösung gleichsam – den engen physischen Kontakt mit einer anderen Kreatur. Ist die Mutter jedoch anwesend, so ist es keine Seltenheit, daß es ganz bewußt bei ihr und niemandem sonst Trost sucht. Als Figan etwa acht Jahre alt war, wurde er einmal von Mike bedroht. Er schrie laut und rannte an sechs oder sieben anderen Schimpansen vorbei, um zu Flo zu gelangen. Dann streckte er ihr seine Hände entgegen, und sie ergriff sie. Auf diese Weise beruhigt, hörte Figan fast augenblicklich auf zu schreien. Auch junge Menschen bleiben selbst lange nach dem Ende der eigentlichen Kindheit dabei, ihrer Mutter ihr Herz auszuschütten – vorausgesetzt natürlich, daß eine enge gefühlsmäßige Bindung zwischen Mutter und Kind besteht.

Es gibt Schimpansen, die weit häufiger und intensiver als andere zu versuchen scheinen, sich bei den ranghöheren Tieren in Gunst zu setzen. Melissa zum Beispiel pflegte, besonders als sie jung war, fast jedesmal, wenn ein ausgewachsenes Männchen in der Nähe vorüberkam, zu ihm hinzueilen und ihre Hand auf seinen Rücken oder Kopf zu legen. Wandte sich das Männchen ihr zu, so zog sie oft ihre Lippen zu einem unterwürfigen Grinsen zurück. Vermutlich fühlt sich Melissa, genau wie die anderen Schimpansen, die ständig zu versuchen scheinen, sich auf diese Weise beliebt zu machen, ganz einfach unwohl in der Gegenwart eines sozial höheren Tiers und sucht deshalb ständig die Ermutigung durch den körperlichen Kontakt. Und wenn dann der ranghöhere Artgenosse sie seinerseits berührt – um so besser.

Es versteht sich, daß es auch unter den Menschen zahlreiche Melissas gibt, die, wenn sie versuchen, besonders freundlich zu sein, den Arm ausstrecken, um die Person, um die es ihnen geht, zu berühren, und die besonders häufig und gefällig lächeln. Gewöhnlich handelt es sich dabei um Menschen, die sich aus irgendeinem Grunde ihrer selbst nicht sicher sind und sich in bestimmten sozialen Umgebungen nicht recht wohl fühlen. Und wie steht es mit dem Lächeln? Die Frage nach der Entwicklung des menschlichen Lächelns ist immer noch Gegenstand zahlreicher Kontroversen. Es scheint indes ziemlich sicher, daß wir zwei recht verschiedene Arten des Lächelns unterscheiden müssen, mögen sie vor langer Zeit auch aus ein und demselben Minenspiel hervorgegangen sein. Wir lächeln, wenn wir uns freuen, wenn wir amüsiert sind; und wir lächeln, wenn wir ein wenig nervös oder ängstlich sind, uns unbehaglich fühlen. Aus diesem Grund lächeln manche Menschen, wenn sie zum Beispiel bei einem Interview nervös sind, beinahe über alles, was man ihnen sagt. Und genau das ist die Art von Lächeln, die vermutlich dem Grinsen eines seine Demut demonstrierenden oder angsterfüllten Schimpansen am ehesten entspricht.

Wenn Schimpansen beim Anblick eines großen Haufens Bananen in einen Freudentaumel geraten, beklopfen, küssen und umarmen sie sich gegenseitig, wie zwei Freunde sich umarmen können, wenn sie eine gute Nachricht erhalten, oder wie ein Kind seine Mutter umarmt, wenn sie ihm etwas besonders Schönes verspricht. Und wir alle kennen jene Gefühle der intensiven Erregung oder Beglückung, die bewirken können, daß Menschen Schreie ausstoßen, umherhüpfen oder in Tränen ausbrechen. Es ist nicht überraschend, daß Schimpansen, wenn sie ein ähnliches Gefühl verspüren, sich zu beruhigen suchen, indem sie ihre Genossen umarmen.

Ich habe bereits davon gesprochen, daß es durchaus sein kann, daß ein Schimpanse, nachdem er von einem ranghöheren Tier bedroht oder angegriffen worden ist, diesem Angreifer schreiend, auf dem Bauch kriechend oder mit ausgestreckter Hand folgt. Dieses Verhalten bedeutet nichts anderes, als daß er um die beruhigende Berührung durch den anderen bettelt. Es kommt vor, daß er sich erst entspannt, wenn er berührt oder getätschelt, geküßt oder umarmt worden ist. Ein paarmal beobachteten wir, daß Figan einen Koller bekam, wenn ihm dieser Kontakt versagt blieb, und sich schreiend auf dem Boden herumwarf, bis der Angreifer ihn schließlich mit einer Berührung zur Ruhe brachte. Ich habe einmal erlebt, wie ein menschliches Kind auf die gleiche Weise reagierte: Nachdem der kleine Junge von seiner Mutter gescholten worden war, folgte er ihr so lange schreiend und an ihrem Rock hängend durch das Haus, bis sie ihn schließlich hochhob, küßte und mit einer Gebärde des Verzeihens an sich drückte. Auf die Beilegung eines Ehestreits folgt fast unausweichlich ein Kuß, eine Umarmung oder eine andere Geste der Zuneigung, und in vielen Kulturen steht am Ende des Zwists das Händeschütteln als Zeichen der Erneuerung der Freundschaft und der Bereitschaft, sich gegenseitig zu vergeben.

In Schwierigkeiten geraten wir allerdings mit unseren Parallelen zwischen dem Verhalten des Menschen und des Schimpansen, wenn es um den moralischen Aspekt geht, der dahintersteht, wenn ein Mensch einen anderen um Vergebung bittet oder selber vergibt. Wenn in der Schimpansengesellschaft ein rangniederes Tier Trost bei einem ranghöheren sucht oder wenn ein ranghohes Tier ein anderes beruhigt, so hat das nichts mit der Rechtmäßigkeit oder Unrechtmäßigkeit des aggressiven Akts zu tun. Ein Weibchen, das allein deshalb angegriffen wird, weil es zufällig in der Nähe eines imponierenden Männchens steht, wird sich dem Männchen mit genauso großer Wahrscheinlichkeit nähern und seine Berührung suchen wie das Weibchen, das von einem Männchen bestraft wird, weil es versucht hat, eine Frucht von seinem Bananenhaufen zu nehmen.

Nicht weniger schwierig wird es, wenn wir – statt uns mit dem durchaus möglichen Vergleich der Wirkungen zu begnügen, die eine beruhigende Umarmung oder Berührung einerseits auf den ängstlichen Schimpansen und andererseits auf den ängstlichen Menschen hat – die Motivation erforschen wollen, die hinter der Geste des Affen bzw. des Menschen steht, der diese beruhigende Wirkung ausübt. Denn Menschen sind in der Lage, aus völlig uneigennützigen Motiven heraus zu handeln; wir können echtes Mitleid für jemanden empfinden und versuchen, seinen Kummer zu teilen, indem wir ihm Trost spenden. Es ist jedoch unwahrscheinlich, daß ein Schimpanse je aus ähnlichen Gefühlen heraus handelt. Ich bezweifle, daß selbst Mitglieder ein und derselben Familie, die ja durch eine starke gegenseitige Zuneigung miteinander verbunden sind, in ihrem Umgang miteinander jemals durch reinen Altruismus motiviert sind.

Andererseits mag es in einigen Punkten dennoch Parallelen geben. Die meisten von uns kennen das starke Unbehagen, das uns in der Gegenwart eines verzweifelten, weinenden Menschen überkommen kann. Wenn wir das Bedürfnis haben, diesen Menschen zu beruhigen, so braucht der Grund dafür keineswegs immer darin zu bestehen, daß er uns im altruistischen

Sinne leid tut. Es kann durchaus sein, daß wir ihn deshalb beruhigen möchten, weil sein Verhalten unser eigenes Wohlbefinden beeinträchtigt. Mag sein, daß der Anblick – und besonders das Anhören – eines niedergeduckten, schreienden Artgenossen von niederem Rang einen Schimpansen auf ganz ähnliche Weise stört; und die wirksamste Art, diese unangenehme Situation zu ändern, besteht für ihn darin, daß er den Störenfried durch eine Berührung zur Ruhe bringt.

Aber es gilt noch einen weiteren Aspekt im Zusammenhang mit den Beruhigungsgesten der Schimpansen ins Auge zu fassen: Ich meine die Rolle, die die soziale Hautpflege bei der Entwicklung dieses Verhaltens gespielt haben könnte. Für den Schimpansen – ebenso wie für viele andere Tiere – ist die soziale Hautpflege die friedfertigste, entspannendste und freundlichste Form des körperlichen Kontakts. Schimpansenkindern mangelt es nie an diesem Kontakt, da sie ein Großteil der Zeit in unmittelbarer Nähe ihrer Mütter verbringen. Wenn sie älter werden, entfernen sie sich häufiger von ihren Müttern und spielen zugleich mehr mit anderen jungen Schimpansen. Das Spiel jedoch führt seinerseits wiederum zu ausgiebigem physischem Kontakt. Reift der junge Schimpanse heran, so tritt das Spiel nach und nach in den Hintergrund; gleichzeitig verbringt er mehr und mehr Zeit mit sozialer Hautpflege, wobei zunächst Mutter und Geschwister und später andere ausgewachsene Schimpansen seine Partner sind. Es kommt vor, daß ausgewachsene Schimpansen zwei Stunden ohne Unterbrechung damit beschäftigt sind, sich gegenseitig zu lausen. Wie stark bei den Schimpansen das Bedürfnis nach sozialer Hautpflege ist, bewies der alte Mr. McGregor, als er sich mit seinen gelähmten Beinen volle sechzig Meter weit schleppte, um sich einer Gruppe von Männchen anzuschließen, die sich gegenseitig lausten.

Wenn ein Schimpanse sich mit einem anderen lausen will, geht er für gewöhnlich auf den Partner zu und stellt sich vor ihm auf, wobei er ihm entweder das Gesicht zuwendet und den Kopf leicht beugt oder in die entgegengesetzte Richtung schaut und ihm seinen Rumpf präsentiert. Ist es möglich, daß das unterwürfige Präsentieren des Hinterteils und das Niederkauern und Beugen des Kopfes sich aus den Stellungen entwickelt hat, mit denen der Partner zum Lausen aufgefordert wird? Daß irgendwann im Nebel der Vergangenheit der rangniedere Schimpanse sich, nachdem er bedroht worden war, dem ranghöheren näherte, um die beruhigende, ermutigende Berührung der lausenden Finger zu erbitten? Wenn das so ist, dann kann auch die Reaktion des auf diese Weise zur Berührung oder zum hätschelnden Klopfen aufgeforderten Schimpansen auf das Verhalten bei der sozialen Hautpflege zurückgeführt werden. Und in der Tat lassen sich gelegentlich einige kurze Bewegungen des Lausens beobachten, wenn ein ranghohes Tier als Antwort auf die Unterwerfung demonstrierende Haltung eines rangniederen die Hand ausstreckt. Es ist durchaus nicht abwegig anzunehmen, daß eine solche Reaktion sich im Laufe der Jahrhunderte zu einem Ritual entwickelt hat, so daß sich der Schimpanse heute für gewöhnlich mit der bloßen Andeutung einer Berührung oder eines Klopfens begnügt, statt den demütig sich nähernden Artgenossen zu lausen.

Eine Begrüßung zwischen zwei Schimpansen dient fast immer dem gleichen Zweck: der Bestätigung des sozialen Status der beiden Tiere, der ihr Verhältnis zueinander bestimmt. Wenn die nervöse Olly Mike begrüßt, streckt sie eine Hand nach ihm aus, beugt sich herab oder duckt sich mit gesenktem Kopf nieder. Sie erkennt damit Mikes höheren Rang an. Mikes Reaktion auf diese Geste der Unterwerfung besteht darin, daß er ihre Hand berührt, beklopft oder hält oder daß er ihren Kopf berührt. Die Begrüßung zwischen zwei Schimpansen ist für gewöhnlich demonstrativer, wenn die beiden enge Freunde sind, und insbesondere, wenn sie nicht nur Stunden, sondern Tage voneinander getrennt waren. Wenn David und Goliath sich begegneten, schloß Goliath seinen Freund häufig in die Arme, und einer drückte dem anderen die Lippen auf Gesicht oder Hals. Begegneten sich indessen Goliath und Mr. Worzle, so bestand ihre Begrüßung selbst dann, wenn sie sich eine ganze Weile nicht gesehen hatten, zumeist nur aus einer beiläufigen Berührung.

Es sind nicht nur die Gesten der Unterwerfung und der Beruhigung, in denen der Schimpanse uns so ähnlich ist. Auch viele seiner Spiele sind ganz wie die Spiele menschlicher Kinder. Die Kitzelbewegungen, die der Schimpanse beim Spiel mit seinen Fingern ausführt, sind nahezu identisch mit den unseren. Und auch das aggressive Imponieren des Schimpansen ist dem unseren nicht unähnlich. Wie ein Mensch kann der zornige Schimpanse seinen Opponenten mit starrem Blick fixieren, seinen Unterarm rasch heben, seinen Kopf ein wenig zurückwerfen, in aufrechter Haltung auf seinen Gegner zulaufen und dabei mit den Armen gestikulieren, Steine werfen, Stöcke schwingen, schlagen, stoßen, beißen, kratzen und sein Opfer an den Haaren ziehen.

In der Tat stoßen wir, wenn wir die ganze Skala der Kommunikationszeichen durch Haltung und Gestus bei den Schimpansen einerseits und dem Menschen auf der anderen Seite ins Auge fassen, auf zahlreiche erstaunliche Ähnlichkeiten. Es hat demnach den Anschein, als ob Menschen und Schimpansen Gesten und Positionen in höchst bemerkenswerter Parallelität entwickelt haben oder als ob wir mit den Schimpansen einen Vorfahren gemeinsam haben, einen Vorfahren, der sich seinen Artgenossen durch Küssen und Umarmen, durch Berühren, Beklopfen und Handhalten mitteilte.

Einer der entscheidenden Unterschiede zwischen dem Menschen und seinem nächsten lebenden Verwandten ist natürlich die Tatsache, daß der Schimpanse nicht die Fähigkeit zum Sprechen entwickelt hat. Auch die intensivsten Bemühungen, junge Schimpansen das Sprechen zu lehren, blieben erfolglos. Und die Entwicklung einer verbalen Sprache stellt in der Tat einen wahrhaft gigantischen Schritt in der Evolution des Menschen dar.

Schimpansen kennen freilich eine breite Skala von Rufen, die mit Sicherheit der Vermittlung bestimmter Informationen dienen. Wenn ein Schimpanse eine gute Futterquelle entdeckt, stößt er ein lautes Bellen aus, und andere Schimpansen, die sich in der Nähe aufhalten, wissen sofort, was gemeint ist, und eilen herbei. Ein Schimpanse, der angegriffen wird, schreit, so daß seine Mutter oder ein Freund ihn hören und zur Hilfe kommen kann. Sieht sich ein Schimpanse mit einer beunruhigenden und möglicherweise gefährlichen Situation konfrontiert, läßt er sein unheimliches «Uaah» vernehmen, und wieder können andere Schimpansen herbeilaufen, um nachzusehen, was los ist. Ein männlicher Schimpanse stößt, bevor er in ein Tal kommt oder auf eine Futterquelle zustürmt, seine *pant-hoots* aus, und die anderen Tiere wissen nicht nur, daß ein weiteres Mitglied der Gruppe eintrifft, sondern auch, um welches Mitglied es sich handelt. Für unsere menschlichen Ohren läßt sich der einzelne Schimpanse besser an seinen *pant-hoots* als an allen anderen Rufen erkennen. Dieser Umstand ist bedeutsam, weil insbesondere der *pant-hoot* dazu dient, den Kontakt zwischen den verstreuten Gruppen einer Gemeinschaft aufrechtzuerhalten. Die Schimpansen selbst indessen können die einzelnen Tiere ohne Zweifel auch an anderen Rufen erkennen; so kennt zum Beispiel die Schimpansenmutter den Schrei ihres Kindes. Man darf annehmen, daß einem Schimpansen die Rufe der meisten ihm bekannten Artgenossen vertraut sind.

Aber obwohl die Schimpansenrufe der Vermittlung elementarer Informationen dienen, können sie doch nicht eigentlich mit einer gesprochenen Sprache verglichen werden. Der Mensch kann mit Hilfe von Worten abstrakte Ideen mitteilen; er kann von den Erfahrungen anderer profitieren, ohne daß er sie selber gemacht haben muß; er kann intelligente Pläne zur Zusammenarbeit entwickeln. Wenn es indessen zum Austausch von Gefühlen kommt, greifen die meisten Menschen auf die alte Form der gestischen Kommunikation zurück, wie wir sie von den Schimpansen kennen – auf das ermunternde Schulterklopfen, die überschwengliche Umarmung, den Händedruck. Und wenn wir bei solchen Gelegenheiten auch Worte benutzen, so erhalten sie nicht selten eine ganz ähnliche Funktion wie die Rufe der Schimpansen: die Funktion, das Gefühl, von dem wir beherrscht sind, spontan zum Ausdruck zu bringen. «Ich liebe dich, ich liebe dich», sagt der Liebhaber wieder und wieder, wenn er dem geliebten Wesen sein leidenschaftliches Gefühl zu vermitteln sucht – nicht durch Worte, sondern durch seine Umarmungen und Zärtlichkeiten. Wenn wir überrascht sind, rufen wir «Donnerschlag!», «Ach du liebe Zeit» oder «Mensch!». Und wenn wir in Wut geraten, greifen wir zu Flüchen oder anderen mehr oder weniger sinnlosen Ausdrücken.

Kürzlich ist der Beweis gelungen, daß der Schimpanse in der Lage ist, auf eine durchaus differenzierte Weise mit Menschen zu kommunizieren. In Amerika haben zwei Forscher, Allen und Beatrice Gardner, versucht, einen jungen Schimpansen die offizielle Zeichensprache der Taubstummen zu lehren. Sie waren der Ansicht, daß angesichts der großen Bedeutung, die bei der Verständigung unter den Schimpansen Gesten und Posen zukommt, eine solche Zeichensprache einem Schimpansen eher beizubringen sein müßte als eine verbale Sprache.

Washoe war seit ihrer frühesten Kindheit ständig von Menschen umgeben. Diese Menschen nun verständigten sich von Anfang an nicht nur mit Washoe, sondern in Gegenwart des Schimpansen auch untereinander ausschließlich mit Hilfe der Zeichensprache. Die einzigen Laute, die sie benutzten, ähnelten den Lauten, die auch die Schimpansen im allgemeinen und Washoe im besonderen ausstießen.

Das Experiment war außerordentlich erfolgreich. Die inzwischen fünfjährige Washoe kann dreihundertundfünfzig verschiedene Symbole verstehen, von denen viele nicht nur die Bedeutung eines einzelnen Wortes, sondern ganzer Wortgruppen zum Ausdruck bringen; überdies ist sie in der Lage, etwa einhundertundfünfzig davon selber richtig zu verwenden. Man hat den Gardners vorgeworfen, sie hätten Washoe erlaubt, die Zeichensprache «nachlässig» zu benutzen. In der Tat wurden ihr einige Zeichen in leicht abgewandelter Form beigebracht, wenn diese Form einer ihrer eigenen Gesten besonders nahe kam; andere Zeichen veränderte Washoe, als sie klein war, auf eigene Faust – und interessanterweise stellte sich heraus, daß viele dieser Zeichen, die sie den eigenen Verhältnissen angepaßt hatte, genau die gleichen waren, die kleine menschliche Kinder benutzen. Mit anderen Worten, sie stellen die «Babysprache» des taubstummen Kindes dar. Ein gut Teil dieser Zeichen korrigierte Washoe übrigens, als sie älter wurde.

Ich habe Washoe nicht gesehen, aber ich kenne einen Film, in dem ihre Fähigkeiten demonstriert werden. Und seltsamerweise war das, was mich darin am meisten beeindruckte, ein Irrtum, der ihr unterlief. Sie wurde aufgefordert, nacheinander die Namen einer Reihe von Gegenständen zu nennen, die aus einem Sack hervorgezogen wurden, und sie gab mit ihren Zeichen sehr rasch die richtigen Namen an. Indessen, man könnte argumentieren, daß auch ein intelligenter Hund irgendwann einmal lernen würde, auf den Anblick einer Schale mit einem einmaligen, auf den eines Schuhs mit einem zweimaligen Scharren auf dem Boden zu reagieren usw. Aber dann wurde Washoe eine Bürste gezeigt – und sie machte das Zeichen für «Kamm». Für mich war diese Verwechslung außerordentlich bedeutsam; denn sie entspricht genau der Art von Fehlern, die gelegentlich kleine Kinder machen, wenn sie einen Schuh als Pantoffel bezeichnen oder einen Teller als Untertasse, während sie niemals einen Schuh mit einem Teller verwechseln würden.

Vielleicht eine der faszinierendsten Beobachtungen machten die Gardners, als sie Washoe zum erstenmal einen Spiegel zeigten. Sie starrte eine Zeitlang ihr Spiegelbild an, betastete es, schaute hinter den Spiegel und starrte aufs neue. Als sie dann in der Zeichensprache gefragt wurde: «Was ist das?», gab sie mit Hilfe ihrer Zeichen die Antwort: «Ich, Washoe.»

Das ist in gewisser Weise der wissenschaftliche Beweis für eine Tatsache, die uns seit langem bekannt ist – für die Tatsache nämlich, daß der Schimpanse ein, wenn auch vielleicht nur vages, primitives Ich-Bewußtsein hat. Ohne Zweifel gibt es Menschen, die es vorziehen, diesem Faktum keinen Glauben zu schenken; denn tiefer noch als die alte Vorstellung, daß der Mensch das einzige Wesen ist, das Werkzeuge herstellt, ist die Vorstellung verwurzelt, daß im Reich der Lebewesen der Mensch allein sich seiner selbst bewußt ist. Und doch sollte uns die Entdeckung nicht erschrecken. Erst in allerjüngster Zeit ist mir klargeworden, daß nur ein echtes Verständnis der Ähnlichkeiten im Verhalten des Schimpansen und des Menschen die Basis schaffen kann für ein sinnvolles Nachdenken darüber, in welchen Punkten sich Mensch und Schimpanse *unterscheiden*. Und erst wenn uns diese Unterschiede wirklich bewußt sind, haben wir die Möglichkeit, die Einmaligkeit des Menschen, sowohl in biologischer als auch in geistiger Hinsicht, ganz zu ermessen.

Der Mensch ist sich auf eine ganz andere Art seiner selbst bewußt als der Schimpanse. Er weiß nicht nur, daß der Körper, den er im Spiegel sieht, sein eigener ist, daß sein Haar und seine Zehen *ihm* gehören, daß *er* auf dieses oder jenes Ereignis mit Angst, Freude oder Trauer reagieren wird. Das Ich-Bewußtsein des Menschen übersteigt das primitive Bewußtsein eines fleischlichen Körpers. Der Mensch verlangt eine Erklärung für das Geheimnis seines Daseins und für die Wunder der Erde und des Kosmos. Deshalb hat der Mensch seit Jahrhunderten einen Gott verehrt, sich der Wissenschaft gewidmet und versucht, das Geheimnis in der Maske des Mystischen zu durchdringen.

Der Mensch verfügt über eine beinahe unbegrenzte Fähigkeit, sich mit Dingen zu beschäftigen, die außerhalb seiner selbst liegen; er kann sich für ein Ideal aufopfern und die Freuden und Leiden eines anderen teilen; er kann tief und selbstlos lieben und Schönheit in mannigfaltigen Formen schaffen und genießen. Es sollte nicht überraschen, daß ein Schimpanse sich in einem Spiegel wiedererkennen kann. Was aber wäre, wenn ein Schimpanse Tränen vergösse, wenn er eine Fuge von Bach hörte?

Auf seiner langen Suche nach der Wahrheit ist es dem Wissenschaftler niemals gelungen, einen Beweis für den uralten Glauben des Menschen an Gott und den Geist zu finden. Und dennoch: Wen hat noch niemals in der Stille der Nacht oder beim Anblick des Sonnenaufgangs – nur ein einziges Mal vielleicht – der Gedanke durchzuckt, daß es etwas gibt, das alles Begreifen übersteigt? Und um wieviel reicher muß das Leben für die unter uns sein, die an die Unsterblichkeit des Geistes glauben?

Ja, der Schimpanse lebt im Schatten des Menschen. Aber dennoch ist der Schimpanse eine Kreatur, der für das Verständnis des Menschen eine ungeheure Bedeutung zukommt. So wie er in unserem Schatten lebt, so stellt er alle anderen Tiere in den Schatten. Er hat die Fähigkeit, komplizierte Probleme zu lösen; er kann Werkzeuge für vielerlei Zwecke benutzen und herstellen; seine Sozialstruktur und seine Methoden der Kommunikation mit seinen Artgenossen sind differenziert; und er verfügt über die Ansätze eines Ich-Bewußtseins. Wer kann sagen, wozu sich der Schimpanse in den nächsten vierzig Millionen Jahren entwickeln wird? Uns allen sollte daran gelegen sein, daß er überlebt und die Chance erhält, sich weiterzuentfalten.

Von der Unmenschlichkeit des Menschen

Als sich der mit Widerhaken versehene Pfeil in ihr Fleisch senkte, taumelte Flo und klammerte sich an dem Ast fest. Flint verkrallte sich, vor Angst schreiend, in ihrem Fell, und das Blut aus der Wunde seiner Mutter tropfte langsam auf sein Gesicht herab. Ich war unfähig, mich zu bewegen, unfähig zu schreien. Flo legte eine Hand auf ihre Seite und starrte auf das Blut, als ob sie nicht glauben konnte, was sie sah. Dann sank sie langsam in sich zusammen und fiel – fiel... Flint hing immer noch wie eine Klette an ihrem sterbenden Körper, und sie schlugen gleichzeitig auf den Boden auf.

Als sich die lachende menschliche Maske, weiße Zähne schimmernd im ebenholzfarbenen Gesicht, näherte, bäumte sich Flo noch einmal im Krampf auf und blieb dann regungslos liegen. Flint schrie, schlug um sich und biß, als er in den feuchten, übelriechenden Sack geschoben wurde...

Ich wachte auf, die Decke über das Gesicht gezogen, schweißgebadet. So lebendig stand mir der Albtraum vor Augen, daß ich nicht wieder einschlafen konnte. Ja, es war nur ein Albtraum. Aber derlei Dinge geschehen tatsächlich wieder und wieder in einigen Teilen West- und Zentralafrikas. In vielen Gegenden ist Schimpansenfleisch eine hochgeschätzte Delikatesse, und es gibt grauenerregende Berichte von kleinen Schimpansen, die, an den Körper ihrer aufgeschlitzten Mütter gebunden, auf den Fleischmärkten den unter Eiweißmangel leidenden Afrikanern zum Mästen und zum späteren Verzehr angeboten werden. Überdies haben die medizinischen Forschungslaboratorien in Europa und den Vereinigten Staaten einen großen Bedarf an jungen Schimpansen. Und auch diese Tiere werden gefangen, indem man die Muttertiere abschießt. Wie viele Schimpansenmütter müssen sich, tödlich verwundet, durch das dichte Laubdach des Waldes schleppen und langsam sterben, so daß ihre Jungen verwaist sind? Und wie viele Schimpansenbabies, die den Schuß und den Fall aus dem Baum überleben, müssen, gebrochen und vereinsamt, bereits in den ersten Tagen der Gefangenschaft sterben? Ich schätze, daß für jedes Schimpansenkind, das lebend in der westlichen Welt ankommt, im Durchschnitt sechs andere ihr Leben lassen mußten.

Aber es gibt heute noch andere Gefahren für die Schimpansen. Die Ausbreitung der Land- und Forstwirtschaft bedroht den Lebensraum und damit das Überleben der Schimpansen. Wälder werden gerodet, um Anbauflächen zu gewinnen, und Bäume, von deren Früchten sich die Schimpansen ernähren, werden vergiftet und durch andere ersetzt, die besseres Bauholz liefern. Hinzu kommt, daß die Schimpansen anfällig für alle Krankheiten sind, die den Menschen befallen können. Wo immer sie deshalb in der Nähe neuer menschlicher Siedlungen leben, sind die Affen durch Epidemien bedroht.

Glücklicherweise haben einige Menschen die Gefahren erkannt, die den wilden Schimpansen drohen. Die aufgeklärten Regierungen von Uganda und Tansania sind bereit, Maßnahmen zum Schutz ihrer Schimpansen zu ergreifen, und auf einem internationalen Naturschutzkongreß, der kürzlich stattfand, wurde beschlossen, daß die Schimpansen auf die Liste der gefährdeten Gattungen gesetzt werden sollen, die des Schutzes bedürfen. Einige Programme sind bereits ins Leben gerufen worden, die dem Zweck dienen, Schimpansen, die für Forschungszwecke gebraucht werden, in Gefangenschaft zu züchten. Und wenn es gelingt, auf diese Weise große Kolonien heranzuziehen, so wird man damit ein wirksames Mittel gegen die ständige Dezimierung der in Freiheit lebenden Schimpansen in der Hand haben. Der Schimpanse ist nur eine von vielen Gattungen, die im Freiland von der Ausrottung bedroht sind; aber er ist schließlich unser engster lebender Verwandter, und es wäre tragisch, wenn zu der Zeit, da unsere Enkel erwachsen sein werden, Schimpansen nur noch im Zoo und im Laboratorium existierten. Ein erschreckender Gedanke; denn im allgemeinen ist der Schimpanse, der in der Gefangenschaft lebt, sehr verschieden von der herrlichen Kreatur, deren Lebensgewohnheiten wir heute am Gombe studieren können.

Viele Zoos sind in letzter Zeit dazu übergegangen, ihre Schimpansen in Gruppen in verhältnismäßig geräumigen Gehegen zu halten, aber es gibt immer noch zahlreiche Menschenaffen, die in altmodische Betonzellen mit Eisengittern eingesperrt sind. Ich sah einmal während der Sommerzeit zwei alte Zoo-Schimpansen, ein Männchen und ein Weibchen, die in einen sehr engen Käfig gepfercht waren, der aus einem geschlossenen und einem offenen Teil bestand, die man durch eine Stahltür voneinander getrennt hatte. Es war sehr heiß in jenem Sommer, aber obwohl sie sich draußen befanden und die Tür zum überdachten Teil des Käfigs geschlossen war, hatte man keinen Sonnenschutz für sie angebracht, und als die Sonne ihren höchsten Stand erreichte, war die Betonwand so heiß, daß man sie kaum berühren konnte. Die Schimpansen hatten keinen Ast, auf dem sie sitzen konnten – nichts als ein sehr kleines hölzernes Brett, auf dem jeweils nur eines der Tiere Platz fand. Und natürlich war es stets das Männchen, das auf diesem Brett saß, wenn die Sonne brannte. Sie wurden ganze zweimal am Tag gefüttert, einmal am frühen Morgen und einmal am späten Nachmittag. Ihr Wasservorrat war gewöhnlich gegen zehn Uhr morgens verbraucht, wurde jedoch nicht erneuert.

Wie lange schon, dachte ich, während ich sie beobachtete, mag es her sein, daß sie die Schlingpflanzen vergessen haben, den weichen Boden, das Schwingen in den Ästen und das erregende Gefühl, an den Körper der Mutter geklammert durch den Wald zu reiten. Inzwischen bestand ihr einziges Vergnügen vermutlich in ihrem Futter, aber sie konnten weder saftige Insekten angeln noch den Geschmack von frischem Fleisch genießen; und nie wieder konnten sie unter Freudengrunzern auf einen Baum klettern, um sich im kühlen Schatten seines Laubs an sonnengereiften Früchten zu laben. Wie lang schließlich mußte Tieren, die, in Freiheit lebend, den ganzen Tag lang immer wieder ein wenig Nahrung zu sich nehmen, die Zeit zwischen den Fütterungen werden. Außer dem Fressen hatten sie nichts zu tun, als teilnahmslos dazusitzen und einander oder sich selber zu lausen. Diese beiden alten Schimpansen hatten nicht einmal die Möglichkeit, sich auch nur für eine Minute voreinander zurückzuziehen; das Männchen konnte sich niemals im Kreise männlicher Artgenossen entkrampfen, und das Weibchen konnte nie der männlichen Gesellschaft entkommen.

Ein Schimpanse in einem solchen Zoo ist vermutlich einem Menschen, der seit vielen Jahren im Gefängnis sitzt und keine Hoffnung auf Freilassung hat, nicht allzu unähnlich. Selbst in einem besseren Zoo, in dem der Schimpanse in einer etwas größeren Gruppe und in einem größeren Betongehege lebt, unterscheidet er sich erheblich von dem Schimpansen, wie wir ihn vom Gombe her kennen. Der Zoo-Schimpanse läßt nichts von der ruhigen Würde, der heiteren Klarheit des Blicks oder der Zielbewußtheit seines in Freiheit lebenden Artgenossen erkennen. Im allgemeinen entwickelt er seltsame Verhaltensstereotypien: Beim Gehen dreht er die eine Hand leicht zur Seite, und zwar immer die gleiche Hand und immer zur gleichen Seite; oder er schlurft durch seinen Käfig und schlägt gegen den eisernen Rahmen der Tür – immer an der gleichen Stelle, auf die gleiche Weise und im gleichen Rhythmus. Dieses sonderbare Verhalten ist nichts anderes als ein kümmerlicher Überrest der eindrucksvollen Imponier-Veranstaltung des in Freiheit lebenden Schimpansenmännchens.

Den meisten Menschen ist nur der Zoo- oder der Labor-Schimpanse vertraut. Das bedeutet, daß selbst Leute, die ständig mit Schimpansen zu tun haben, wie etwa Tierwärter oder Forscher, sich nicht vorstellen und nicht verstehen können, wie ein Schimpanse *wirklich* ist. Hier liegt vielleicht der Grund für die Tatsache, daß die Schimpansen in vielen wissenschaftlichen Labors unter katastrophalen Bedingungen leben müssen. Sie hausen zumeist einzeln in kleinen Betonzellen, in denen ihnen nichts anderes übrigbleibt, als tagaus, tagein auf das nächste – und oft genug erschreckende und schmerzhafte – Experiment zu warten.

Ich will damit nicht sagen, daß man grundsätzlich nie Schimpansen für experimentelle Zwecke benutzen sollte. Neuere Untersuchungen von Physiologen und Biochemikern haben gezeigt, daß der Schimpanse dem Menschen biologisch – hinsichtlich der Blutgruppen, des Aminosäuregehalts, der Chromosomenzahl usw. – in der Tat sehr nahesteht. Er ist uns in mancher Beziehung ebenso nahe verwandt wie dem Gorilla. Aus diesem

Grunde ist er vermutlich der einzige wirkliche Ersatz in Fällen, in denen aus ethischen Gründen bestimmte Experimente nicht an Menschen vorgenommen werden können. So wurden zum Beispiel ausgedehnte Versuche an Schimpansen vorgenommen, deren Ergebnisse den Forschern allererst die Sicherheit brachten, daß der Polio-Impfstoff für Menschen ungefährlich ist – ein Impfstoff also, der für Tausende und aber Tausende zum Segen wurde. Nicht zuletzt wegen der Ähnlichkeit, die zwischen dem Schimpansengehirn und dem Gehirn des Menschen besteht, werden Experimente mit Schimpansen zweifellos auch für jene Forscher von großem Wert sein, die sich mit der Erforschung verschiedener psychischer Krankheiten des Menschen wie zum Beispiel der Schizophrenie oder des frühkindlichen Autismus befassen. Selbst jemand, der prinzipiell gegen die Vivisektion ist, könnte durchaus seine Meinung ändern, wenn seine Mutter oder sein Kind unter großen Schmerzen im Sterben liegt und er erfährt, daß mit Hilfe einer Methode, die durch Experimente mit Schimpansen entwickelt werden konnte, eine Heilung möglich wäre.

Aber wenn ich einerseits damit einverstanden bin, daß, wenn es absolut notwendig ist, Schimpansen zu Experimenten herangezogen werden, die dem Zweck dienen, die Leiden der Menschheit zu lindern, so trete ich andererseits mit Nachdruck dafür ein, daß die Lebensbedingungen der Labor-Schimpansen erheblich verbessert werden. Wenn wir diesen Menschenaffen gleichsam als Meerschweinchen in der medizinischen Forschung benutzen wollen – ob nun im Zusammenhang mit Nierentransplantationen, Rauschgiftsucht oder der Pille –, wenn wir wollen, daß er dem Menschen bei der Eroberung des Weltraums hilft, dann sollten wir auch unser möglichstes tun, um dafür zu sorgen, daß er ein gut behandelter und geehrter Gast in unseren Laboratorien ist. Der Raum, in dem er zu leben hat, sollte größer sein und zudem ausgestattet mit Dingen, die geeignet sind, seine Langeweile zu verringern. Außerdem sollte man ihn mit verlockender und schmackhafter Nahrung versorgen und ihn nach Möglichkeit mit anderen Artgenossen zusammen leben lassen. Manchmal haben mein Mann und ich das Gefühl, daß es nur eine Methode gibt, eine Verbesserung der Lage dieser Schimpansen zu erwirken – und diese Methode besteht darin, all denen, die für ihre Pflege verantwortlich sind, unsere Schimpansen am Gombe vorzuführen.

Fortsetzung der Familiengeschichte

Wir sind überzeugt, daß die detaillierte Kenntnis des Verhaltens der Schimpansen, zu der unsere jahrelange Forschungsarbeit am Gombe führen wird, dem Menschen helfen wird in seinem Bemühen, mehr über sich selbst in Erfahrung zu bringen. Und doch ist dies nicht der einzige Grund dafür, daß Hugo und ich unsere Arbeit jahrein, jahraus fortsetzen. Der zweite Grund ist, daß uns jeder einzelne Schimpanse in seiner Eigentümlichkeit fasziniert. Wir wollen wissen, wie Fifi, der wir zuerst begegneten, als sie noch ein ganz kleines Kind war, für ihre eigenen Kinder sorgen wird; ob Flo die Geburt ihres Enkels noch erleben und wie sie auf Fifis Kind reagieren wird; was aus Flint wird, wenn seine Mutter einmal stirbt; ob Figan eines Tages das ranghöchste Männchen sein wird. Man darf wohl sagen, daß unsere Gründe für die Fortsetzung der Studien denen nicht unähnlich sind, aus denen man einen spannenden Roman bis zur letzten Seite liest.

Gegenwärtig können wir nicht allzuviel Zeit am Gombe verbringen, weil wir selber ein Kind haben und weil es, wie ich bereits erwähnt habe, vorgekommen ist, daß Schimpansen Jagd auf kleine menschliche Kinder gemacht haben. Als unser Sohn Hugo – meist Grublin oder Grub genannt – noch sehr klein war, bewahrten wir ihn innerhalb eines Gebäudes in einem Käfig auf; wenn dann Rodolf, Humphrey und der junge Evered durch die Fenster hereinschauten und mit gesträubtem Fell und grimmig zusammengekniffenen Lippen an den Stäben rüttelten, war uns klar, daß sie sich Grub schnappen würden, wenn sie die Chance dazu hätten. Wir konnten ihnen das nicht übelnehmen. Schimpansen in Gefangenschaft, die nicht in der Schimpansengesellschaft, sondern in der Gesellschaft der Menschen aufwachsen, zeigen sich menschlichen Babies gegenüber genauso tolerant und entzückt, wie sie es Schimpansenbabies gegenüber tun. Am Gombe dagegen werden die weißhäutigen Affen, die die Schimpansen zu tolerieren, ja denen sie sogar zu vertrauen gelernt haben, für gewöhnlich nicht mit irgendwelchen Kindern in Verbindung gebracht. Rodolf sah in Grub nicht mein kostbares Baby, sondern ganz einfach eine verlockende Mahlzeit.

Als Grub älter wurde, konnten wir ihn nicht länger in seinen Babykäfig stecken. Deshalb bauten wir ihm unten am Strand, wo sich die Schimpansen nur selten sehen lassen, einen sehr viel geräumigeren. Dieser Käfig ist mit einem Fertighaus verbunden, mit Gras gedeckt und kühl und luftig. Wenn Hugo oder ich bei ihm sind, kann Grub auf dem sandigen Strand umherlaufen und in dem schimmernden See planschen. Sind wir indessen beide oben bei den Schimpansen, bleibt Grub, zusammen mit den beiden Afrikanern, die auf ihn aufpassen, in seinem Käfig.

Trotz dieser Sicherheitsvorkehrungen sind wir der Meinung, daß es nicht richtig wäre, Grub zur Zeit länger als ein paar Monate am Gombe leben zu lassen, und ich habe zuviel von den Schimpansen gelernt, um auch nur auf die Idee zu kommen, mich für längere Zeit von meinem Sohn zu trennen und an einem anderen Ort zu arbeiten. Außerdem hat Hugo noch andere Aufgaben, und genau wie er sich gleich zu Anfang in der Schimpansenforschung engagierte, nahm ich an seinem Studium der großen afrikanischen Raubtiere teil. Als wir heirateten, schworen wir uns, soviel wie möglich zusammen zu sein und zusammen zu arbeiten, weil wir der Meinung sind, daß zwei Menschen, deren Interessen im Einklang sind und die die gleichen Ziele verfolgen, am ehesten die Chance haben, alle Reichtümer, die eine Ehe bieten kann, voll auszukosten. Deshalb beobachtete ich eine Zeitlang mit ihm Hyänen, und ich muß gestehen, daß mir diese Erfahrung geholfen hat, meinen Horizont zu erweitern, daß sie mir ermöglicht hat, das Verhalten der Schimpansen in einem neuen Licht zu sehen, und daß sie mir wichtige Impulse für die Deutung vermittelte.

Während meiner regelmäßigen kurzen Besuche am Gombe habe ich häufig besonderes Glück. Fast jedesmal haben die Schimpansen etwas Aufregendes zu bieten, als ob sie wüßten, daß ich da bin und ihnen zuschaue! Grundsätzlich jedoch sind es unsere Mitarbeiter, die mich auf dem laufenden halten. Es ist zwar immer ein Unterschied, ob man von einer Sache hört oder sie selber erlebt, aber was sie mir zu berichten haben, ist dennoch fesselnd, und die Mehrzahl der Leute, die am Gombe arbeiten, teilen unsere Begeisterung für die Schimpansen als individuelle Wesen, so daß ihre Berichte ebenso lebendig wie präzise sind.

Auf diese Weise bringt jeder Monat eine Fortsetzung, ein neues Kapitel der Schimpansensaga ein. Bevor ich zum Schluß komme, will ich noch ein wenig von dem berichten, was aus den Schimpansen, die ich in den Mittelpunkt dieses Buchs gerückt habe, geworden ist.

Was zum Beispiel wurde aus Olly und ihrer Familie? Beinahe genau ein Jahr, nachdem sie ihr kleines Kind während der Polio-Epidemie verloren hatte, bekam die alte Olly noch einmal ein Baby, aber es wurde zwei Monate zu früh geboren und kam tot zur Welt, so daß Gilka aufs neue um einen möglichen kleinen Spielgefährten gebracht war. Sechs Monate danach verschwand Olly, und irgendwann mußten wir davon ausgehen, daß sie tot war. Gilka, immer noch nicht älter als sieben, zog häufig allein umher auf den Pfaden, auf denen sie so oft mit ihrer Mutter gewandert war.

Schon bald nach Ollys Tod entwickelte sich an Gilkas Nase eine seltsame Schwellung. Zunächst schien sie schmerzhaft zu sein; denn jedesmal, wenn ein Altersgenosse ihr näher kam, zuckte Gilka, die Augen fest zusammengekniffen, zurück. In den folgenden Wochen schien der Schmerz zwar zu verschwinden, aber die Schwellung wuchs und wuchs, bis Gilka kaum noch durch die Nase atmen konnte. Ein Jahr nachdem wir die sonderbare Geschwulst zum erstenmal wahrgenommen hatten, war Gilkas ganzes Gesicht grausam entstellt; ihre Nase war zu einem riesigen, knotigen Auswuchs geworden, und auf beiden Seiten davon sowie an der Augenbraue hatten sich kleine Höcker gebildet.

Als Hugo und ich nach verhältnismäßig langer Abwesenheit wieder einmal am Gombe erschienen, waren wir entsetzt von Gilkas Aussehen. Sie, die zu den hübschesten jungen Schimpansen gezählt hatte, sah aus wie ein grotesker Gnom, der einem Albtraum entsprungen ist. Wir waren überzeugt, daß es sich um eine Krebsgeschwulst handelte und daß Gilka nicht mehr lange leben werde. Wir zeigten einer Reihe von befreundeten Medizinern Fotos von dem entstellten Gesicht und entschlossen uns nach mancherlei Hin und Her, wenigstens den Versuch zu machen, herauszufinden, um was für eine Geschwulst es sich handelte, wenngleich uns ziemlich sicher war, daß wir nur wenig für Gilka tun konnten. Es würde an dieser Stelle zu weit führen, die Methoden zu beschreiben, mit denen wir Gilka zunächst beruhigten und dann betäubten. Jedenfalls fanden wir mit Hilfe der bekannten Tierärzte Sue und Toni Harthorn und Professor Roy von der Nairobi University heraus, daß Gilka von einer Pilzkrankheit befallen war, die wir gegenwärtig mit Antibiotika behandeln. Trotz der Operation hat Gilka ihr Zutrauen zu den Menschen nicht verloren, und unsere Mitarbeiter haben keinerlei Schwierigkeiten, ihr in den Bergen zu folgen.

Wir hoffen alle von Herzen, daß Gilka sich wieder ganz erholt. Denn zum einen mögen wir sie einfach gern. Zum anderen bildet sie zusammen mit Evered eines der wenigen Geschwisterpaare, bei denen wir über lange Zeit hin die Beziehung zwischen beiden genau beobachten konnten. In den letzten drei Jahren etwa vor Ollys Tod hatten ihre beiden Kinder kaum Kontakt miteinander, aber in den Jahren nach dem Verlust ihrer Mutter scheinen Evered und seine jüngere Schwester sich viel näher gekommen zu sein. Ziemlich oft wandern die beiden gemeinsam umher. Ferner verbringen sie viel Zeit mit gegenseitiger Fellpflege. Die anderen jungen Männchen dagegen, Evereds Altersgenossen, lausen Gilka höchst selten; wenn sie es schon einmal tun, dann geschieht dies in einer eher kurzen Sitzung.

Ob die verhältnismäßig enge Freundschaft zwischen Gilka und Evered auch in den kommenden Jahren halten wird, können wir nicht sagen. Pepe und Miff, Marinas Sprößlinge, zogen während des Jahres nach dem Tod ihrer Mutter ebenfalls häufig gemeinsam umher, aber in der darauffolgenden Zeit trennten sich ihre Wege mehr und mehr. Leider starb Pepe drei Jahre nach dem Tod seiner Mutter und ein Jahr nach dem seines kleinen

Bruders Merlin, und Miff blieb für eine Weile die einzige Überlebende von Marinas Familie. Aber als sie zwischen zehn und elf Jahre alt war, brachte sie eine Tochter zur Welt. Wir waren erstaunt, wie geschickt sie mit ihrem Kind umging. Alle anderen jungen Mütter, die wir beobachten konnten, wirkten, zumindest in den ersten Tagen nach der Geburt, stets ein wenig ungeschickt und unsicher. Melissa hatte regelrecht benommen gewirkt. Für Miff dagegen schien das Baby die selbstverständlichste Sache der Welt zu sein, und sie widmete ihm das gleiche Maß an Aufmerksamkeit, das die alte und erfahrene Flo ihrem letzten Kind entgegengebracht hatte. Mag sein, daß es die Erfahrung mit dem kleinen verwaisten Bruder war, der Miff diese Selbstsicherheit verdankte.

Wie bereits erwähnt, galt unsere besondere Aufmerksamkeit seit Jahren der Frage, ob einige der engen Freundschaften zwischen ausgewachsenen Schimpansen ihren Grund darin haben könnten, daß die Freundespaare zugleich Geschwister sind. Deshalb verfolgten wir mit großem Interesse die Entwicklung der Beziehung zwischen Flos älteren Söhnen Faben und Figan. Während der Pubertätsphase spielten die beiden ziemlich häufig miteinander, wenngleich Faben mit seinem jüngeren Bruder gelegentlich nicht gerade sanft umging. Als Faben jedoch mit gut dreizehn Jahren seine soziale Reife erlangte, stellte er jegliche Beschäftigung mit Figan ein, so daß Hugo und ich an der Richtigkeit unserer Theorie bezüglich der Freundschaften zwischen Schimpansenmännchen ernsthaft zu zweifeln begannen.

Faben war kräftig gebaut, und die – nicht selten in aufrechter Haltung ausgeführten – Imponier-Veranstaltungen, die er als reifes Männchen absolvierte, waren in der Tat imponierend. Aber dann wurde er von der Polio befallen, die ihm seinen rechten Arm mitsamt der Hand völlig lähmte. Bis dahin war Figan als der jüngere Bruder stets der Unterlegene gewesen, aber es war charakteristisch für Figans Intelligenz, daß er Fabens Handikap beinahe augenblicklich zur Verbesserung seines eigenen Status ausnutzte. Als Faben mit seinem gelähmten Arm auftauchte, schien ihm Figan zunächst keinerlei besondere Beachtung zu schenken. Nach ein paar Tagen jedoch fing er an, seinen älteren Bruder systematisch zu belästigen.

Die erste Attacke dieser Art, die ich beobachtete, spielte sich folgendermaßen ab: Faben saß friedlich in einem Baum und lauste sich, als Figan ihn plötzlich fixierte, langsam auf den Baum zuging und hinaufkletterte. Oben angekommen, begann er mit wildem Imponieren: Er rüttelte an den Ästen und schüttelte den ganzen Baum so heftig, daß Faben, der seinem jüngeren Bruder zunächst gar keine Beachtung geschenkt hatte, zu schreien begann. Da Faben sich noch nicht auf seinen gelähmten Arm hatte einstellen können, wurde er in wenigen Sekunden regelrecht aus dem Baum geschüttelt. Während der folgenden Tage wiederholte sich dieses Schauspiel in ähnlicher Form noch zweimal. Danach kam es zu einem bemerkenswerten Wandel in der Haltung des älteren Bruders: Als ich das nächste Mal sah, wie sich die beiden Brüder begegneten, lief Faben, als er merkte, daß Figan sich ihm näherte, mit unterwürfigen *pant-grunts* auf ihn zu. Figan setzte sich ganz einfach hin und klopfte seinem älteren Bruder, der sich vor ihm niederkauerte, beruhigend auf den Kopf!

Eine Zeitlang änderte sich an diesem Zustand nichts, aber nach und nach paßte sich Faben seinem Handikap an. Er war von Anfang an in der Lage gewesen, völlig aufrecht zu gehen und damit zu verhindern, daß sein lahmer Arm auf dem Boden schleifte; aber mit der Zeit entwickelte er sich zu einem wahren Experten in dieser menschlichen Art der Fortbewegung. Schon bald konnte er mit Gruppen von ausgewachsenen Schimpansenmännchen über ziemlich große Entfernungen mithalten, und langsam gewann er auch seine frühere Wendigkeit beim Schwingen durch die Bäume zurück. Und nicht zuletzt seine Imponier-Veranstaltungen bekamen nach und nach wieder jene Vehemenz, die sie vor seiner Krankheit gekennzeichnet hatte. Figan muß diese körperliche Regeneration seines Bruders bemerkt haben, denn er fing an, Faben aus dem Weg zu gehen. Zwei Jahre später deutete nichts mehr darauf hin, daß Figan einmal in der Lage gewesen war, seinen älteren Bruder dazu zu bringen, vor ihm niederzukauern.

Als auch Figan den Status eines sozial reifen jungen Männchens erlangte, beobachteten wir, daß sich zum erstenmal seit dem Ende der Kindheitsphase eine Beziehung zwischen den beiden Brüdern anbahnte, die man als freundschaftlich bezeichnen konnte. Oft zogen sie gemeinsam umher, und immer wieder widmeten sie sich ausgiebig der gegenseitigen Hautpflege. Hatten wir am Ende doch recht gehabt mit unserer Theorie? Vielleicht war dies der Anfang einer Freundschaft, wie sie zwischen David Greybeard und Goliath, Mike und J. B. oder Mr. McGregor und Humphrey bestand – einer dauerhaften Freundschaft also, die unter anderem darin ihren Ausdruck fand, daß der eine Bruder dem anderen in Krisensituationen zur Hilfe kam? Wir konnten nur warten und beobachten.

Während des folgenden Jahrs wurde das Verhältnis zwischen Figan und Evered (der, wie man sich erinnern wird, etwa ein Jahr älter war) zusehends gespannter, und die beiden jungen Männchen veranstalteten nicht selten Imponier-Turniere, die sich jeweils gegen den anderen richteten. Solche Demonstrationen aber führten, soweit uns bekannt ist, nie zu einem wirklichen Kampf zwischen den beiden – bis zu einem Tag, der uns unvergeßlich bleiben wird. Es begann damit, daß Evered mit gesträubtem Fell im Camp erschien und auf Figan und Faben stieß. Als er sich Figan näherte, eilte das etwas jüngere der beiden Männchen zu seinem Bruder, umarmte ihn kurz und wandte sich dann wieder Evered zu. Sekunden später stürmten die Brüder gemeinsam und unter lautem «Uaah»-Gebell auf Evered los und jagten ihn aus dem Camp. Evered floh schreiend durch den Wald und suchte auf einem Baum Zuflucht. Die Brüder kehrten zum Camp zurück.

Während der folgenden Minuten veranstaltete erst Faben, dann Figan ein vehementes Imponieren. Als die beiden mit lauten *pant-hoots* über die Lichtung rasten, Äste hinter sich her schleppten und damit auf den Boden trommelten, ließ Evered in seinem Baum ein paar halb unterdrückte *hoots* vernehmen.

Etwa eine halbe Stunde nachdem er aus dem Camp geflohen war, kehrte Evered zurück. Aber Faben stürmte sofort wieder auf ihn los, und Figan folgte seinem Bruder auf den Fersen. Im gestreckten Galopp rannten die beiden hinter Evered her, der sich rasch auf seinen Baum zurückzog. Diesmal folgten ihm die Brüder in die Zweige und ließen sich mit gesträubtem Fell knapp vier Meter von ihrem Opfer entfernt nieder. Alle drei verhielten sich stumm, aber Evereds Lippen waren zu einem ängstlichen Grinsen zurückgezogen.

Nach einer Weile ging Figan ein kurzes Stück auf Evered zu, der sich mit leisem Knurren ein paar Schritte auf seinem Ast zurückzog und sich aufs neue niederließ. Wenig später näherte sich, immer noch stumm, Faben Evered, und Evered quiekte nervös, zog sich noch weiter auf seinem Ast zurück und setzte sich wieder. Dann schob sich auch Figan näher an Evered heran, der wiederum leise knurrte, sich aber nicht weiter zurückziehen konnte. Die Brüder saßen stumm und regungslos da und fixierten ihn.

Plötzlich, etwa fünf Minuten nachdem die drei in den Baum geklettert waren, brach die Schlacht los. Faben und Figan sprangen gleichzeitig mit lautem «Uaah»-Gebell auf Evered zu, der sich mit einem Riesensatz schreiend auf den nächsten Baum rettete. Die Brüder folgten ihm auf dem Fuß. Nach einer kurzen Jagd bekam Figan Evered am äußersten Ende eines dünnen, schwankenden Zweigs zu fassen, und als die zwei aufeinander losgingen, griff auch Faben in den Kampf ein.

Es war ein phantastischer Anblick, wie die drei jungen Männchen als schreiendes Knäuel von einem Ast zum anderen sprangen. Inzwischen war auch Flint auf den Baum geklettert und stampfte mit kindlich krähendem «Uaah, uaah» in sicherer Entfernung auf den Ästen entlang, während unten auf der Erde Flo auf und ab stampfte, an Schlingpflanzen rüttelte und ihr heiseres, uraltes Bellen vernehmen ließ.

Plötzlich fielen Figan und Evered, immer noch kämpfend, aus dem Baum herab. Sie schienen fast durch die Luft zu segeln, bevor sie etwa vierzig Fuß tiefer in einem dichten Schlingpflanzengewirr landeten. Faben schwang sich augenblicklich hinterher, und Evered floh laut schreiend durch den Wald davon. Figan und Faben setzten ihm, gefolgt von Flo und Flint, eine kurze Strecke nach und führten dann unter lauten *pant-hoots* und wildem Getrommel einer nach dem anderen ihre Imponier-Veranstaltung vor. Ein paar hundert Schritt entfernt, unten beim Bach, konnte man Evered immer noch schreien und wimmern hören.

Während dieser Auseinandersetzung verletzte sich Figan den Arm, schabte sich die Haut von seinen Knöcheln ab und büßte ein paar große Haarbüschel ein. Evered indessen kam noch sehr viel schlechter davon; er handelte sich eine klaffende Wunde ein, die vom Mundwinkel die Wange hinauf verlief. Alle fürchteten, daß er dadurch für alle Zeit genauso entstellt sein würde wie seine Schwester Gilka. Zu unserer Überraschung jedoch heilte die Wunde so gut ab, daß kaum eine Narbe übrigblieb.

Inzwischen sammelte unser Forschungsteam faszinierende Details zum

Thema der Rangordnung bei den Männchen. Nicht lange nach dem Tod des alten McGregor entwickelte sich sein junger Bruder Humphrey zu einem wuchtigen Schimpansenmännchen, und je massiger er wurde, desto aggressiver gebärdete er sich. Spätestens 1968 hatte es Humphrey geschafft, daß ihm sämtliche Weibchen und heranwachsenden Männchen mit tiefer Ehrfurcht begegneten. Wenn Humphrey und Mike zusammen in einer Gruppe waren, kam es nicht selten vor, daß Neuankömmlinge zunächst Humphrey ihre Aufwartung machten, bevor sie Mike als das ranghöchste Männchen begrüßten. Während des folgenden Jahrs verwies Humphrey nach und nach selbst den alten Rodolf, Leakey und Goliath auf die Plätze. Aber trotz allem blieb sein Respekt vor Mike so groß wie eh und je.

Während Figan Humphrey gegenüber größte Ehrfurcht an den Tag legte, ließ gleichzeitig sein Respekt vor Mike merklich nach, und Mike zeigte sich durchaus beunruhigt über diesen jungen Emporkömmling. Wenn Mike sich zum Imponieren anschickte, machten sich nach wie vor alle anderen Schimpansen aus dem Staube – nur nicht Figan, der in aller Ruhe sitzen blieb und Mike sogar den Rücken zukehrte. Dieses Schauspiel wiederholte sich wieder und wieder, und Mikes Unruhe wuchs. War Figan in der Nähe, so wurden Mikes Imponier-Veranstaltungen immer häufiger, und in der Mehrzahl waren sie gegen das junge Männchen gerichtet. Er ging sogar dazu über, genau die Äste zu schütteln, auf denen Figan saß und ihm ungerührt den Rücken zuwandte. Aber es schien, als ob er es nicht wagte, den unbotmäßigen Figan tatsächlich anzugreifen.

Einmal riskierte Figan, sich einem brunstigen Weibchen zu nähern, an das Mike seltsamerweise kein anderes Männchen heranlassen wollte. Als Mike Figan drohte, indem er die Zweige des Baumes schüttelte, unter dem die beiden standen, drohte Figan auf die gleiche Weise zurück und löste damit eine allgemeine Verwirrung aus, die dazu führte, daß beide Männchen schreiend davonliefen und daß Mike bei Humphrey Ermutigung suchte, indem er ihn eilig umarmte.

Wenig später muß es zu einem Zwischenfall gekommen sein, bei dem keiner von uns Augenzeuge war und durch den Figan nachdrücklich in seine Schranken verwiesen wurde; denn von diesem Zeitpunkt an suchte Figan genau wie alle anderen Schimpansen das Weite, wenn Mike sein Imponiergehabe demonstrierte, und beeilte sich stets, ihn mit unterwürfigen Gesten zu begrüßen. Gleichzeitig aber schickte sich Evered, der ein Jahr älter als Figan war, an, Mikes Führungsposition in Frage zu stellen. Genau wie vor ihm Figan, blieb auch Evered sitzen und ignorierte Mikes Imponieren. Und wiederum zeigte sich Mike beunruhigt.

Mike ist noch heute das ranghöchste Männchen, aber er zeigt ein deutliches Unbehagen, wenn er mit Figan oder Evered allein ist. Nur wenn einer der Oldtimers wie Rodolf oder Leakey in der Nähe ist, scheint Mike die Gegenwart dieser beiden jungen Männchen nicht zu stören. Es ist eine seltsame Situation: Wenn Evered oder Figan sich tatsächlich in eine Auseinandersetzung mit Mike einlassen und sich als der Überlegene erweisen würde, hätte das alte Männchen seine Führungsposition verloren. Aber auch der Sieger würde diese Position nicht innehaben; denn beide, Figan wie Evered, zeichnen sich nach wie vor durch einen ungeheuren Respekt vor Humphrey aus. Es würde also die Lage eintreten, daß kein einzelnes Männchen in allen Situationen die Führung inne hätte – eine Lage übrigens, die mit Sicherheit schon sehr bald wirklich eintreten wird.

Hugo und ich vermuten, daß irgendwann Figan das ranghöchste Männchen sein wird, und zwar nachdem zunächst Humphrey an der Macht gewesen ist. Denn Figan ist nicht nur intelligenter, er hat auch die Unterstützung einer großen Familie. Die Nähe Fabens wird ihm vermutlich stets jenes Gefühl der Sicherheit geben, das David Greybeard einmal Goliath vermittelte.

Goliath ist heute zu einer tragischen Figur geworden. Nachdem Mike ihn aus seiner Führungsposition verdrängt hatte, blieb er noch vier Jahre lang eines der ranghöchsten Männchen, doch dann wurde er krank und magerte ab. Hinzu kam, daß sein alter Freund David Greybeard während einer Grippe-Epidemie starb. Heute sind ihm nicht nur alle ausgewachsenen Männchen, sondern auch die meisten der heranwachsenden übergeordnet. Er verbringt viel Zeit damit, allein oder in Begleitung von Rodolf oder Leakey umherzuwandern. Allein während der letzten zwei Jahre ist sein Gewicht von gut neunzig auf ganze dreiundsechzig Pfund abgesunken.

Ich nehme an, daß Goliath – genau wie Flo – nicht mehr lange leben wird. Wir wissen so viel über diese Schimpansen, wir haben so intensiv an ihrem Leben teilgehabt, daß es jedesmal ein Grund zur Trauer für uns ist, wenn sie sterben. Am meisten hat mich natürlich der Tod von David Greybeard betrübt. Denn David war der erste Schimpanse, der meine Gegenwart duldete, und der erste, der mir gestattete, ganz nahe an ihn heranzutreten. Er verhalf mir nicht nur zu meinen frühen, faszinierenden Entdeckungen in bezug auf das Fleischfressen der Schimpansen und ihren Gebrauch von Werkzeugen – Entdeckungen, die wiederum dazu führten, daß man mir weitere Gelder zur Verfügung stellte –, er war auch der erste, der mein Camp aufsuchte, der erste, der eine Banane aus meiner Hand nahm, und der erste, der sich von einer menschlichen Hand berühren ließ. Ich habe bereits darauf hingewiesen, daß Hugo und ich einen Fehler gemacht haben, als wir Flint gestatteten, uns zu berühren, und Fifi und Figan ermunterten, mit uns zu spielen. Wir gefährdeten damit nicht nur die Gültigkeit unserer künftigen Forschungsergebnisse, sondern vor allem die Sicherheit jener Forscher, die am Gombe in unsere Fußtapfen treten sollten. Bis zum heutigen Tag versuchen Flint und Figan gelegentlich, ihre menschlichen Beobachter zum Spiel zu provozieren.

Meinen frühen Kontakt mit dem sanftmütigen David Greybeard dagegen bedauere ich nicht. Für mich bedeutete dieser Kontakt einen Triumph jener Beziehung, die der Mensch mit einem in Freiheit lebenden Tier anknüpfen kann. Wenn ich bei David war, hatte ich manchmal das Gefühl, daß unsere Beziehung einer Freundschaft näher kam, als ich es je bei einem völlig frei lebenden Tier, das nie die Erfahrung der Gefangenschaft gemacht hat, für möglich gehalten hätte.

In jener frühen Phase verbrachte ich viele Tage allein mit David. Stundenlang folgte ich ihm durch die Wälder, beobachtete ihn beim Fressen oder Ruhen und bemühte mich, Schritt zu halten, wenn er durch ein dichtes Schlingpflanzengewirr zog. Ich bin überzeugt, daß er manchmal auf mich wartete – genau wie er auf Goliath oder William gewartet hätte. Denn wenn ich keuchend und von Dornen zerkratzt aus dem Unterholz auftauchte, sah ich ihn häufig dasitzen und in meine Richtung zurückschauen. War ich dann bei ihm angelangt, stand er auf und trottete weiter.

Einmal, als ich dicht bei ihm am Rande eines kleinen kristallklaren Rinnsals saß, sah ich eine reife, rote Palmfrucht auf dem Boden liegen. Ich hob sie auf und streckte sie David auf meiner flachen Hand entgegen. Er wandte den Kopf ab. Aber als ich meine Hand ein wenig näher schob, sah er erst sie, dann mich an, nahm sich dann die Frucht und hielt dabei meine Hand fest und sanft mit der seinen. Als ich regungslos sitzen blieb, ließ er meine Hand los, sah die Palmfrucht an und ließ sie zu Boden fallen.

In diesem Augenblick bedurfte ich keiner wissenschaftlichen Vorkenntnisse, um zu begreifen, daß er mich beruhigen wollte. Nicht mit meinem Intellekt, sondern auf einer elementareren emotionalen Ebene verstand ich, was der sanfte Druck seiner Finger bedeuten sollte: Die uralte Barriere, die im Laufe der Entwicklung zwischen dem Menschen und dem Schimpansen emporgewachsen ist, war für die Dauer jener wenigen Augenblicke überwunden:

Ein Lohn, der meine kühnsten Hoffnungen bei weitem übertraf.

Danksagungen

Ich wäre nicht in der Lage gewesen, Schimpansen zu erforschen oder dieses Buch zu schreiben, ohne die Hilfe und Ermutigung vieler Menschen. Ihnen allen möchte ich meinen aufrichtigen Dank sagen.

Selbstverständlich muß an erster Stelle Dr. L. S. B. Leakey genannt werden. Er hat vor allem überhaupt den Vorschlag gemacht, ich sollte Schimpansen erforschen. Er beschaffte das Geld, um die erste Zeit meiner Freilandarbeit zu finanzieren. Er war es, der mir die Möglichkeit vermittelte, meine Forschungsresultate als Dissertation an der Universität Cambridge einzureichen. Schließlich kam – durch Louis' Empfehlung – Hugo, um die Schimpansen zu fotografieren.

Ich bin der Regierung von Tansania, dem Präsidenten Mwalimu Julius Nyerere und vielen Beamten zu tiefstem Dank verpflichtet für die Genehmigung, unsere Forschungsarbeiten im Gebiet des Gombe-Stroms durchzuführen, und für den Beistand und die Unterstützung, die sie uns stets gewährten. Zu Beginn meiner Arbeit waren mit der Leiter und die Angestellten des Tanzania Game Department eine große Hilfe. Ich danke insbesondere David Anstey, der mit meiner Mutter und mir das erste Camp aufbaute. Ebenso herzlich danke ich den afrikanischen Game Scouts Adolf, Saulo David und Marcel, die am Gombe-Strom arbeiteten, als das Gebiet noch ein Wildreservat war. Seitdem neuerdings dieses Territorium zu einem Nationalpark erklärt ist, arbeiten Dr. John Owen, der ehemalige Direktor der tansanischen Nationalparks, und sein Nachfolger, Ole S. Saibul, in dankenswerter Weise mit uns zusammen. Mein Dank gebührt außerdem den anderen Mitarbeitern der tansanischen Nationalparks, hauptsächlich J. Stevenson, Direktor der im Süden gelegenen Nationalparks, und den im Park arbeitenden afrikanischen Game Rangers.

Ich danke außerdem den Regierungsbeamten und vielen Freunden in Kigoma, die uns persönlich und unsere Arbeit im Laufe der Jahre in zahllosen Fällen unterstützt haben.

Leighton Wilkie bin ich zu besonderem Dank verpflichtet, weil er mir 1960 die nötigen Geldmittel zur Verfügung gestellt hat, mit denen ich meine Arbeit im Gelände fortsetzen konnte, und weil er unlängst dem Gombe Stream Research Centre erneut eine Summe gespendet hat. Der National Geographic Society bin ich außerordentlich verbunden. Die Gesellschaft übernahm 1961 die Finanzierung meiner Forschungsarbeit, unterstützte die Arbeiten am Gombe bis 1968 und stiftet noch heute beträchtliche jährliche Zuwendungen. Meinen aufrichtigen Dank möchte ich Dr. Melville Bell Grosvenor ausdrücken, dem Präsidenten der Gesellschaft bis 1967, seinem Nachfolger Dr. Melvin Payne und Dr. Leonard Carmichael, dem Vorsitzenden des Committee for Research and Exploration, für ihre Ermutigung und Unterstützung. Außerdem möchte ich den anderen Mitgliedern des Komitees und den Angehörigen der Gesellschaft danken, vor allem Robert Gilka, Joanne Hess und Mary Griswold, die uns bei vielen Gelegenheiten in außerordentlichem Maße geholfen haben.

1969 erhielten wir eine beträchtliche Subvention vom Science Research Council of Great Britain, und in letzter Zeit unterstützten uns außerdem die Wenner-Gren Foundation, die East African Wildlife Society, die L. S. B. Leakey Foundation und der World Wildlife Fund. Allen diesen Organisationen und vielen Privatpersonen, die uns Geld für unsere Forschungsarbeit zur Verfügung stellten, möchte ich unseren tiefen Dank ausdrücken.

Besonderen Dank schulde ich Professor Robert Hinde von der Universität Cambridge. Er hat nicht nur die Interpretation und die Niederschrift meiner Forschungsergebnisse für die Dissertation mit Rat und Tat gefördert, sondern war auch behilflich bei der Beschaffung von Mitteln zur Fortführung der wissenschaftlichen Arbeiten und opferte viel Zeit und Mühe, um uns in vielen anderen Bereichen zu helfen. Sehr dankbar bin ich auch Professor David Hamburg von der Stanford University, der sich seit langem sehr für unsere Arbeit interessierte und erreicht hat, daß das Forschungszentrum der Stanford University angegliedert wurde. Professor Hamburg verhalf uns zu dringend benötigten finanziellen Mitteln für den Unterhalt des Gombe Stream Research Centre und unterstützt uns auch heute noch aktiv in dieser Hinsicht. Sowohl Professor Hinde als auch Professor Hamburg haben sich bereit erklärt, als wissenschaftliche Berater des Forschungszentrums zu arbeiten. Mein Dank gilt ferner Professor Msangi, der großes Interesse für unsere Arbeit beweist und das Bestreben unterstützt, das Gombe-Forschungszentrum seiner Universität einzugliedern, der Universität von Daressalam.

Es ist wohl unmöglich, die richtigen Dankesworte zu finden für alles, was Hugo für mich persönlich und für die Forschung bedeutet. Er hat nicht nur eine großartige Sammlung von Fotos aufgebaut und einen einmaligen Dokumentarfilm über das Verhalten der Schimpansen gedreht, sondern zu einem wesentlichen Teil ist es seiner unermüdlichen Hilfe, seiner Geschicklichkeit und Ausdauer im Umgang mit Behörden zuzuschreiben, daß das Gombe Stream Research Centre ins Leben gerufen wurde und heute eine anerkannte Institution ist. Ich bin sicher, daß ich niemals ein solches Projekt aus eigener Kraft begonnen hätte. Hugos Geduld und Verständnis sowohl für seine Schimpansen als auch für seine Frau sind in der Tat erstaunlich. Ich möchte auch versuchen, meiner Mutter zu danken für alles, was sie für mich durch die Jahre hin getan hat, hauptsächlich für ihren Mut, ihre Geduld und ihren Humor während der ersten Monate, die wir unter den primitivsten Bedingungen am Gombe verbracht haben. Bei vielen Gelegenheiten haben sich ihr Rat und ihre Vorschläge als unschätzbar erwiesen. Ich stehe in tiefer Dankesschuld sowohl meiner Mutter als auch Hugo gegenüber für ihre Bemerkungen und ihre konstruktive Kritik zu diesem Buch.

Sehr, sehr viele Menschen haben direkt oder indirekt Beiträge zu unserer Forschungsarbeit geleistet oder uns persönlich geholfen. Es ist aber nicht möglich, sie alle namentlich aufzuführen. Ich möchte jedoch nicht versäumen, sowohl Dr. Bernard Verdcourt von den Royal Botanic Gardens in Kew meinen Dank zu sagen, der meine Mutter und mich ganz zu Anfang nach Kigoma gefahren und zahlreiche Futterpflanzen bestimmt hat, als auch Dr. Gillet vom East African Herbarium, der ebenfalls Pflanzenarten für uns bestimmt hat. Die Pfizer Laboratories haben uns freundlicherweise großzügig mit Impfstoff gegen Kinderlähmung während der schrecklichen Epidemie am Gombe versorgt. Professor Roy, die Ärzte Dr. Anthony und Dr. Sue Harthorn und Dr. Nelson haben uns bei der Betäubung und Operation der Schimpansin Gilka geholfen; dafür bin ich ihnen zutiefst dankbar.

Ferner möchte ich meinen aufrichtigen Dank ausdrücken allen afrikanischen Helfern, die sich jahrelang bemüht haben, uns die Arbeit leichter und das Leben angenehmer zu machen. Ganz besonders möchte ich danken Hassan und Dominic, Raschidi, Soko, Wilbert und Short, die in den ersten Jahren zeitweilig meine einzigen Gefährten im Urwald waren. Außerdem danke ich den vielen anderen: Sadiki, Ramadthani, Juma, Mpofu, Hilali, Alphonse, Jumaine, Kasim Ramadhani, Kasim Selemani, Yahaya, Aporual, Habibu und Adreano. Iddi Matata und Mbrisho möchte ich mein Dankgefühl ausdrücken für ihr Entgegenkommen und die Gastfreundschaft, mit der sie uns in ihrem Land aufgenommen haben. Dies ist vielleicht auch die richtige Gelegenheit, Mucharia und Moro Dank zu sagen, die mir die Arbeit an diesem Buch erleichterten, indem sie auf meinen Sohn aufpaßten.

Mein Dank gilt auch Kris Pirozysnki: er kümmerte sich in der Anfangszeit um unser Lager; sowie meiner Schwester Judy: sie fotografierte einige der ersten Fotos von Schimpansen in freier Wildbahn. Meine Dankbarkeit gebührt ferner Nic und Margaret Pickford, die für ein Jahr die Verwaltung des Forschungszentrums übernommen haben, sowie Baron und Baronin Godert und Bobbie van Lawick-de Marchant et d'Ansenbourg, die uns drei Monate lang von diesen Aufgaben entlastet haben.

Ich möchte mich bei Dr. Peter Marler und Dr. Michael Simpson bedanken. Beide arbeiteten am Gombe an ihren eigenen wissenschaftlichen Untersuchungen: Dr. Marler nahm zwei Monate lang Schimpansenrufe auf Tonband auf, Dr. Simpson beobachtete achtzehn Monate lang die soziale Fellpflege der Schimpansen. Die Ergebnisse dieser Untersuchungen werden für das Gombe Stream Research Centre sehr wertvoll sein und liefern uns zusätzliche Informationen über das Verhalten von Schimpansen. Tim und Bonnie Ransom, Leanne Taylor und Nic Owens haben uns durch ihre Beobachtungen von Paviangruppen neue Perspektiven eröffnet über das Raubtierverhalten der Schimpansen gegenüber den Pavianen und andere Interaktionen zwischen Schimpansen und Pavianen. Tim machte viele äußerst nützliche Vorschläge, als wir 1968 das Fütterungssystem änderten. Ich danke auch John McKinnon, der am Gombe das Verhalten von Insekten untersuchte, jedoch einen großen Teil seiner Zeit opferte, um mit uns Schimpansen zu beobachten.

Und jetzt komme ich zu einem der wichtigsten Punkte. Ich muß versuchen, meinen Dank den Wissenschaftlern zu sagen, die als Forschungsassistenten einen so bedeutenden Beitrag zu unserem Verständnis für das Schimpansenverhalten geleistet haben. Es ist schwierig, in knappen Worten meine Anerkennung für ihre harte Arbeit, für ihre Geduld und für ihre Hingabe an die Aufgabe angemessen auszudrücken. Sie haben in mancherlei Beziehung und mit der größten Gewissenhaftigkeit die Langzeit-Protokolle über das Verhalten einzelner Schimpansen ergänzt und bereichert. Ich habe dieses Material beim Schreiben dieses Buches ausgiebig herangezogen. Ohne diese Wissenschaftler wären langfristige Forschungen dieser Art überhaupt nicht möglich gewesen, und dieses Buch hätte nie geschrieben werden können. Hier danke ich besonders Edna Koning, Sonia Ivey, Alice Sorem und Pat McGinnis für ihre aufopfernde Arbeit in der Pionierzeit am Anfang.

Einige Assistenten blieben nur für kurze Zeit bei uns, doch auch sie leisteten ihren Beitrag zum Forschungsprogramm: Sue Chaytor, Sally Avery, Pamela Carson, Patty Moehlmann, Nicoletta Maraschin, June Cree, Janet Brooks, Sanno Keeler und Neville Washington. Andere blieben ein volles Jahr und halfen mit bei der Vervollständigung der unvergleichlich wichtigen Langzeit-Protokolle: Caroline Coleman, Cathleen Clarke, Carole Gale, Dawn Starin, Ann Simpson. Einige junge Wissenschaftler jedoch haben zunächst ein Jahr lang an den Langzeit-Protokollen gearbeitet und sind dann dageblieben, um ihre eigenen Forschungsvorhaben in Angriff zu nehmen, die speziellen Details des Schimpansenverhaltens galten: Alice Sorem arbeitete über Mutter-Kind-Beziehungen; ich bin ihr besonders verbunden für den tatkräftigen Einsatz während der schwierigen Zeit, als jeder Schimpanse oral gegen Polio geimpft werden mußte. Geza Teleki hat bereits einen Bericht über die Schimpansen als Fleischfresser geschrieben. Er untersucht jetzt die Wanderungen der Schimpansen im Gombe-Nationalpark. Lori Baldwin erforscht die Beziehungen zwischen erwachsenen Schimpansenweibchen, während David Bygott sich mit dem Verhältnis erwachsener Männchen zueinander beschäftigt, wobei der Schwerpunkt in den Problemen der Dominanz und der Aggression liegt. Sowohl Lori als auch David wollen über diese Themen an der Universität Cambridge bei Professor Hinde promovieren. Patrick McGinnis arbeitet bereits in Cambridge – ebenfalls bei Professor Hinde – an seiner Dissertation. Sein Thema ist das Fortpflanzungsverhalten bei Schimpansen. Ein besonderes Wort des Dankes gilt Pat; er hat insgesamt fast vier Jahre am Gombe gearbeitet und war bei vielen Gelegenheiten nicht nur verantwortlich für die Forschungsarbeiten, sondern hat zuzeiten praktisch ganz allein die ganze Station in Betrieb gehalten, wenn das andere wissenschaftliche Personal entweder auf Reisen oder krank war. Am Gombe fühlt man sich irgendwie verwaist, wenn Pat in Cambridge ist.

In jüngster Zeit sind vier neue Wissenschaftler zu unserem Team gestoßen, und auch sie planen, noch ein zweites Jahr zu bleiben, um besondere Verhaltensmomente zu studieren: Harold Bauer, Ann Puseym, Margaretha Hankey und Richard Wrangham. Ihnen allen möchte ich danken für ihre Tatkraft und ihre gute Zusammenarbeit. Ich möchte des weiteren meiner ganz besonderen Hochachtung für Herrn Dr. Helmut Albrecht Ausdruck geben, der unlängst als wissenschaftlicher Leiter zu unserer Forschungsgruppe gekommen ist und sich in der kurzen Zeit schon ganz hervorragend in diese recht schwierige Aufgabe eingearbeitet hat. Ich bin überzeugt, daß sein zweijähriger Aufenthalt am Gombe für alle Beteiligten eine fruchtbare Zeit sein wird.

Jetzt komme ich zum schwierigsten Teil der Danksagungen. Wie kann ich meine Dankesschuld ausdrücken für Ruth Davis? Denn sie kam ums Leben bei der Beobachtung von Schimpansen am Gombe. Obwohl Ruth nicht kräftig war, war sie eine der unermüdlichsten Mitarbeiterinnen, die wir je hatten, und sie überanstrengte sich manchmal bis zur Erschöpfung. Sie studierte die individuellen Eigenschaften der erwachsenen Schimpansenmännchen. Stunden und Stunden hielt sie Schritt mit den Tieren durch Berge, Täler und Urwälder und stellte dabei ihre Beobachtungen an. Und manchmal wertete sie ihre Notizen aus bis tief in die Nacht. Vielleicht ist es auf körperliche Erschöpfung zurückzuführen, daß Ruth eines Tages im Jahre 1968 von einer Klippe abstürzte und sofort starb. Ihr Körper wurde erst nach sechstägiger Suche gefunden. An der Suchaktion waren neben vielen anderen beteiligt: die Polizei von Kigoma, Beamte des Nationalparks und zahlreiche Freiwillige aus den umliegenden Dörfern. Wir waren diesen Menschen unendlich dankbar.

Es ist mir unmöglich, die richtigen Worte zu finden für meine Trauer über diese schreckliche Tragödie: Ruths Tod war ein großer persönlicher Verlust für uns alle, die sie kannten, vor allem für ihren Verlobten Geza Teleki. Sie wurde im Nationalpark beerdigt, in dem Land, das sie so liebte: ihr Grab liegt mitten im Urwald, der von Zeit zu Zeit vom Ruf vorbeikommender Schimpansen widerhallt.

In höchster Bewunderung und tiefstem Mitgefühl neige ich mich vor Ruths Eltern, die zum erstenmal an den Gombe kamen unter so traurigen Vorzeichen: um ihre Tochter zu Grabe zu tragen. Ungeachtet ihres Kummers haben sie uns von der schweren seelischen Last befreit, indem sie uns immer wieder versicherten, an dem Unfall ihrer Tochter hätten wir nicht die geringste Schuld: Ruth habe das Jahr mit den Schimpansen als die glücklichste Zeit ihres Lebens empfunden, diese Arbeit sei für sie die Erfüllung ihres Daseins gewesen.

Ruth fand den Tod inmitten der Arbeit, die sie ganz gefangennahm, und in der Wildnis der Berge, die sie liebte. Ihre geduldigen Beobachtungen haben uns zusätzliche Einsichten in die Persönlichkeiten einzelner Schimpansen vermittelt. Ich bin sicher, Ruth würde mich bitten, diese Danksagungen mit einem Gruß an die Schimpansen selbst zu beenden. Sie sind wunderbare Geschöpfe, an denen wir eine Menge über uns selbst lernen können, während wir von ihnen in ihrer ganzen unvergleichlichen Eigenartigkeit immer noch tiefer bezaubert werden. Besonders viel verdanken wir David Greybeard und Flo.

Anhang 1: Mienenspiel und Rufe

Abb. a: Compressed lips face

Das GEPRESSTLIPPENGESICHT (*compressed lips face*)* zeigen aggressive Schimpansen besonders während ihrer Imponier-Veranstaltungen (*charging displays*) oder beim Angriff auf andere. Dieser Gesichtsausdruck wird nicht von Rufen begleitet.

Abb. b: Play face

Das SPIELGESICHT (*play face*) zeigen Schimpansen beim Spielen. Wird ein Spiel lebhafter, so zieht sich die Oberlippe zurück und hoch, so daß auch die oberen Vorderzähne freiliegen. Das Spielgesicht wird oft begleitet von einer Serie von Grunzlauten (*grunting sounds*) oder LACHEN (*laughing*).

* Die Texte in Anhang 1 bis Anhang 5 enthalten in Form einer Zusammenfassung die wichtigsten Erläuterungen und Forschungsergebnisse der Autorin. Zur Vermeidung terminologischer Mißverständnisse wurden an verschiedenen Stellen die englischen Begriffe in Klammern dem deutschen Ausdruck beigefügt, der häufig nur als approximative Umschreibung aufzufassen ist. [Anm. d. Übers.]

Zwei typische Gesichtsausdrücke der Schimpansen, wenn sie eine Serie von *pant-hoots* hervorbringen. *Pant-hoots* bestehen aus einer Reihe von *Huuh*-Lauten, verbunden durch hörbares Einatmen, die an Lautstärke stetig zunehmen und in der Regel mit *Uaah*-Lauten enden, die ihrerseits verbunden sind durch japsende (*panting*) Atemzüge. Die Abbildung c zeigt den Ausdruck beim *Huuh*-Machen, die Abbildung d beim *Uaah*-Machen. *Pant-hoots* werden in mannigfachen Situationen geäußert, besonders wenn Schimpansen auf Futter stoßen, wenn sie sich einer anderen Gruppe anschließen oder von einem Tal in ein anderes hinüberwechseln. *Pant-hoots* dienen als Kontaktruf zwischen verstreuten Individuen oder Gruppen: Manchmal geben Schimpansen beim friedlichen Fressen in einem Baum diesen Ruf von sich, auf den eine andere Gruppe aus einiger Entfernung vielleicht antwortet. Wenn Schimpansengruppen in Hörweite voneinander schlafen, kommt es ziemlich oft vor, daß sie während der Nacht *pant-hoots* austauschen, namentlich bei hellem Mondlicht.

Abb. c: Huuh-Machen

Abb. d: Uaah-Machen

GRINSEN (*grinning*)

a) OFFENES VOLLGRINSEN (*full open grin*) legt das Vordergebiß oben und unten frei, die Kiefer sind geöffnet. Dieses Grinsen zeigt ein Schimpanse, wenn er erschreckt wurde oder sehr erregt ist: während eines Angriffs und danach, wenn ein ranghohes Männchen in der Nähe eines untergeordneten imponiert, wenn eine Schimpansengruppe auf einen riesigen Haufen Bananen stößt und so weiter. Ist der Schimpanse weniger erschrocken oder erregt, so bleibt seine Oberlippe vielleicht ein wenig entspannter und bedeckt die oberen Vorderzähne – dies ist OFFENES HALBGRINSEN (*low open grin*). Offenes Voll- und Halbgrinsen kann in raschem Wechsel auftreten und wird fast immer begleitet von lautem KREISCHEN (*screaming*).

Abb. e: Full open grin

Abb. f: Full closed grin

b) GESCHLOSSENES VOLLGRINSEN (*full closed grin*) legt das Vordergebiß oben und unten frei, die Kiefer sind jedoch geschlossen. Diesen Ausdruck zeigt ein Schimpanse, wenn er wahrscheinlich weniger erschrocken oder erregt ist als einer, der eine der beiden Arten offenen Grinsens zeigt. Geschlossenes Vollgrinsen kann abwechseln mit offenem Halbgrinsen oder mit GESCHLOSSENEM HALBGRINSEN (*low closed grin*), bei dem nur die unteren Vorderzähne zu sehen sind. Geschlossenes Grinsen wird meist begleitet von gellenden Quieklauten (*squeaking sounds*), die leicht in Kreischen (*screams*) oder Winseln (*whimpers*) übergehen. Gelegentlich kommt es aber vor, daß ein rangniederer Schimpanse sich einem ranghöheren schweigend naht und dabei ein geschlossenes Grinsen aufsetzt. Falls das nervöse oder höfliche Lächeln des Menschen seine Entsprechung hat beim Schimpansen, dann ist es zweifellos das geschlossene Grinsen.

Abb. g: Pout

SCHMOLLEN (*pouting*). Gehen Kreischen und Quieken in Winseln über – das aus einer raschen Folge von *Uh*-Lauten (*oo sounds*) in verschiedenen Tonhöhen besteht –, dann zeigt der Schimpanse diesen horizontalen Schmollmund (*horizontal pout*). Wurde ein Jungtier angegriffen, so hört es allmählich auf zu kreischen und zu quieken und beginnt zu winseln. Doch folgt das Winseln nicht nur auf Kreischen und Quieken. Ein leise gewinseltes, einsilbiges *Huuh* (*hoo whimper*) ist der Kontaktruf zwischen Mutter und Kind. Diesen Laut äußert ein Schimpanse, der von einem Ranghöheren Nahrung begehrt, der von seinem Gefährten gelaust (*grooming*) werden will oder der sonst irgendwie frustriert ist. Dieses leise gewinselte *Huuh* wird begleitet von einem Schmollmund (*pout*): Beide Lippen werden in Falten gelegt und vorgeschoben. Wenn die Frustration nicht entlastet wird, wird der Ruf schneller und lauter wiederholt, bis er in normales Winseln übergeht und die Lippen sich mehr und mehr lösen. Ein SCHMOLLMUND (*pout*) ist ungemein treffend wiedergegeben in Abbildung g.

Andere Ausdrucksweisen und Rufe

Schimpansen GRUNZEN (*grunt*) in mancherlei Situationen. Diese Grunzer (*grunts*) können hoch oder tief sein. Gewöhnlich wird beim Grunzen der Gesichtsausdruck kaum verändert, wiewohl Lippen und Kiefer ein wenig geöffnet sein können. Grunzer werden ausgestoßen beim Fressen (FRESSGRUNZER – *food grunts*), bei der Fellpflege (*grooming*) und als Nahkontaktrufe (*close-range contact calls*) zwischen den Individuen einer friedlichen Gruppe.

Eine Folge rascher Grunzer, verbunden durch hörbares Einatmen, heißt *pant-grunts* (etwa: JAPS-GRUNZER). Ein rangniederer Schimpanse etwa gibt solche Japs-Grunzer von sich, wenn er sich einem ranghöheren naht während einer Begrüßung oder nach einer Bedrohung oder Attacke. Beim Japs-Grunzen sind die Kiefer oftmals zum Teil geöffnet, die Zähne werden normalerweise von den Lippen bedeckt. Wenn der Ranghöhere sich nur im geringsten aggressiv verhält bei der Begegnung (*interaction*), dann steigert sich das Japs-Grunzen (*pant-grunting*) rasch zu Quieken (*squeaking*) oder Kreischen (*screaming*), und der Schimpanse grinst.

Lautes BELLEN (*barking*) kommt oft vor, wenn eine Gruppe sozial erregt ist: während dann einige Individuen «japs-hupen» (*pant-hoot*), werden andere bellen. Sehr lautes FRESS-BELLEN (*food barks*) ist zu hören, wenn Schimpansen an einer beliebten Futterstelle eintreffen und in den ersten Minuten intensiven Fressens. Die Kiefer öffnen sich ein wenig bei jedem Bellen, die unteren Vorderzähne können teilweise sichtbar werden.

Wenn ein Schimpanse einen anderen Schimpansen (oder ein andersartiges Tier oder einen Menschen) warnt (*mildly threatening*), stößt er ein LEISES GEBELL (*soft bark*) aus. Das hört sich sehr ähnlich an wie ein einzelner stimmloser Huster (*single quiet cough*); die Kiefer sind dabei nur ganz schwach geöffnet, die Zähne von den Lippen bedeckt.

Will der Schimpanse eine starke Drohung äußern, so bellt er oft ein lautes UAAH (*loud Waa-bark*) – der Gesichtsausdruck ähnelt sehr der Miene von Abbildung d.

Das *Uaah* der Schimpansen gehört für mich zu den wildesten Lauten des afrikanischen Urwalds. Es ist ein langgezogener reiner Laut, ziemlich hoch angestimmt, und wird hervorgebracht, wenn Schimpansen im Urwald auf irgend etwas Ungewöhnliches oder irgendwie Störendes stoßen. Mit diesem Ruf reagierten die Schimpansen auf meine Annäherung in der ersten Zeit, sobald sie erst einmal die ursprüngliche Angst vor mir überwunden hatten. Sie stoßen diesen Ruf aus, wenn sie einer Büffelherde begegnen oder einem Schimpansenkadaver. Der Gesichtsausdruck ist wiederum sehr ähnlich getroffen in der Abbildung d. In vergleichbaren Situationen stimmen manche Schimpansen auch langgedehnte, laute Schreie (*screams*) an. Hörbares JAPSEN (*audible panting*), das an Lachen erinnert, wenn auch das Merkmal des Grunzens (*grunting*) fehlt, ist manchmal zu vernehmen, wenn Schimpansen einander intensiv lausen (*grooming*). Einige Männchen stoßen bei der Paarung lautstarke KOPULATIONS-JAPSER (*copulation pants*) aus. Ein klar bestimmbares Mienenspiel ist mit dem Japsen (*panting*) nicht verbunden.

Anhang 2: Ernährung

Der Schimpanse ist, wie der Mensch, ein Allesfresser und ernährt sich von Pflanzenkost, Insekten und Fleisch.

Pflanzenkost

Über 90 verschiedene Pflanzenarten (Bäume und Blattgewächse) konnten bisher schon bestimmt werden, die den Schimpansen am Gombe als Nahrung dienen. Die Schimpansen wurden beobachtet beim Fressen von über 50 Fruchtsorten und über 30 Sorten von Blättern und Blattknospen. Außerdem nehmen sie einige Blüten, Samen, Borken und Pflanzenmarkarten zu sich. Hin und wieder lecken sie Harz von Baumstämmen auf oder kauen auf trockenen Holzfasern herum.

Insekten

Während des ganzen Jahres werden folgende Insektenarten gefressen, womöglich in reichlichen Portionen:
3 Arten von Ameisen (*Oecophylla* spp., *Anomma* spp., *Crematogaster* spp.);
2 Arten von Termiten (*Macrotermes* spp., *Pseudacanthotermes* spp.);
1 Art von Raupen von einer bislang nicht identifizierten Falterart.
Diese Schimpansen fressen außerdem allerlei Gelegenheitshappen (*grubs*) – die Larven verschiedener Käfer, Wespen, Gallwespen usw. BIENENLARVEN werden verzehrt, wenn Schimpansen über Bienennester herfallen und sich am HONIG gütlich tun.

Abb. h: Buschbock

Vogeleier und Nestlinge

Gelegentlich führen sich die Schimpansen Eier oder Unflügge aus den Nestern der unterschiedlichsten Vogelarten zu.

Fleisch

Die Gombe-Schimpansen sind geschickte Jäger: Eine Gruppe von etwa 40 Individuen kann über 20 verschiedene Beutetiere erlegen während eines Jahres. Die häufigsten Beutetiere sind die Jungen von BUSCHBÖCKEN oder TSCHIRRANTILOPEN (*Tragelaphus scriptus*), von BUSCH- oder

Abb. i: Buschschwein

Abb. j: Kolobusaffe

FLUSSSCHWEINEN (*Potamochoerus porcus*) und von PAVIANEN (*Papio anubis*) sowie junge und ausgewachsene KOLOBUSAFFEN (*Colobus badius*). Gelegentlich erbeuten die Schimpansen eine BERG-WEISSNASENMEERKATZE (*Cercopithecus ascanius montanus*) oder eine BLAUGESICHTIGE DIADEMMEERKATZE (*Cercopithecus mitis stuhlmanni*).

Abb. k: Schimpanse zerschmettert jungen Pavian

Mineralien

Die Schimpansen essen manchmal kleine Mengen von Erdboden mit geringem Salzgehalt (NaCl).

Anhang 3: Waffen- und Werkzeuggebrauch

Kein Lebewesen mit Ausnahme des Menschen gebraucht die Gegenstände (*objects*) seiner Umwelt so vielfältig als Werkzeuge (*tools*) wie die Schimpansen. Die Abbildungen zeigen:

Abb. l

Abb. m

Abb. n

Abb. o

l) Stock, als Waffe benutzt.

m) Gezieltes Werfen.

n) Untersuchungssonde – Schimpanse beschnuppert Spitze eines Steckens, mit dem er in morschem Holz herumgestochert hat. Wird Insektenlarve aufgespürt, so bricht der Schimpanse das Holz auf und vernascht den Happen. (Eine derartige Sonde kann auch benutzt werden, um ein ungewöhnliches Objekt zu untersuchen wie zum Beispiel den Kadaver einer Pythonschlange.)

o) Stock als Eßwerkzeug gebraucht zum Verzehr von Wanderameisen (*safari ants*). Diese Ameisen versetzen außerordentlich schmerzhafte Bisse, darum vermeidet der Schimpanse möglichst, sie über seinen Körper krabbeln zu lassen, indes er seinen Stock in das unterirdische Nest der Ameisen hineinbohrt. Ein Stock wird auch benutzt zum Verzehr von Baumameisen, die ihre harten, fußballgroßen Nester um Baumäste herum anlegen.

p) Grashalme werden zum Termitenangeln gebraucht.

q) Werkzeugherstellung – Blätter werden von einem Stengel abgestreift, um ein Werkzeug geeignet zu machen für das Termitenangeln. Ferner: ist das Blatt einer Graspflanze zu breit, so zieht der Schimpanse die Blattränder auf beiden Seiten so weit ab, daß ein geeignetes Werkzeug entsteht.

Abb. p

Abb. q

r) Blätter, die der Schimpanse durchgekaut und somit absorbierfähiger gemacht hat, werden als «Schwamm» gebraucht, mit dem Regenwasser aufgesaugt wird, das mit den Lippen nicht zu erreichen ist. Die vorbereitende Modifikation einer Handvoll Blätter liefert ein weiteres Beispiel für primitive Werkzeugherstellung (*tool-making*).

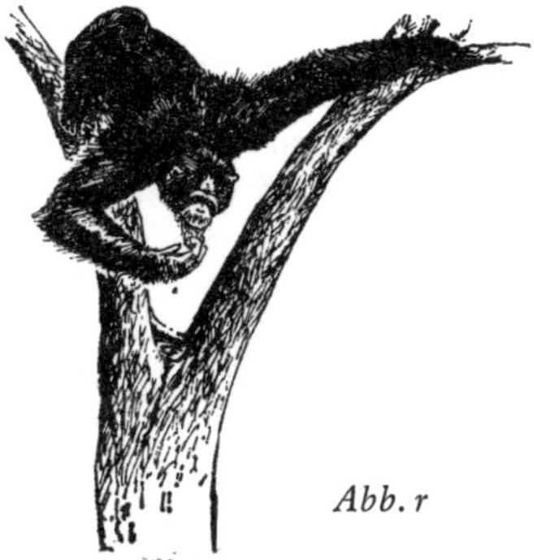

Abb. r

s) Mit dem Blatt-«Schwamm» wird das Schädelinnere eines erlegten Pavianbabys ausgewischt, um auch der letzten Hirnreste habhaft werden zu können.

t) Blätter werden als Tupfer gebraucht bei einer blutenden Wunde am Hinterteil. Wenn ein Schimpanse an Durchfall leidet, gebraucht er manchmal Blätter als Toilettepapier; Blätter benutzt er auch etwa zum Abwischen von Dreck, klebrigem Essen usw.

Abb. s

Zusätzlich zu den oben beschriebenen Beispielen für Werkzeuggebrauch bei den Gombe-Schimpansen ist beim Schimpansen die Verwendung von kräftigen Stökken als «Hebel» beobachtet worden – zur Erweiterung der Öffnung zu einem unterirdischen Bienennest und – wiederholt zu beobachten – bei dem Versuch, die Bananenkisten auf dem Forschungsgelände aufzubrechen. Ein Schimpanse hat einen Zweig als Zahnstocher benutzt, ein anderer hat sich mit einem Strohhalm in der Nase gebohrt.

Abb. t

Anhang 4: Einige Entwicklungsstufen im Leben der Schimpansen

Einige Schimpansen, wie ja auch einige Menschen, entwickeln sich schneller als andere. Außerdem hat das Verhalten einer Schimpansenmutter unzweifelhaft einen bedeutenden Einfluß auf die körperliche und soziale Entwicklung ihres Jungen; dasselbe trifft auch auf menschliche Mütter zu. Zum Beispiel kann eine Mutter permissiv (zulassend) oder restriktiv (einschränkend) sein gegenüber den ersten Gehversuchen ihres Kindes; sie kann tolerant oder verkrampft sein gegenüber seinen ersten Kontakten mit anderen Artgenossen. Die Altersangaben in der folgenden Tabelle beziehen sich auf das *früheste* Auftreten der verschiedenen körperlichen und sozialen Entwicklungsstadien, wie wir sie bei unseren Schimpansenjungen beobachtet haben.

(Die Monatsangabe 2 bedeutet den zweiten Lebensmonat, d. h., der Säugling ist 4 bis 8 Wochen alt. Entsprechend bedeutet die Jahresangabe 3: das Jungtier ist zwischen 24 und 36 Monate alt.)

Tabellarischer Lebenslauf des Schimpansen

Monat	*Entwicklungsschritte*
2	lutscht am Daumen
2	wird gelegentlich von der Mutter gekitzelt
2	starrt auf Gegenstand, langt danach
2	strengt sich an, bei der Mutter zu saugen
2	steht aufrecht, bei der Mutter angeklammert
3	schiebt und zieht sich vorwärts auf dem Körper der Mutter
3	streckt die Hände nach Gegenstand aus und greift; beweist Koordination
3	erster Zahn
3	Mutter spielt häufig und anhaltender mit ihm
3	Kind zeigt Spielgesicht (*play face*) und lacht beim Kitzeln
4	kaut und schluckt das erste Stück fester Nahrung
5	langt spielerisch nach Mutters Hand beim Späßchenmachen
5	beginnt, auf Mutters Rücken zu reiten *
5	macht ersten Schritt
5	Mutter-Kind-Kontakt unterbrochen
5	klimmt Schößling oder Zweig hinauf
5	wird gekidnappt (Entführung durch Geschwister früher möglich, im vierten Monat)
5	küßt andere
7	versucht, andere zu lausen (*groom*), noch unzulänglich
8	versucht Nestbau
8	wird gelinde von anderen attackiert
8	besteigt und stößt «rosa» Weibchen
16	stürmt aggressiv auf anderes Junges los und schlägt es
16	beruhigt (*reassures*) andere im richtigen Kontext
18	beherrscht die Erwachsenentechnik des Lausens (*grooming*)

Jahr	
3 (anfangs)	Imponier-Veranstaltung (*charging display*) und «Regentanz» (*«rain dance»*) in richtigem Kontext
3 (anfangs)	gewaltsamer Angriff auf anderes Jungtier
3 (anfangs)	versucht Werkzeuggebrauch in richtigem Kontext
5 (gegen Ende)	entwöhnt
6	Zahnwechsel beginnt
6	fängt an, kurzfristig ohne Mutter umherzuschweifen
um 8 oder 9	erreicht Pubertät
um 11 oder 12	gebiert erstes Kind
um 15	Männchen erlangt völlige soziale Reife

* Ein Kind (Pom) setzte sich bereits mit 8 Wochen rittlings auf seine Mutter; dies war höchst ungewöhnlich und wurde von einer Fußverletzung verursacht. Vgl. Seite 126.

Anhang 5: Welchen Nutzen kann die Schimpansenforschung am Gombe dem Menschen erbringen?

1. Der Schimpanse ist unser nächster lebender Verwandter. Neuere Untersuchungen machen wahrscheinlich, daß Mensch und Schimpanse einen gemeinsamen Vorfahren in ferner Vergangenheit gehabt haben. Die Biochemiker haben nachgewiesen, daß der Schimpanse in gewisser Hinsicht dem Menschen näher steht als dem Gorilla. Insbesondere ist der Schaltplan des Schimpansengehirns dem des menschlichen Gehirns bemerkenswert gleich. Weiter haben Beobachtungen am Gombe starkes Licht geworfen auf überraschende Ähnlichkeiten im Verhalten von Schimpanse und Mensch, vor allem in nichtsprachlichen Kommunikationsmustern (*non-verbal communication patterns*). Demzufolge wird ein umfassendes Verstehen des Schimpansenverhaltens ein wertvoller Beitrag sein zu unseren Bemühungen um unser eigenes Selbstverständnis.

2. Das Problem der menschlichen Aggression ist von vitaler Bedeutung. Ehe wir hoffen dürfen, die Gewaltsamkeit unter Kontrolle zu bekommen, müssen wir sie verstehen. Die laufenden Forschungsarbeiten am Gombe über Aggression bei Schimpansen könnten sich als unabsehbar wichtig erweisen.

3. Unsere Erziehungsmethoden in der Kinderaufzucht und die Fürsorge für Waisenkinder und sozial gestörte Jugendliche sind ebenfalls ganz wesentliche Probleme. Am Gombe haben wir auch die verschiedenen Formen mütterlichen Verhaltens (*mothering techniques*) und das Verhalten abnormer Jungtiere intensiv erforscht, und die Ergebnisse haben sich bereits als hoch bedeutsam für Kinderpsychologen und Psychiater erwiesen. Warum unterhalten manche erwachsenen Schimpansen engere Beziehungen zu ihren Familien als andere? Die Antwort darauf erleichtert vielleicht das Verständnis für familiäre Schwierigkeiten beim Menschen.

4. Die Reifezeit (*adolescence*) ist ein kritischer Abschnitt nicht nur im Leben des Menschen, sondern auch des Schimpansen. Je mehr wir die psychischen und physischen Veränderungen bei Schimpansen in dieser Phase erkennen, desto eher werden wir unsere eigenen Teenager verstehen lernen und ihnen helfen können.

5. Gemüts- und Geisteskrankheiten des Menschen sind die Ursache unzähliger Leiden – und ihre Häufigkeit nimmt zu. Wissenschaftler, die an der Vorbeugung und Heilung von Depressionen arbeiten, wollen die gleichen Symptome beim Schimpansen induzieren in der Hoffnung, dadurch ein geeignetes Versuchsmodell für therapeutische Experimente zu bekommen. Ehe jedoch eine solche Arbeit sichere Ergebnisse erzielen kann bei der exakten Messung von Erfolg oder Mißerfolg einer bestimmten Behandlung, muß zunächst eine gründliche Kenntnis vom Verhalten eines «normalen» Schimpansen erreicht sein. Außerdem muß als Vor-

aussetzung das Wissen gegeben sein, welche Bedingungen ein Schimpanse in Gefangenschaft braucht, soll er normales Verhalten zeigen. Wir hoffen, daß unsere Arbeit am Gombe diese Erkenntnisse erbringen wird.

6. Professor Hamburg arbeitet mit uns zusammen bei der Errichtung eines großen Freigeheges für Schimpansen an der Stanford University (nahe Palo Alto in Kalifornien). Zu Anfang werden wir einige der Forschungsprojekte vom Gombe fortführen und ausbauen: Untersuchungen über Aggression, Probleme der Adoleszenz und Mutterverhalten. Später will Professor Hamburg auch über psychische Erkrankungen beim Menschen arbeiten. Dadurch kommen wir mit unserer Arbeit am Gombe meinem eigentlichen Ziel näher: unser Wissen vom Schimpansenverhalten nutzbar zu machen zum Wohle der Menschheit.

7. Die Forschung am Gombe hat die Zusammenarbeit zwischen Wissenschaftlern aus vielen verschiedenen Disziplinen gefördert: aus der Ökologie, Verhaltensforschung, Anthropologie, Psychologie und Psychiatrie. Gelehrte und Studenten von den Universitäten Daressalam, Cambridge, Stanford und Amsterdam arbeiten gemeinsam an unserem Forschungsprogramm; der daraus resultierende Gedankenaustausch wird in Zukunft noch intensiver werden. Diese interdisziplinäre Zusammenarbeit wird ohne Zweifel neue Fragestellungen und Forschungsprojekte entstehen lassen, die zur weiteren Aufklärung zahlreicher Probleme des menschlichen Verhaltens führen.

8. Die umfassende Kenntnis von Verhalten und Ernährung wilder Schimpansen ist die entscheidende Voraussetzung für das Gelingen bei der Züchtung ganzer Schimpansenkolonien in Gefangenschaft. Solche Kolonien sind hochwichtig, damit wir der fortgesetzten Dezimierung der Wildbestände an Schimpansen entgegenwirken, die für wissenschaftliche Zwecke gebraucht werden.

9. Die Erhaltung der Fauna auf der Erde ist ein weiteres drückendes Problem. Um Tiere angemessen schützen zu können, müssen zuvor ihre natürlichen Bedürfnisse bekannt sein. Ökologische und Verhaltensforschungen am Gombe haben eine Fülle von Informationen erbracht, die eine wertvolle Hilfe sein werden für die Verwaltung anderer Parks und Reservate, in denen Schimpansen leben.

10. Wir beabsichtigen, ein Beobachtungsgelände für Touristen im Gombe Nationalpark einzurichten. Dank dem freundlichen Entgegenkommen der tansanischen Regierung, des Präsidenten Julius Nyerere und der Tanzanian National Parks werden Besucher aus aller Welt die einzigartige Gelegenheit haben, Schimpansen zu beobachten in der ganzen herrlichen Freiheit der Natur.

[Übersetzung Anhang 1 bis 5: G. H. Gieselbusch]

Zur Erläuterung einiger Fachausdrücke

Prof. Dr. Christian Vogel, Kiel

Der überaus lebendige und anschauliche Text von Jane van Lawick-Goodall bedarf kaum weiterer Erläuterungen, die geschilderten Vorgänge und Situationen sprechen für sich selbst. Wenn hier dennoch einige Anmerkungen folgen sollen, so beziehen sich diese in erster Linie auf Schwierigkeiten, denen sich jede Übersetzung solcher Texte gegenübersieht, und in zweiter Linie auf einige spezifische Besonderheiten im Verhalten der Schimpansen, über die der Leser vielleicht doch noch etwas genauer informiert sein möchte.

Derartige Erläuterungen scheinen mir angebracht für das sog. «Lausen» bzw. die «gegenseitige Fellpflege» unter Sozialpartnern, für das besondere Imponierverhalten der männlichen Schimpansen und für die beiden typischen Lautäußerungen der *pant-hoots* und *pant-grunts*, deren Bezeichnung unübersetzt dem englischen Originaltext entnommen wurde.

Ganz besondere Schwierigkeiten bereitet die deutsche Übersetzung des englischen Wortes *groom* oder *grooming*, mit dem angelsächsische Verhaltensforscher ganz bestimmte Formen der Fellpflege bezeichnen. Gleich, ob wir im Deutschen von «lausen» oder «gegenseitiger Fellpflege» sprechen, beide Bezeichnungen geben nicht den vollen Gehalt dieser Verhaltensweise wieder. Das typische «Groomen» hat bei Affen nämlich eine Doppelfunktion, und entsprechend unterscheidet sich auch die jeweilige individuelle Motivation zu dieser Handlung.

Die ursprüngliche Funktion ist ohne Zweifel die der Entfernung von Fremdkörpern aus dem Körperfell, kurz, die «hygienische» Funktion der Haut- und Fellpflege. Das Fell wird sorgfältig abgesucht nach Ungeziefer, Fremdkörpern wie Kletten, Dornen usw. sowie nach ausgeschiedenen winzigen Salzkristallen und nach Hautschuppen. Wundverschmutzungen oder andere Verunreinigungen werden ebenfalls mit den Fingern entfernt. Bestimmte Partikel (wie z. B. die salzig schmeckenden Schüppchen) werden oft entweder mit dem Mund direkt abgenommen oder mit der Hand in den Mund geführt und gefressen. Das bei dieser Fellabsuche auftretende Gefühl des Gekämmt- oder Gekraultwerdens wird von dem passiven Tier ganz offensichtlich als wohltuend und in psychischer Hinsicht als beruhigend empfunden. Über diesen «Nebeneffekt» dürfte wohl die außerordentlich auffällige zweite Funktion des «Groomens» entstanden sein: die soziale Funktion des wechselseitigen «Groomens» zwischen Sozialpartnern. Aus dieser sozialen Funktion erst wird die Häufigkeit und die Intensität dieser Verhaltensweise bei den meisten soziallebenden Affen voll verständlich: sie hat den Charakter einer freundlichen, entspannt-beruhigenden sozialen Zuwendungshandlung.

Die Wurzel dieser Doppelfunktion liegt wohl im Mutter-Kind-Verhalten. Eine Affenmutter inspiziert bei jeder passenden Gelegenheit sehr sorgfältig Haut und Fell ihres Babys, wobei sie vor allem dem Gesicht sowie der Genital- und Analregion besondere Aufmerksamkeit schenkt («hygienische» Funktion). Dem Kind übermittelt diese sehr intensive Zuwendung der Mutter bei engem Körperkontakt ganz sicher ein Gefühl, das wir mit vertraulicher Geborgenheit, mit der Empfindung des Umhegtseins umschreiben würden, sie hat beruhigenden Charakter und gibt Sicherheit. Man könnte sich nun vorstellen, daß die sensitiven Empfindungen, die durch die kämmenden oder kraulenden Bewegungen der mütterlichen Hand im Fell des Kindes ausgelöst werden, allgemein assoziiert werden mit vertrauter Zuwendung und Geborgenheit im sozialen Feld. In der Tat bleibt dieses «Groomen» nicht auf die Mutter-Kind-Beziehung beschränkt, sondern ist zu einem sehr wesentlichen Bestandteil der interindividuellen Kontaktaufnahme zwischen vertrauten Gruppenmitgliedern bei vielen Affenarten geworden (soziale Funktion). Mit steigendem Alter der Individuen nimmt die Intensität des wechselseitigen «Groomens» und das offensichtliche Bedürfnis nach dieser sozialen Handlungsweise sogar zu, was durch mehrere neue Untersuchungen bei verschiedenen Affenarten nachgewiesen werden konnte. Das Bedürfnis nach dieser besonderen Form sozialer Kontaktaufnahme ist außerordentlich groß, gleich, ob die passive oder aktive Rolle im gegenseitigen «Groomen» übernommen wird. Für die Intensität des Bedürfnisses legt die auf Seite 185 geschilderte Szene aus dem Leben des gelähmten Mr. McGregor ein trauriges Zeugnis ab.

Weiterhin kann man beobachten, daß Affen unmittelbar nach einem sozial frustrierenden Erlebnis, im Extrem bei völlig isolierter Gefangenschaftshaltung, besonders häufig zum Selbst«groomen» übergehen: das Individuum verschafft sich auf diese Weise notgedrungen selbst die ihm vorenthaltene Befriedigung (wir sehen darin ein typisch «autistisches» Verhalten), die ihm unter normalen sozialen Bedingungen aus dem wechselseitigen «Groomen» erwächst und die für seine psychische Beruhigung und für sein «Selbstvertrauen» von großer Bedeutung ist. Daneben tritt Selbst«groomen» natürlich auch in seiner «hygienischen» Primärfunktion der Fellreinigung und Hautpflege auf.

Man konnte bei mehreren Affenarten nachweisen, daß die Rollenverteilung beim sozialen wechselseitigen «Groomen» etwas mit der Rangordnung zu tun hat. Sozial hochstehende Partner werden häufiger «gegroomt» (passive Rolle), sozial niedrigere Tiere übernehmen häufiger und länger den aktiven Part.

Die Tatsache, daß auch in sehr verschiedenartigen menschlichen Kulturkreisen das «Lausen» oder andere Formen der Haar- und Hautpflege eine Rolle im interindividuellen Sozialverhalten spielen, weist – wie vieles andere – auf die gemeinsame stammesgeschichtliche Wurzel des Menschen mit den nichtmenschlichen höheren Primaten (= «Herrentiere», Affen) hin, die sich auch in vielen Grundmustern des Verhaltens äußert.

Eine weitere Schwierigkeit erwächst dem Übersetzer aus der Übertragung des bei angelsächsischen Ethologen gebräuchlichen Begriffs *charging display*. Im Deutschen wird dafür in der Regel die Bezeichnung «Imponierverhalten» oder «Imponiergehabe» verwendet. Im speziellen Fall der Schimpansen, wie bei vielen anderen

Affen, handelt es sich beim *charging display* um eine ausnehmend spektakuläre Vorstellung, eine weithin sicht- und hörbare Veranstaltung zur Demonstration der eigenen Kraft und des eigenen Temperamentes. Die erwachsenen Männchen vor allem liefern damit eine besonders imponierende Selbstdarstellung, in die möglichst viele gerade in Reichweite befindliche, bewegliche Gegenstände der Umwelt – wie Zweige, Baumstämme, ja auch Artgenossen und Benzinkanister – einbezogen werden können, sofern sich nur mit ihnen ein zusätzlicher optischer oder akustischer Effekt erzielen läßt. Bei diesem «Display» macht sich der Akteur besonders groß, sein Fell ist gesträubt, er bewegt sich äußert vehement und unterstreicht seine Veranstaltung durch laute Vokalisation, im Falle der Schimpansen durch ganze Serien von *pant-hoots* (s. unten). Der Effekt des Auftrittes ist bei den zuschauenden Artgenossen unterschiedlich: Ranghöhere fühlen sich herausgefordert und beginnen ihrerseits mit einer entsprechenden Veranstaltung, Rangniedere werden eingeschüchtert und suchen sich zu verstecken. Zumindest zieht der Akteur die volle Aufmerksamkeit der ganzen Gruppe auf sich. Dieses *charging display* kann gegen ein bestimmtes Individuum gerichtet sein, es hat dann ausgesprochen aggressiven Charakter, oder es wird ohne bestimmten Einzeladressaten, gewissermaßen mit der Aufschrift *«to whom it may concern»* veranstaltet. Schließlich kann es die Funktion einer Ersatzbefriedigung annehmen, so, wenn ein rangniedriges Männchen nach einem stark frustrierenden Erlebnis abseits der Gruppe sein einsames *charging display* zur Abfuhr aufgestauter Energie oder Aggression aufführt. In jedem Falle dient es der imponierenden Selbstdarstellung oder der Wiederherstellung eines angekratzten «Selbstbewußtseins».

In diesem Zusammenhang werden als Vokalisation im Text die sog. *pant-hoots* erwähnt, für die es wenig sinnvoll wäre, einen deutschen Namen einzuführen. Unter *pant-hoots* verstehen die englischsprachigen Verhaltensforscher eine Serie von Schimpansenrufen, die laut und stimmhaft keuchend hervorgestoßen werden. Diese Lautbildung läßt sich wohl am ehesten durch die Vokale o und u beschreiben, die in serieller Folge so hervorgebracht werden, daß das Ausstoßen der Luft ebenso wie das jeweils eingeschaltete oder nachfolgende Einziehen der Luft deutlich zu vernehmen sind. Die Rufserie ist außerordentlich variabel, sowohl was die Tonhöhe als auch was die Dehnung der einzelnen Laute betrifft. In einer Serie kann die Intensität wechselnd ansteigen oder abfallen. Zudem lassen sich – wie Frau van Lawick-Goodall schreibt – einzelne Individuen an ihren typischen *pant-hoots* durchaus unterscheiden. Die Mimik bei dieser Lautgebung zeigt einen halb geöffneten Mund mit vorgeschobenen und leicht zugespitzten Lippen, oft mit etwas zurückgezogenen Mundwinkeln. Die *pant-hoots* sind Distanzlaute, die u. a. bei der Annäherung eines Neuankömmlings oder bei der gegenseitigen Annäherung zweier Gruppen bereits auf größere Entfernung ausgestoßen werden, wobei die Gegenseite oft antwortend in die Rufe einfällt. Rangniedere Tiere werden durch die *pant-hoots* ranghoher Tiere offensichtlich eingeschüchtert. Die *pant-hoots* sind zugleich fester Bestandteil des männlichen Imponier-Verhaltens (*charging display*, s. oben).

Im Unterschied zum *pant-hooting* haben die sog. *pant-grunts* eindeutig submissiven Charakter im sozialen Feld. Es handelt sich um leise, keuchend hervorgebrachte Lautserien, die in der Regel bei demütiger bzw. unterwürfiger Annäherung an einen Ranghöheren abgegeben werden. Es gibt verschiedene Lautbildungen bei Schimpansen, die als *grunts* bezeichnet werden, so die leisen *soft grunts*, die in entspannten sozialen Situationen, bei der Rast, beim «Groomen», während des Marsches usw. von verschiedenen Gruppenmitgliedern geäußert werden, oder die lauteren *grunts*, die Schimpansen oft während des Fressens hören lassen. Alle *grunts* sind soziale Kontaktlaute auf geringe Distanz.

Man könnte diese Erläuterungen auf eine ganze Reihe weiterer Verhaltensweisen der Schimpansen ausdehnen, so z. B. auf das bei den Affen weitverbreitete «Präsentieren» der Hinterfront, das wie das «Lausen» eine hochinteressante soziale Doppelfunktion besitzt (nämlich einmal im Bereich des Sexualverhaltens als ein Sich-Anbieten der Weibchen, zum anderen als submissive Geste im Zusammenhang mit der sozialen Rangordnung), wer jedoch dem Bericht der Autorin von der ersten bis zur letzten Zeile aufmerksam gefolgt ist, hat über das Verhalten der Schimpansen mehr gelernt, als eine nüchterne Sachbeschreibung ihm je vermitteln könnte. Kaum ein anderer Text dürfte geeigneter sein, einem weiten Leserkreis tiefen Einblick in die Lebensformen unserer nächsten derzeit lebenden Verwandten in der Freiheit ihres afrikanischen Lebensraumes zu gewähren als gerade dieses Buch von Jane van Lawick-Goodall. Zugleich sei es uns allen eine eindringliche Mahnung, alles Erforderliche dafür zu tun, diese wunderbaren, uns selbst in vieler Hinsicht so ähnlichen Menschenaffen in ihrer Heimat zu erhalten. Wer ihnen je begegnete, würde ihr Aussterben als einen unschätzbaren Verlust für unsere Erde betrauern müssen.

Namen- und Sachregister

A

Abhängigkeit 127, 140 (von der Mutter), 191 (von der Schwester), 192, 194–197 (von der Mutter)
Ablenkungstechnik 85, 89, 93
Adolf 20–22, 25, 28, 37, 38
Adoption nach Tod der Mutter 188 f., 191 f.
Aggression 53, 55, 61, 71, 92 f., 99–101, 103, 106–108, 120–122 (der Paviane), 131, 133, 138 f., 144, 146, 149, 152, 158, 160, 169–172, 174–176, 185, 189, 203, 205, 219
Allesfresser siehe Nahrung
Ameisen 64
Anatomie und Physiognomie 33, 53–55, 61, 70 f., 75, 80, 87 f., 97–99, 101, 106, 140, 146
Angriffsrufe 102, 105, 167
Angst 107 (panischer Schrecken), 127 (Trennungsangst), 129, 133 (Trennungsangst), 144 (vor der Mutter), 148 f., 159, 170, 176 (Angstlosigkeit)
Anhänglichkeit 75–77, 160, 162, 187
Anstey, David 16–20, 22, 38
Aufmerksamkeit erregen 93 f., 109, 194
Augen 176
Augenbewegungen 84, 91
Ausdauer 84, 121
Autismus, frühkindlicher 212

B

Babytransport siehe Hängen unter dem Bauch der Mutter; siehe Reiten auf dem Rücken der Mutter
Bananen 15, 44 f., 59–61, 65, 67–69, 71–73, 75, 78, 81–85, 87, 95, 97, 101, 104 f., 107, 110, 114–123, 141, 146–148, 153, 159 f., 168 f., 175 f., 179, 181 f., 184, 186, 188, 192, 202 f., 220
Beattle 191 f.
Begrüßungsformen 27, 29 f., 63, 95 f., 100, 103, 124, 143, 185, 188
Bellen 54, 63, 65, 72 (Drohgebell), 82 (Freudengebell), 102, 107, 118, 147 («Uaah»-Bellen), 170 f. (Drohgebell), 175 f. (Drohgebell), 184, 205, 217 f. («Uaah»-Gebell)
Berg-Weißnasenmeerkatzen 24, 167
Beruhigen 33, 61, 75 f., 90, 101, 109, 111, 149, 177, 194, 201–205
Berührung eines Menschen (von Schimpansen) 115, 118, 221
Berührung unter Schimpansen 61, 65, 72, 88 f. (eines Babys), 91, 93, 98, 101, 109, 111, 124, 130, 148 f., 159, 176, 179, 195, 201–205
Berührung von Menschenhand 67, 118, 220
Beschnuppern (sexueller Geruch) 76 f.
Betteln 60, 63, 71 f., 109, 141, 144, 169, 172 f., 203
Bienen 155, 200
Blaugesichtige Diademmeerkatzen 24, 167
Bluff (als Taktik) 102, 175
Brunstschwellung 70, 72, 75–77, 82, 103, 107–109, 134, 151–154, 158–162, 164, 177, 194
Brunststadium 70, 76, 153
Bubango 39 f.
Büffel 20 f., 28, 42, 50, 140, 164
Büffelwald 29, 31
Buschbock 19, 31 (Buschbockweibchen), 42, 63, 85, 167
Buschschweine 24, 34 (Frischlinge), 42, 167, 173

C

Cambridge 57 f., 68, 70, 79
Chiko 42
Cindy 192

D

Dagaa 41
Daressalam 14 f.
David Greybeard 8, 33–36, 48, 55, 58–69, 71–74, 76, 79–82, 93, 97 f., 102, 104, 106 f., 114, 116–118, 124, 129, 138, 150, 161, 171, 173, 175, 199, 201, 205, 217, 220 f.
David, Saulo 28
Demutsgebärde 128, 169, 202
Depression 137 f., 181, 188–192, 196

Dikdik 10
Dingi 13, 16, 18
Dominanz und Unterwerfung 61, 72, 98–102, 104–106, 110 f., 124, 130, 148 f., 151, 155, 158, 169, 172, 176, 189, 191, 202–205, 216–219
Dominic 19, 26, 38 f., 42–45, 54, 58 f., 67–69, 78–80, 85, 97, 119
Drohen 33, 43, 52, 60, 65 f., 68, 72 f., 75 f., 97, 100, 104, 109, 124 f., 130, 133, 135, 137, 147–149, 150–152, 175–177, 184 f., 201 f., 204, 219
Duell 100
dukhas 15

E

Eifersucht 108
Elefant 52
Entwöhnung 135, 137, 139, 194, 197
Epidemien 210, 214, 216, 220
Evered 71–73, 75, 80, 85 f., 110, 120, 136, 146 f., 149, 153, 213, 215, 217–220

F

Faben 88–91, 93, 95, 137, 143, 146 f., 150, 154, 163, 182, 184, 216–218, 220
Familienzusammenhalt 71, 77, 90 f., 107, 114, 121, 140, 149 (keine Vaterrolle), 155, 156 (keine Vaterrolle), 160, 185 f., 196, 203, 218, 220
Feigen 7, 27–30, 48, 55, 60, 82, 95, 128, 143, 166
Fellpflege (*grooming*) 8, 30, 61, 63, 67 (von Menschenhand), 71, 80, 88, 91 f., 97 f., 100, 105, 107, 109, 124, 143, 149 (soziale Hautpflege), 151, 155, 157, 163, 177, 188, 204 (soziale Hautpflege), 215, 217
Fellsträuben 59 f., 72–74, 76, 93 (eines Kindes), 97–99, 102, 104 f., 107 f., 110 f., 114, 129, 134, 146, 158, 160, 170, 185
Fifi 33, 51, 70–76, 79 f., 88–96, 101, 107 f., 111, 114 f., 118, 120 f., 124 f., 128, 130, 134, 136 f., 140–145, 147, 150–154, 158, 161, 178 f., 182, 194, 196, 201, 213, 220
Figan 33, 51, 70–72, 77, 80, 84 f., 88–91, 93 f., 101, 103, 118, 120 f., 129, 137, 143–148, 150, 154, 162 f., 165–168, 177, 201, 203, 213, 216–220
Flame 195 f.
Fleisch siehe unter Nahrung
Flint 80, 86, 88–96, 101, 108, 112 f., 118, 123, 125–130, 133 f., 136 f., 140, 142, 146, 151–154, 162, 177–179, 182, 189, 191, 194–197, 213, 218, 220
Flitterwochen 162
Flo 33, 51 f., 58, 70–80, 86, 88–95, 101, 106–109, 111–115, 117, 121, 125–127, 129, 133 f., 136 f., 140–147, 150 f., 154, 158, 160 f., 172, 182 f., 194–197, 201, 213, 216, 218, 220
Flußpferd 41
Fressen: Verhalten und Gewohnheiten 29, 30 (nach Mahlzeit), 54, 58–60, 62, 78, 103, 105, 110, 113, 115, 120, 127, 137, 139, 149 (vor Mahlzeit), 150 f., 155, 159, 168–172 (eines Beutetieres), 196
Freßquieken 120
Freudengrunzer 187, 211
Freudentaumel 67, 202
Freundschaft 65 f., 69 (Freundespaar), 100, 104–106 (auch Freundespaare, männl. u. weibl.), 137–139, 178 (auch weibl. Freundespaar), 205 (Freunde), 215–220 (auch Freundespaare), 220 (zum Menschen)
Frustration 75, 98 f., 136 f., 148, 158
Fürsorge 80, 86–88, 92, 126 f. (mangelnde)
Futterstation 76, 78, 80–82, 84, 103, 107 f., 113 f., 116–119, 122 f., 149 f., 158, 162, 175 f., 181, 184–186, 188, 192
Futterstellen 53, 74, 98, 205 f.
Fütterung von Menschenhand 59–62, 64–68, 72, 119–123, 170, 184, 220

G

Galapagos-Spechtfink 199
Gardner, Allen 206 f.
Gardner, Beatrice 206 f.
Gazellen 10
Geburt 86 f., 124 f., 142, 154, 179, 194 f., 214, 216
Geburtenintervalle 124
Gefährdung des Schimpansenbestandes 209 f.
Gefangenschaft 213
Gehirn des Schimpansen 199, 212
Genette 42
Geruch, sexueller (Beschnuppern) 76 f.
Geschlechtsverkehr 73–75, 108, 134, 152–154 (auch unter Geschwistern), 160–163, 170

Geschwisterverhalten 80, 88–96, 106, 108, 118, 129 f., 137, 143 f., 153 f. (Geschlechtsverkehr), 156, 179, 180 f. (zu totem Geschwister), 185–189, 191, 192 (zu totem Geschwister), 193, 195 f., 204, 215, 216 (zu verwaistem Bruder), 217 f., 220
Gigi 152, 158
Gilka 71 f., 85 f., 93, 96, 130 f., 135–140, 142, 162, 178–182, 214 f., 218
Gillian 10
Giraffen 10
Goblin 87, 113, 123–130, 133 f., 163, 165, 177, 191, 195
Goblina 137 f., 178
Goliath 8, 33, 36, 48, 53, 55, 58, 60 f., 63–69, 71–73, 76, 79 f., 82–84, 93, 96–100, 102, 104–107, 115–117, 124, 149, 161, 168 f., 172, 176, 185 f., 199, 205, 217, 219–221
Gombe Forschungsstation 7, 12 f., 16 f., 24, 28, 32, 38 f., 41 f., 46, 51, 56, 58–60, 66–68, 70 f., 78 f., 88, 101, 112, 118–120, 122 f., 140, 167, 170, 172–174, 179, 190, 197, 200 f., 210–215, 220
Gombe Stream Research Centre 112, 119
Goodall, Judy (Schwester der Autorin) 55 f., 64 f.
Goodall, Vanne (Mutter der Autorin) 12–16, 18 f., 26, 28 f., 37–39, 43–48, 54, 57, 62, 113 f.
Gorilla 211
Gregor siehe Mr. McGregor
Grillen 139
Grinsen 61, 111, 130, 148, 184, 201, 202, 218
Grippe-Epidemie 220
Groll 109 f.
grooming siehe lausen; siehe Fellpflege
Grublin oder Grub siehe Hugo van Lawick-Goodall 213 f.
Grüne Meerkatze 24
grunzen 59 (Wohlbehagen), 67 (Wonne), 98, 185, 187 u. 211 (Freude)
Gruppenbildung 23, 27–29, 55, 74, 98 (Anschluß an fremde Gruppe), 102–104, 120, 154, 157, 161 f., 166

H

Hängen unter dem Bauch der Mutter 76, 80, 91 f., 126, 196
Harthorn, Dr. Anthony 215
Harthorn, Dr. Sue 215
Hassan 13, 47, 54, 58, 60, 78, 80 f., 115 f., 120
Ha-Stamm 20
heterosexuelle Beziehungen 157, 160
Hierarchie 55, 61, 71 f., 80, 84–86, 93, 96–106, 109 f., 120 f., 123, 132, 135, 146–151, 155, 167–170, 172, 202–205, 217, 219–220
Hinde, Professor Robert 58
Homo habilis 10
Homosexualität 157
Honig 35, 155
Honigsauger 85
Hörnchen (Baumtier) 24
Hugh 74, 105 f.
Hugo van Lawick-Goodall (Sohn von Jane und Hugo; meist Grub oder Grublin benannt, s. d.) 213 f.
Humphrey 74, 158, 168, 174, 185–187, 189, 213, 217, 219 f.
Hundertfüßer 46
«Huu»-Ruf 53, 90
Huxley 74, 110, 129
Hyänen 214
Hysterie 71, 147

I

Ich-Bewußtsein 207 f.
Iddi Matata 18, 37 f., 54, 67, 119
Imponierverhalten 29, 97–100, 102 f., 106, 115, 129 f., 147–150, 158, 160, 185 f., 189, 203, 205, 211, 216–219
Insekten 19, 24, 34 f., 94 f., 113, 128, 136 f., 173, 190, 199 f., 211
Insubordination 106, 147
Intelligenzbeweise 84 f., 89, 92–95, 98 f., 102, 115, 120–123, 151 (Intelligenz), 173, 184, 195, 199 (Intelligenz), 201, 206–208, 216, 219 f.
Ivey, Sonia 114, 117 f.

J

Jagen 63, 158, 166–168 (Beutetiere), 170, 172–174 (Beutetiere), 213 (Menschenkinder)
J. B. 54, 74, 80, 101, 104 f., 107, 116, 140, 158 f., 169–171, 173, 182, 217
Job 177
Jubilee 9
Judy Goodall (Schwester der Autorin) 55 f., 64 f.

Jugendzeit 73–75 (Verhältnis zu brünstigen Weibchen), 91, 93 f., 110, 120, 133, 135–137, 140, 144 (auch Verhältnis zu erwachsenen Tieren), 146–150 (männliche Tiere), 149, 151 f. (weibliche Tiere), 154, 197, 201 u. 204 (Verhältnis zu erwachsenen Schimpansen)
Jumaine 39

K

Kakamega-Stamm 13
Kampf 65 f. (mit Pavian), 99 f., 102, 122 (mit Pavianen), 218
Kampfmethoden 205
Kandelaberbäume 85
Kanisterwerfen 97–99, 104
Kasakela 18, 28 (Kasakela-Tal), 29
Kauen 34 (Fleisch u. Blätter), 60 (Bananen 64 (Tuch u. Pappe), 66 (Bananen), 69 u. 80 (Tuch), 81 (Holz), 86 u. 200 (Blätter)
Kidnapping (i. S. v. Kindesentführung b. Schimp.) 90, 93–95
Kigoma 12–17, 19, 26, 38, 41 f., 44–46, 56 f., 69, 84, 99, 181
Kinderkrankheit 188–193
Kinderlähmung 181–193, 214, 216
Kindernahrung 192
Kindertransport siehe Hängen unter dem Bauch der Mutter; siehe Reiten auf dem Rücken der Mutter
Kindesverhalten zur Mutter 70–77, 80, 88 f., 91–93, 96, 101, 111, 121, 126–128, 130, 133–138, 140–146, 149–151, 155, 179–181, 188, 190, 193–197, 201, 204
Kindheit 30, 70, 73, 75, 88–96, 110, 118, 123, 125, 127–129, 130, 132–135, 137 f. 140–143, 154, 159, 172, 188–193, 196 f., 204
kitzeln 88 f., 93, 101, 106, 130–132, 136, 140, 156, 173, 177, 205 (Kitzelbewegungen)
Kobra 42
Kolobus siehe Rote Kolobusaffen
Kommunikationsgesten 201, 205, 208
Kongo 14 f., 139, 164
Koning, Edna 112, 114 f., 117 f.
Kooperation 167, 172
Körperkontakt 88–90 (zwischen Geschwistern), 91, 94, 100 f., 149, 193, 201, 204
Körperkraft (Vergleich Schimpanse – Mensch) 116, 118
Kot-Sieben 112
Krankheiten (bei Schimpansen) 68 f., 71, 179–193, 184 f. (Verhalten gegenüber Kranken), 196, 210, 214–216, 220
Krokodil 16, 42 f.
Küssen 30, 81, 90, 100 f., 118, 130, 188, 202 f., 205

L

Labor-Schimpanse 211 f.
Lächeln 88
Lachen 101, 106, 129, 131, 133, 136, 138, 140, 173
Laufenlernen 92 f.
lausen (*grooming*) 8, 30, 61, 73, 76 f., 83, 88–91, 93, 96–98, 100 f., 108–110, 114, 118, 121, 125, 128, 130 f., 136, 141–143, 149–151, 153, 156 f., 160–162, 166 f., 173, 177, 179–181, 183, 185 f., 188–192, 194–196, 204 f., 211, 215 f.
Lawick, Hugo van 62–67, 70–73, 78 f., 81–85, 87 f., 94, 97, 99, 102, 104–107, 110, 112 f., 115, 117–119, 122, 131, 138, 142, 164, 166, 168, 171, 176, 178, 181–183, 185, 197, 201, 213–216, 220
Leakey (Schimpanse) 74, 76, 105, 115, 147 f., 150, 159 f., 219 f.
Leakey, Dr. Louis S. B. 9–13, 36, 47, 56 f., 62, 79, 112, 181
Leakey, Mary 10
Leopard 32, 50, 122, 140, 164
Lolue (Insel im Viktoriasee) 13, 24
Löwe 10, 39 f.

M

McGregor siehe Mr. McGregor
Malaria 26, 59
Mangobäume 14 f.
Maniok 40 f., 43
Marina 141, 143 f., 146 f., 155, 188, 190 f., 193, 215
Mbrisho 39–41
Mbula-Baum 55
Meerkatzen 12 f., 24, 167
Melissa 80, 86 f., 109 f., 113, 117, 124–127, 129 f., 133, 162 f., 165, 182, 202, 216
Menstruation 70, 151
Merlin 141, 155 f., 188–193, 216
Miff 141, 143 f., 155, 188–191, 193, 215 f.
Mike 55, 74, 76, 80, 93, 96–104, 107, 110, 121, 124, 128–130, 147 f., 153, 166,

168 f., 171–174, 176, 201, 205, 217, 219 f.
Mitumba-Tal 21
Mlinda-Tal 28 f., 31 f., 35
Mr. McGregor 33, 74, 76, 93, 109, 115, 163–165, 168 f., 174, 182–187, 204, 217, 219
Mr. Worzle 105 f., 115, 146 f., 159, 172, 176, 205
Msulula-Baum 21–23, 29
Mutter-Kind-Verhältnis 30, 33, 51, 72, 80, 86–95, 106, 111, 118, 121, 125–131, 133, 135–139, 141–147, 151, 173, 178–181, 192–194, 196 f., 201, 206, 216, 218
Muttermilch 75 f., 95, 135–137, 140, 161 (Stillen), 188, 193 f., 196 f.
Mwamgongo 20, 60

N

Nachahmung 80, 92, 94, 201
Nachgeburt 86 f., 124 f., 195
Nahrung:
Honig 35, 155
pflanzliche N.: siehe Bananen; Beeren 182; Blätter 34, 115, 139 u. 156 (Weinlaub), 168–169, 173; Blüten 139; Früchte 7, 22 f., 27–29, 34, 48, 53–55, 59, 139, 143, 146 f., 166, 173, 184, 211; Pflanzen 31, 34, 46, 173
tierische N.: Eier 115, 187; Fleisch 34, 36, 63, 113, 144 f., 167 (Menschenbabies), 168–174, 200, 211, 220; vgl. auch Insekten u. Termitenangeln
Nairobi 9, 12–14, 16, 57, 79, 121, 181 f.
National Geographic Society 36, 55 f., 62, 66, 70, 78 f., 113, 117 f.
Nestbau 7, 30 f., 51 (Tagesnester), 61, 68, 70, 75, 87, 101, 105, 111 (auf dem Boden), 127 f., 139 f., 142, 144, 162–165, 173, 183–188, 191 u. 194 (gemeinsam schlafen), 195–197
Nissen, Henry 11, 22
Nußknackermensch 10
Nyanza 25, 41

O

Oldowayschlucht 10 f., 62
Olly 33, 71 f., 85, 107 f., 130 f., 136–142, 146 f., 159–162, 178–181, 205, 214 f.
Ölpalme (siehe Palmfrüchte) 15, 19, 59
Orang-Utan 162

P

Palmfrüchte 59, 166, 184, 221
Palmkerne 35 (Fressen von), 166 Öffnen von)
pant-grunts 71 f., 100, 103 f., 124, 130 f., 146 f., 189, 216
pant-hoots 22, 29, 48, 68, 97–99, 105 f., 129, 143 f., 148, 164, 189, 206, 217 f.
Passion (Schimpanse) 125–127, 133, 197
Paviane 7, 19, 21, 24, 43 f., 65, 78, 112, 119, 122 f., 137 f., 161, 164, 166–168, 171, 173–176, 177 (Pavianweibchen), 178, 180, 200
Paviane und Schimpansen 65 f., 122 (Konkurrenzkampf), 137 f., 174–178
Pepe 147 f., 150, 155 f., 182, 184, 188 f., 215
Physiognomie und Anatomie 33, 53–55, 61, 70 f., 75, 80, 87 f., 97–99, 101, 106, 140
Pigmentmangel 106
Pirozynski, Kris 78–81, 97, 114
Polio-Epidemie 181–193, 214, 216
Pom 125–127, 133, 191, 197
Pooch 110 f., 134, 151–153, 162
Promiskuität 158
Pubertät 33, 71, 138, 146–150 (der männlichen Schimpansen), 151–153 (der weiblichen Schimpansen), 155, 216

Q

quieken 67 (Wonne), 120 (beim Fressen), 129 (Angst)

R

Raschidi 20–22, 25, 39, 119
Regentanz 48 f., 52
Regenzeit 34, 36, 48–50, 51 f. (Verhalten im Regen), 54, 56, 65, 68 (Verhalten im Regen), 191, 196
Reiten, auf dem Rücken der Mutter 27, 33, 70 (Springen), 76, 91 f., 95, 126, 127 (Springen), 188, 189 u. 191 (auf Rücken der Schwester), 193–196, 211
Rhinozeros 10
Rodolf 74–77, 97 f., 109 f., 114, 124, 130 f., 150, 160 f., 166, 168–170, 172 f., 176, 213, 219 f.
Rote Kolobusaffen 24, 39, 63, 112, 119, 144, 167 f., 174
Roy, Professor Douglas 215

S

Sadiki 85, 119
Saugen 69 (am Tuch), 70, 80, 90, 114 (am Tuch), 126 f., 136 f., 188, 194, 196 f., 200 (von Wasser)
Säuglingsalter 30, 80, 86–89, 91, 124 f., 151, 179 f., 195
Saulo David 28
Schizophrenie 212
Schlafbaum 164
Schlange 42
«Schwamm» (gekautes Blatt) 86, 200
Schwangerschaft 78, 80, 108, 161 f., 194
Serengeti 10
Sex-Appeal 70, 74, 104, 150–153, 157–161, 170
Sexualität 109, 133 f., 144, 152, 157 f., 160–163, 165, 170
sexueller Geruch (Beschnuppern) 76 f.
Shaitani 44, 65
Short 25, 28
Silbermeerkatze 24
Sniff 192
Soko 25
Sorema 192
soziale Reife 216 f.
soziale Unsicherheit 193
soziales Verhalten 29 f., 34, 60 f., 69, 100 f., 109, 111, 117, 119, 125, 132, 150, 159, 163 (soziale Hautpflege, *grooming*), 168 f., 171 f., 185 (soziale Hautpflege), 186, 189, 202–206
Spiel 30, 88–90, 94–96, 101, 106, 128 f. 131, 132 f. (als Lernprozeß), 134–139, 141–143, 156, 174, 177 f., 180, 189–191, 194, 196 f., 204 f., 216, 220 (mit Menschen)
Spielgesicht (*play face*) 141, 156, 180
Spracherwerb unmöglich
Status, sozialer 72, 97, 103, 146, 154, 205
Sterben 69, 180, 187
Storm's Water Cobra 42
Streicheln 89, 91, 93 f.
Streifenmangusten 24
Streit 72, 74, 106, 110, 120, 146, 167 (mit Pavianen), 170, 175

T

Tanganjikasee 11 f., 14, 17, 42
Tanzania National Parks 119
Termitenangeln 35, 56, 66, 94 f., 121, 132, 136–138, 141 f., 190 f., 199, 211
Tod 180 f., 192; siehe auch Sterben
Toleranz 72, 104, 123, 129, 134 f., 137, 142, 146, 148, 159, 172, 176 f., 213
Tötung der Beute 168, 178
Trockenzeit 10, 51, 56
Trommeln auf Baumstämme 22, 100, 143, 148

U

«Uaah»-Rufe 52, 65, 164, 171, 175, 206, 217 f. («Uaah»-Gebell)
Ubango 68
Ugali 41
Umarmen 30, 65, 67, 81, 93, 100–102, 117, 130, 144, 184, 188 f., 201–203, 205 f., 217, 219

V

Verdcourt, Bernard 12–14, 16, 31
Vergewaltigung 158
Vergleich Schimpanse – Mensch 93, 104, 106, 108, 110 f., 116, 118, 155, 193 f., 199–208, 211 f.
Verhalten erwachsener Schimpansen
männlich: 30, 100, 103, 108–110, 116, 125, 156 f.
weiblich: 107–109, 125, 134, 161 f.
Schimpansenkindern und Jugendlichen gegenüber: 73, 93 f., 106, 110, 124 f., 128–131, 134 f., 148, 150, 157, 192, 213
Kranken gegenüber: 69, 184 f.
männlicher und weiblicher innerhalb einer Gruppe: 30, 61, 70, 71–77 (sexuelles Verhalten), 86, 101, 104, 106, 108–110, 124 f., 131, 157, 160–162
Verhalten gegenüber Menschen 7 f., 13, 23 f., 26, 28, 32, 43, 51–55, 59, 62–65, 67 f., 71, 81 f., 114 f., 118 f., 122 (Paviane – Menschen), 123, 170–172, 175 (Paviane), 176, 184, 187, 206 f., 213, 220
Verjagen 39, 107 f., 147 f., 171, 175 f., 216, 218
Viktoriasee 12, 47

W

Waffen 176
Waise 188 f., 191–193, 196, 214
Warnrufe 19
Washoe 207
Wassertrinken mit Blatt-«Schwamm» 86, 200

Werben 73 (eines Jugendlichen), 134, 152 f., 159, 163
Werfen 75, 98–100, 102, 106, 176, 205
Werkzeuggebrauch (*tool using*) 35 f., 56, 66, 80, 94 f., 108, 111, 115, 127 f., 136, 141 f., 155, 176, 190 f., 195, 199–201, 208, 220
Werkzeugherstellung (*tool making*) 36, 66, 85 f., 199 f., 208
Wilbert 25, 39, 45 f.
Wilkie Foundation 12
Wilkie, Leighton 12
William 33, 60 f., 63–69, 71, 116, 196, 220
Worzle siehe Mr. Worzle
Wut 53, 85, 102, 147, 170 f., 174, 196 f.

Z

Zeichensprache 206 f.
Zibetkatzen 42
Zikaden 21, 139
Zinjanthropus 10
Zoo-Schimpansen 210 f.

Bildquellennachweis

Das Copyright der Tafelabbildungen Nr. 1, 10, 27, 32, 34, 37, 39, 40, 41, 42, 43, 44, 47, 48 und 64 liegt bei der National Geographic Society.

Die Tafelabbildung Nr. 49 wurde von Geza Teleki, die Tafelabbildung Nr. 62 wurde von Patrick McGinnis fotografiert.

Alle übrigen Aufnahmen stammen von Hugo van Lawick.

Die Zeichnungen in Anhang 1, 2 und 3 wurden von David Bygott ausgeführt.

Die Kartenskizze zeichnete Karin Kasdorf, Hamburg.

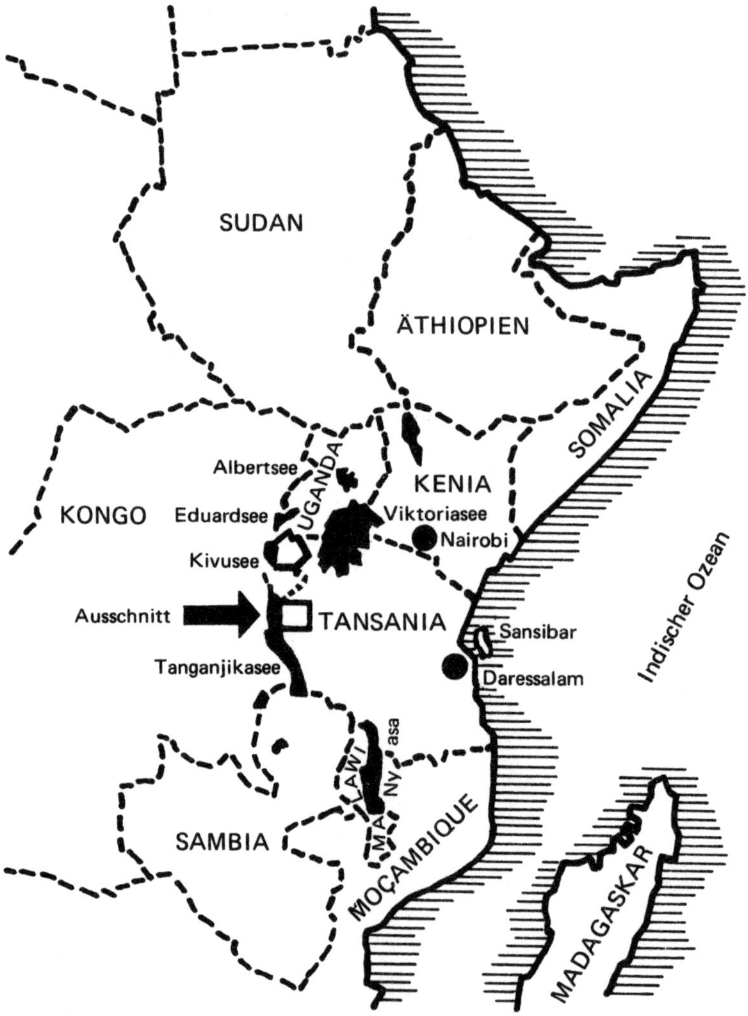
SUDAN
ÄTHIOPIEN
SOMALIA
KENIA
KONGO
UGANDA
Albertsee
Eduardsee
Kivusee
Viktoriasee
Nairobi
Ausschnitt
TANSANIA
Sansibar
Daressalam
Tanganjikasee
Indischer Ozean
Nyasa
MALAWI
SAMBIA
MOÇAMBIQUE
MADAGASKAR

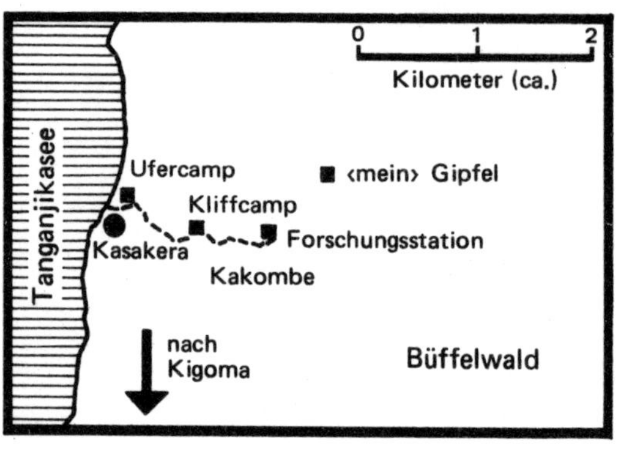
0 1 2
Kilometer (ca.)
Tanganjikasee
Ufercamp
‹mein› Gipfel
Kliffcamp
Forschungsstation
Kasakera
Kakombe
nach Kigoma
Büffelwald

Inhaltsverzeichnis

Vorspiel . . . 7
Die Anfänge . . . 17
Erste Beobachtungen . . . 26
Lagerleben . . . 37
Regenzeit . . . 48
Die Schimpansen besuchen das Lager . . . 58
Flos Liebesleben . . . 70
Die Futterstelle . . . 78
Flo und ihre Familie . . . 88
Die Hierarchie . . . 97
Ausbau der Forschungsstation . . . 112
Der Säugling . . . 124
Das Kind . . . 136
Jahre der Reifung . . . 146
Erwachsenenbeziehungen . . . 115
Paviane und Raubtierverhalten . . . 166
Sterben . . . 179
Mutter und Kind . . . 188
Im Schatten des Menschen . . . 199
Von der Unmenschlichkeit des Menschen . . . 209
Fortsetzung der Familiengeschichte . . . 213
Danksagungen . . . 223
Anhang 1: Mienenspiel und Rufe . . . 228
Anhang 2: Ernährung . . . 232
Anhang 3: Waffen- und Werkzeuggebrauch . . . 234
Anhang 4: Einige Entwicklungsstufen im Leben der Schimpansen . . . 236
Anhang 5: Welchen Nutzen kann die Schimpansenforschung am Gombe dem Menschen erbringen? . . . 238
Zur Erläuterung einiger Fachausdrücke . . . 240
Namen- und Sachregister . . . 244
Bildquellennachweis . . . 251
Kartenskizze . . . 252

Herbert Wendt

Der Affe steht auf

Eine Bilddokumentation zur Vorgeschichte des Menschen

Konrad Lorenz: «Ich beglückwünsche Sie zu diesem wirklich großartigen Buch! Es enthält in knapper Zusammenfassung das, was für unsereinen wirklich wissenswert ist, und ich habe es gerade mit Spannung und vielfachem Gewinn gelesen.»

Bernhard Grzimek: «Als Naturwissenschaftler hat man sich langsam daran gewöhnt, daß selbst gebildete Menschen der Meinung sind, die Darwinsche Entwicklungslehre wäre inzwischen ‹weitgehend überholt›, und sie lächeln darüber, daß ‹der Mensch vom Affen abstammen› solle. Die Naturwissenschaft, auf der immer mehr unser ganzes Dasein und unsere Überlebenschancen beruhen, ist nun einmal nach deutscher Überlieferung kein notwendiger Teil der Allgemeinbildung. Man trifft auf Erstaunen, wenn man darlegt, daß die Affenabstammung des Menschen inzwischen eine gesicherte und vielfach bewiesene Tatsache ist, mit der sich auch unsere Kirchen durchaus abgefunden haben. Herbert Wendt beschreibt dies geradezu spannend in einem Buch, das auf jeder Seite mindestens ein Bild hat – ein Bilderbuch voller Stories und wundersamer Entdeckungen, menschlicher Unzulänglichkeiten, Eifersucht, Irrtümer, aber im Ganzen doch tiefer, echt wissenschaftlicher Neugier. Es steht inzwischen schon auf den Bestseller-Listen. Ich habe es in einem Zug (nach Bonn) in einem Zug gleich durchgelesen.»

Buch und Bibliothek, Reutlingen: «Standardwerk zur Vorgeschichte des Menschen.»

20 Tausend, 288 Seiten mit über 300 teils farbigen Bilddokumenten, gebunden.

Rowohlt